Transgene Nutzpflanzen

Sicherheitsforschung, Risikoabschätzung und Nachgenehmigungs-Monitoring

Gesine Schütte
Susanne Stirn
Volker Beusmann
(Hrsg.)

Springer Basel AG

Herausgeber

Gesine Schütte
Susanne Stirn
Volker Beusmann

Universität Hamburg
FSP Biotechnik, Gesellschaft und Umwelt (BIOGUM)
FG Landwirtschaft und Pflanzenzüchtung
D-22609 Hamburg

CIP-Titelaufnahme der Deutschen Bibliothek
Transgene Nutzpflanzen : Sicherheitsforschung, Risikoabschätzung und Nachgenehmigungs-Monitoring / Gesine Schütte ... (Hrsg.). - Basel ; Boston ; Berlin : Birkhäuser, 2001
ISBN 978-3-7643-6475-5 ISBN 978-3-0348-8282-8 (eBook)
DOI 10.1007/978-3-0348-8282-8

Camera-ready Vorlage durch die Herausgeber erstellt
Gedruckt auf säurefreiem Papier, hergestellt aus chlorfrei gebleichtem Zellstoff ∞
Umschlaggestaltung: Markus Etterich, Basel

ISBN 978-3-7643-6475-5

9 8 7 6 5 4 3 2 1

www.birkhasuer-science. com

Danksagung

Insbesondere bedanken wir uns bei Dr. Rolf Meyer und Dr. Arnold Sauter vom Büro für Technikfolgenabschätzung beim Deutschen Bundestag (TAB), die diese Studie betreut haben, sowie bei den Autoren, die die ergänzenden Gutachten erstellt haben, für Kommentare, Diskussionen und Anregungen: Dr. Elisabeth Bongert, Dr. Klaus Minol, Dr. Kristina Sinemus, Dr. Gerd Spelsberg, Dr. Elisabeth Schulte, Dr. Beatrix Tappeser und Dr. Benno Vogel. Eine Vielzahl von Kollegen, die hier nicht einzeln genannt werden sollen, haben uns mit ihren Diskussionsbeiträgen zu einzelnen Kapiteln geholfen.
Für die technische Unterstützung bei der Erstellung dieses Buches danken wir Nina Mitra und Dipl.-Biol. Mathias Boysen.

Inhaltsverzeichnis

1 Hintergrund, Begriffsklärungen und Aufbau

V. BEUSMANN, S. STIRN

Hintergrund

Freisetzungen und Inverkehrbringen gentechnisch veränderter Organismen werden nicht nur in Europa, sondern auch in den USA zunehmend kritischer beurteilt. Ausgelöst wurden diese Diskussionen vor allem durch Kritik an der Verwendung von Antibiotikaresistenz-Markergenen in Lebens- und Futtermitteln (s. Kap. 3.1.3) sowie Veröffentlichungen von Ergebnissen aus Laborversuchen. Diese bezogen sich zum einen auf toxische Wirkungen insektenresistenter Kartoffeln in Fütterungsversuchen mit Ratten (s. Kap. 3.1.1) und zum anderen auf die Wirkung von Pollen insektenresistenter Pflanzen auf Nicht-Ziel-Organismen (hier speziell den Monarchfalter, s. Kap. 4.2).
In den **USA** ist die Tendenz im Anbau gentechnisch veränderter Pflanzen zwar noch steigend (1999 wurden auf schätzungsweise 40% der Mais-Anbaufläche und 30% der Sojabohnen-Anbaufläche gentechnisch veränderte Pflanzen angebaut), es gibt aber zunehmend Probleme beim Export: Teile der verarbeitenden Industrie, wie z.B. Archer Daniels Midland, warnen die Farmer, dass sie keine Sorten aufkaufen würden, die in Europa nicht zugelassen sind (EPBN, 1999).
In **Europa** haben sich die Umweltminister der EU-Mitgliedsstaaten für ein Moratorium ausgesprochen, wonach keine gentechnisch veränderten Pflanzen mehr zugelassen werden sollen, bis strengere Sicherheitsregulierungen im Jahre 2002 verabschiedet worden sind (EPBN, 1999). Seit Oktober 1998 sind keine Zulassungen zum Inverkehrbringen mehr erteilt worden, da keine Mehrheiten in der Kommission erreicht wurden. Unter den Mitgliedsstaaten herrscht Uneinigkeit darüber, welche Überlegungen in eine Risikoabschätzung zum Inverkehrbringen einzubeziehen seien: Schweden, Dänemark, Spanien und Griechenland haben sich für eine Mitberücksichtigung ethischer Fragestellungen ausgesprochen, die skandinavischen Länder orientieren sich darüber hinaus an einer nachhaltigen Entwicklung (s. Kap. 2); Großbritannien lehnt gentechnisch veränderte Pflanzen mit Antibiotikaresistenzgenen ab, wenn diese als Lebens- oder Futtermittel Verwendung finden sollen (s. Kap. 3.1.3).
In **Deutschland** war die „Neubewertung der Risiken von Freisetzungen gentechnisch veränderter Pflanzen“ jüngst Gegenstand einer Kleinen Anfrage aus der PDS-Bundestagsfraktion an die Bundesregierung (Deutscher Bundestag, 1999). Hintergrund der vorliegenden Studie ist die Themeninitiative „Chancen und Risiken der „Grünen Gentechnik“ des Ausschusses für Ernährung, Landwirtschaft und Forsten des Deutschen Bundestages, die u.a. zu dem Teilauftrag „Sicherheits-

forschung, Risikoabschätzung und Nachzulassungsmonitoring transgener Pflanzen" des Deutschen Bundestages geführt hat[1].

Statistik

Anbauflächen

In **Deutschland** werden z.Z. keine gentechnisch veränderten Pflanzen im nennenswerten Umfang angebaut: von den 14 gentechnisch veränderten Pflanzen, die in der EU zum Inverkehrbringen zugelassen sind (s.u.), wird nur insektenresistenter Mais auf wenigen ha angebaut (s. auch Kap. 3.1.3).
Weltweit wurden 1999 39,9 Millionen ha gentechnisch veränderte Pflanzen angebaut. Davon entfielen auf die **USA** 28,7, auf **Argentinien** 6,7 und auf **Kanada** 4,0 Millionen ha (James, 1999).
Aufgeschlüsselt nach Merkmalen wurden auf 28,1 Millionen ha herbizidresistente Pflanzen angebaut, gefolgt von insektenresistenten Pflanzen mit 8,9 Millionen ha und einer Kombination beider Merkmale mit 2,9 Millionen ha. Transgene virusresistente Pflanzen werden auf weniger als einer Million ha angebaut (James, 1999).

In Verkehr gebrachte Pflanzen und Freisetzungsversuche

In den **USA** sind zur Zeit 51 gentechnisch veränderte Pflanzen auf dem Markt (APHIS, 2000a). Seit 1987 wurden insgesamt 6685 Freisetzungsversuche durchgeführt (APHIS, 2000b; Stand Oktober 2000).
In **Europa** sind 14 gentechnisch veränderte Pflanzen zum Inverkehrbringen zugelassen. Für fünf gentechisch veränderte Pflanzen wurde allerdings eine eingeschränkte Zulassung erteilt, z.B. keine Anbau in der EU (herbizidresistente Sojabohne), nur zur Saatguterzeugung (männlich steriler Radicchio) oder nicht für Lebens- und Futtermittelzwecke (männlich steriler Raps) (RKI, 2000a). Bis September 2000 sind 1747 Anträge auf Freisetzung gentechnisch veränderter Organismen eingegangen (RKI, 2000b).
In **Deutschland** befinden sich von den 14 in der EU zugelassenen gentechnisch veränderten Pflanzen nur insektenresistenter Mais und herbizidresistente Sojabohnen auf dem Markt. Bis Mai 2000 wurden insgesamt 123 Anträge auf Freisetzung gentechnisch veränderter Pflanzen gestellt. Da ein Freisetzungsantrag mit einem gentechnisch veränderten Organismus für mehrere Orte gestellt werden kann, ist die Zahl der Freisetzungsversuche deutlich höher (593). Eine detailierte Übersicht wird in Tab. 1 gegeben.

---

[1] Projektleitung: Dr. Rolf Meyer und Dr. Arnold Sauter. Parallel wurden Gutachten von Spelsberg, Minol und Sinemus (2000), Vogel und Tappeser (2000), Schulte (2000) und Bongert (2000) erstellt.

Tab. 1: Übersicht über die Freisetzungsanträge in Deutschland

Anzahl der Anträge	Organismus	Gentechnische Veränderung (Anzahl der Anträge)	Anzahl der Orte	Nachgemeldete Orte
36	Raps	Herbizidresistenz (26)	41	142
		Fettsäuremuster (8)		
		Pilzresistenz (1)		
		Herbizidresistenz und männl. steril (1)		
36	Kartoffel	Kohlenhydratstoffwechsel (26)	42	5
		Virusresistenz (4)		
		Bakterienresistenz (3)		
		Entwicklungsveränderung (3)		
		Pilzresistenz (1)		
		Stoffwechselveränderung, Stressresistenz und Zellwand-zusammensetzung (1)		
22	Zuckerrübe	Herbizidresistenz (14) [und Pilzresistenz (1)]	40	219
		Virusresistenz (7)		
19	Mais	Herbizidresistenz (19)	20	41
3	Petunien	Blütenfarbe (3)	3	3
2	Pappel	Markierung (2)	2	
2	Bakterien	Markierung (2)	2	
1	Wein	Pilzresistenz (1)	1	
1	Erbsen	Enzymproduktion (1)	1	
1	Tabak	Enzymproduktion (1)	1	

nach: Robert-Koch-Institut (RKI, 2000; Stand:18.05.2000)

Begriffsklärung

Der Genehmigung einer Freisetzung oder eines Antrags auf Inverkehrbringen gentechnisch veränderter Organismen (GVO) geht eine Risikoabschätzung voraus. Die Genehmigung kann nur erteilt werden, wenn keine **schädlichen Wirkungen** auf Mensch und Umwelt festgestellt worden sind. Dabei hängt die Annahme einer Gefahr von der Wahrscheinlichkeit des Schadenseintritts und der Art und dem Ausmaß des möglichen Schadens ab (Fisahn, 1998):

> **Das Risiko einer schädlichen Wirkung ergibt sich aus erwarteter Schadenshöhe und Eintrittswahrscheinlichkeit des Schadens.**

Verlangt wird, dass eine größtmögliche Vorsorge gegen vorhandene oder vermutete Gefahren, die von gentechnisch veränderten Verfahren oder Produkten ausgehen, getroffen werden. Daraus ergibt sich die Pflicht der zuständigen Behörde zu prüfen, ob die Eintrittswahrscheinlichkeit bzw. das potentielle Ausmaß des Schadens verringert werden kann.

So wurden in der Praxis den Antragstellern meist zusätzliche **Schutzmaßnahmen** auferlegt, die darauf abzielten, z.B. das Auskreuzen der neu eingeführten Gene zu minimieren. Dabei kamen die Behörden aber nicht zum Schluss, dass die Auskreuzung schädliche Wirkungen für Mensch und Umwelt hätte, sondern sie minimierten aus Vorsorgegesichtspunkten die Eintrittswahrscheinlichkeit noch nicht als schädlich identifizierter Folgen (Fisahn, 1998). Diese Maßnahmen haben allerdings dazu geführt, dass zum Teil offene Fragen zu ökologischen Wirkungen während eines Freisetzungsversuchs nicht geklärt werden konnten und somit Risikowissen zur Beurteilung eines Antrags auf Inverkehrbringen nicht zur Verfügung stand (vgl. Kap. 2).

Im Zuge der Erfahrungen in der EU mit Anträgen auf Freisetzung und Inverkehrbringen wurde immer deutlicher, dass eine Situation des **„Nicht-Wissens"** eingestanden werden muss (von Schomberg, 1998). So mehren sich die Stimmen, die in der normativen Bewertung von Eingriffen in die Umwelt aufgrund der naturwissenschaftlichen Unkenntnis der Wirkungen und Fernfolgen ein nicht eindeutig zu lösendes Problem sehen. In den einleitenden rechtlichen Bemerkungen zur Begründung der Genehmigung im deutschen GenTG wird ausdrücklich auf dieses Problem hingewiesen. Dort heißt es, dass auch solche Schadensmöglichkeiten in Betracht zu ziehen seien, die sich nur deshalb nicht ausschließen lassen, weil nach dem derzeitigen Wissensstand bestimmte Ursachenzusammenhänge weder bejaht noch verneint werden können (Fisahn, 1998). Eine Genehmigung ist abzulehnen, wenn der Stand der Wissenschaft nicht weit genug gediehen ist, um eine verlässliche Aussage über die Eintrittswahrscheinlichkeit zu treffen (Winter, 1998).

In der Praxis wird solch eine Situation des Nicht-Wissens aber nicht zugegeben; selbst eine entsprechende Frage ist während der Risikoabschätzung nicht vorgesehen. Winter (1998) regt die Einführung eines Schrittes an, bei dem die Behörde sich vergewissert, ob der Stand des Wissens für eine Wahrscheinlichkeitsaussage ausreicht, oder ob die weitere Entwicklung der Forschung abgewartet werden sollte. Ein Ergebnis dieses Untersuchungsschrittes könnte auch sein, die Freisetzung mit Auflagen für eine Begleitforschung zu versehen, in der Sicherheitsrisiken aufzuklären wären (s. auch Kap. 6).

Von Schomberg (1998) plädiert dafür, von einer Regulierungspraxis, die auf einer Risikoabschätzung basiert, hin zu einer Regulierungspraxis zu kommen, die Ungewissheiten mit einbezieht („from risk- to uncertainty-based regulation"). Anstelle einer Identifizierung möglicher Risiken würden demnach zunächst Ungewissheiten/Unsicherheiten bestimmt und mögliche schädliche Wirkungen abgeschätzt werden.

Es sollte ihm zufolge aber auch eingestanden werden, dass Langzeiteffekte nicht abgeschätzt werden können. Daraus folgt für ihn zwangsläufig die Einführung eines Nachgenehmigungsmonitorings, gekoppelt an eine befristete Zulassung, so dass eine einmal getroffene Entscheidung auch in Teilen revidiert werden könnte (von Schomberg, 1998).

Neben den Zulassungsregelungen sei abschließend noch auf das Haftungsrecht verwiesen. Das Haftungsrecht ist eine privatrechtliche Möglichkeit der Risikoregulierung, die aber nicht alternativ zur Zulassungsregulierung, sondern ergänzend eingesetzt wird. In den USA haftet der Antragsteller in unbegrenzter Höhe; in Europa ist die Haftungsregelung Angelegenheit der Mitgliedsstaaten (Hohmeyer et al., 1994). Im deutschen Gentechnikgesetz ist die Haftung auf 160 Mio. DM begrenzt (GenTG,

§ 33)[2]. Da sich die grundsätzlichen Fragen der Abschätzung und Bewertung von Risiken unabhängig von ihrer privat-rechtlichen oder öffentlich-rechtlichen Regulierung stellen, wird auf das Haftungsrecht im folgenden nicht gesondert eingegangen.

Aufbau des Gutachtens

Ziel des Gutachtens ist es, einen aktuellen Überblick über den Stand der Sicherheitsforschung, der Risikodiskussion und der Vorschläge für ein Nachgenehmigungsmonitoring beim Inverkehrbringen und der Sortenzulassung transgener landwirtschaftlicher Nutzpflanzen zu geben. Das Gutachten konzentriert sich dabei auf die Situation in Deutschland und in der EU. Soweit sie den Autoren bekannt ist, wird der Stand der Diskussion in den USA als Vergleich herangezogen.

Einleitend werden grundlegende Konzepte zur Analyse und Bewertung von Risiken transgener Pflanzen dargestellt und erörtert (Kapitel 2). Diskutiert werden gesundheitliche Risiken, wie die mögliche Toxizität oder Allergenität gentechnisch veränderter Pflanzen (s. Kap. 3.1) sowie Risikomechanismen, die zu schädlichen Wirkungen in der Umwelt führen können (Auskreuzung, horizontaler Gentransfer; s. Kap. 3.2) und generelle Risiken für die Umwelt (Verwilderung, s. Kap. 3.3).
Im Zuge der schrittweisen Entwicklung der Gentechnik wurden zunächst herbizid und virusresistente Pflanzen erzeugt, gefolgt von insektenresistenten Pflanzen. Erst seit relativ kurzer Zeit geht die Entwicklung hin zu Pflanzen mit Pilz- und Bakterienresistenz und Resistenzen gegenüber abiotischem Stress sowie zu Pflanzen mit veränderten Produkteigenschaften. Die durch die übertragenen Eigenschaften bedingten Risiken werden in den jeweiligen Unterkapiteln zu Kapitel 4 diskutiert. Mögliche schädliche Wirkungen auf Ökosysteme und andere Umweltmedien werden in Kapitel 5 zusammengefasst. Abschließend wird der Stand der Diskussion über Begleitforschung und Nachgenehmigungsmonitoring dargestellt und kommentiert (Kap. 6).
Ausgeklammert werden Fragen alternativer Entwicklungspfade für Landwirtschaft und Ernährung (s. den Überblick in Meyer, 1998, S. 509 ff). Ausgeblendet bleiben ferner internationale Konzentrationsprozesse und Strukturveränderungen in den Bereichen Züchtung, *life–industries*, sowie Landwirtschafts- und Ernährungssektor unter dem Einfluss der Gentechnik und deren Rückwirkungen auf die hier betrachteten Fragen (s. Albrecht et al., 1997 sowie Meyer et al., 1998).

---

[2] Zur Haltung der Bundesregierung s. Deutscher Bundestag (1999). Zur Diskussion um Umwelthaftung für genmodifizierte Organismen auf der Ebene der Europäischen Union s. Agra Europe (2000), Europa Nachrichten 9. Für einen möglichst weitgehenden Einsatz des Haftungsrechts als Strategie zur Bewältigung globaler Umweltrisiken plädiert der Wissenschaftliche Beirat der Bundesregierung für Globale Umweltveränderungen (WBGU, 1999).

Literatur

AGRA-EUROPE 2000. Umwelthaftung für genmodifizierte Organismen gefordert – Wirtschaft- und Sozialausschuss begrüßt das Weißbuch (der EU-Kommission) zur Umwelthaftung. – Klagemöglichkeit und Haftpflichtversicherung einführen – Biologische Vielfalt vor Beeinträchtigungen schützen. AGRA-EUROPE 32/00, 7.August 2000, Europa Nachrichten 9

Albrecht S, Beusmann V, Flatten M, Gemkow M, Schorr C. 1997. Direkte und indirekte Auswirkungen konventioneller und gentechnisch unterstützter Pflanzenzüchtung auf die Biodiversität. Unveröffentlichtes Gutachten für das Büro für Technikfolgen-Abschätzung beim Deutschen Bundestag (TAB), Universität Hamburg, Forschungsschwerpunkt Biotechnik, Gesellschaft und Umwelt (FSP BIOGUM), FG Landwirtschaft und Pflanzenzüchtung, Hamburg

APHIS (Animal and Plant Health Inspection Service) 2000a. USDA Field Test Releases Database for the US. http://www.nbiap.vt.edu/cfdocs/filedtests1.cfm

APHIS 2000b. USDA Field Test Releases Database for the US. http://www.aphis.usda.gov/biotech/not-reg.html

BBA (Biologische Bundesanstalt für Land- und Forstwirtschaft, Braunschweig) 2000. Gentechnik-Datenbank. Tabelle 3: Anträge zur Freisetzung von GVO: eingeführte Eigenschaften. http://www.bba.de/gentech/tab3.htm

Bongert E. 2000 Regelungen zur Freisetzung, zum Inverkehrbringen und zur Sortenzulassung transgener Nutzpflanzen in der EU. Gutachten im Auftrag des Deutschen Bundestages, Husum, 15. Juli 2000

Deutscher Bundestag 1999. Neubewertung der Risiken von Freisetzungen gentechnisch veränderter Pflanzen. Antwort der Bundesregierung auf die Kleine Anfrage der Abgeordneten Angela Marquardt, Eva-Maria Bulling-Schröter und der Fraktion der PDS. 14. Wahlperiode, Drucksache 14/1428, 15.07.99, Bonn

EPBN (European Plant Biotechnology Network) 1999. EPBN e-mail NewsBrief-9(3). http:www.epbn.de

Fisahn A. 1998. Die Genehmigung der Freisetzung gentechnisch veränderter Pflanzen – eine Fallstudie. In: Winter G. (ed.) Die Prüfung der Freisetzung von gentechnisch veränderten Organismen – Recht und Genehmigungspraxis. Gutachten im Auftrag des Umweltbundesamtes, Berlin, UBA-Berichte 4/98, 25-49

Hohmeyer O, Hüsing B, Massfeller S, Reiss T. 1994. Internationale Regelung der Gentechnik. Physica-Verlag, 1994

James C. 1999. Preview. Global review of commercialized transgenic crops: 1999. ISAAA Briefs 12: Preview, Ithaca, N.Y., 8 S.

Meyer R, Revermann C, Sauter A. 1998. Biologische Vielfalt in Gefahr? Gentechnik in der Pflanzenzüchtung. Berlin, Ed. Sigma

Meyer R. 1998. Technikfolgen-Abschätzung im Bereich Landwirtschaft. Berichte über Landwirtschaft 76(4), 489-519

RKI (Robert Koch Institut) 2000a. Liste der inverkehrgebrachten Produkte http://www.rki.de/GENTEC/INVERKEHR/INVKLISTE.htm

RKI 2000b. Freisetzungen in der BRD. http://www.rki.de/GENTEC/FREISETZUNGEN/FREISETZ_D.HTM (Stand: 18.05.2000)

Schomberg R von. 1998. An appraisal of the working in practice of directive 90/220/EEC on the deliberate release of genetically modified organisms. Report für STOA (Scientific and Technological Options Assessment) of the European Parliament, Brüssel

Schulte E. 2000. Vergleich vorliegender Konzepte und Vorschläge zum Monitoring nach Inverkehrbringen transgener Pflanzen. Gutachten im Auftrag des Büros für Technikfolgenabschätzung beim Deutschen Bundestag (TAB), Genius GmbH, Darmstadt, Mai 2000

Spelsberg G, Minol K, Sinemus K. 2000. *Novel Food*-Verordnung und transgene landwirtschaftliche Nutzpflanzen. Gutachten im Auftrag des Büros für Technikfolgenabschätzung beim Deutschen Bundestag (TAB). Aachen, Darmstadt März 2000.

Vogel B, Tappeser B. 2000. Der Einfluß von Risikodiskussion und Risikoforschung auf die Genehmigungsverfahren zum Inverkehrbringen transgener Pflanzen. Gutachten im Auftrag des Büros für Technikfolgenabschätzung beim Deutschen Bundestag (TAB), Öko-Institut, Freiburg, Mai 2000

Winter G. 1998. Zusammenfassung und Reformüberlegungen. In: Winter G. (ed.) Die Prüfung der Freisetzung von gentechnisch veränderten Organismen – Recht und Genehmigungspraxis. Gutachten im Auftrag des Umweltbundesamtes, Berlin, UBA-Berichte 4/98, 97-117

2 Stand der Diskussion zu grundlegenden konzeptionellen Fragestellungen

V. BEUSMANN, S. STIRN

Die Herausforderung für die Diskussion um die möglichen Auswirkungen der Gentechnik in der Pflanzenzüchtung liegt darin, sich ein Bild über eine neue Technik, noch vor ihrer Einführung zu machen. Dahinter steht die Hoffnung, dass solche *ex ante* Abschätzungen dazu beitragen können, im Vergleich zu einem Lernprozess aus Versuch und Irrtum Nutzen zu mehren und Risiken zu mindern. Es gibt eine Reihe von Ansätzen der Bewertung im allgemeinen und der Risikoabschätzung im besonderen, die auf unterschiedlichem Fach- und Erfahrungshintergrund basieren:

- Verschiedene Assoziationen werden als Vergleich herangezogen, einerseits zu bekannten Technologien und ihren Folgen (klassische Verfahren der Pflanzenzüchtung, Prüfung und Bewertung von chemischen und biologischen Pflanzenschutzmitteln, integrierter und ökologischer Landbau, aber auch die Kernenergie), andererseits zu Kenntnissen und Vorstellungen über natürliche Systeme und die Evolution (z.B. natürliche Raten für Mutationen und horizontalen Gentransfer, Resistenzbildung, Stabilität und Flexibilität biologischer Systeme).
- Es werden Modellrechnungen zu strittigen Fragen durchgeführt (von Ausbreitungs- und Mutationsprozessen bis hin zu Resistenzmodellen).
- Aus formalen Methoden, informellen und reflexiven Ansätzen werden best-case- und *worst-case*-Szenarien über mögliche Entwicklungen in der Zukunft entworfen.

In der Diskussion um die Einschätzung, Bewertung und Gestaltung der Rahmenbedingungen für die Gentechnik konkurrieren diese Bilder teils miteinander, teils ergänzen sie einander. Wie noch zu zeigen sein wird, ist stets sowohl nach Analogien als auch nach Unterschieden zu fragen. Ferner ist zu klären, wie sich aus parziellen Vergleichen ein Gesamtbild für die Gentechnik ergibt.

Additives Modell und synergistisches Modell (Kontexteffekte) der Risikoabschätzung

Die Diskussion um das additive oder das synergistische Modell hat vor allem die deutsche Diskussion um das adäquate Konzept zur Abschätzung der Risiken transgener Organismen in den 80er und frühen 90er Jahren geprägt (s. Gloede et al., 1993, S. 18ff und die dort zitierten Quellen).
Vertreter des additiven Modells gehen davon aus, dass die Eigenschaften und Risiken eines transgenen Organismus (z.B. herbizidresistenter Mais) hinreichend gut aus denen seiner Elemente „übertragenes Gen“ (das die Herbizidresistenz bewirkt) und „Empfängerpflanze“ (die Maisausgangssorte) abgeschätzt werden können. Für die

neue Pflanze bzw. Sorte wird im wesentlichen erwartet, dass sie der Ausgangssorte gleicht und mit einer zusätzlichen, durch das Gen übertragenen Eigenschaft ausgestattet ist. Zur Risikoabschätzung wird für die Ausgangspflanzen auf die Erfahrungen in Pflanzenzüchtung und Pflanzenbau verwiesen („keine neuen Risiken"). Für das eingeführte Gen wird gefragt, welche Wirkungen von dem Gen und der durch das Gen gesteuerten Eigenschaft für die Sicherheit der Produkte und der natürlichen Umwelt zu erwarten sind (s. hierzu ausführlich Kap. 4).

Dem widersprechen die Anhänger des synergistischen Modells: Sie halten das additive Modell durchaus für notwendig, aber nicht für hinreichend. Sie verweisen darauf, dass Wechselwirkungen auf der genetischen Ebene (s.u. „Positionseffekte" und „pleiotrope Effekte") auftreten können und dass kleine Veränderungen im Organismus langfristig durchaus große Veränderungen in der natürlichen Umwelt auslösen können: In der Evolution können Punktmutationen zur Gründung und Ausbreitung einer neuen Population führen (Gründereffekt). Erfahrungen mit nicht-heimischen Pflanzen haben ferner gezeigt, dass sie sich oft erst Jahrzehnte oder Jahrhunderte nach ihrer Einbürgerung ausgebreitet und dabei andere Arten verdrängt haben (Modell nicht-heimischer Arten, exotic species model; s. Kap. 3.3).

Die deutsche Diskussion baut auf Kontroversen auf, die vor allem in den USA aufgrund ihrer Vorreiterrolle in der Gentechnikentwicklung, in der wissenschaftlichen und öffentlichen Diskussion sowie in der Institutionalisierung von Technikfolgenabschätzungen geführt wurden. Das additive Modell wurde in den USA und in Deutschland vor allem von Molekularbiologen, den ihnen nahestehenden Institutionen in Wissenschaft und Politik sowie den Befürwortern der Gentechnik vertreten, das synergistische Modell von Ökologen und Kritikern der Gentechnik. Diese Lagerbildung und die entsprechende Zuordnung von Diskussionsteilnehmern hat einen konstruktiven Dialog behindert.

Betrachtet man die Debatte rückblickend aus heutiger Warte, so kann man feststellen, dass es keinen grundsätzlichen Streit mehr um die Existenz synergistischer Effekte gibt: es kommt auch, aber nicht nur auf das Gen an (van den Daele et al., 1996, S. 260f.; im folgenden auch „WZB-Verfahren"). Der Dissens liegt eher darin, welche Schlussfolgerungen man aus dem Wissen, dass synergistische Effekte auftreten können, für den Regulierungsbedarf ziehen soll. Befürworter der Gentechnik gehen eher davon aus, dass unerwünschte Effekte im Rahmen der Standardprüfverfahren in der Züchtung und Zulassung entdeckt werden. Gentechnik wird als konsequente Erweiterung des Züchtungsinstrumentariums eingestuft. Gentechnisch-spezifische Prüfverfahren werden abgelehnt, es wird die Produktprüfung – unabhängig vom Herstellungsverfahren Gentechnik oder konventionelle Züchtung – gefordert (s. Heyer, Saedler und Willmitzer, 1996, S. 69).

Kritiker argumentieren, dass die neue Qualität gentechnischer Ansätze nicht nur auf der Nutzen-, sondern auch auf der Risikoseite neue Effekte erwarten lassen, die u.U. erst längerfristig auftreten und die einer gesonderten Prüfung bedürfen (Weber, 1996, S. 59 ff).

Streit gibt es nach wie vor auf drei Ebenen:

- Auf der erkenntnistheoretischen Ebene: Was können wir auf Basis welcher Experimente und der jeweils dahinter liegenden Paradigmen erkennen und aussagen? Was lässt sich aus Versuchen, die unter weitgehender Ausschaltung von Umwelteinflüssen gewonnen wurden, für das Verhalten gentechnischer Pflanzen unter Umwelteinflüssen ableiten (s.a. Kap. 3.2, 3.3, 4 und 5)?

- Auf der Bewertungsebene: Wie gehen wir mit dem für unsere Gesellschaften typischen Wertepluralismus um, wie bewerten wir, was wir erkennen und was wir noch nicht wissen? Wer zählt zu den Gewinnern, wer zu den Verlierern der Nutzung transgener Pflanzen? Wie beteiligen wir Betroffene an der Zukunftsgestaltung von Landwirtschaft und Ernährung?
  Für Verbraucher lässt sich prinzipiell durch Kennzeichnungsregelungen die Möglichkeit zu individuellen Entscheidungen auf der Basis wahrgenommener Nutzen und Risiken verankern[1]. Für Landwirte wäre Entscheidungssouveränität nur dann zu gewährleisten, wenn zwischen den Anbausystemen mit und ohne Gentechnik keine Wechselwirkungen bestünden. Dies ist aber nicht der Fall: Durch breite Implementierung bekannter Wirkmechanismen aus dem biologischen Pflanzenschutz per Gentechnik in Pflanzen droht eine Resistenzbildung, die dieses Mittel dann auch im ökologischen Landbau, der dieses Mittel bisher selektiv einsetzt und bewusst auf den Einsatz von Gentechnik verzichtet, unwirksam werden lässt (s. Kap. 4.3). Konflikte können ferner auftreten bei Pollenflug von transgenen Pflanzen auf konventionelle Pflanzen sowie bei Rückwirkungen von Umwelteffekten auf die Landwirtschaft. Schließlich stellt sich die Frage der Bewertung externer, d.h. im Markt nicht erfasster Effekte auf die natürliche Umwelt.

- Auf der Entscheidungs- und Gestaltungsebene: Wie entscheiden wir über die Nutzung, Nichtnutzung oder Gestaltung der Rahmenbedingungen für die Nutzung neuer Techniken. Gesetzesstand ist in EU-Ländern derzeit eine fallweise Bewertung und eine Schritt-für-Schritt-Vorgehensweise in einem Zulassungsverfahren, eine Kennzeichnungsregulierung und eine eher randständige Haftungsregelung. Faktisch ist ein befristetes Moratorium für die Genehmigung zum Inverkehrbringen in Kraft. Die Ausgestaltung eines Monitorings nach Inverkehrbringen, wie in in der Novellierung der EU-Freisetzungsrichtlinie gefordert, ist ein Gegenstand dieser Untersuchung (s. Kap. 6).

Hypothetische, spekulative sowie noch unbekannte Risiken

Die Unterscheidung in hypothetische und spekulative Risiken spielte im deutschen TA-Verfahren zu transgenen herbizidresistenten Pflanzen eine wesentliche Rolle (van den Daele et al., 1996, 261ff). Im folgenden wird die Kategorie noch unbekannter Risiken gesondert angesprochen.

---

[1] Zu den Unzulänglichkeiten der Umsetzung der Kennzeichnungsregulierung s. aber Spelsberg et al., 2000

Hypothetische Risiken basieren auf begründeten, plausiblen Hypothesen. Als Beispiel wird angeführt, dass die Einführung eines Gens, das neue Stoffwechselprozesse in der Pflanze auslöst, die Annahme stützt, dass hierin ein größeres Risiko liegt als bei konventionellen Kreuzungen mit Pflanzen, die solche Stoffwechselveränderungen nicht erwarten lassen. Eine solche Fragestellung wäre experimentell überprüfbar. Eine Klärung könnte Voraussetzung der Zulassung sein. Nicht alle hypothetischen Risiken sind aber experimentell überprüfbar, dies gilt insbesondere für Auswirkungen seltener Ereignisse mit sehr langfristigen Wirkungsketten (z. B. horizontaler Gentransfer von transgenen Pflanzen auf Bodenmikroorganismen).

Risiken wurden als spekulativ bezeichnet, wenn keine allgemein für plausibel gehaltenen Hypothesen über Wirkmechanismen vorliegen. In diese Kategorie wurden nicht weiter begründete Behauptungen eingestuft, so z.B. die Behauptung, dass Gentechnik *per se* ein Risiko darstelle, aber auch *worst-case*-Risiko-Szenarien zu den Auswirkungen von horizontalem Gentransfer auf Boden- und Klimaprozesse, die wegen ihrer vielstufigen Verkettungen und vermuteten Wirkmechanismen als spekulativ bezeichnet wurden. Hierin zeigt sich bereits, dass die Abgrenzung hypothetischer und spekulativer Risiken unscharf ist[2].

In *ex ante*-Abschätzungen spielt auch die Diskussion um noch unbekannte Risiken ein Rolle. Erfahrungen mit anderen Technologien haben gezeigt, dass Fern- und Spätwirkungen auftreten können, die von niemandem vorhergesagt wurden und deren Kausalketten erst spät erforscht wurden (FCKW und „Ozonloch"; Treibhausgase und Klimawandel). Mit neuen Techniken seien grundsätzlich auch nicht vorhersehbare Risiken verbunden, die einen Sicherheitszuschlag verlangten.

Ein Problem der Argumentation in der Auswertung von van den Daele et al. liegt darin, dass eine Reihe von partiellen Vergleichen zwischen gentechnisch veränderten Pflanzen und konventioneller Züchtung sowie zwischen Transgenen und Transposonen gezogen werden, aus denen die Autoren jeweils dasjenige Fazit ziehen, dass die diskutierten Risiken *ex ante* nicht ausschließlich für die GVO zu erwarten sind,

---

[2] Bongert (2000, S. 91) lehnt die Bezeichnung spekulative Risiken ab, weil sie den Begriff als intrinsisch polemisch einstuft, und ersetzt ihn durch die Begriffe Unsicherheit und Nichtwissen. Hierzu ist zweierlei anzumerken:

1. Der Begriff spekulativ wird in der Tat in der Alltagssprache z.T. und von Befürwortern gegenüber Kritikern der Gentechnik häufig abwertend gebraucht. Der Duden (1996 S. 696) definiert Spekulation dagegen keineswegs negativ als „auf Mutmaßungen beruhende Erwartung; auf Gewinne aus Preisänderungen abzielende Geschäftstätigkeit; *Phil.* Vernunftstreben nach Erkenntnisgewinn jenseits der Sinnenwelt". Spekulation ist - unter bestimmten Bedingungen - ein Element des wirtschaftlichen und wissenschaftlichen Fortschritts. Im Feld der Risikodebatte über transgene Pflanzen ist die Diffusion der Technik durch Argumente spekulativer Art sicherlich verzögert worden, die Grundlagenforschung ist hingegen angeregt worden (s. die Diskussion um horizontalen Gentransfer). Wir halten den Begriff daher nicht für intrinsisch polemisch, lehnen aber seinen polemischen Gebrauch zur Diffamierung Anders-Denkender ab, und wir halten ihn auch für verzichtbar.
2. Für zweckmäßig halten wir es aber im Hinblick auf Handlungskonsequenzen, Nichtwissen im Sinne – noch - nicht geprüfter Hypothesen zu unterscheiden von Nichtwissen im Sinne eventueller indirekter und langfristiger Wirkungen, für die noch keine Hypothesen existieren (s.o. im folgenden Abschnitt). Die erste Art von Nichtwissen kann u.U. durch gezielte Forschungen abgebaut werden, die zweite Art nur indirekt über die allgemeine Ausweitung der Grundlagenforschung zum Verständnis biologischer Systeme (WBGU, 2000)

sondern auch für konventionell gezüchtete Pflanzen mit den gleichen Zuchtzielen. Aus diesen partiellen Ähnlichkeiten wird dann auf Gleichheit geschlossen, solange keine empirische Widerlegung erfolgt. Als Ergebnis stellen van den Daele und Mitarbeiter eine **Normalisierung** der Risiken durch Vergleich fest. Genauer hätte es heißen müssen, eine **Relativierung**[3] durch Vergleich, denn es handelt sich sowohl bei der These, die Risiken seien als gleich einzustufen, als auch bei der These, die Risiken seien unterschiedlich (aus Sicht der Kritiker: wesentlich höher) einzuschätzen, um *ex ante*-Hypothesen, die nur durch Experimente und Erfahrungen geprüft werden können.
Kritisch zu hinterfragen ist auch, inwiefern aufgrund zahlreicher parzieller Ähnlichkeiten von der Ähnlichkeit im Ganzen gesprochen werden kann. Um nur drei Argumente zu nennen:

- Bestimmte Züchtungsziele lassen sich bisher ausschließlich oder aber schneller und effizienter mit Hilfe der Gentechnik erreichen. Entsprechend sind unterschiedliche - positive wie negative - Umwelteffekte zu erwarten.
- Unter dem Patentschutz wie auch der Globalisierung ist es zu enormen Strukturveränderungen im Saatgutsektor gekommen, die zu Änderungen in Züchtungszielen und Sortenvielfalt führen können, die ihrerseits auf die Umwelt zurückwirken.
- Schließlich ist die Technikdiffusion von der Akzeptanz abhängig, die für die bisher angebotenen gentechnisch veränderten Pflanzen, die keinen spürbaren Verbrauchernutzen aufweisen, nur bei einer Minderheit gegeben ist.

Alle diese Änderungen werden auch auf den Pflanzenbau mit und ohne Gentechnik einwirken und so zur Realisierung neuer Nutzen beitragen, aber auch zu Risikoveränderungen führen.

Normalisierung ist folglich nicht durch eine Serie parzieller *ex ante*-Vergleiche, sondern nur durch Experimente und Erfahrungen zu erreichen.
Im dem TA-Verfahren des WZB zu herbizidresistenten Pflanzen ging es im wesentlichen um den Streit, ob aufgrund der dargelegten Argumente ein Freisetzungs- und damit Technikverbot begründet werden könnte. Diese Fragestellung soll an dieser Stelle nicht weiter verfolgt werden, da sie zwischenzeitlich zugunsten einer Freisetzung nach Genehmigung entschieden wurde. Dabei wird nach dem Grundsatz einer Fall-zu-Fall-Prüfung (case-by-case) und eines schrittweisen Vorgehens (step-by-step) entschieden. Dieser Grundsatz entspricht sowohl dem Vorsichtsprinzip als auch dem Prinzip schrittweisen Lernens. Er erscheint auch mit dem Konzept einer schrittweisen, reflektierten Rekontextualisierung, das als Konsequenz aus dem synergistischen Risikomodell vorgeschlagen wurde (Bonss et al., 1996)[4], vereinbar. Der Streit wird damit auf die Ebene der Geschwindigkeit und Größe der Schritte verlagert.

---

[3] Lediglich auf S. 259 sprechen van den Daele et al. von der *Relativierung* eines Arguments.
[4] Unter Dekontextualisierung wird die Gewinnung wissenschaftlicher Erkenntnisse über Ursachen und Wirkungen unter Ausschaltung komplexer Umwelteffekte verstanden, unter Rekontextualisierung die schrittweise Erhöhung der Zahl der Einflussfaktoren und ihrer Wechselwirkungen.

Operationalisierung des Vorsorgeprinzips: Fall-zu-Fall-Bewertung (case-by-case) und Schritt-für-Schritt-Vorgehensweise (step-by-step) zur Bewertung von Risikotechnologien

In der Präambel zur Agenda 21, der Rio-Deklaration der Regierungen zur nachhaltigen Entwicklung, wird im Punkt 15 ausdrücklich auf das Vorsorgeprinzip hingewiesen: „*In order to protect the environment, the precautionary approach shall be widely applied by states according to their capabilities.*" (UNCED, 1992).
Das Vorsorgeprinzip ist in den relevanten Gesetzestexten (Gentechnikgesetz, Freisetzungsrichtlinie der EU [90/220/EWG]) in einer Fall-zu-Fall-Bewertung und einer Schritt-für-Schritt-Vorgehensweise umgesetzt worden. Die zugrundeliegende Idee war, für jede transgene Pflanze die physikalischen Beschränkungen (containment) und damit die Sicherheitsmaßnahmen schrittweise zu verringern und dabei sicherheitsrelevante Daten zu sammeln.
Dabei legt das Gesetz Umfang und Inhalt eines „Schrittes" nicht fest. Angenommen wurde aber, dass jede einzelne gentechnisch veränderte Pflanze eine Serie von Tests durchlaufen solle, bevor sie vermarktet werden könne. Dazu sollten zunächst Versuche im Gewächshaus durchgeführt werden, dann Freisetzungsversuche im kleinen Maßstab, gefolgt von Frei-setzungsversuchen im größeren Maßstab. Diese sollen nicht nur der Überprüfung der agro-nomischen Eigenschaften der gentechnisch veränderten Pflanzen dienen, sondern auch der Abschätzung der möglichen Wirkungen auf die Umwelt (von Schomberg, 1998). Insbesondere der Schritt „Zulassung zum Inverkehrbringen" baut auf der vorherigen Prüfung der Zulassung der Freisetzungsversuche sowie auf den aus den Freisetzungen gewonnenen Erfahrungen auf (SRU, 1998).
Nach der EU-Richtlinie 90/220/EWG kann der Versuchsmaßstab nur dann vergrößert bzw. können die Sicherheitsmaßnahmen verringert werden, wenn die Ergebnisse der vorherigen Versuche gezeigt haben, dass dieser Schritt ohne schädliche Wirkung auf Mensch und Umwelt getan werden kann.
In den Gentechnikgesetzen wird aber weder definiert, was negative Wirkungen auf Mensch und Umwelt sind, noch wie ein mögliches Risiko abgeschätzt werden soll. Daraus ergeben sich Schwierigkeiten bei der Umsetzung der „Schritt-für-Schritt"-Vorgehensweise: Werden zu wenig Sicherheitsmaßnahmen bei einem Schritt vorgenommen, können schädliche Wirkungen auf Mensch und Umwelt eintreten; werden dagegen zu viele Auflagen gemacht, können keine Daten zum Verhalten der gentechnisch veränderten Organismen gesammelt werden (von Schomberg, 1998).
In der Praxis hat sich gezeigt, dass auch aus großflächigen Freisetzungsversuchen nicht alle Daten gewonnen werden können, die schädliche Wirkungen auf Mensch und Umwelt für den nächsten Schritt - „Inverkehrbringen" - abschätzen ließen. Diese „Übersetzung" kann nicht nur quantitative sondern auch qualitative Veränderungen zur Folge haben (SRU, 1998). Daraus ergab sich die Forderung eines Nach-Genehmigungs-Monitorings (d.h. Nach-Inverkehrbringen-Monitoring), in dem weitere Daten gesammelt werden sollen (s. Kap. 6), sowie die Forderung einer befristeten Zulassung, die eine teilweise Revision der getroffenen Entscheidungen ermöglicht, wenn schädliche Wirkungen beobachtet worden sind.

Als Fazit lässt sich festhalten, dass das Vorsichtsprinzip in jüngster Zeit noch stärker verankert wurde (s. Biodiversitätskonvention/*Cartagena Protocol*, 2000; Commission of the European Communities, 2000; OECD 2000). Über die Auslegung und Umsetzung besteht nach wie vor aber große Unsicherheit: Gentechnikbefürworter und die USA befürchten eine sehr restriktive Interpretation durch Nichtregierungsorganisationen und die EU (Harvard Conference 2000).

Direkte, sicherheitsrelevante Auswirkungen und indirekte Wirkungen/sekundäre Effekte

Nach der EU-Richtlinie 90/220/EWG wird eine Genehmigung einer Freisetzung/eines Inverkehrbringens verweigert, wenn schädliche Wirkungen auf Mensch und Umwelt zu erwarten sind. Auch hier ist der Begriff „schädliche Wirkung" nicht abschließend definiert. Es werden beispielhaft schädliche Einwirkungen auf die Umwelt in ihrem Wirkungsgefüge aufgezählt, wie z.B. toxische Wirkungen, toxische Stoffwechselprodukte, pathogene Wirkungen für andere als den Zielorganismus, Veränderungen von Stofffließgleichgewichten, Verdrängung anderer Arten, Übertragung negativer Eigenschaften auf andere Arten. Als Schaden wird demnach jede Beeinträchtigung des Naturhaushaltes verstanden, sobald sie eine bestimmte Erheblichkeitsschwelle überschreitet (Jörgensen, 1998).

In der deutschen Rechtsprechung wird der Begriff „schädliche Einwirkung auf die Umwelt in ihrem Wirkungsgefüge" relativ eng ausgelegt: Er umfaßt nur direkte Wirkungen der gentechnisch veränderten Organismen und keine mittelbaren oder Langzeitwirkungen, die durch die massenhafte Verwendung gentechnisch veränderter Pflanzen auftreten können. Beispiele dafür sind eventuelle multiple Resistenzen nach Ausbringen von Pflanzen mit verschiedenen Herbizidresistenzgenen, Veränderungen des Pestizideinsatzes oder mögliche Einengungen der Fruchtfolgen mit den entsprechenden negativen Auswirkungen auf die Bodenqualität (von Schomberg, 1998; Winter, 1998).

Die Berücksichtigung solcher Fernwirkungen wird aber kontrovers diskutiert und in den einzelnen EU-Mitgliedsstaaten unterschiedlich ausgelegt (s.u.).

In der EU-Freisetzungsrichtlinie 90/220/EWG fehlt außerdem eine Definition, welche Wirkung auf das Ökosystem noch akzeptabel ist. Die jeweils zuständigen Behörden in den einzelnen Mitgliedsstaaten müssen daher zusätzliche normative Annahmen machen, um ihre Entscheidung zu einem Antrag auf Freisetzung oder Inverkehrbringen begründen zu können.

In der Regel gehen die Behörden dabei von einer konventionellen Norm aus, also einem allgemein akzeptierten Standard. Von Schomberg listet die unterschiedlichen Definitionen von Akzeptabilität in den einzelnen Mitgliedsstaaten der EU auf (von Schomberg, 1998, Tab. 2).

Danach vergleichen die zuständigen Behörden in **Großbritannien** die Wirkungen des Anbaus gentechnisch veränderter Pflanzen mit denen des konventionellen landwirtschaftlichen Anbaus. Eventuelle Wirkungen aus der Freisetzung gentechnisch veränderter Pflanzen sind dann akzeptabel, wenn sie **kein zusätzliches** Risiko zum jetzigen Status darstellen.

Die **niederländischen Behörden** unterscheiden, ob die Freisetzung/das Inverkehrbringen einen **persistenten Einfluss** auf die natürliche Vegetation hat. Danach wird eine möglicherweise schädliche Wirkung akzeptiert, wenn die Natur diese wieder ausgleichen und zu ihrem Ausgangszustand zurückkehren kann.
In **Österreich** wird eine Freisetzung/ein Inverkehrbringen auch auf Sozialverträglichkeit geprüft, d.h. gentechnisch veränderte Organismen oder ihre Produkte dürfen bestehende soziale Institutionen und Konventionen nicht stören. Das österreichische Gentechnikgesetz legt den Vorsorgegedanken weiter aus und umfaßt ausdrücklich auch sekundäre Wirkungen, wie z.B. Auswirkungen auf den Pestizidgebrauch und weitere agronomische Effekte. Ein gentechnisch veränderter Organismus bzw. ein gentechnisch verändertes Produkt muss **besser als die jeweils konventionellen** sein, nicht nur „nicht schlechter“ (von Schomberg, 1998; Torgersen und Seifert, 1999). Dies ist ein Maßstab, der in Deutschland in der Sortenzulassung – unabhängig von der Züchtungsmethode der Sorten – Anwendung findet: die Verbesserung des landeskulturellen Wertes.
Die skandinavischen Länder (**Dänemark**, **Schweden** und **Finnland**) beziehen bei einer Risikoabschätzung ebenfalls sekundäre Wirkungen mit ein; darüber hinaus beziehen sie sich bei der Feststellung der Akzeptabilität eines Produktes auf die Zielvorgaben einer **nachhaltigen Entwicklung** (sustainable development) (von Schomberg, 1998).

Abwägung von Nutzen und Risiken

Das Gentechnikgesetz bietet die Möglichkeit, gentechnisch veränderte Organismen trotz festgestellter schädlicher Wirkungen zuzulassen, wenn diese Wirkungen im Verhältnis zum Zweck der Freisetzung vertretbar sind. Die Offenheit dieser Risiko-Nutzen-Abwägung ist auf Kritik gestoßen. Nach wie vor gilt aber, dass eine Genehmigung nur dann erteilt werden darf, wenn die Prüfung zu dem Ergebnis gekommen ist, dass nach dem Stand der Wissenschaft schädliche Auswirkungen auf Mensch und Umwelt im Sinne von Gefahren ausgeschlossen sind.
Eine Risiko-Nutzen-Abwägung kann daher nur im Vorsorgebereich erfolgen: Je geringer die Wahrscheinlichkeit der möglichen schädlichen Wirkungen ist, desto eher öffnet sich der staatliche Schutz für gegenläufige Interessen.
In der Genehmigungspraxis ist die Möglichkeit einer Risiko-Nutzen-Abwägung bisher nicht angewendet worden, da bei allen beantragten Versuchen kein Risiko für Mensch und Umwelt mehr festgestellt wurde, nachdem durch Sicherheitsauflagen einzelne, möglicherweise schädliche Wirkungen minimiert worden sind (SRU, 1998, S. 301).
Die Verteilung von Nutzen und Risiken ist für die Akzeptanz von Produkten aus gentechnisch veränderten Pflanzen von großer Bedeutung. Bei den frühen Produkten der Gentechnik (Rinderwachstumshormon rBST, Herbizid- und Insektenresistenz) war ein direkter Nutzen für die Verbraucher nicht sichtbar. Der Effekt möglicher Produktpreissenkungen ist für die Verbraucher und Verbraucherinnen unter den derzeitigen Rahmenbedingungen kaum wahrnehmbar (geringer Anteil der Rohstoffkosten an den Endprodukten, langfristig sinkende Anteile der Verbraucherausgaben für Nahrungsmittel an den Ausgaben insgesamt) und kaum der Technik

zuzuordnen, Umweltentlastungen werden nur von wenigen honoriert oder angesichts der Diskussion um Risiken für die Umwelt als fraglich eingeschätzt. Es ist offen, wie Verbraucher neue Produktgenerationen der Gentechnik wie ernährungsphysiologisch verbesserte Lebensmittel (functional food, s. Kap. 4.7.1) akzeptieren. Durch Kennzeichnung besteht die Möglichkeit, die Wahl dem Verbraucher zu überlassen, was dem Prinzip der Konsumentensouveränität am ehesten entsprechen dürfte.

Wirkung auf Umwelt und Gesundheit, Sozialverträglichkeit und ethische Fragestellungen, Einordnung in die Nachhaltigkeitsdebatte

Bisher wurde die Einbeziehung sozialer, ökonomischer und ethischer Fragestellungen in die Risikoabschätzung zur Vermarktung gentechnisch veränderter Organismen in den meisten EU-Mitgliedstaaten strikt abgelehnt. Wie oben aufgeführt, enthält aber die nationale Gesetzgebung einzelner Mitgliedstaaten derartige Bezüge[5].

Das **österreichische Gentechnikgesetz** bezieht ethische Fragestellungen in die Entscheidung über Freisetzungen gentechnisch veränderter Organismen mit ein. Vor der Vermarktung gentechnisch veränderter Organismen oder deren Produkte steht zudem noch eine sogenannte „vierte Hürde", die Prüfung auf „Soziale Verträglichkeit". Dieser Begriff ist nicht klar definiert, eröffnet aber die Möglichkeit, sozio-ökonomische Folgen der Vermarktung in die Entscheidung mit einzubeziehen. Seine Einführung in das Gentechnikgesetz basiert auf Erfahrungen aus den Diskussionen zur Verwendung bovinen Somatotropins (BST) in der EU. Hier zählten nur Risiken für die menschliche Gesundheit oder die Umwelt, mögliche sozio-ökonomische Auswirkungen mussten hinter diesen Argumenten verborgen werden (Mikl und Torgersen, 1996).

Das **dänische Gentechnikgesetz** sieht insbesondere den Schutz der Natur vor, legt aber auch einen Schwerpunkt auf eine sozial verträgliche Entwicklung. Das **schwedische Gentechnikgesetz** trat in Kraft, bevor Schweden Mitglied der EU wurde, und zeichnet sich dadurch aus, dass auch indirekte Effekte und ethische Überlegungen mit einbezogen werden (Anker, 1998).

Dies führte dazu, dass auf EU-Ebene in den meisten Fällen kein Konsens zu Anträgen auf Inverkehrbringen erzielt werden konnte (s. Kap. 6).

Norwegen ist zwar nicht Mitglied der EU, die EU-Regulierungen gelten aber auch hier, da das Land Mitglied der EFTA (European Free Trade Organization) ist. Die EFTA-Staaten haben aber die Möglichkeit, weitergehende Überlegungen zu berücksichtigen, so fern diese keine Handelsbeschränkungen darstellen. Neben Umwelt- und Gesundheitsaspekten betont das norwegische Gesetz ethische Überlegungen, den Nutzen für die Öffentlichkeit und das Hinwirken auf eine nachhaltige Entwicklung (Anker, 1998).

---

[5] Zum Folgenden siehe auch Bongert (2000) sowie Vogel und Tappeser (2000).

Literatur

Anker HT. 1998. The Regulation and Control of the Release of Genetically Modified Organisms in Denmark and other Scandinavian Countries. In: Winter G. (ed.) Die Prüfung der Freisetzung von gentechnisch veränderten Organismen – Recht und Genehmigungspraxis. Gutachten im Auftrag des Umweltbundesamtes. UBA-Berichte 4/98:76-96

Bongert E. 2000. Regelungen zur Freisetzung, zum Inverkehrbringen und zur Sortenzulassung transgener Nutzpflanzen in der EU. Gutachten im Auftrag des Deutschen Bundestages, Husum, 15. Juli 2000

Bonss W, Hohlfeld R, Kollek R. 1996. Soziale und kognitive Kontexte des Risikobegriffs in der Gentechnologie. In: Albrecht S. (Hrsg.) Aufgaben verantwortbarer Wissenschaft: Technik, Technikfolgen, Technikgestaltung, Reimer, Berlin

Cartagena Protocol on Biosafety to the Convention on Biological Diversity. 2000. http://www.iisd.ca/biodiv/excop/

Commission of the European Communities. 2000. Communication from the Communities on the Precautionary Principle, Brussels, 2.2.2000.

Daele van den W, Pühler A, Sukopp H, Bora A, Döbert R, Neubert S, Sievert V. 1996. Grüne Gentechnik im Widerstreit: Modell einer partizipativen Technikfolgen-abschätzung zum Einsatz transgener herbizidresistenter Pflanzen. VCH, Weinheim

Duden 1996. Die Deutsche Rechtschreibung. 21. Aufl., Dudenverlag: Mannheim, Leipzig, Zürich.

Gloede F, Bechmann G, Hennen L, Schmitt JJ. 1993. Biologische Sicherheit bei der Nutzung der Gentechnik. Büro für Technikfolgen-Abschätzung beim Deutschen Bundestag (Hrsg.), TAB-Arbeitsbericht Nr. 20, Bonn

Harvard University, Kennedy School of Government 2000: Biotechnology in the Global Economy: Science and the Precautionary Principle. Conference, 22-23 September. http://www.iisd.ca.sd/biotech/; calestous juma@harvard.edu

Heyer AG, Saedler H, Willmitzer L. 1996. Zu den evolutionsbiologischen Aspekten transgener herbizidresistenter Pflanzen – Kurzfassung des Kommentargutachtens. In: van den Daele W, Pühler A, Sukopp H et al. (eds.) Grüne Gentechnik im Widerstreit: Modell einer partizipativen Technikfolgen-abschätzung zum Einsatz transgener herbizidresistenter Pflanzen. VCH, Weinheim, 68-75

Jörgensen M. 1998. Materielle Voraussetzung der Freisetzungsgenehmigung. In: Winter G (ed.) Die Prüfung der Freisetzung von gentechnisch veränderten Organismen – Recht und Genehmigungspraxis. Gutachten im Auftrag des Umweltbundesamtes. UBA-Berichte 4/98, 7-24

Mikl M, Torgersen H. 1996. Austria's biotechnology regulation: from „virtual releases" to public protest. *Science and Public Policy* 23(3):195-200

OECD 2000: Report of the Working Group on Harmonization of Regulatory Oversight in Biotechnology. OECD C(2000)86/ADD2, Paris, 25 May 2000.

Schomberg von R. 1998. An appraisal of the working in practice of directive 90/220/EEC on the deliberate release of genetically modified organisms. Report für STOA (Scientific and Technological Options Assessment) of the European Parliament, Brüssel

Schulte, E. 2000: Vergleich vorliegender Konzepte und Vorschläge zum Monitoring nach Inverkehrbringen transgener Pflanzen. Gutachten im Auftrg des Büros für Technikfolgenabschätzung beim Deutschen Bundestag (TAB), Genius GmbH, Darmstadt, Mai 2000.

Spelsberg, G., Minol, K., Sinemus, K. 2000: *Novel F*ood-Verordnung und transgene landwirtschaftliche Nutzpflanzen. Gutachten im Auftrag des Büros für Technikfolgenabschätzung beim Deutschen Bundestag (TAB). Aachen, Darmstadt März 2000.

SRU (Der Rat der Sachverständigen für Umweltfragen) 1998. Umweltgutachten 1998. Umweltschutz: Erreichtes Sichern – Neue Wege Gehen. Metzler-Poeschel, Stuttgart

Torgersen H, Seifert F. 1999. Austria: Precautionary Blockage of Agricultural Biotechnology. Report for the project „Safety Regulation of Transgenic Crops – Completing the Internal Market? (funded by DGXII RTD [ELSA]), ITA/OeAW, Wien

UNCED (United Nations Conference on Environment and Development) 1992. Agenda 21: Programme of Action für Sustainable Develoment. Rio-Declaration on Environment and Development. Statement of Forest Principles. Rio de Janeiro, 3-14 June 1992, United Nations Publications, 10

Vogel B, Tappeser B. 2000. Der Einfluss von Risikodiskussion und Risikoforschung auf die Genehmigungsverfahren zum Inverkehrbringen transgener Pflanzen. Gutachten im Auftrag des Büros für Technikfolgen-Abschätzung beim Deutschen Bundestag (TAB), Öko-Institut Freiburg, Mai 2000

Weber B. 1996. Evolutionsbiologische Argumente in der Risikodiskussion am Beispiel der transgenen herbizidresistenten Pflanzen (Kurzfassung des Gutachtens). In: van den Daele W, Pühler A, Sukopp H et al. (eds.) Grüne Gentechnik im Widerstreit: Modell einer partizipativen Technikfolgenabschätzung zum Einsatz transgener herbizid-resistenter Pflanzen. VCH, Weinheim, 59-68

Winter G. 1998. Zusammenfassung und Reformüberlegungen. In: Winter G. (ed.) Die Prüfung der Freisetzung von gentechnisch veränderten Organismen – Recht und Genehmigungspraxis. Gutachten im Auftrag des Umweltbundesamtes. UBA-Berichte 4/98:97-117

WBGU (Wissenschaftlicher Beirat der Bundesregierung Globale Umweltveränderungen) 1999. Welt im Wandel – Strategien zur Bewältigung globaler Umweltrisiken. Jahresgutachten 1998. Springer Verlag: Berlin, Heidelberg, New York.

WBGU 2000. Welt im Wandel – Erhaltung und nachhaltige Nutzung der Biosphäre. Jahresgutachten 1999. Springer Verlag: Berlin, Heidelberg, New York.

3 Stand der Sicherheitsforschung und Risikoabschätzung zu allgemeinen Risiken

3.1 Gesundheitliche Risiken

S. STIRN

Stand der Entwicklung transgener Pflanzen für den Lebensmittelmarkt

Zur Zeit sind in der **EU** nur einige gentechnisch veränderte Pflanzen auf dem Markt, die als Lebens- oder Futtermittel genutzt werden. Dazu zählen vor allem insektenresistenter Mais, sowie Sojabohnen und Raps mit Herbizidresistenzgenen (RKI, 1999). Berücksichtigt man auch die gentechnisch veränderten Pflanzen, die in den **USA** und **Kanada** in Verkehr gebracht wurden, so erweitert sich das Spektrum um Tomaten mit verändertem Reifeprozeß, insektenresistente Tomaten und Kartoffeln, virusresistente Kartoffeln, Kürbisse und Papaya, herbizidresistente Zuckerrüben und Reis sowie Raps und Sojabohnen mit verändertem Ölprofil (APHIS, 2000).

In **Deutschland** werden **Freisetzungsversuche** mit gentechnisch verändertem Raps, Mais, Zuckerrüben, Kartoffeln und Wein durchgeführt. Die gentechnische Veränderung bezieht sich dabei auf Herbizidresistenz (Raps, Mais, Zuckerrübe), Virusresistenz (Zuckerrübe, Kartoffel), Produktqualität (Raps, Kartoffel), Pilzresistenz (Raps, Kartoffel, Zuckerrübe, Wein) sowie Bakterienresistenz (Kartoffel) (RKI, 2000a). Eine genaue Übersicht befindet sich in Tab 1. des Kapitels 1.
In der **EU** sind bis September 2000 1603 **Freisetzungsversuche** mit 33 gentechnisch veränderten Pflanzen durchgeführt worden, die als Lebens- oder Futtermittel verwendet werden. Neben Mais, Raps, Zuckerrübe und Kartoffeln wurden u.a. auch gentechnisch veränderte/r Weizen, Gerste, Reis, Sojabohne, Tomate, Chicorée, Blumenkohl, Melone, Kürbis, Erdbeere, Kirsche, Äpfel und Kiwi freigesetzt (RKI, 2000b).
Gentechnisch veränderte Pflanzen aus Freisetzungsversuchen befinden sich noch in der Entwicklungsphase. Sie dürfen nur an einem bestimmten Ort in einem bestimmten Zeitraum angepflanzet werden und sind nicht zum Verkauf/Verzehr bestimmt.

Vor der Zulassung zum Inverkehrbringen (Vermarktung) werden alle gentechnisch veränderten Pflanzen auf ihre möglichen gesundheitlichen Risiken geprüft. Diese Prüfungen umfassen sowohl Abschätzungen und Tests zum toxischen und allergenen Potential gentechnisch veränderter Pflanzen als auch Untersuchungen zu eventuellen sekundären Effekten.

3.1.1 Toxizität

Es sind unzählige Substanzen in Nutzpflanzen oder Lebensmitteln bekannt, die - in Abhängigkeit von ihrer Dosis - humantoxisch wirken können (Ames et al., 1990).

Viele akut toxische Stoffe können relativ leicht erkannt und gemieden werden; andere wirken erst nach längerer Latenzzeit. Genotoxische Stoffe reagieren mit dem Erbmaterial und führen zu Mutationen oder zur Entstehung von Krebs. Versuche mit Zellkulturen und Mikroorganismen können solche toxischen Potentiale von Stoffen in der Regel aufdecken. Im Tierversuch kann eine mutagene/kanzerogene Wirkung für höhere Organismen, einschließlich des Menschen, nachgewiesen werden (SRU, 1998).
Schwieriger ist die Abschätzung der möglichen Toxizität von komplexen Nahrungsmitteln. Sie können aufgrund ihrer Heterogenität kaum mit den herkömmlichen toxikologischen Methoden untersucht werden. Beispielsweise führen Tierversuche zur Ermittlung einer akuten Toxizität mit komplexen Nahrungsmitteln leicht zu einer unausgewogenen Ernährung und damit verbundenen Nebenwirkungen. Dies zeigen auch die Erfahrungen der amerikanischen Lebensmittelbehörde FDA bei der Einführung bestrahlter Lebensmittel in den fünfziger und sechziger Jahren (mehrere Autoren zitiert in Stirn, 1998).

Das gegenwärtige Abschätzungskonzept der „substantiellen Äquivalenz“

Mögliche humantoxische Effekte transgener Nutzpflanzen können über drei verschiedene Mechanismen entstehen:

- Die eingeführte **DNA** könnte selbst toxisch wirken. Diese Möglichkeit wird als vernachlässigbar gering angesehen, da Nukleinsäuren chemisch sehr einheitlich sind und von jeher zur täglichen Nahrung des Menschen gehören.
- Das **Protein**, für das die eingeführte DNA codiert, könnte einen Einfluß auf die Lebensmittelsicherheit haben.
- Unerwartete **Sekundäreffekte** könnten zur Akkumulation toxischer Substanzen führen.

In der EU hat man sich darauf geeinigt, die mögliche Toxizität eines gentechnisch veränderten Nahrungsmittels nach dem Konzept der „substantiellen Äquivalenz“ abzuschätzen.
Dieses Konzept wurde ursprünglich von der OECD vorgeschlagen und zusammen mit der FAO/WHO weiterentwickelt. Es beruht auf dem Vergleich eines neuartigen Lebensmittels mit einem Lebensmittel, das seit längerer Zeit ohne Hinweise auf toxische Wirkungen verzehrt wird. Der Vergleich wird auf einer Fall-zu-Fall-Grundlage durchgeführt und beinhaltet funktionelle Charakteristika des Produktes sowie den Gehalt der aufgenommenen Nahrung an Nährstoffen und toxischen Substanzen (OECD, 1998).
Dabei werden folgende Punkte als wichtige Bestandteile einer Analyse der Lebensmittelsicherheit transgener Pflanzen angesehen und geprüft (Pascal, 1998):

- Alle toxikologisch relevanten Informationen über die **untransformierte Wirtspflanze**, die (in der Regel) ein herkömmliches, toxikologisch unbedenkliches Nahrungsmittel ist.
- Die **Herkunft** des eingeführten genetischen Materials.

- Die **stabile Integration** und Expression des eingeführten Genmaterials. Dazu zählt auch eine geringe Anzahl an Genkopien, die möglichst nur an einem Ort in das Wirtsgenom integriert sind.
- Informationen über die **agronomischen Eigenschaften** der transgenen Pflanze.
- Mögliche **Toxizität und Allergenität** des eingeführten Genproduktes.
- Mögliche Toxizität des Produktes aus der enzymatischen Wirkung des neu eingeführten Proteins (z.B. **Metabolite** von Pestiziden, Einflüsse auf den Hormonhaushalt der Pflanzen).
- Chemische Analyse der wichtigsten **Nährstoffe und Toxine** in der transgenen Pflanze im Vergleich zur Ausgangspflanze zur Aufdeckung möglicher Sekundäreffekte.
- Veränderungen in der **Bioverfügbarkeit der Hauptnährstoffe.**
- Auswirkungen des neuartigen Lebensmittels auf **Eßgewohnheiten** und die Ausgewogenheit der Ernährung, unter Berücksichtigung verschiedener Kulturen.

Die Abschätzung der möglichen Toxizität des eingeführten Genproduktes sowie die Analyse möglicher Sekundäreffekte stellen den Kern der Untersuchung dar und werden im Folgenden detailliert beschrieben:

Abschätzung der möglichen Toxizität des eingeführten Genproduktes (Proteins)

Die toxikologische Bewertung der übertragenen Proteine selbst stellt methodisch keine besondere Hürde dar, da dies eine typische Problemstellung der klassischen Toxikologie ist. Bei der Untersuchung von Pestiziden, Nahrungsmittelzusätzen oder anderen, definierten chemischen Einzelsubstanzen sind von der OECD Prüfrichtlinien zur Ermittlung der Toxizität entwickelt worden. In Anlehnung an diese Prüfrichtlinien können auch für die übertragenen Proteine toxische Effekte festgestellt und unbedenkliche Konzentrationen festgelegt werden (UBA, 1998).
Für die Charakterisierung des bewußt eingeführten Merkmals können drei Situationen grundsätzlich unterschieden werden (OECD, 1996):

- **Vollkommene substantielle Äquivalenz** zwischen neuartigem und traditionellem Nahrungsmittel liegt vor, wenn das Endprodukt das neu eingeführte Protein nachweislich nicht mehr enthält (z.B. Zucker aus gentechnisch veränderten Zuckerrüben) oder das neu eingeführte Protein auch bislang schon Teil des entsprechenden Nahrungsmittels war (eventuell bei einigen virusresistenten Pflanzen, wenn die verwendeten Hüllproteine auch in der nicht-transformierten, von diesem Virus befallenen Pflanze enthalten sind). In diesem Fall sind keine weiteren Untersuchungen erforderlich.
- **Eingeschränkte substantielle Äquivalenz** liegt vor, wenn das eingeführte Gen bislang nicht Bestandteil der Nahrung war. In diesem Fall sind neuartiges und traditionelles Nahrungsmittel in jeder Hinsicht identisch, mit Ausnahme des transformierten Merkmals. Dies bezieht sich beispielsweise auf die *Bt*-Toxine oder Herbizidresistenz-vermittelnde Proteine, die die Feldeigenschaften der Pflanze

verändern, aber nicht die Nahrungsmittelzusammensetzung. Hier sollte das Produkt des übertragenen Gens einer genaueren toxikologischen Analyse unterzogen werden.

- **Keine substantielle Äquivalenz** liegt vor, wenn das transformierte Merkmal die Produkteigenschaften betrifft, beispielsweise veränderte Fettsäurezusammensetzung oder verringerter Wassergehalt. In diesem Falle ist nicht nur das eingeführte Protein Gegenstand der toxikologischen Untersuchung, sondern auch die jeweilig erhöhten Substanzen bzw. Stoffgruppen.

Analyse möglicher Sekundäreffekte

Im Vergleich zur toxikologischen Bewertung der bewußt eingeführten bzw. veränderten Substanzen stellt die Identifizierung unbeabsichtigter Nebeneffekte ein ungleich größeres methodisches Problem dar. Verschiedene Sekundäreffekte mit toxikologischer Relevanz sind denkbar:

- **Stoffwechselverschiebungen:** Diese sind sogar relativ wahrscheinlich, wenn das eingeführte Genprodukt ein Enzym ist, das Substanzen aus dem pflanzeneigenen Stoffwechsel umsetzt. Im Fall eines gentechnisch veränderten Tabaks wurde infolge der Überexpression einer Ornithin-Decarboxylase eine erhöhte Akkumulation von Nikotin festgestellt (Hamill et al., 1990).
- **Abbau- oder Inaktivierungsprodukte:** Beim Einsatz herbizidresistenter Pflanzen besteht die Möglichkeit, dass das aufgebrachte Herbizid von der Pflanze aufgenommen und zu möglicherweise toxischen Abbau- oder Inaktivierungsprodukten metabolisiert wird (WHO, 1993).
- **Pleiotrope Effekte:** Hierunter versteht man ganz allgemein, dass ein Gen für die Realisierung mehrerer Merkmale verantwortlich ist. Übertragen auf transgene Pflanzen bedeutet das, dass das neu eingeführte Gen nicht nur zu dem erwarteten veränderten Phänotyp führt, sondern zusätzlich unerwartete Effekte hervorruft. So können durch den Einbau der übertragenen DNA in das Wirtsgenom Gene inaktiviert werden (**Insertionsmutagenese**) (Conner, 1993). Wenn dies Gene betreffen würde, deren Genprodukte beim Toxinabbau oder bei der Toxininaktivierung beteiligt sind, könnten die transgenen Nahrungsmittel eine veränderte Toxizität aufweisen.

Gerade die letztgenannten, unerwarteten Sekundäreffekte können nur durch indirekte Tests abgeschätzt werden und stellen den Kernpunkt der Kritik des Abschätzungskonzeptes dar (s.u.).

Ergebnisse der bisher durchgeführten toxikologischen Untersuchungen

Bei allen bisher in Verkehr gebrachten Pflanzen, die als Lebens- oder Futtermittel genutzt werden sollen, wurde zunächst eine toxikologische Untersuchung zum **übertragenen Protein** durchgeführt. Bei keiner der bisher durchgeführten Unter-

suchungen wurde eine Toxizität des neu eingeführten Genproduktes nachgewiesen (mehrere Autoren zitiert in Stirn, 1998; OECD, 2000a):
Ausführliche Versuche wurden im Fall der Neomycinphosphotransferase II (NPTII) in kanamycinresistenten Pflanzen durchgeführt. Es wurden sowohl *in vitro*-Tests an Säugerzellen durchgeführt als auch Fütterungsversuche mit Mäusen (Redenbaugh et al., 1994). Die Ergebnisse führten dazu, dass NPTII von der amerikanischen FDA als Nahrungsmittelzusatz („food additive") formal zugelassen wurde.
Ähnlich ausführliche Untersuchungen wurden zum *B.t.*-Toxin durchgeführt. Sowohl das *B.t.*-Toxin als auch gentechnisch veränderte Tomaten, Kontrolltomaten und tomatenfreie Normalkost wurden über 90 Tage an Ratten verfüttert. Außerdem wurden Versuche zum Abbau des Proteins unter simulierten Magen-Darm-Bedingungen durchgeführt (Kuiper und Noteborn, 1996). In Versuchen, in denen *B.t.*-Mais an Nagetiere und verschiedene Vogelarten verfüttert wurde, wurden ebenfalls keine toxischen Effekte festgestellt (Brake und Vlachos, 1998; Wildlife International LTD. und Stillmeadow INC., zitiert in Anonym, 1999). Auch Alpha-Amylase Inhibitoren aus Bohnen, die in transgenen Pflanzen gegen Insekten exprimiert werden kommen, haben sich in mehreren Versuchen als unbedenklich für den Verzehr erwiesen (Pusztai et al., 1999; Carlson et al., 1983).
Am Beispiel der herbizidresistenten Sojabohne der Fa. Monsanto haben Schauzu und Mitarbeiter (1998) alle im Rahmen des Zulassungsverfahren durchgeführten Untersuchungen aufgeführt. Sie umfaßten eine molekularbiologische und biochemische Charakterisierung des übertragenen Proteins, Homologievergleiche zu bekannten Toxinen, Stabilitätsuntersuchungen im Gastrointestinaltrakt und gegenüber Hitze- und Säureeinwirkung sowie Fütterungsversuche an Mäusen.
Bei der Abschätzung **unerwarteter Effekte** sind von den Antragstellern auf Inverkehrbringen z.T. sehr unterschiedliche Tests durchgeführt worden. In den meisten Fällen wurden die Konzentrationen von Protein, Fett, Kohlenhydraten, Faserstoffen, Mineralstoffen und Vitamin C bestimmt. Bei Kartoffeln und Tomaten wurde zusätzlich der Gehalt an den bekannten Alkaloiden Solanin und Chaconin bestimmt, bei Sojabohnen die Konzentration antinutritiver Substanzen wie Trypsin-Inhibitoren, Lektine, Phytoöstrogene, Raffinose und Phytat. Im Fall der virusresistenten Tomaten wurde außerdem ein chemischer Fingerabdruck (s. auch unten) durchgeführt, der Veränderungen der Zusammensetzung der Polyphenol-fraktion aufzeigen sollte (mehrere Autoren zitiert in Stirn, 1998).
In den meisten Fällen wurden **keine signifikanten Unterschiede** zwischen gentechnisch veränderten und den jeweils nicht transformierten Pflanzen gefunden. Dort wo statistisch signifikante Unterschiede gefunden wurden, betrafen sie entweder nicht die Lebensmittelsicherheit oder konnten nicht eindeutig auf die gentechnische Veränderung zurückgeführt werden (mehrere Autoren zitiert in Stirn, 1998).
Die durchgeführten Untersuchungen unterschieden sich aber erheblich im Vergleich zueinander. Z.T. wurden **keine Angaben zur Schwankungsbreite der Inhaltsstoffe** zwischen herkömmlich gezüchteten Linien gemacht oder nur allgemeine Vergleiche der gefundenen Werte mit publizierten Schwankungsbreiten durchgeführt. Nur in wenigen Fällen wurden die kritischen Inhaltsstoffe im Vergleich zwischen gentechnisch veränderter und isogener Ausgangslinie unter gleichen Anbaubedingungen untersucht (Messéan, 1998).

Kritik am Konzept der substantiellen Äquivalenz

Die Kritik am Konzept der substantiellen Äquivalenz richtet sich vor allem auf die Abschätzung unerwarteter Sekundärwirkungen der übertragenen Gene bzw. auf die Unmöglichkeit diese vollkommen auszuschließen:

Millstone und Mitarbeiter (1999) kritisieren das Konzept der substantiellen Äquivalenz als „ein pseudo-wissenschaftliches Konzept, das eine auf kommerziellen und politischen Aspekten beruhende Entscheidung als wissenschaftliche Analyse verkaufen will". Ihrer Meinung nach gibt es keine wissenschaftliche Grundlage dafür, ausgehend von der gentechnischen Veränderung auf die chemische Zusammensetzung und das daraus resultierende toxische Risiko zu schließen. Als Beispiel führen sie Untersuchungen zur Glyphosat-resistenten Sojabohne an. Diese kamen zu dem Ergebnis, dass die gentechnisch veränderten Sojabohen substantiell äquivalent zu herkömmlichen Sojabohnen seien, da die gefundenen genetischen und biochemischen Unterschiede ohne toxikologische Bedeutung seien. Dabei wurden aber Glyphosat-resistente Sojabohnen untersucht, die nicht mit Glyphosat gespritzt worden waren – eine Situation, die nach der Kommerzialisierung kaum vorkommen wird. Verschärfend führen Millstone und Mitarbeiter an, dass diese korrekten Vergleichsuntersuchungen nicht durchgeführt worden seien, obwohl bekannt sei, dass Herbizidbehandlungen bei Sojabohnen zu signifikanten Veränderungen auch toxisch relevanter Inhaltsstoffe (z.B. Isoflavonoide) führen. Sie würden ein Konzept bevorzugen, das für gentechnisch veränderte Lebensmittel analog zu neuen chemischen Substanzen, Pestiziden oder Arzneimitteln durch eine Reihe toxikologischer Tests eine "acceptable daily intake" festlegen würde. Dies würde per Definition dazu führen, dass die Aufnahme gentechnisch veränderter Pflanzen auf 1% der täglichen Nahrung beschränkt werden müßte. (Millstone et al., 1999).

Diese Veröffentlichung hat eine Welle der Kritik hervorgerufen: **Trevawas und Leaver** werfen ihnen vor, dass das aufgeführte Beispiel irreführend sei, da jede Stresssituation der Pflanze, sei es Mangel an Wasser, Licht oder Mineralien sowie Krankheitsbefall zu einer Veränderung des Isoflavonoidgehalts führt. Würde man all diese vorübergehenden Veränderungen in allen angebauten, zum Verzehr bestimmten Pflanzen erfassen wollen, würde man in einer Flut von Toxizitäts-untersuchungen „ertrinken". Im Falle der Glyphosat-resistenten Sojabohnen seien diese induzierten Veränderungen ohne toxikologische Bedeutung, da die Sojabohnen früh behandelt werden, wenn Unkräuter einen hohen Konkurrenzdruck ausüben, sie aber erst Monate später geerntet werden, wenn keine Effekte mehr nachweisbar sind. (Trevawas und Leaver, 1999).

Taylor und Hefle unterstützen diese Meinung. Die von Millstone und Mitarbeitern geforderten „whole food"-Fütterungsversuche seien nicht geeignet, die angesprochenen Veränderungen des Isoflavonoidgehalts und seine eventuelle toxische Relevanz zu erfassen. Nur gezielte Untersuchungen der Stoffklassen, die nach dem Vergleich im Rahmen des Konzepts der substantiellen Äquivalenz unterschiedliche Konzentrationen aufweisen, könnten eine toxische Bedeutung aufklären (Taylor und Hefle, 1999).

Kearns und Mayers sowie **Burke** weisen darauf hin, dass das Konzept der substantiellen Äquivalenz kein Ersatz für eine Prüfung auf Lebensmittelsicherheit sei, sondern eine Methode der Risikoabschätzung, die sicherstellen soll, dass gentechnisch veränderte Lebensmittel mindestens so sicher sind wie konventionelle. Mit Hilfe des Konzepts der substantiellen Äquivalenz sei es möglich, Unterschiede zu identifizieren, die dann in weiteren Tests auf ihre toxikologische Bedeutung hin untersucht werden können (Kearns und Mayers, 1999; Burke, 1999).

Große Diskussionen lösten auch Untersuchungen von **Pusztai** aus: Er verfütterte Kartoffeln, die ein Schneeglöckchen-Lektin (GNA = *Galanthus nivalis* Agglutinin) enthielten, an Ratten und beobachtete negative Auswirkungen auf Wachstum und Immunsystem (in Enserink, 1999). Für diese Kartoffeln wurde noch kein Antrag auf Inverkehrbringen gestellt, sie befinden sich in der Entwicklungsphase. Zunächst sollte geklärt werden, ob eines der übertragenen Lektine (GNA, ConA, PHA) schädliche Wirkungen auf den Säugerorganismus hat. Durch die Übertragung von Lektinen erhofft man sich eine Resistenz der gentechnisch veränderten Pflanzen gegenüber Insekten (s. auch Kap. 4.2 Insektenresistenz) und z.T. auch Nematoden. **Lektine** stellen eine Gruppe von Proteinen dar, deren gemeinsames Charak-teristikum sich auf die Fähigkeit bezieht, bestimmte Kohlehydratgruppen zu binden. Von einigen Lektinen, wie z.B. dem PHA der Kidneybohne, ist bekannt, dass sie negative Auswirkungen auf den Magen-Darm-Trakt haben. Die meisten der bisher näher untersuchten Lektine aus anderen Pflanzen zeigten keine toxischen Effekte (RRI, 1998).

Die Diskussionen über die Ergebnisse von Pusztai wurden 18 Monate lang ohne genaue Kenntnis der Versuchsbedingungen geführt. Erst im Oktober 1999 wurden Ergebnisse, die Ewen zusammen mit Pusztai erzielt hatte, in einer wissenschaft-lichen Zeitschrift veröffentlicht: Wenn Ratten Kartoffeln mit dem Schneeglöckchen-Lektin gefressen hatten, wurde bei ihnen eine Zunahme der Dicke der Magen-schleimhaut beobachtet. Veränderungen des Dünndarms sowie des Blinddarms, die ebenfalls auftraten, konnten nach Meinung der Autoren nicht auf das Vorhandensein des Schneeglöckchen-Lektins zurückgeführt werden, sondern auf den ebenfalls im Konstrukt vorhandenen 35S-Promotor oder auf Insertionseffekte durch Einbau der DNA ins Kartoffelgenom (Ewen und Pusztai, 1999).

Kritiker werfen ihnen vor, dass der Versuchsaufbau diese Schlüsse nicht zweifelsfrei zulässt, da die nicht transformierten Kontrollkartoffeln sich in ihrem Gehalt an Stärke, Lektin, Trypsin- und Chymotrypsin-Inhibitor im Vergleich zu den trans-formierten Kartoffeln unterschieden. Es ist nicht untersucht worden, ob diese Unter-schiede auf Variationen innerhalb einzelner Kartoffellinien zurückzuführen sind oder auf die gentechnische Veränderung. Außerdem hätte das Futter der Versuchs-tiere zu wenig Protein enthalten (6% im Gegensatz zu 15% angereichert mit Lactalbumin), was ebenfalls zu **Veränderungen in Wachstum, Entwicklung und Immunantwort** der Ratten führen kann. Es wurde auch keine Kontrolle mit gentechnisch veränderten Kartoffeln durchgeführt, die einen „leeren" Vektor enthielten, um die Auswirkungen des Einbaus ins Genom (**Insertionseffekte**) zu prüfen (Kuiper et al., 1999).

Jany (1999) sieht in den Versuchen von Pusztai sogar eine Bestätigung des Konzeptes der substantiellen Äquivalenz. Wenn keine wesentliche Gleichwertigkeit besteht, wird mindestens ein 90tägiger Fütterungsversuch mit Nagern verlangt. So würden gentechnisch veränderte Kartoffeln mit diesen toxikologischen Aus-wirkungen niemals eine Marktzulassung erhalten.

Die Kritik an den Experimenten von Ewen und Pusztai ist zwar berechtigt, aber auch einseitig, da viele der zur Lebensmittelsicherheit durchgeführten Experimente, die keine signifikanten Unterschiede zwischen neuartigem und konventionellem Lebensmittel gefunden haben, auch „unsaubere“ Vergleichsmethoden benutzt haben (s.o.). So könnte man zu dem Schluß kommen, dass sie keine Unterschiede gefunden haben, weil sie nicht die richtigen Vergleiche angestellt haben. Für die bisher durchgeführten Analysen spricht allerdings, dass beim Verzehr oder der Verfütterung der zugelassenen gentechnisch veränderten Pflanzen keine krankhaften Veränderungen aufgetreten sind.

Ergänzende Abschätzungs- und Regulierungsmaßnahmen

Technische Möglichkeiten

Vom niederländischen Staatsinstitut für Qualitätskontrolle von Agrarprodukten sind Tests entwickelt worden, die zusätzliche Aussagen zur Lebensmittelsicherheit gentechnisch veränderter Pflanzen machen sollen:
Zum einen sollte eine **Kombination von Tierversuchen, *in vitro*-Tests** und, wenn möglich, **Studien an Freiwilligen** durchgeführt werden. Dadurch könnten Biomarker entwickelt werden, die eine frühe Identifizierung negativer Effekte durch chronische Aufnahme ermöglichen. Des Weiteren sollten dadurch die Abbauwege der relevanten Nahrungsbestandteile sowie die Bioverfügbarkeit dieser Substanzen aufgeklärt werden (Kuiper, 1998).
Zudem ist die Methode des **„chemischen Fingerabdrucks“** weiterentwickelt worden. Mit dieser chemisch-physikalischen Methode ist es möglich einen Überblick über die Zusammensetzung bestimmter Stoffklassen in den Pflanzen zu gewinnen. Dabei wird nicht jede Substanz einzeln untersucht, sondern das gesamte Stoffmuster. Die Autoren empfehlen diese Methode in den Fällen, in denen keine substantielle Äquivalenz zu herkömmlichen Nahrungsmittel besteht und die Stoff-klassen, die sich unterscheiden sowie deren toxische Relevanz identifiziert werden sollen (Noteborn, 1998).

Der Vergleich zu Lebensmitteln aus konventioneller Züchtung

Der Rat der Sachverständigen für Umweltfragen wies in seinem Gutachten 1998 auf die Diskrepanz in der Bewertung der Lebensmittelsicherheit zwischen herkömmlich gezüchteten und gentechnisch veränderten Pflanzen hin.
Bei herkömmlich gezüchteten Pflanzen findet **keine Prüfung** zur Lebensmittelsicherheit statt. Auch bei Pflanzen, die durch Mutationszüchtung oder weite Kreuzungen (z.B. Triticale) entstanden sind, sieht der Gesetzgeber keine weitere toxikologische Prüfung vor. Voraussetzung für die Anerkennung als Saatgut ist die Zulassung der Sorte nach Saatgutverkehrsgesetz. Eine Sorte wird zugelassen, wenn sie unterscheidbar, homogen und beständig ist sowie einen landeskulturellen Wert hat. Das Gesetz bezweckt alleine den Schutz des Saatgutverwenders und die Versorgung der Landwirte mit qualitativ hochwertigem Saatgut (SRU, 1998).
Die Autoren beanstanden, dass bei konventionellen Züchtungen keine Überprüfung gesundheitlicher Risiken stattfindet sowie die Verbreitung unerwünschter Eigen-

schaften neuer Sorten in der Umwelt nicht kontrolliert wird. Sie sehen hierin eine **Gesetzeslücke**, da diese Wirkungen sowohl bei gentechnisch veränderten als auch konventionell gezüchteten Pflanzen auftreten (SRU 1998). Überspitzt formulierte Prof. Bainbridge, Vorsitzende des englischen ACNFP (Advisory Committee on Novel Foods and Processes), die Situation so: „Würde die Vermarktung der konventionellen (unveränderten) Kartoffel heute im Rahmen der Novel Food-Verordnung beantragt, würde sie abgelehnt werden" (Bainbridge zit. in House of Lords, 1998, Kap. GM Foods).

Zusammenfassend läßt sich zur Abschätzung der möglichen Toxizität neuartiger Lebensmittel zum jetzigen Zeitpunkt Folgendes sagen:

- Die Versuche von Pusztai und Mitarbeitern müssen unter Berücksichtigung der genannten Kritikpunkte wiederholt werden.
- Sollten sich toxische Effekte durch Einbau der neuen DNA bestätigen, ist zu prüfen, ob sie durch die vorgeschlagenen Ergänzungen zum Konzept der substantiellen Äquivalenz (s.u.) erfaßt würden.
- Eine umfangreiche Prüfung neuartiger Lebensmittel wird von allen Beteiligten als notwendig erachtet und ist im Sinne eines vorsorgenden Verbraucherschutzes zu fordern.
- Ob auch konventionell erzeugte Lebensmittel einer toxikologischen Prüfung unterzogen werden müssen, sollte geprüft werden. Eventuell ist dies in einzelnen Fällen notwendig, bei denen, durch die Züchtungsmethode bedingt, Sekundärwirkungen auf toxikologisch relevante Stoffe aufgetreten sein könnten.

Regulierungsmaßnahmen

Unter Einbeziehung der bisherigen Erfahrungen mit der Anwendung des Konzepts der substantiellen Äquivalenz hat die Expertengruppe der OECD zur Lebensmittelsicherheit im Anschluß an ihre Tagung im Oktober 1998 folgende Empfehlungen abgegeben (OECD, 1998):

- **Auswahl der Vergleichspartner**: Um unerwartete Sekundäreffekte ausschließen zu können, sollte die gentechnisch veränderte Linie mit einer möglichst isogenen Kontrolllinie unter denselben Anbaubedingungen getestet werden. Stehen isogenen Linien nicht zur Verfügung, sollten mehrere Kontrolllinien untersucht werden. Werden Unterschiede festgestellt, sollte ihre toxische Relevanz durch Vergleich der Werte in anderen Kulturpflanzen überprüft werden.
- **Einfluß der Umweltbedingungen**: Umwelteinflüsse können einen großen Einfluß auf den Phänotyp und die Zusammensetzung der Pflanzeninhaltsstoffe haben. Es sollten daher Daten aus verschiedenen Anbaugebieten und Klimaten gesammelt werden.
- **Auswahl der zu untersuchenden Substanzen**: Diese Auswahl sollte von Fall zu Fall erfolgen und alle Hauptnährstoffe und bekannten Toxine umfassen. Außerdem sollte sowohl die Funktion der eingeführten Genprodukte mit berücksichtigt

werden als auch Inhaltsstoffe untersucht werden, die eventuell durch diese Funktion verändert werden.

- **Erstellung von Consensus-Dokumenten**: Im Sinne eines vereinheitlichten Ansatzes zur Feststellung der substantiellen Äquivalenz sollten Consensus-Dokumente erstellt werden, die die zu testenden Inhaltsstoffe für die jeweilige Pflanzenart festlegen.
- **Tests für Produkte, die keine substantielle Äquivalenz aufweisen**: Für diese Produkte sollten Tierversuche mit den neuen Substanzen durchgeführt werden. Weitere Informationen sollten dazu gesammelt werden, wie aussagekräftige Tests mit ganzen Nahrungsmitteln durchgeführt werden können. *In vitro*-Modelle können ebenfalls Aussagen zur Toxizität dieser neuartigen Lebensmittel machen; ihre Ergebnisse sollten aber vorsichtig interpretiert werden, da noch wenig Erfahrung mit ihnen besteht.

Die „**OECD** Working Group on Harmonisation of Regulatory Oversight in Biotechnology" sowie die „Task Force for the Safety of Novel Foods and Feeds" haben im Mai 2000 ihre Studien zu Auswirkungen der Biotechnologie sowie Möglichkeiten zur Verbesserung der Sicherheitsabschätzung gentechnisch ver-änderter Lebensmittel vorgelegt (OECD, 2000a,b). In ihnen wird das Konzept der substantiellen Äquivalenz noch einmal grundsätzlich bestätigt. Forschungsbedarf besteht allerdings bei der Sicherheitsabschätzung ganzer Lebensmittel. Hier sollten alternative Methoden zu Tierversuchen weiterentwickelt werden. Im Zuge der neuen Entwicklungen der Biotechnologie werden aber auch neue Anforderungen an die Sicherheitsbewertung gestellt werden, z.B. bei gentechnisch veränderten Pflanzen mit erhöhtem Nährstoffgehalt (s. Kap. 4.7.1) oder Pflanzen, die Pharmazeutika produzieren (s. Kap. 4.7.2). Darüberhinaus wurde die Bedeutung einer verbesserten Information und Kommunikation mit der Öffentlichkeit betont (OECD 2000a).
Die FAO/WHO **Codex Alimentarius** Commission hat eine „task force"-Gruppe einberufen, die Standards für biotechnologisch hergestellte Lebensmittel erarbeiten soll. Die Erarbeitung und Annahme dieser Standards sollen im Jahr 2003 abgeschlossen sein (FAO, 1999). Die erste Sitzung der „task force"-Gruppe fand im März 2000 in Chiba, Japan statt. Zusammen mit einer Expertengruppe der FAO/WHO wurden Verbesserungsvorschläge zum derzeitigen Konzept der substantiellen Äquivalenz diskutiert und Möglichkeiten zur Abschätzung unerwarteter Effekte sowie von Langzeitwirkungen gentechnisch veränderter Lebensmittel beraten. Auch hier wurde die Weiterentwicklung neuerer Testverfahren empfohlen, wie z.B. „profiling techniques", die auf verschiedenen Ebenen (z.B. DNA, Proteine, Metabolite) durchgeführt werden können (s. o. chemischer Finger-abdruck) (WHO, 2000).

Im Zuge der öffentlichen Debatte über Lebensmittelsicherheit und neuartige Lebensmittel haben einige Länder (Kanada, Frankreich und Neuseeland) **neue Behörden** eingerichtet, deren Aufgabe die Überprüfung der Gesundheit und Sicherheit neuartiger Lebensmittel sowie deren Kontrolle ist (OECD 1999b).

Literatur

Ames BN, Profet M, Gold LS. 1990. Nature's Chemicals and Synthetic Chemicals: Comparative Toxicology. *Proc. Nat. Acad. Sci.* 87:7782-7786

Anonym 1999. Bt-maize and non-target organisms. Compilation of available data. Novartis, Basel

APHIS (Animal and Plant Health Inspection Service) 2000. List of Crops No Longer Regulated by USDA/APHIS. http://www.aphis.usda.gov/biotech/not_reg.html

Brake J, Vlachos D. 1998. Evaluation of transgenic event 176 Bt-corn in broiler chickens. *Poultry Science* 77(5):648-653

Burke D. 1999. No GM conspiracy. *Nature* 401:640-641

Carlson GL, Li Buk p., Olsen WA. 1983. A bean alpha-amylase inhibitor formulation (starch blocker) is ineffective in man. *Science* 219:393-395

Conner T. 1993. Food Safety Issues Relating to Genetic Engineering of Crop Plants. *Agricultural Science* May, 36-41

Enserink M. 1999. Preliminary Data Touch Off Genetic Food Fight. *Science* 283:1094-1095

Ewen SWB, Pusztai A. 1999. Effects of diets containing genetically modified potatoes expressing *Galanthus nivalis* lectin on rat small intestine. *The Lancet* 354:1353-1354

FAO (Food and Agriculture Organization of the United Nations) 1999. The Codex Alimentarius Commission Approves Standards for Organic Foods and Sets up Taskforce on Standards for Foods Derived from Biotechnology, Animal Feeding and Fruit Juices. Http://www.foa.org/waicent/ois/press_ne/presseng/1999/pren9941.htm

Hamill JD, Robins RJ, Parr AJ, Evans DM, Furze JM. 1990. Over-Expressing a Yeast Ornithine Decarboxylase Gene in Transgenic Roots of Nicotiana rustica can Lead to Enhanced Nicotine Accumulation. *Plant Molecular Biology* 15:27-38

House of Lords 1998. Second Report: EC Regulation of Genetic Modification in Agriculture. European Communities Committee Publications, Großbritannien

Jany KD. 1999. Die Affäre Pusztai - Haben genmanipulierte Kartoffeln schottische Ratten geschrumpft? http://dainet.de/bfe/deutsch/pusztai.htm

Kearns P, Mayers P. 1999. Substantial equivalence is a useful tool. *Nature* 401:640

Kuiper HA, NOTEBORN HPJ. 1996. Food Safety Assessment of Transgenic Insect-Resistant Bt Tomatoes. *Food Safety Evaluation*: 50-57

Kuiper HA, Noteborn HPJN, Peijnenburg AACM. 1999. Adequacy of methods for testing the safety of genetically modiefied food. *The Lancet* 354:1315-1316

Kuiper HA. 1998. The pros and cons of classical and analytical toxicity testing of novel food. In: Report of the OECD Workshop on the Toxicological and Nutritional Testing of Novel Food. SG/ICGB(98)1, 29

Messéan A. 1998. Presentation of Case Studies in France. In: Report of the OECD Workshop on the Toxicological and Nutritional Testing of Novel Food. SG/ICGB(98)1, 31

Millstone E, Brunner E, Mayer S. 1999. Beyond 'substantial equivalence'. *Nature* 401:525-526

Noteborn HPJM. 1998. Chemical fingerprinting and *in vitro* toxicological profiling for the safety evaluation of transgenic crops. In: Report of the OECD Workshop on the Toxicological and Nutritional Testing of Novel Food. SG/ICGB(98)1, 32-33

OECD (Organisation for Economic Co-operation and Development) 1996. Report of the Working Group Sessions. In: Food Safety Evaluation. OECD, Paris

OECD 1998. Report of the OECD Workshop on the Toxicological and Nutritional Testing of Novel Food. SG/ICGB(98)1

OECD 1999a. Recent statements by Ministers or Heads of Government concerning OECD work on Biotechnology. Communiqué of the G8 Heads of Government meeting at Cologne, June 1999. http://www.oecd.org/ehs/mandate.htm

OECD 1999b. Food safety: protection or protectism? *OECD Observer* March 01, 1999

OECD 2000a. Report of the Task Force for the Safety of Novel Food and Feed. C(2000)86/ADD1, 17-May-2000, http://www.oecd.org/subject/biotech/index.htm

OECD 2000b. Report of the Working Group on Harmonisation of Regulatory Oversight in Biotechnology. C(2000)86/ADD2, 25-May-2000, http://www.oecd.org/subject/biotech/index.htm

Pascal G. 1998. General Safety Issues. In: Report of the OECD Workshop on the Toxicological and Nutritional Testing of Novel Food. SG/ICGB(98)1, 34

Pusztai A, Bardocz GG, Alonso R, Chrispeels MJ, Schroeder HE, Tabe LM, Higgins TJ. 1999. Expression of the insecticidal bean alpha-amylase inhibitor transgene has minimal detrimental effect on the nutritional value of peas fed to rats at 30% of the diet. *Journal of Nutrition* 129(8):597-1603

Redenbaugh K, Hiatt W, Martineau B, Lindemann J, Emlay D. 1994. Aminoglycoside-3′-Phosphotransferase II (APH(3′)II): Review of ist Safety and Use in the Production of Genetically Engineered Plants. *Food Biotechnology* 8:137-165

RKI (Robert-Koch-Institut) 1999. Liste der inverkehrgebrachten Produkte. http:/rki.de/GENTEC/INVERKEHR/INVKLIST.HTM (Stand: 1999)

RKI 2000a. Freisetzungen in der BRD. http://www.rki.de/GENTEC/FREISETZUNGEN/FREISETZ_D.HTM (Stand: 18.05.2000)

RKI 2000b. Freigesetzte Organismen in den EU-Mitgliedstaaten. http://www.rki.de/GENTEC/FREISETZUNGEN/EU-GMO.HTM (Stand: 10.10.2000)

RRI (Rowett Research Institute, Aberdeen) 1998. Studies on crops genetically modified to include lectins with the potential to enhance the plants′ resistance to insect and nematode pests. Audit Report Overview. http://www.rri.sari.ac.uk/press/OVERVIEW.html

Schauzu M, Pöting A, Sachse K. 1998. Lebensmittel und Gentechnik. Eine Verbraucherinformation. bgvv-Informationsschrift, Bundesinstitut für gesundheitlichen Verbraucherschutz und Verterinärmedizin, Berlin

SRU (Der Rat der Sachverständigen für Umweltfragen) 1998. Umweltgutachten 1998. Metzler-Poeschel, Stuttgart

Stirn S. 1998. Toxizität transgener Pflanzen. In: Nutzung der Gentechnik im Agrarsektor der USA – Die Diskussion von Versuchsergebnissen und Szenarien zur Biosicherheit, Studie im Auftrag des Umweltbundesamtes, Berlin, UBA-Texte 47/89, 653-676

Taylor SL, Hefle SL. 1999. Seeking clarity in the debate over the safety of GM foods. *Nature* 402:575

Trevawas A, Leaver CJ. 1999. Conventional crops are the test of GM prejustice. *Nature* 401:640

UBA (Umweltbundesamt, Deutschland) 1998. Monitoring von Umweltwirkungen gentechnisch veränderter Pflanzen (GVP). Umweltbundesamt, Berlin. UBA-Texte 77/98

WHO (World Health Organisation) 1993. Health Aspects of Marker Genes in Genetically Modified Plants. Report of a WHO Workshop, 1-32

WHO, 2000. Safety aspects of genetically modified foods of plant origin. Report of a Joint FAO/WHO Expert Consultation on Foods Derived from Biotechnology, 29 May – 2 June, Geneva, Switzerland

3.1.2 Allergenität

Die Bedeutung von Nahrungsmittelallergien

Bei einer Nahrungsmittelallergie wird bei den betroffenen Personen eine IgE-vermittelte Reaktion auf ansonsten harmlose Nahrungsmittelbestandteile ausgelöst. Etwa 1-2% der Erwachsenen und 2-5% der Kinder unter sechs Jahren sind von einer Nahrungsmittelallergie betroffen. Zu den besonders häufig allergen wirkenden Lebensmitteln gehören Sojabohnen, Weizen, Nüsse, Milch, Eier, Fisch, Krebstiere, Muscheln und Gewürze. Allergien, die auf diesen Nahrungsmitteln beruhen, machen mehr als 90% aller Nahrungsmittelallergien aus. Insgesamt treten aber bei mehr als 160 Lebensmittel sporadisch Allergien auf (FAO, 1996; SRU, 1998).
Alle bisher bekannten Nahrungsmittelallergene sind Proteine, viele von ihnen Glykoproteine. Sie kommen in unterschiedlicher Konzentration in den einzelnen Pflanzenteilen vor, und dies kann wiederum durch Umwelteinflüsse, wie Klima oder Krankheitsbefall verändert werden (FAO, 1996).
Einen großen Einfluss auf die **Entwicklung von Allergien** haben Essgewohnheiten, die z.T. kulturell bedingt sind: So sind z.B. Erdnussallergien in Nordamerika und Westeuropa relativ häufig, während in Japan gehäuft Reis- und Sojabohnenallergien auftreten und in Skandinavien Allergien auf Kabeljau. Bald nach Einführung von Soja-Produkten in Frankreich erreichte die Sojabohnen-Allergie dort Platz drei der häufigsten Nahrungsmittelallergien. Auch die Einführung der Kiwi aus Neuseeland bewirkte das Auftreten einer neuen Nahrungsmittelallergie (Gilissen und Nap, 1997; mehrere Autoren zitiert in Stirn, 1998).
Ein weit verbreitetes Phänomen sind **Kreuzsensibilisierungen**: Personen, die gegen ein bestimmtes Allergen sensibilisiert sind, zeigen auch gegenüber anderen Proteinen eine allergische Reaktion. So können bestimmte Pollenallergien auch mit Nahrungsmittelallergien assoziiert sein: Personen, die allergisch auf Gräserpollen reagieren, zeigen oft auch eine allergische Reaktion auf Karotten, Sellerie und bestimmte Gewürze. Man nimmt an, dass hierfür **gemeinsame Glykosilierungsmuster** verantwortlich sind (Gilissen und Nap, 1997; Pfau et al., 1996, zitiert in Stirn, 1998).
Lebensmittelallergien äußern sich je nach Stärke der allergischen Reaktion als leichtes Kratzen bis hin zum anaphylaktischen Schock. Die einzige Möglichkeit, mit einer Lebensmittelallergie umzugehen, ist, das betreffende Lebensmittel zu meiden. Daher ist es für allergische Personen wichtig, auf die Zusammensetzung ihrer Nahrung zu achten: Eine Person, die allergisch auf Milch reagiert, muß sowohl Milch vermeiden als auch Nahrungsmittel, die Bestandteile der Milch, wie z.B. das Casein enthalten. Für Allergiker ist daher eine **umfassende Kennzeichnung** verarbeiteter Lebensmittel unter Umständen lebenswichtig (Gendel, 1998a).
Mit der Gentechnik werden letztlich neue Proteine in einen Organismus transferiert. Daher ist zunächst grundsätzlich von einem Risikopotenzial zur Ausprägung einer Lebensmittelallergie auszugehen. Dabei wird aber das allergene Potenzial eines Proteins durch die Methode des Gentransfers nicht verändert, d.h. Proteine, die kein allergenes Potenzial besitzen, wirken auch nach ihrer Übertragung in einen anderen

Organismus nicht allergen (Jany und Greiner, 1998). Dies gilt allerdings nur, wenn die ursprünglichen Gensequenzen nicht verändert wurden. Wenn mutierte oder synthetische Gensequenzen übertragen worden sind, wie z.B. im Fall der Glyphosat-resistenten Maispflanzen (APHIS, 1997), kann das allergene Potenzial verändert worden sein.

Technische Möglichkeiten und Hilfsmittel zur Abschätzung der Allergenität transgener Pflanzen

Bei der Abschätzung der Allergenität gentechnisch veränderter Pflanzen können grundsätzlich drei Fälle unterschieden werden (mehrere Autoren zitiert in Stirn, 1998):

- Der erste und einfachste Fall liegt vor, wenn Gene für Proteine aus **bekannten allergenen Nahrungsmitteln** übertragen werden. Dies war z.B. der Fall bei der Übertragung des Gens für ein Methionin-reiches Protein der Paranuß auf Sojabohnen (s.u.). In diesen Fällen kann mit immunologischen Methoden die Allergenität der gentechnisch veränderten Pflanze getestet werden (s.u. Direkte Abschätzungsmaßnahmen).
- Eine ähnliche Situation ist gegeben, wenn mit Hilfe gentechnischer Methoden (anti sense-Technik) der **Allergengehalt** bestimmter Nahrungsmittel **gesenkt** werden soll. Ein Beispiel dafür sind Versuche mit Reispflanzen, bei denen der Gehalt des Hauptallergens gesenkt werden sollte. Hier stehen ebenfalls immunologische Methoden zur Abschätzung der (verbliebenen) Allergenität zur Verfügung.
- Weitaus schwieriger ist die Situation im letzten Fall, der Übertragung von Genen, die für Proteine kodieren, deren **Allergenität nicht bekannt** ist. Hier muß auf indirekte Verfahren, die auf bestimmten Charakteristika bekannter Allergene beruhen, zurückgegriffen werden (s.u. Indirekte Abschätzungsmaßnahmen).

Direkte Abschätzungsmöglichkeiten

Es stehen eine Reihe **immunologischer Tests** zur Verfügung, mit denen die Allergenität eines Nahrungsmittels getestet werden kann. Alle immunologischen Verfahren beruhen auf der Reaktion zwischen dem rekombinanten Protein und dem Serum von Menschen mit einer Allergie gegenüber dem Ursprungsorganismus bzw. der -substanz. Dieses Serum enthält Antikörper mit einer Spezifität gegenüber dem jeweiligen Allergen. In ***in vitro*-Tests** (RAST, ELISA) werden die allergenspezifischen IgE-Antikörper halbquantitativ bestimmt. In ***in vivo*-Hauttests** an Allergikern (Prick-, Intrakutan- oder Scratch-Tests) werden Antikörper-vermittelte Reaktionen auf Lebensmittelextrakte oder native Lebensmittel nachgewiesen. Als endgültige Bestätigung der Diagnoseergebnisse stehen doppeltblinde, placebokontrollierte Expositionstests, im Englischen ***double-blind placebo-controlled food challenge***, kurz DBPCFC genannt, zur Verfügung, bei denen die in Frage kommenden Nahrungsmittel in ansteigender Dosis oral zugeführt werden (OECD, 1997; mehrere Autoren zitiert in Stirn, 1998).

Indirekte Abschätzungsmöglichkeiten

Bislang existieren keine ausgereiften Methoden, die eine Vorhersage der möglichen Allergenität eines "neuen" Proteins erlauben. Es kommen daher indirekte Methoden zur Anwendung, die auf **gemeinsamen Charakteristika** bekannter Allergene beruhen (mehrere Autoren zitiert in Stirn, 1998):

- Alle bekannten Allergene sind **Proteine**, häufig Glykoproteine.
- Allergene Proteine zeichnen sich oft durch eine besondere **Stabilität** gegenüber Verdauung und Verarbeitungsprozessen aus:
  Dies ist dadurch begründet, dass die Proteine noch im Magen-Darm-Trakt aufgenommen werden müssen, um allergen wirken zu können. Die Verdauungsstabilität wird in der Regel in einem künstlichen Medium (simulated gastric fluid, SGF) getestet.
  Infolge ihrer Hitzestabilität überstehen viele Allergene übliche Prozesse der Nahrungsmittelverarbeitung, wie z.B. Kochen.
- Es können **Sequenzhomologievergleiche** mit der Aminosäuresequenz bekannter Allergene durchgeführt werden. Wird eine solche Sequenzähnlichkeit gefunden, können wiederum immunologische Methoden eingesetzt werden, da dann entsprechendes Antiserum zur Verfügung steht.
- Die **Größe** der meisten bislang bekannten Nahrungsmittelallergene liegt zwischen 10 und 70 kDa. Dies beruht darauf, dass die Allergene klein genug sein müssen, um die Darmschleimhaut zu durchdringen und groß genug sein müssen, zwei IgE-Moleküle zu binden (Gilissen und Nap, 1997).
- Die Allergene liegen in der Regel in **großen Mengen** im jeweiligen Produkt vor. Oberhalb der Grenze von 1% des neu eingeführten Proteins am Gesamtproteingehalt der jeweiligen Pflanze ist eine allergene Wirkung wahrscheinlich.

Von allen oben genannten Charakteristika gibt es jedoch Ausnahmen bei bekannten Allergenen. Daher erlaubt nur die Summe der indirekten Testverfahren eine Abschätzung des allergenen Potenzials eines neuen Proteins (mehrere Autoren zitiert in Stirn, 1998).

Prädiktive Testverfahren, mit denen das allergene Potenzial auch von "neuen" Proteinen aus bislang nicht als allergen erkannten Quellen bestimmt werden kann, müssen noch entwickelt werden. Es werden eine Reihe von Versuchen mit immobilisierten Zelllinien durchgeführt. Am erfolgversprechensten sehen Versuche mit einer Rattenkrebszelllinie (RBL-2H3) aus, bei der allergen wirkende Proteine die Bildung bestimmter pharmakologisch aktiver Substanzen auslösen (OECD, 1997; Vieths, 1998).

Gilissen und Nap (1997) schlagen als weiteren Test zur Abschätzung eines möglichen allergenen Potenzials die Fähigkeit eines Proteins vor, in Testpersonen die **Bildung von IgG(4)-Antikörpern** auszulösen. Es ist bekannt, dass Proteine, die keine IgG(4)-Synthese induzieren auch keine Bildung von IgE-Antikörpern auslösen und daher nicht allergen wirken können. Die Induktion von IgG-Antikörpern ist viel

höher als die der IgE-Antikörper und so könnten mit weniger Testpersonen sicherere Ergebnisse erzielt werden.
Houben und Penninks (1996) schlagen Untersuchungen zu **gastro-intestinalen Eigenschaften** der Proteine vor, die weit über einen einfachen Abbau in simulierter Magenflüssigkeit hinausgehen.

Hilfsmittel zur Abschätzung der Allergenität

Auf der gemeinsamen Tagung der FAO/WHO 1996 wurde die Bedeutung von **Datenbanken** zu Nahrungsmittelpflanzen, Mikroorganismen und Tieren zur Abschätzung der substantiellen Äquivalenz (s. Kap. 3.1.1) hervorgehoben. Insbesondere werden Datenbanken benötigt, die Informationen zu Nährstoffen, gesundheitsgefährdenden Stoffen sowie Allergenen in Nahrungsmitteln enthalten sowie Aminosäuresequenzen bekannter Allergene und Toxine aus Nahrungsmitteln (FAO, 1996).
Gendel (1998a) hat im Auftrag der FDA erste Datenbanken zusammengestellt, die die Aminosäuresequenzen bekannter Lebensmittelallergene und Nicht-Lebensmittelallergene enthalten sowie Weizensequenzen zur Bestimmung einer glutensensitiven Enteropathy (Zöliakie). Die drei Datenbanken stehen *on line* zur Verfügung (http://www.iit.edu/~sgendel).
Die OECD hat 1996 einen Fragebogen zu bereits existierenden Serumbanken und alternativen Testverfahren an ihre 22 Mitgliedsstaaten verschickt. Nach Auswertung dieses Fragebogens wurde festgestellt, dass es schon eine Reihe von Datenbanken gibt, die z.T. sehr spezialisiert sind, aber zur Sicherheitsabschätzung neuartiger Nahrungsmittel genutzt werden könnten. In England gibt es außerdem eine Datenbank, die Daten aus den durchgeführten Tests bei den bereits zugelassenen Pflanzen enthält; in Dänemark wurde eine neue Datenbank zu Pflanzengift und -nährstoffen eingerichtet. Eine Hauptaufgabe der nächsten Zeit sieht die OECD darin, einen **gemeinsamen Zugang zu den bereits existierenden Datenbanken** zu schaffen, die zur Sicherheitsabschätzung neuartiger Lebensmittel genutzt werden könnten (OECD, 1997).

Gegenüberstellung der verschiedenen Abschätzungskonzepte

Es besteht Einigkeit darüber, dass das allergene Potenzial jedes neu eingeführten Proteins zu prüfen ist, auch wenn es wahrscheinlich selten zu einer Übertragung eines Allergens in gentechnisch veränderte Nahrungspflanzen kommen wird (OECD, 1997; FAO; 1996; SRU, 1998; Jany und Greiner, 1999).
Es sind verschiedene Konzepte entwickelt worden, die im Prinzip dieselben Tests zur Abschätzung eines allergenen Potenzials durchführen, sich aber in der Abfolge der einzelnen Tests sowie in den Konsequenzen aus den erzielten Ergebnissen unterscheiden.
Bei allen Abschätzungskonzepten werden bei Proteinen aus bekanntermaßen allergen wirkenden Spenderorganismen *in vitro*-Tests (RAST, ELISA, Immunoblotting) durchgeführt und z.T. auch *in vivo*-Allergietests (skin-prick Test). Bei Proteinen, die aus Spenderorganismen stammen, die nicht allergen wirken, oder bei denen es keine

Erfahrung als Lebensmittel gibt, sollen eine Reihe von Analysen durchgeführt werden, die die physiko-chemischen Eigenschaften des neu eingeführten Proteins mit denen bekannter Allergene vergleichen.
Das in den USA favorisierte **Konzept des IFBC** (International Food Biotechnology Council) unterscheidet zunächst zwischen *commonly allergenic food* (das übertragene Protein stammt aus einem der acht am häufigsten allergen wirkenden Nahrungsmitteln) und *less commonly allergenic food* (es stammt aus einem weniger häufig allergen wirkenden Nahrungsmittel). Für beide Klassen werden zunächst immunologische *in vitro*-Tests durchgeführt. Fallen diese negativ aus, sind nur noch für die Proteine aus *commonly allergenic food* weitergehende *in vivo*-Tests vorgesehen.
Für Proteine, die aus *less commonoly allergenic food* stammen, wird ein vereinfachter Analyseweg vorgeschlagen: Zeigt sich in den *in vitro*-Tests keine Kreuzreaktion, kann auf weitere immunologische Versuche verzichtet werden. Sollten keine fünf verschiedenen Antiseren für die *in vitro*-Tests gefunden werden (im Extremfall wird es nur vereinzelte allergische Reaktionen gegeben haben), sollten Stabilitätstests durchgeführt werden sowie die regulierende Behörde konsultiert werden.
Für Proteine, die nicht aus Nahrungsmitteln stammen oder die bisher nicht als allergen bekannt sind, sind zunächst Aminosäuresequenz-Vergleiche mit bekannten Allergenen durchzuführen. Finden sich keine identischen Sequenzen von mindestens acht Aminosäuren, kann das übertragene Protein nach diesem Konzept nicht die allergenen Eigenschaften des Vergleichsproteins besitzen. Wird eine solche Sequenzähnlichkeit gefunden, können wiederum immunologische Methoden eingesetzt werden, da dann entsprechendes Antiserum zur Verfügung steht.
Zeigt sich in der Aminosäuresequenz-Analyse keine Verwandtschaft mit einem bekannten Allergen, werden Untersuchungen zur Stabilität des Proteins gegenüber der Verdauung im Magen-Darm-Trakt sowie gegenüber Verarbeitungsprozessen durchgeführt.
Nachfolgend ist das Konzept des IFBC (International Food Biotechnology Council) schematisch dargestellt (s. Abb. 1):

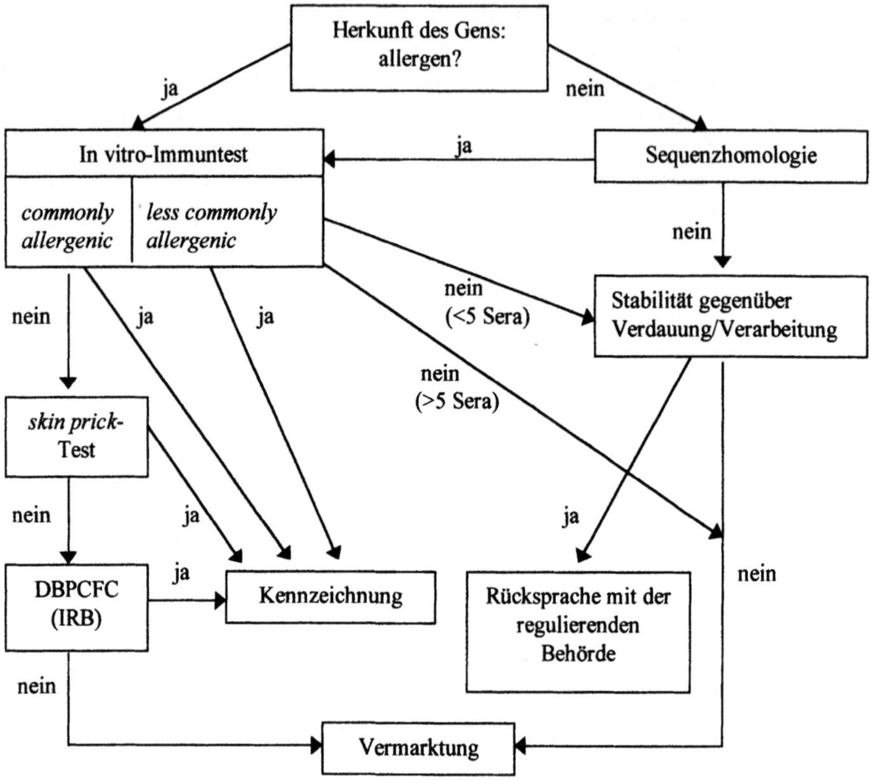

Abb. 1: Schematische Darstellung des IFBC-Konzeptes (verändert nach Metcalfe et al., 1996)

Der **Vorschlag von Lehrer** und Mitarbeitern (1996) geht ebenfalls von der Herkunft des neu übertragenen Proteins aus (s. Abb. 2).
Stammt das Protein aus einem Nahrungsmittel, das bekanntermaßen allergen wirkt, werden auch hier zunächst immunologische *in vitro*-Tests vorgeschlagen.

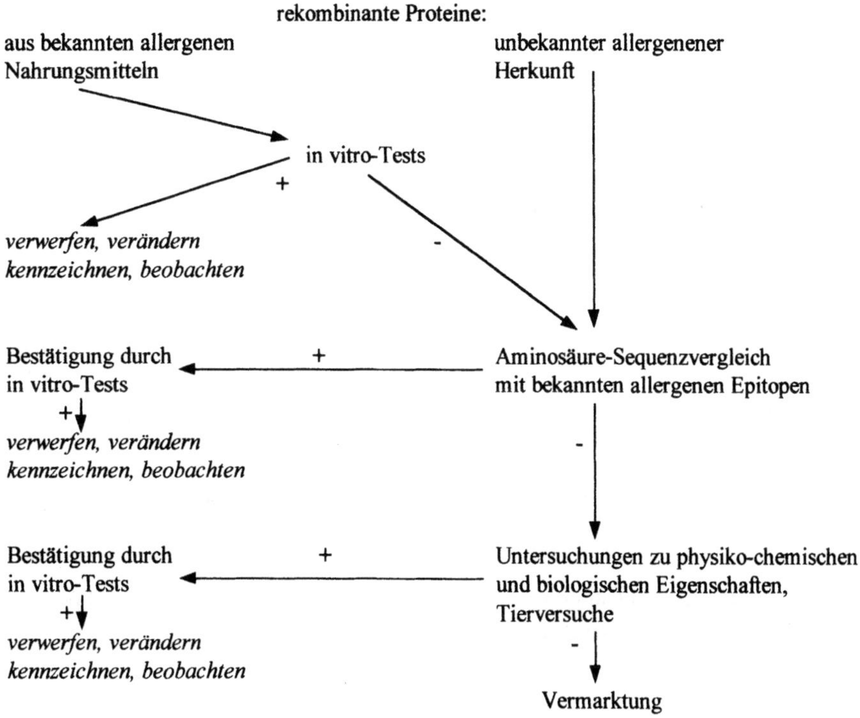

Abb. 2: Das Risikoabschätzungskonzept nach Lehrer und Mitarbeitern (1996) (übersetzt durch den Autor)

Im Gegensatz zum IFBC-Konzept sieht der Vorschlag von Lehrer und Mitarbeitern vor, Proteine, die aus bekannten allergenen Nahrungsmitteln stammen, in den immunologischen Tests aber zu negativen Ergebnissen geführt haben, wie Proteine unbekannter allergener Herkunft zu behandeln. In diesem Fall würden sich Untersuchungen zum Aminosäuresequenz-Vergleich sowie zu physiko-chemischen und biologischen Eigenschaften (z.B. Stabilitätsuntersuchungen und Tierversuche) anschließen. Nur wenn diese negativ ausfallen, kommt es zur Vermarktung des gentechnisch veränderten Lebensmittels (Lehrer et al., 1996).
Das der **Novel-Food-Verordnung der EU** zugrunde liegende Konzept (in Jany und Greiner, 1998) sieht bei neu eingeführten Proteinen, die aus bekanntermaßen allergenen Organismen stammen, ebenfalls *in vitro*-Allergietests vor. Bei negativem Ergebnis der *in vitro*-Tests soll dann aber zunächst ein *in vivo skin prick*-Test durchgeführt werden. Fällt dieser ebenfalls negativ aus, ist die Summe der indirekten Testverfahren vorgesehen, die bei Produkten mit Proteinen angewendet werden, deren allergene Wirkung nicht bekannt ist (s. Abb. 3).

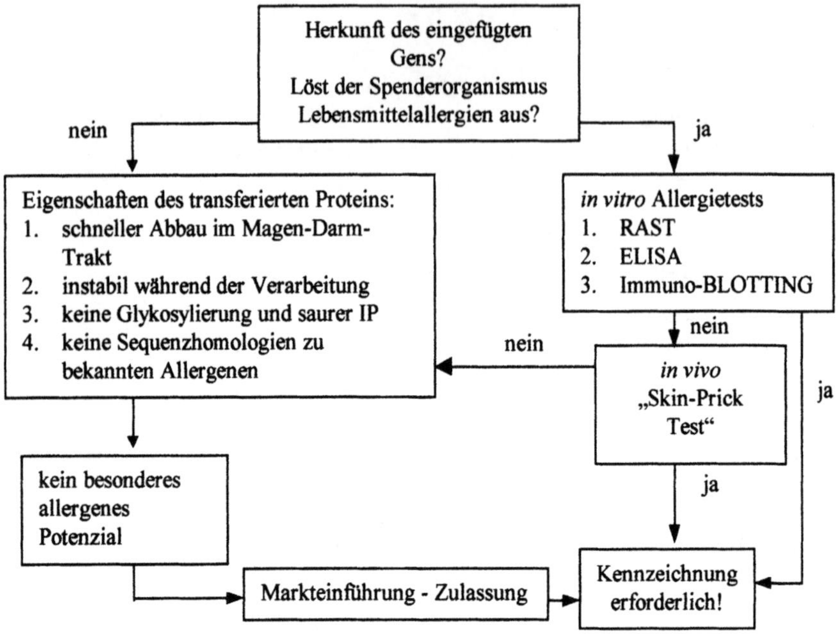

Abb. 3: Schematische Darstellung des der Novel-Food-Verordnung zugrunde liegenden Abschätzungskonzeptes (aus Jany und Greiner, 1998)

Vergleicht man die drei Abschätzungskonzepte untereinander, so fällt zunächst die Unterteilung der Herkunft des neu eingeführten Gens in ***commonly allergenic food*** und ***less commonly allergenic food*** und den daraus folgenden Konsequenzen im IFBC-Konzept auf. Bei den Genen aus *less commonly allergenic food* entfällt bei negativem *in vitro*-Allergie-Test der *in vivo skin prick*-Test. Dieser ist in dem der Novel Food Verordnung zugrunde liegenden Abschätzungskonzept für **alle** übertragenen Gene aus bekanntermaßen allergen wirkenden Organismen bei negativem Ergebnis der *in vitro*-Tests vorgesehen (s.o.). Die Unterteilung in *commonly* bzw. *less commonly allergenic food* wird kritisch gesehen, da ihr nur die Anzahl der allergisch reagierenden Personen zugrunde liegt, aber nicht zwangsläufig die Stärke der allergischen Reaktion (mehrere Autoren zitiert in Stirn, 1998).
Unterschiedlich werden auch die Konsequenzen aus einem positiven Ergebnis der Allergietests gesehen. Sowohl das IFBC-Konzept als auch die Novel Food-Verordnung nennen hier nur eine noch näher zu spezifizierende Kennzeichnung des Produktes. Der Vorschlag von Lehrer und Mitarbeitern sieht in diesem Fall auch eine **Ablehnung des Produktes, eine Veränderung vor Marktzulassung** oder **ein Monitoring** vor.

Bisherige Erfahrungen mit der Abschätzung des allergenen Potenzials transgener Pflanzen

Das allergene Potenzial von Proteinen, die mit Hilfe der Gentechnik in Nahrungsmittelpflanzen übertragen worden sind und die bisher noch nicht Bestandteile der Nahrung waren, wurde mit den oben beschriebenen indirekten Methoden abgeschätzt. Dabei wurde keine allergene Wirkung der neu übertragenen Proteine nachgewiesen.

In einem Versuch wurden neun neu eingeführte Proteine auf ihre Stabilität gegenüber der **Verdauung im Magen-Darm-Trakt** getestet und mit der Eigenschaft bekannter Allergene verglichen. Zu den getesteten Proteinen zählten verschiedene *B.t.*-Proteine, Enzyme, die eine Herbizidresistenz vermitteln sowie Markerproteine (GUS, NPTII) auf der einen Seite sowie Ei-, Milch- und Sojabohnenallergene auf der anderen Seite. Alle neu eingeführten Proteine wurden im Gegensatz zu den bekannten Allergenen innerhalb von 30 Sekunden abgebaut, ohne dass stabile Fragmente auftraten, was als indirekter Hinweis auf eine fehlende allergene Wirkung gewertet wird (Metcalfe et al., 1996; SRU, 1998).

Ein vielzitiertes Beispiel, bei dem eine gentechnisch veränderte Pflanze eine allergene Wirkung zeigte, ist eine Sojabohnenvarietät, die von der Fa. Pioneer entwickelt wurde. Da Sojabohnen relativ wenig Methionin enthalten, muss diese essentielle Aminosäure bei der Verwendung von Sojaschrot als Tierfutter zugefügt werden. Deshalb wurde das **2S-Albumin aus der Paranuß in Sojabohnen** übertragen. Die Paranuß ist als allergenes Nahrungsmittel bekannt, doch war das 2S-Albumin zu diesem Zeitpunkt nicht als eines der Hauptallergene der Paranuß identifiziert. In Tierversuchen zeigten sich auch keinerlei Hinweise auf ein allergenes Potenzial des neu eingeführten Proteins. Es wurden anschließend verschiedene immunologische Tests durchgeführt, die die Allergenität des 2S-Albumins bewiesen. Aufgrund dieser Ergebnisse wurde die weitere Entwicklung dieser Sojabohnenvarietät eingestellt (Nordlee et al., 1996; Stirn, 1998, Kap. XII 4).

Dies ist der bisher einzige Fall, in dem nachweislich ein bekanntes Nahrungsmittelallergen mit gentechnischen Methoden in eine andere Nahrungsmittelpflanze übertragen wurde.

Große Probleme bereitet zur Zeit die Abschätzung des allergenen Potenzials des **Cry9C-Proteins**, eines *B.t.*-Proteins in trangenem Mais der Fa. AgrEvo. Dies ist ein Protein aus einer Quelle, die nicht bekanntermaßen allergen wirkt. Bei den indirekten Testverfahren, die dann durchgeführt werden, fiel ein Test positiv aus: nur 15-25% des Proteins wurden in künstlichen Verdauungsmedium abgebaut; in behandelten Tieren wurde die 68kDa-Form in eine 55kDa-Form überführt, ohne weiteren Abbau. Experten kamen zu dem Schluss, dass zur Zeit keine weiteren wissenschaftlichen Tests zur Verfügung stehen, dass allergene Potenzial dieses Proteins abzuschätzen. (EPA, 2000).

Kritik an den Abschätzungskonzepten

Vieths (1998) kritisiert das allgemein als Grundlage der Abschätzung des allergenen Potenzials dienende IFBC-Konzept dahingehend, dass er, nach eigenen Untersuchungen sowie Literaturstudien, folgende Abänderungen und Ergänzungen für notwendig erachtet:

- Die **Konzentration eines neu eingeführten Proteins** sollte nicht mehr als Kriterium für eine Risikoabschätzung herangezogen werden. Er nennt eine Reihe bekannter Allergene, die in geringen Konzentrationen (< 1%) in Lebensmitteln vorliegen, wie z.B. bestimmte Enzyme. Auch Gilissen und Nap (1997) zitieren Untersuchungen, bei denen Proteine, deren Konzentration 0,1-1% des Gesamtproteingehalts ausmachte, bestimmte Individuen sensibilisierten.

- Die **signifikante Aminosäuresequenzhomologie** sollte auf vier aufeinanderfolgende identische Aminosäuren reduziert werden. Beim IFBC-Konzept wird eine allergene Wirkung eines neuen Proteins ausgeschlossen, wenn keine Homologie von acht aufeinanderfolgenden Aminosäuren mit bekannten Allergenen gefunden wird. Vieths führt eine Reihe von Beispielen auf, bei denen bekannte Allergene nur vier gemeinsame Aminosäuren in Folge aufwiesen. Darüber hinaus kann eine Homologie von drei bis vier Aminosäuren einem diskontinuierlichen Epitop ähneln (Geysen et al., 1987, zitiert in Vieths, 1998).
Auch Gendel (1998b) hat bei Aminosäuresequenzanalysen festgestellt, dass eine Übereinstimmung von weniger als acht Aminosäuren als signifikanter Hinweis auf eine mögliche Allergenität anzusehen ist, wenn eine Reihe identischer Aminosäuren in einer Region mit ähnlichen Aminosäuren (gehören zur selben Klasse, z.B. der hydrophilen basischen Aminosäuren) auftritt. Er kommt zu dem Schluß, dass Sequenzhomologie-Analysen dann Hinweise auf ein mögliches allergenes Potenzial geben können, wenn die Datenbank groß genug ist, die richtigen Algorithmen angewandt werden und die Kriterien für eine signifikante Übereinstimmung festgelegt sind.

- Vieths (1998) kritisiert weiterhin, dass die Möglichkeit, das neu eingeführte Proteine eine **respiratorische Sensitivierung** auslösen können, im IFBC-Konzept nicht berücksichtigt wird. Wie oben schon erwähnt, wird häufig eine Kreuzsensibilisierung beobachtet, bei der eine Nahrungsmittelallergie durch eine respiratorische Sensitivierung durch Pollenallergene ausgelöst wurde (Vieths, 1998).

Die Kritik von Vieths bezieht sich zwar auf das IFBC-Konzept, betrifft aber alle drei vorgestellten Abschätzungskonzepte, da sie sich in diesen Punkten nicht unterscheiden.

Auf der **OECD-Konferenz zur Sicherheit gentechnisch veränderter Lebensmittel in Edinburg** wurde festgestellt, dass das Konzept zur Abschätzung der Allergenität des IFBC überarbeitet werden sollte, da es einige Unsicherheiten, z.B. im Bezug auf die Übertragung unbekannter Allergene offen lasse (OECD, 2000). So basiert die Abschätzung des allergenen Potenzials von Proteinen, die nicht aus einer bekanntermaßen allergen wirkenden Quelle stammen, nur auf den Ergebnissen der Sequenzhomologie und der Stabilität gegenüber Verdauung und Verarbeitung. Als zusätzliche Abschätzungskriterien könnten hinzukommen (WHO, 2000):

- **Konzentration und Expressionsort der neuen Proteine:**
  Wenn Proteine in signifikanten Mengen im gentechnisch veränderten Produkt enthalten sind, sollten diese einer genaueren Prüfung unterzogen werden. Werden die neuen Proteine nur in den Teilen der Pflanze gebildet, die nicht gegessen werden, resultieren daraus keine Bedenken hnsichtlich einer möglichen Allergenität.

- **Funktion der neuen Proteine:**
  Bestimmte Klassen von Proteine sind bekannte Allergene. So gehören die methionin-reichen 2S-Albumine der Paranuß, Walnuss, Sonnenblumenkerne und Senfkörner zu den Hauptallergenen dieser Pflanzen. Ebenso zeigen viele der Pathogenresistenz-vermittelnden Proteine (z.B. Lektine und Enzym-Inhibitoren, Dam van, 1999) eine allergene Wirkung. Nach internationalem Konsens sollte diese Liste erweitert werden, um Proteine die dort aufgeführt werden, einer genaueren Prüfung zu unterziehen.

Eine Erweiterung des Abschätzungskonzeptes ist sicherlich vorteilhaft, da eine Beurteilung der allergenen Wirkung eines neuen Proteins nur durch die Ergebnisse zweier indirekter Tests nicht ausreichend sein kann bzw. zu nicht eindeutigen Ergebnissen führen kann (s. oben Cry9C). Die beiden vorgeschlagenen Kriterien reichen aber im letzt genannten Fall schon nicht aus, um das allergene Potenzial endgültig zu bewerten. Das IFBC-Konzept bietet im Fall eines positiven Ergebnisses nur die Rücksprache mit der regulierenden Behörde an (s. Abb. 1). Als mögliche Empfehlungen kommen die von Lehrerer und Mitarbeitern genannten in Frage: verwerfen, verändern, kennzeichnen oder nach Marktzulassung beobachten (s. Abb. 2). Bisher gibt es noch keine Entscheidung, ein eventuell allergen wirkendes Protein in einem gentechnisch veränderten Nahrungsmittel mit der Auflage der Kennzeichnung und der Durchführung eines Monitoringprogrammes zuzulassen. Dies wird u.a. von der Verbreitung der allergischen Reaktion, der Anhäufung im Nahrungsmittel, den Verzehrgewohnheiten der Verbraucher und der Expositionsdauer abhängen (EPA 2000).
Durch die nicht eindeutigen Ergebnisse der indirekten Abschätzungsverfahren im Fall des Cry9C-Proteins wird deutlich, dass noch erheblicher Forschungsbedarf bei der Entwicklung verbesserter Testverfahren zur Identifizierung möglicherweise allergen wirkender Proteine besteht. In einer Veröffentlichung des amerikanischen National Research Council's wird insbesondere die Entwicklung von Testverfahren gefordert, die auf menschlichen Immunreaktionen beruhen sowie die Entwicklung verläßlicher Tiermodelle (Anonym, 2000).

Sowohl der Rat der Sachverständigen für Umweltfragen als auch das Umweltbundesamt, Berlin weisen explizit auf die Einbeziehung der Untersuchungen zum **allergenen Potenzial von Pollen** gentechnisch veränderter Pflanzen hin (SRU, 1998; UBA, 1999): Bislang ist nicht geklärt, ob durch konventionelle Züchtung oder gentechnische Veränderung die Oberflächenstruktur und damit die Allergenität von Pollen verändert wird. In einem Fall ist berichtet worden, dass eine gentechnisch veränderte, pollensterile Salatvarietät eine veränderte Pollenoberfläche aufwies (Curtis et al., 1996, zitiert in SRU, 1998). Bei Selbstbefruchtern wie dem Gartensalat spielt Pollenallergenität keine Rolle, die möglichen Veränderungen der Pollenoberfläche und eine dadurch eventuell veränderte Allergenausprägung bei Windbestäubern sollte aber bei der Risikoabschätzung mit berücksichtigt werden.

Vergleich mit konventionell gezüchteten Nahrungsmittelpflanzen

Auch durch konventionelle Züchtung ist die Proteinzusammensetzung der Pflanzen verändert worden. Es ist aber kein Fall bekannt, in dem dadurch das allergene Potenzial der Pflanze verändert wurde. Der Rat der Sachverständigen für Umweltfragen fordert aber auch in diesem Fall eine **Gleichbehandlung** der Nahrungsmittel aus konventioneller Züchtung und aus biotechnologischen Verfahren (SRU, 1998).
Dies wird auch unterstützt von Gilissen und Nap (1997), die darauf verweisen, dass im Prinzip jedes Protein bei einem Individuum eine allergische Reaktion hervorrufen kann, insbesondere wenn eine genetische Veranlagung dazu vorliegt. Da Allergene in allen Lebensmitteln vorkommen, sei es nur logisch, das Risiko der Entstehung einer Allergie durch die Einführung eines bestimmten Gens im Verhältnis zur Allergenität allgemein akzeptierter Lebensmittel zu sehen.
Vieths (1998) verweist allerdings darauf, dass mit Hilfe der Gentechnik eine Anzahl identischer Proteine in eine Vielzahl von Pflanzen eingebracht werden, die, botanisch gesehen, nicht miteinander verwandt sind. Dieser Aspekt ist besonders in Hinblick auf eine mögliche allergene Kreuzsensibilisierung (s.o.) wichtig. Seiner Meinung nach berechtigt dies zu einer ausführlicheren Risikoabschätzung gentechnisch veränderter Pflanzen im Gegensatz zu konventionell gezüchteten Pflanzen.

Literatur

Anonym, 2000. Regulatory Agencies and the Spread of Transgenic Plants. A U.S. National Academies Report. *Biotech Lab International* 5-6:6

APHIS (Animal and Plant Health Inspection Service) 1997. Determination of Nonregulated Status for Glyphosate-Tolerant Corn Line GA21. November 1997

Dam van F. 2000. Hazard assessment of the allergenic potential of genetically modified food. In: Report of the Workshop „Genetically Modified Foods and Allergenecity: Safety Aspects and Consumer Information“, 28-29 May organized by Consumer & Biotechnology Foundation, Den Haag, The Netherlands, 21-32

EPA (Environmental Protection Agency) 2000. Food Allergenecity of Cry9C Endotoxin and Other Non-digestible Proteins. SAP Report No. 2000-01A, June 29, 2000

FAO (Food and Agriculture Organization of the United Nations) Biotechnology and Food Safety. Report of a Joint FAO/WHO Consultation, Rome, Italy, 30.09.-04.10.1996

Gendel SM. 1998a. Sequence databases for assessing the potential allergenicity of proteins used in transgenic foods. In: SL Taylor (ed.) Advances in Food and Nutrition Research. Academic Press, San Diego. Vol 42:63-92

Gendel SM. 1998b.The use of amino acid sequence alignments to assess potential allergenicity of proteins used in genetically modified foods. In: SL Taylor (ed.) Advances in Food and Nutrition Research. Academic Press, San Diego. Vol 42:45-62

Gilissen LJW, Nap JP. 1997. Assessment of allergenic potential of foods from genetically modified plants. By order of: Ministry of Economic Affairs and Ministry of Housing, Spatial Planning and Environment in the framework of CCRO-project#1. CPRO-DLO, Wageningen.

Houben GF, Pennings AH. 1996. Evaluation of the Allergenecity of Food Proteins - Current testing Possibilities and New Developments Focused on the Role of the Gastr-Intestinal Tract Physiology. In: Food Allergies and Intolerances - Symposium, VCH, Weinheim, S. 183-195

House of Lords 1998. Second Report: EC Regulation of Genetic Modificationn in Agriculture. European Communities Committee Publications, Großbritannien

Jany KD, Greiner R. 1998. Gentechnik und Lebensmittel. Berichte der Bundesforschungsanstalt für Ernährung. http://dainet.de/bfe/deutsch/janybericht/janyberi.htm

Nordlee JA, Taylor SL, Townsend JA, Thomas LA, Bush RK. 1996. Identification of a Brazil-Nut Allergen in Transgenic Soybeans. *The New England Journal of Medicine* 334:688-692

OECD (Organisation for Economic Co-operation and Development) 1997. Safety Assessment of New Foods: Results of an OECD survey of serum banks for allergenecity testing, and use of databases. SG/ICGB(97)1. OECD, Paris

OECD 2000. GM Food Safety: Facts, Uncertainties, and Assessment. Rapporteurs' Summary on the OECD Edinburgh Conference on the Scientific and Health Aspects of Genetically Modified Foods. 28 February – 1 March 2000

SRU (Der Rat der Sachverständigen für Umweltfragen) 1998. Umweltgutachten 1998. Metzler-Poeschel, Stuttgart

Stirn S. 1998. Allergenität transgener Pflanzen. In: Nutzung der Gentechnik im Agrarsektor der USA – Die Diskussion von Versuchsergebnissen und Szenarien zur Biosicherheit. Studie im Auftrag des Umweltbundesamtes, Berlin. UBA-Texte 47/98, 631-651

UBA (Umweltbundesamt) 1999. Beitrag der Biotechnologie zu einer dauerhaft umweltgerechten Entwicklung. Umweltbundesamt, Berlin. UBA-Texte 1/99

Vieths S. 1998. Allergenic potential of genetically modified plant foods - How reliable is the proposed assessment strategy? In: Proceedings of the International Symposium on „Novel Food Regulation in the European Union - Integrity of the Process of Safety Evaluation“ held in Berlin, November 18-20, 1997, 295-308

WHO (World Health Organization) 2000. Safety aspects of genetically modified foods of plant origin. Report of a Joint FAO/WHO Expert Consultation on Foods Derived from Biotechnology. Geneva, Switzerland, 29 May – 2 June 2000

3.1.3 Antibiotika-Resistenzen

S. STIRN

Die Transformation pflanzlicher Zellen oder Gewebe ist nach wie vor ein seltenes Ereignis. Deshalb werden selektierbare Markergene, wie bakterielle Antibiotikaresistenzgene, zusammen mit den Genen, die für die erwünschte Eigenschaft codieren, übertragen. In einem anschließenden Selektionsschritt überleben nur erfolgreich transformierte Zellen, alle nicht transformierten Zellen sterben ab.
In dem endgültigen Produkt, der transformierten Pflanze, werden diese Gene nicht mehr benötigt. Seit Ende 1996 wird daher darüber diskutiert, ob Antibiotikaresistenzgene vor der Vermarktung gentechnisch veränderter Pflanzen nicht entfernt bzw. alternative Markergene verwendet werden sollten (s.u.).

Stand der Zulassungen

Bisher sind 10 gentechnisch veränderte Nahrungsmittel-Pflanzen (GVP) in der EU in Verkehr gebracht worden, d.h. sie dürfen ohne Sicherheitsauflagen angebaut und/oder verarbeitet werden. **Sechs GVP** enthalten **Antibiotikaresistenzgene**, **vier** besitzen eine **Herbizidresistenz**, die auch als selektierbarer Marker eingesetzt werden kann (zur Übersicht s. Brandt, 1999; Belgian Biosafety Server, 1999) (zur Problematik der Herbizidresistenzen s. Kap. 4.1). Die meisten zugelassenen Pflanzen (5 GVP) enthalten das Kanamycin-Resistenzgen (*npt*II oder *aph*(3′)-II), das Resistenz gegenüber den Aminoglycosiden Kanamycin, Neomycin und ähnlichen vermittelt.

Eine in ihrer Stärkezusammensetzung veränderte Kartoffel der Firma Avebe enthielt neben dem Kanamycin-Resistenzgen (*npt*II) auch das Amikacin-Resistenzgen (*npt*III). Der Antrag auf Inverkehrbringen dieser Kartoffel wurde **zurückgezogen,** nachdem mehrere EU-Mitgliedsstaaten Bedenken geäußert hatten, da Amikacin ein sogenanntes Notfall-Antibiotikum ist (UBA, 1999, S. 80).
Heftige Diskussionen löste der **insektenresistente Mais** der Firma Novartis aus, der neben dem *B.t.*-Gen (vgl. Kap. 4.2) das Ampicillin-Resistenzgen (*bla*) enthält. Obwohl die Ampicillin-Resistenz unter Bakterien weit verbreitet ist, wird Ampicillin nicht nur bei Enterokokken-Infektionen sondern auch bei Infektionen mit *Haemophilus influenza* als Mittel der Wahl betrachtet (ZKBS, 1997).
Der insektenresistente Mais erhielt am 23. Januar 1997 die Zulassung zum Inverkehrbringen in der EU. Diese umfasste sowohl den Anbau zur Saatgutproduktion, Import und Verarbeitung als auch die Zulassung als Nahrungs- und Futtermittel. Kurz vor der Entscheidung zur Sortenzulassung (ermöglicht den großflächigen und uneingeschränkten Anbau in Deutschland) wies die Bundesgesundheitsministerin Andrea Fischer die zuständige Behörde an, die **Genehmigung** für das Inverkehrbringen des insektenresistenten Mais **ruhen zulassen**. Frau Fischer begründete ihre Entscheidung mit „vorbeugendem Gesundheitsschutz“, da nach dem Stand der Wissenschaft Gefahren für die menschliche Gesundheit nicht auszuschließen seien. Diese

Aussage bezog sich vor allem auf gesundheitliche Risiken, die vom Ampicillin-Resistenzgen ausgehen könnten (BSA, 2000).

Kenntnisstand zu möglichen Wirkungen

Die befürchteten gesundheitlichen Risiken beziehen sich meist darauf, dass die Markergene aus den Pflanzen zur weiteren Verbreitung der Antibiotikaresistenzen beitragen könnten: Die ursprünglich aus Bakterien stammenden Gene könnten über einen sogenannten **horizontalen Gentransfer** (s. Kap. 3.2.2) von den Pflanzen wieder auf Bakterien übergehen und so die Resistenzeigenschaften insbesondere pathogener Bakterien verstärken. Dies ist besonders dann unerwünscht, wenn dadurch Antibiotika, die in der Human- und Tiermedizin verwendet werden, unbrauchbar würden.

Gentransfermechanismen in Bakterien

Die schnelle **Ausbreitung** der Antibiotika-Resistenzgene in **Bakterienpopulationen** (s.u. Frequenz der Antibiotika-Resistenzgene in der Umwelt) zeigt deutlich die Fähigkeit von Bakterien, genetische Information auszutauschen. Drei verschiedene Mechanismen sind möglich: Konjugation, Transduktion und Transformation (Slater, 1985) (s. auch Kap. 3.2.2).
Der Gentransfermechanismus, der am ehesten zur Übertragung von Antibiotikaresistenzgenen von gentechnisch veränderten Pflanzen auf Bakterien beitragen könnte, ist die **Transformation**. Unter natürlicher Transformation versteht man die Aufnahme „nackter“ (außerzellulärer) DNA durch kompetente Bakterien (Kompetenz beschreibt den Zustand, in dem Bakterien DNA aufnehmen können). Einige Bakterien sind natürlicherweise kompetent, entweder konstitutiv oder unter bestimmten physiologischen Bedingungen (Lorenz und Wackernagel, 1994; Nielsen et al., 1997). Allerdings ist noch wenig darüber bekannt, welche Faktoren die Ausbildung der Kompetenz beeinflussen und welcher Anteil natürlicherweise kompetenter Bakterien in der Umwelt jeweils den Zustand der Kompetenz ausprägt (Smalla et al., 2000).
Die **Transformationshäufigkeit** liegt bei 10^{-5} bis 10^{-8} für chromosomale Gene unter unsterilen Bedingungen. Bei diesen Versuchen wurden allerdings kompetente Bakterien in den Mikrokosmos eingeführt. Die Transferwahrscheinlichkeit in der Umwelt wird demnach **geringer** sein (mehrere Autoren, zitiert in Heidenreich, 1998).

Risikoszenario 1: Übertragung der Antibiotika-Resistenzgene auf Bakterien im Darm von Mensch oder Tier

Bei einer Risikoabschätzung zum Einsatz der Antibiotikaresistenzgene ist zunächst zu überlegen, ob und wie häufig die Antibiotikaresistenzgene im Darm von dort angesiedelten Bakterien aufgenommen werden können. Erfolgreich wäre solch ein horizontaler Gentransfer nur dann, wenn diese Gene komplett, d.h. unter Erhalt ihrer Funktion, von Pflanzenzellen auf Bakterien übertragen würden. Dies ist bisher noch nicht nachgewiesen worden.

Im Fall des **Kanamycin-Resistenzgens** (*npt*II) wurde errechnet, dass nach Verzehr von 200g gentechnisch veränderten Tomaten die Anzahl rekombinanter (resistenter) Bakterien um 0,000001% ansteigen würde. Dieser Berechnung liegt die Annahme zugrunde, dass die Häufigkeit illegitimer Rekombinationen vergleichbar der spontaner Deletionen ist (10^{-8} bis 10^{-7}) (Calgene, 1990).
Schlüter und Potrykus (1996) kamen bei Berechnungen zur Wahrscheinlichkeit eines horizontalen Gentransfers des *npt*II-Gens von transgenen Tomaten auf Darmbakterien zu dem Ergebnis, dass beim täglichen Verzehr einer transgene Tomate ein Transformationsereignis in 260 Menschen zu erwarten sei. Diese transformierte Bakterienzelle käme zu 2,6 x 10^{11} bereits existierenden Kanamycin-resistenten Bakterien hinzu.
Salyers (1997) listet in ihrem Bericht für APUA (Alliance for the Prudent Use of Antibiotics) am Beispiel des **Ampicillinresistenzgens** die Schritte auf, die für einen erfolgreichen Gentransfer auf Darmbakterien notwendig wären und versucht die Wahrscheinlichkeit dieser Ereignisse zu bestimmen:

- Funktionsfähige DNA-Fragmente müssen die Verdauung im Darm überstehen.
- Die DNA muss auf kompetente Bakterien treffen.
- Die Plasmid-DNA muss von Bakterien im Darm aufgenommen werden.
- Integration der Plasmid-DNA in das Bakteriengenom über homologe Rekombination.
- Expression des *bla*-Gens aus Mais in Bakterien.

Alle diese Schritte haben eine geringe Wahrscheinlichkeit: Das Maisgenom ist 1x 10^6 mal größer als das pUC18-Plasmid. Also ist auch nur ein millionstel Teil der freigesetzten DNA im Verdauungstrakt pUC18-DNA. Der Haupanteil der Bakterien im Darm sind obligate Anaerobe, die nicht natürlicherweise kompetent sind. Da es keine homologen Sequenzen zwischen gram-positiven Bakterien und dem *bla*TEM1-Gen (das aus dem gram-negativen Bakterium *E. coli* stammt) gibt, ist eine Integration der DNA unwahrscheinlich. Auch *E. coli* und die Enterokokken gelten nicht als natürlicherweise kompetent (kürzlich wurde allerdings nachgewiesen, dass *E. coli* in Frischwasser den Zustand der Kompetenz ausprägen kann [Baur et al., 1996]). Die Wahrscheinlichkeit, dass funktionsfähige DNA von Bakterien im Darm aufgenommen wird, wird daher als extrem klein eingeschätzt. Sie ist aber nicht gleich Null (Saylers, 1997; Regenass-Klotz und Maeschli, 1999).
In Laborexperimenten wurde das Ampicillinresistenzgen aus insektenresistentem Mais mit **kompetenten** *E. coli*-Bakterien inkubiert. Die Studie kam zu dem Ergebnis, dass eine Transformation nicht mit einer höheren Frequenz als 6,8 x 10^{-19} auftreten wird (Studie eines Pflanzenzüchters, zitiert in FDA, 1998).

Courvalin (zitiert in Salyers, 1998) kritisierte im Fall des insektenresistenten Mais der Fa. Dekalb, der ebenfalls das *bla*-Gen enthält und in Verkehr gebracht werden soll, dass bestimmte Aspekte bei der Risikoabschätzung nicht einbezogen worden seien: Wenn das *bla*TEM1-Gen auf Bakterien im Darm übertragen würde, könnten **Mutationen** im Gen dazu führen, dass diese auch resistent gegenüber neueren ß-Laktam-Antibiotika werden, die z.Z. in der Humanmedizin Anwendung finden.

Das *bla*-Gen im gentechnisch veränderten Mais kodiert für die TEM-1-ß-Laktamase. Diese hat gegenüber neueren Cephalosporinen nur eine geringe Aktivität und ist durch ß-Laktamase-Hemmer inhibierbar. Der Gebrauch von Ampicillin ohne ß-Laktamase-Hemmer ist nur nach vorhergehender Resistenztestung angebracht (ZKBS, 1997).
Zu Besorgnis geben dagegen Mutationen der TEM-1 ß-Laktamase Anlass, die in neuerer Zeit vermehrt auftreten. Durch diese Mutationen weisen einige TEM-Derivate auch Aktivität gegenüber neueren Cephalosporinen auf („extended-spectrum-beta-lactamases") bzw. lassen sich nur noch schlecht inhibieren („inhibitor-resistant TEM- ß-lactamases"). Es wird befürchtet, dass sich diese Inhibitor-resistenten Formen auch auf *Haemophilus influenza* und *Neisseria gonorrhoe* ausweiten könnten. Das *bla*-Gen auf pUC18 gehört dagegen zu einer alten Form der ß-Laktamasen, die schon in den 60er Jahren isoliert wurden. (Salyers, 1998; ZKBS, 1997).
Die zur Verfügung stehenden Daten legen nahe, dass die Wahrscheinlichkeit der Übertragung des *bla*-Gens auf Bakterien im Darm gering ist, so dass, selbst unter Annahme des *worst case*, absolut gesehen **nur sehr wenige Ampicillin-resistente** Bakterien durch den Verzehr gentechnisch veränderter Pflanzen **hinzukommen.** Von diesen mutiert wiederum nur ein geringer Prozentsatz, so dass das Risiko des Unbrauchbarwerdens neuerer Cephalosporine durch gentechnisch veränderte Pflanzen mit Ampicillin-Resistenz nicht signifikant erhöht wird.

Risikoszenario 2: Übertragung der Antibiotika-Resistenzgene auf Epithelzellen im Darm von Mensch oder Tier

Als nächstes Risikoszenario ist zu überlegen, ob und wie häufig die Antibiotika-Resistenzgene auf Epithelzellen im Darm des Menschen/der Tiere übertragen werden können. Bisher wurde angenommen, dass die DNA aus der Nahrung schnell von Nukleasen abgebaut wird. Schubbert und Mitarbeiter wiesen DNA-Fragmente im Kot von Mäusen nach, denen M13-DNA verabreicht wurde. Diese war stark fragmentiert und hatten im Durchschnitt eine Größe von <200-400 bp (Basenpaare). In seltenen Fällen konnten Fragmente bis zu einer Größe von 1692 bp im Kot der Mäuse nachgewiesen werden; dies entspricht in etwa der Größe des pUC18-Plasmides (Schubbert et al., 1994).
Wurden die Fütterungsversuche nicht mit nackter DNA durchgeführt, sondern mit Sojablättern, konnten in seltenen Fällen intakte Gene der verfütterten Pflanze (z.B. das *rubisco*-Gen) im Darmtrakt nachgewiesen werden. Auch im Kot der Mäuse waren Fragmente bis zu 1563 bp nachweisbar. Dies deutet darauf hin, dass die in Zellen fixierte DNA besser gegen den Angriff durch Nukleasen geschützt ist als nackte DNA und somit möglicherweise eine größere Chance besitzt, über das Darmepithel in den Organismus zu gelangen. Die Autoren diskutieren die Ergebnisse dahingehend, dass der DNA aus der Nahrung möglicherweise auch eine Rolle bei der Mutagenese und Onkogenese tierischer Zellen zugeschrieben werden muss (Hohlweg et al., 2000).
Sollten Antibiotikaresistenzgene von Darmepithelzellen aufgenommen und exprimiert werden, würde dies wahrscheinlich kein Risiko für die Gesundheit darstellen, da

Epithelzellen sehr kurzlebig sind und laufend durch neue Zellen ersetzt werden (FDA, 1998).

Risikoszenario 3: Übertragung der Antibiotika-Resistenzgene auf boden- und pflanzenassoziierte Bakterien

Es ist wenig darüber bekannt, ob und wie häufig Bakterien im Boden heterologe DNA aufnehmen können. In Untersuchungen zu dieser Form des horizontalen Gentransfers wuden vor allem *Acinetobacter* sp.-, *Pseudomonas stutzeri*- und *Bacillus subtilis*-Stämme verwendet. Dazu wurden meist bereits kompetente Bakterien in den Boden eingeführt. Eine stabile Integration der aufgenommen DNA setzt jedoch das Vorhandensein homologer Sequenzen voraus (Smalla et al., 2000).
Daher konnte bisher auch nur in einem Experiment, bei dem homologe Sequenzen in natürlicherweise kompetente Bakterien (*Acinetobacter* sp.) eingeführt worden waren, eine Transformation mit DNA aus gentechnisch veränderten Pflanzen nachgewiesen werden. Die Transformationsfrequenzen waren jedoch im Vergleich zu Transformationen mit Plasmid-DNA deutlich geringer. Unter natürlichen Bedingungen konnte solch ein horizontaler Gentransfer bisher nicht nachgewiesen werden (Gebhard und Smalla, 1998). Noch nicht veröffentlicht ist ein Hinweis aud den Transfer eines Gens aus transgenen Pflanzen im Bienendarm auf Bakterien (Hirsch, 2000; s. a. Kap. 3.2.2).
Um die Wahrscheinlichkeit eines horizontalen Gentransfers von gentechnisch veränderten Pflanzen auf Bakterien abzuschätzen, wurden von Schlüter und Mitarbeitern Versuche in einem Modellsystem durchgeführt, das aus dem Pflanzenpathogen *Erwinia chrysanthemi* und gentechnisch veränderten Kartoffeln mit einem prokaryotischen ß-Laktamasegen sowie einem Repilkationsorigin bestand. In diesem Modellsystem waren die Chancen für einen Gentransfer hoch, da *E. chrysanthemi* natürlicherweise transformierbar ist, bei Befall das Pflanzengewebe lysiert und dadurch Pflanzen-DNA verfügbar macht sowie Selektions-Gene unter bakterieller Kontrolle in die Kartoffeln übertragen wurden. Nach sechs Wochen Ko-Kultivierung der Bakterien mit gentechnisch veränderten Kartoffeln konnten keine transformierten Bakterien nachgewiesen werden (Schlüter et al., 1995).
Aus Transformationsereignissen in Laborversuchen mit verschiedenen Parametern (Anzahl der *amp*^{r}-Gene, lineare vs. zirkulare DNA, Zusatz genomischer DNA, mit/ohne Elektroporation) berechneten sie eine **maximale Transformationsfrequenz** von etwa 7,5 x 10^{-14}, im Mittel zwischen 5,8 x 10^{-15} und 2,0 x 10^{-17} (Schlüter et al., 1995) (s. auch Kap. 3.2.2). Aus diesen Ergebnissen wurde geschlossen, dass die Wahrscheinlichkeit eines erfolgreichen horizontalen Gentransfers aus Pflanzenzellen im Boden (besonders im Vergleich zu den Transferfrequenzen zwischen resistenten und nicht-resistenten Bakterien, s.o.) als sehr gering anzusehen ist.

Hintergrundinformation: Frequenz der Antibiotika-Resistenzgene in der Umwelt

Antibiotikaresistenzgene sind z.T. schon mit hoher Frequenz in Bakterienpopulationen vorhanden und werden untereinander ausgetauscht (z.B. zwischen

gram-negativen Bakterien in Kläranlagen) (SRU, 1998). Mobile genetische Elemente wie Plasmide und konjugative Transposons, die Antibiotika-Resistenzgene tragen, haben wesentlich zur raschen Verbreitung bakterieller Antibiotika-Resistenzen beigetragen. Neben dem Antibiotika-Selektionsdruck beeinflussen die Nährstoffverfügbarkeit, mikrobielle Konkurrenten und die Plasmid-Species selbst den Transfer und die Etablierung von Antibiotika-Resistenzplasmiden in der Umwelt (Smalla et al., 2000).
Antibiotika-Resistenzen bei Bakterien können auf verschiedenen Mechanismen beruhen. So können die Antibiotika durch Enzyme modifiziert werden (z.B. Phosphorylierung), der Bindungsort des Antibiotikums kann verändert werden oder die Bakterien können sich durch eine verändete Zellpermeabilität der Wirkung des Antibiotikums entziehen (Smalla et al., 2000).

bla-Gen: Das *bla*-Gen kodiert für die TEM-1 ß-Laktamase, die den ß-Laktamring hydrolysiert und so eine **Resistenz gegenüber Ampicillin** vermittelt (Belgian Biosafety Server, 1999). Etwa die Hälfte der klinischen *E. coli*-Isolate besitzt gegenwärtig eine Ampicillin-Resistenz. Diese ist zu etwa 90% durch den ß-Laktamasetyp TEM-1 bedingt (Brandt, 1999). Untersuchungen bei *E. coli*-Isolaten aus Rindern und Schweinen wiesen bei etwa 74% aller Proben das Ampicillin-Resistenzgen nach (BgVV, 1997, zitiert in ZKBS, 1997). Eine Studie aus Kanada kam zu dem Ergebnis, dass 29% der *E. coli*-Isolate aus Schweinen resistent gegenüber Ampicillin waren. In Dänemark dagegen ware 10-12% der *E. coli* aus Hühnern und Schweinen Ampicillin-resistent und nur 1% der *E. coli* aus Kühen. Obwohl die Frequenz der Ampicillin-Resistenz mit dem Isolationsort variiert, gilt sie doch als verbreitet innerhalb der *Enterobacteriaceae* (Salyers, 1998).

*npt*II-*Gen:* Das *npt*II-Gen vermittelt u.a. **Resistenzen gegenüber Kanamycin und Neomycin**. Es stammt aus dem Transposon Tn5 und kommt in gram-negativen Bakterien und *Pseudomonas sp.* vor. Kanamycin-resistente Bakterien sind in der Umwelt weit verbreitet. In Versuchen mit **kultivierbaren** Bakterien zeigte sich, dass der jeweilige Prozentsatz Kanamycin-resistenter Bakterien in den verschiedenen Umweltmedien unterschiedlich hoch ist. Hohe Werte (bis zu 39%) wurden bei Versuchen mit kultivierbaren Bakterien aus Abwässern und Schweinegülle gefunden. Dies scheint direkt mit dem Einsatz von Kanamycin und Neomycin in der Veterinärmedizin und als Futtermittelzusatz zusammen zuhängen. Der Anteil Kanamycin-resistenter Bakterien lag für verschiedene Böden bei 0,001 – 5,0 %. In Fließgewässern wurden dagegen geringe Werte festgestellt (Smalla et al., 1993).
Das *npt*II-Gen selbst wurde aber nur in drei von 555 Umweltisolaten nachgewiesen. Darüberhinaus wurden weitere 41 Bakterien-Kolonien isoliert, die *npt*II-ähnliche Sequenzen enthielten, die aber nicht auf dem Transposon Tn5 lagen. Das wird dadurch erklärt, dass sieben verschiedene phosphorylierende Enzyme beschrieben worden sind, die zu einer Kanamycinresistenz führen können (Smalla et al., 1993).
Diese Ergebnisse mit kultivierbaren Bakterein wurden durch Untersuchungen mit **Gesamt-DNA** bestätigt, **die direkt aus verschiedenen Umweltmedien isoliert** wurde. Auch hier konnten keine Tn5-spezifischen PCR-Amplifikationen nachgewiesen werden. TN5 scheint daher weder bei kultivierbaren noch nicht-kultivierbaren Bodenbakterien weit verbreitet zu sein. Das *npt*II-Gen konnte dagegen sowohl in Abwasser, Gülle, Flusswasser als auch drei von sechs Bodenproben nachgewiesen

werden. *Npt*II-homologe Sequenzen kommen also auch außerhalb des Transposons Tn5 vor (Smalla et al., 2000).

*npt*III-*Gen:* Das ***npt*III-Gen** vermittelt ebenfalls eine Resistenz gegenüber Kanamycin und Neomycin. Darüberhinaus werden aber auch **Amikazin** und Isepamicin *in vitro* modifiziert. Die *npt*III-Resistenz ist nur unter gram-positiven Bakterien verbreitet (Belgian Biosafety Server, 1999). Da diese Antibiotikaresistenz bisher in der Umwelt kaum vorhanden ist und das betreffende Antibiotikum einen hohen Stellenwert bei der Bekämpfung von Pathogenen hat, wurden in der EU Bedenken gegen den Antrag auf Inverkehrbringen einer gentechnisch veränderten Kartoffel mit einem *npt*III-Selektionsmarker geäußert (UBA, 1999, S. 80).

Das Resistenzniveau in Bakterienisolaten scheint direkt mit dem Selektionsdruck korreliert zu sein und kann daher in Abhängigkeit vom Isolationsort stark variieren. Der Selektionsdruck ist größtenteils auf den hohen Einsatz bzw. **Missbrauch bestimmter Antibiotika** in der Tierzucht und -medizin zurückzuführen (Salyers, 1998). Eine Novellierung der entsprechenden Gesetze sowie ein EU-weites Monitoring-Programm der Antibiotikaresistenzen ist vorgesehen (EU, 1999, s.u.).
Es liegen **keine Daten** zum Resistenzniveau von Bakterienpopulationen in den weniger entwickelten Ländern vor. Da es hier kaum zu einem hohen Einsatz von Antibiotika in Landwirtschaft und Medizin kommt, ist die Verbreitung von Antibiotikaresistenzgenen wahrscheinlich geringer als in Industrienationen. Dieser Aspekt sollte vor dem Export gentechnisch veränderten Saatgutes mit Antibiotikaresistenzgenen in diese Länder geprüft werden.

Maßnahmen und Konzepte

Risikoabschätzung

Die amerikanische Lebens- und Arzneimittelbehörde FDA empfiehlt bei der Verwendung von Antibiotikaresistenzgenen eine Fall-zu-Fall-Bewertung durchzuführen, die folgende Punkte berücksichtigen sollte:

- Ist das betroffene Antibiotikum klinisch relevant?
- Wird es häufig eingesetzt?
- Wird es oral verabreicht?
- Gibt es Alternativen zu dem betroffenen Antibiotikum?
- Gibt es einen Selektionsdruck für mögliche Transformanten?
- Wie hoch ist das Resistenzniveau in Bakterienpopulationen in der Umwelt bereits jetzt?

Sollten die Ergebnisse nahelegen, dass das Vorhandensein des Markergens oder Marker-Genprodukts die Verwendung des entsprechenden Antibiotikums einschränken würde, sollten diese im fertigen **Nahrungs- oder Futtermittel** nicht mehr vorhanden sein (FDA, 1998).

Alternative Methoden

Obwohl die Wahrscheinlichkeit eines horizontalen Gentransfers von gentechnisch veränderten Pflanzen auf Bakterien als sehr gering angesehen wird, werden derzeit verschiedene Methoden entwickelt, die darauf abzielen, das Vorhandensein von Antibiotikaresistenzgenen im Endprodukt zu vermeiden.
Der eleganteste Weg wäre, ganz auf Selektionsmarker zu verzichten. Theoretisch sollte es möglich sein, transformierte Zellen von Nicht-Transformierten mit Hilfe molekularbiologischer Methoden (PCR) zu unterscheiden. Bis jetzt wurde aber noch kein Protokoll dazu veröffentlicht (Puchta, 2000).
Eine andere Möglichkeit besteht darin, die Antibiotikaresistenzgene mit „Erkennungsstellen" zu versehen, so dass sie in der transformierten Pflanze wieder **herausgeschnitten** werden können. Werden die Markergene von Rekombinationssequenzen (z.B. *lox* = locus of crossing over) eingerahmt, können sie durch eine sequenzspezifische Rekombinase (z.B. CRE = causes recombination) wieder entfernt werden. Bisher war dieser Weg sehr umständlich, da die Eliminierung der *lox*-flankierten Marker erst durch Kreuzung von CRE- und *lox*-Pflanzen oder erneute Transformation der *lox*-Pflanzen erfolgen konnte (Odell und Russell, 1994). Durch die Isolierung induzierbarer Promotoren ist es jetzt möglich, alle Komponenten des Rekombinationssystems in einer Pflanze zu vereinigen und die Eliminierung des Markergens nach erfolgreicher Transformation durch Induktion des *cre*-Gens zu steuern (Schiemann et al., 1998).
Das CRE/*lox*-System und andere vergleichbare Rekombinationssysteme führen zwar zum Herausschneiden der selektierbaren Markergene nach erfolgreicher Transformation, machen aber ein neue Risikoabschätzung notwendig. Vorallem müssen das Risiko des Auftretens sowie die möglichen Konsequenzen von ungewollten Rekombinationsereignissen mit einbezogen werden (Koenig, 2000).
Zur Zeit wird intensiv an **Alternativen** zu Antibiotikaresistenzmarkern geforscht. Eine Möglichkeit besteht in der Übertragung von Genen, die in den transformierten Zellen **Phytohormone** (Pflanzenwuchsstoffe) freisetzen oder bilden. Durch diese sogenannte positive Selektion bilden nur erfolgreich transformierte Zellen Sprosse und regenerieren zu ganzen Pflanzen (Joersbo und Okkels, 1996; Kunkel et al., 1999). Bisher gibt es noch keine publizierten Daten zu einer Risikoabschätzung dieses Selektionssystems.
Ein anderer Ansatz besteht in der Verwendung des **Phosphomannose-Isomerasegens** aus *E. coli* als selektierbarem Gen und Mannose als selektierendem Agenz. Nur erfolgreich transformierte Zellen können auf Mannose als einziger Kohlenstoffquelle wachsen (Joersbo et al., 1998). Für eine Risikoabschätzung dieses Markergens sind schon einige Tests durchgeführt worden: Die Phosphomannose-Isomerase scheint keine toxische oder allergene Wirkung zu haben. Bei Untersuchungen zu biochemischen Profilen sowie Nährwert und Ertrag der transgenen Pflanzen wurden keine nachweisbaren Veränderungen festgestellt. Bis aber so selektierte gentechnisch veränderte Pflanzen auf den Markt kommen werden, werden noch 5 bis 10 Jahre vergehen (Privalle et al., 2000).

Regulierungsmaßnahmen

Antibiotika-Resistenzgene

Durch die Bedenken, die von einigen Wissenschaftlern und NROs (Nicht-Regierungsorganisationen) geäußert wurden, gelangten Antibiotikaresistenzgene als Markergene in transgenen Pflanzen in den Fokus von Politikern. Es scheint einen politischen Konsens innerhalb der EU und den USA zu geben, künftig auf den Einsatz von Antibiotikaresistenzgenen zu verzichten.
Diese Meinung wird sowohl in Deutschland (ZKBS 1997; SRU 1998, S. 280; UBA 1999, S. 81) als auch in England (House of Lords, 1998, Kap. Summary Pkt. 184) explizit vertreten. In Frankreich wird den Antragstellern nahegelegt, bei der Transformation genetische Konstrukte zu verwenden, die so „klein und sauber" wie möglich sind (von Schomberg, 1998, s. a. Kap. 2). 1998 wurde auch hier zum ersten Mal Kritik an Antibiotikaresistenzgenen geäußert (Courvalin zitiert in Salyers, 1998). Schweden hat das Inverkehrbringen gentechnisch veränderter Pflanzen mit Antibiotikaresistenzgenen ausgesetzt, da es darin eine Gefährdung der Bevölkerung und/oder Umwelt sieht (Jany und Greiner, 1998). In Österreich ist der Import und Anbau aller gentechnisch veränderter Pflanzen verboten (Torgersen und Seifert, 1999). Die USA empfehlen, auf den Einsatz von Antibiotika-Resistenzgenen bei gentechnisch veränderten Lebens- und Futtermitteln zu verzichten (FDA, 1998).
Die OECD wies darauf hin, dass keine lebenden gentechnisch veränderten Mikroorganismen in Nahrungsmitteln verwendet werden sollten, die Markergene enthalten, die Resistenzen gegenüber therapeutisch wichtigen Antibiotika bewirken (OECD, 2000).
Für Gene, bei denen das Risiko einer ungewollten Verbreitung von Antibiotikaresistenzen sehr gering ist, wie z.B. beim Kanamycinresistenzgen, sollte eine **Übergangszeit** vorgesehen werden.

Einsatz von Antibiotika

Im Zuge der Diskussionen um Antibiotikaresistenzgene in transgenen Pflanzen ist der Augenmerk auch wieder auf den **verantwortungsbewussten Einsatz von Antibiotika** gelenkt worden. Es ist erkannt worden, dass der hohe Einsatz von Antibiotika in der **Tierzucht** und der **Medizin** einen Selektionsdruck verursacht, der die weitere Verbreitung der Antibiotikaresistenzgene begünstigt. Deshalb sollen innerhalb der EU die entsprechenden Gesetze geändert werden: Sechs Antibiotika dürfen nicht mehr als Futtermittelzusatzstoffe verwendet werden, die übrigen vier werden zur Zeit geprüft. Ziel ist es, diejenigen Antibiotika zu verbieten, die Kreuzresistenzen zu Antibiotika aufweisen, die in der Humanmedizin eingesetzt werden. Auch im **Pflanzenschutz** soll auf den Einsatz von Antibiotika mit Relevanzen in der Human- oder Tiermedizin verzichtet werden. Darüberhinaus soll ein EU-weites **Monitoringprogramm** gestartet werden, in dem der Einsatz (Art und Menge) von antibiotisch wirkenden Stoffen in der Medizin, der Tierzucht und dem Pflanzenschutz untersucht werden soll. Ziel ist es festzustellen, welcher Einsatzbereich hauptsächlich zur Selektion und Verbreitung der Antibiotikaresistenzgene in der Umwelt beiträgt (EU, 1999).

Literatur

Baur B, Hanselmann K, Schlimme W, Jenni B. 1996. Genetic transformation in freshwater: *Escherichia coli* is able to develop natural competence. *Appl. Environm. Microbiol.* 62:3673-3678

Belgian Biosafety Server 1999. About GM Plants containing a bacterial antibiotic resistance gene. http://biosafety.ihe.be/ARGMO/GMO_Plants.html

Brandt P. 1999. Antibiotika-Resistenzgene als Marker in gentechnisch veränderten Pflanzen. Bundesgesundheitsbl - Gesundheitsforsch - Gesundheitsschutz 9/42:51-57

BSA (Bundessortenamt) 2000. Ruhen der Zulassung für GVO-Mais beim Bundessortenamt beantragt. Pressemitteilung vom 17.02.2000. http://www.bundessortenamt.de/internet...ktuelles/presse/Gen_Mais2000_02_17.htm

Calgene 1990. Request for Advisory Opinion. *kan*^{r} Gene: Safety and Use in the Production of Genetically Engineered Plants. Calgene Incorporated, 1920 Fifth Street, Davis, California 95616, November 26, 1990

EU (European Commission) 1999. Opion of the Scientific Steering Committee on Antimicrobial Resistance. Directorate General XXIV Consumer Politics and Consumer Health Protection, Unit B3 – Management of scientific committees II. 28. May 1999, Brüssel

FDA (Food and Drug Administration, USA) 1998. Use of Antibiotic Resistance Marker Genes in Transgenic Plants: Guidance for Industry. http://vm.cfsan.fda.gov/~lrd/biotechm.html

Gebhard F; Smalla K. 1998. Transformation of *Acinetobacter* sp. BD413 by transgenic sugar beet DNA. *Appl. Environ. Microbiol.* 64:1550-1554

Heidenreich B. 1998. Horizontaler Gentransfer. In: Nutzung der Gentechnik im Agrarsektor der USA – Die Diskussion von Versuchsergebnissen und Szenarien zur Biosicherheit. Studie im Auftrag des Umweltbundesamtes. UBA-Texte 47/98, Berlin, 157-238

Hirsch W. 2000. Hinweise auf Gentransfer zwischen genetisch veränderten Pflanzen und Mikroorganismen. Fridrich Schiller Universität Jena. Informationsdienst Wissenschaft file:///C|/FENSTER/TEMP/$WPM2B59.html, Stand 23.5.2000

Hohlweg U, Schubbert R, Doerfler W. 2000 Fremde DNA überwindet die Darm-Blut- und die Plazentaschranke. *BIOforum* 3:120-122

House of Lords 1998. Second report: EC Regulation of Genetic Modification in Agriculture. European Communities Committee Publications, Großbritannien

Jany KD, Greiner R. 1998. Gentechnik und Lebensmittel. Berichte der Bundesforschungsanstalt für Ernährung. http://dainet.de/bfe/deutsch/janybericht/janyberi.htm

Joersbo M, Donaldson I, Petersen SG, Brunstedt J, Okkels FT. 1998. Analysis of mannose selection used for transformation of sugar beet. *Mol. Breeding* 4:111-117

Joersbo M, Okkels FT. 1996. A novel principle for selection of transgenic plant cells: positive selection. *Plant Cell Reports* 16:219-221

Koenig A. 2000. Development and biosaefty aspects of transgene excision methods. In: Fairbairn C, Scoles G, McHughen A (eds.) Proceedings of the 6th International Symposium on The Biosafety of Genetically Modified Organisms, July 2000, University Extension Press, Saskatoon, Canada, 155-170

Kunkel T, Niu Q-W, Chan Y-S, Chua N-H. 1999. Inducible isopentenyl transferase as a high-efficiency marker for plant transformation. *Nature Biotechnology* 17: 916-919

Lorenz MG, Wackernagel W. 1994. Bacterial gene transfer by natural genetic transformation in the environment. *Microbiol. Rev.* 17:916-919

Nielsen KM, Bones AM, Elsas JD van. 1997. Induced natural transformation of *Acinetobacter calcoaceticus* in soil microcosms. *Applied and Environmental Microbiology* 63(5):1945-1952

Odell JT, Russell SH. 1994. Use of Site-Specific Recombination Systems in Plants. In: Paszkowski (ed.) Homologous Recombination and Gene Silencing in Plants. Kluwer Academic Publ., Netherlands, 219-270

OECD (Organisation for Economic Co-operation and Development) 2000. Report of the Task Force for the Safety of Novel Food and Feed. C(2000)86/ADD1, 17-May-2000, http://www.oecd.org/subject/biotech/index.htm

Privalle LS, Wright M, Reed J et al. 2000. Phosphomannose isomerase - a novel system for plant selection: Mode of action and safety assessment. In: Fairbairn C, Scoles G, McHughen A (eds.) Proceedings of the 6th International Symposium on The Biosafety of Genetically Modified Organisms, July 2000, University Extension Press, Saskatoon, Canada, 171-178

Puchta H. 2000. Removing selectable marker genes: taking the short cut. *Trends in Plant Science* 5 (7):273-274

Regenass-Klotz M, Mäschli C. 1999. Antibiotika-Resistenzgene in Nahrungspflanzen. Fachstelle BATS (Biosicherheitsforschung und Abschätzung von Technikfolgen des Schwerpunktprogrammes Biotechnologie), Basel. www.bioweb.ch/dossiers/antibiotikaresistenz/einführung.html

Salyers A. 1998 Genetically Engineered Foods: Safety Issues Associated with Antibiotic resistance Genes. ROAR Report for APUA (Alliance for the Prudent Use of Antibiotics). www.healthsci.tufts.edu/apua/salyersreport.htm

Schiemann J, Weber A; Hassa A. 1998. Überprüfung von Konzepten zur nachträglichen Fremdgen-Eliminierung aus transgenen Pflanzen. In: Jahresbericht der BBA 1998, Berlin und Braunschweig, Abstract Nr. 189

Schlüter K, Fütterer J: Potrykus I. 1995. „Horizontal" Gene Transfer from a Transgenic Potato Line to a Bacterial Pathogen (*Erwinia chryanthemi*) Occurs – if at All – at an Extremely Low Frequency. *BIO/TECHNOLOGY* 13:1094-1098

Schlüter K, Potrykus I. 1996. Horizontaler Gentransfer von transgenen Pflanzen zu Mikroorganismen (Bakterien und Pilzen) und seine ökologische Relevanz. In: Schulte E, Käppeli, O. (eds.) Gentechnisch veränderte krankheits- und schädlingsresistente Nutzpflanzen, BATS, Basel, 161-191

Schomberg R von. 1998. An appraisal of the working in practice of directive 90/220EEC on the deliberate release of genetically modified organisms (funded by STOA [Scientific and Technological Options Assessment] of the European Parliament), Luxemburg

Schubbert R, Lettmann L, Doerfler W. 1994. Ingested foreign (phage M13) DNA survives transiently in the gastrointestinal tract and enters the bloodstream of mice. *Mol. Gen. Genet.* 242:495-504

Slater JH. 1985. Gene transfer in microbial communities. In: Halvorson HO, Pramer D, Rogul M. (eds.) Engineered organisms in the environment – Scientifc issues. Washington D.C., 89-98

Smalla K, Gebhard F, Heuer H. 2000. Antibioitka-Resistenzgene als Marker in gentechnisch veränderten Pflanzen – Gefahr durch horizontalen Gentransfer? *Nachrichtenbl. Deut. Pflanzenschutzd.* 52:62-68

Smalla K, van Overbeek LS, Pukall R, van Elsas JD. 1993. Prevalenz of *npt II* and Tn 5 in kanamycin-ressitant bacteria from different environments. *FEMS Microbiology Ecology* 13:47-58

SRU (Der Rat der Sachverständigen für Umweltfragen) 1998. Umweltgutachten 1998. Metzler-Poeschel, Stuttgart

Torgersen H, Seifert F. 1999. Austria: Precautionary Blockage of Transgenic Crops (and Food?), country report on Austria for the project „Safety Regulation of Transgenic Crops - Completing the Internal Market? (funded by DGXII RTD [ELSA]). ITA (Institut für Technikfolgenabschätzung), Wien

UBA (Umweltbundesamt) 1999. Beitrag der Biotechnologie zu einer dauerhaft umweltgerechten Entwicklung. Umweltbundesamt, Berlin. UBA-Texte 1/99

ZKBS (Zentrale Kommission für die Biologische Sicherheit) 1997. Stellungnahme der ZKBS zum Ampicillinresistenz-Gen in gentechnisch verändertem Mais. Stellungnahme vom 1. Juli 1997.
http://www.rki.de/GENTEC/ZKBS/ALLGSTELL/97/ZKBS_AMP.HTM (last update: 23.07.1999)

3.2 Umweltrelevante Risikomechanismen

3.2.1 Genübertragung zwischen verschiedenen Pflanzensorten und –arten

G. SCHMITZ, G. SCHÜTTE

Allgemeine Bemerkungen und Definitionen zum Gentransfer

Untersuchungen zum Gentranfer von transgenen Pflanzen auf nicht-transgene, in der Literatur meist unter „Auskreuzung" und „vertikaler Gentransfer" behandelt, spielten in der Risikoforschung eine beherrschende Rolle. Die Befürchtung ist, dass mit der Übertragung umweltrelevanter Eigenschaften sich Pflanzen der gleichen oder verwandten Arten zu ökologisch (bzw. ökonomisch) bedenklichen Formen entwickeln könnten, deren Ausbreitung schwer zu kontrollieren ist (vgl. Kap. 3.3), oder zu Unkrautproblemen im Kulturland führen könnte (s. Kap. 4.1).
In den USA bildeten von 1992-95 die Untersuchungen zu Auskreuzungen den zweitgrößten Schwerpunkt in der ökologischen Begleitforschung (nach Untersuchungen an transgenen virusresistenten Pflanzen), wobei (1) die Möglichkeit von Hybridisierungen und (2) Pollentransfer-Distanzen im Mittelpunkt des Interesses standen (Schütte, 1998).

Definitionen

Bevor auf den vertikalen Gentransfer und seine ökologischen Folgen näher eingegangen wird, sollten zuvor einige im Zusammenhang verwendete Begriffe definiert werden:

Gentransfer: Übertragung eines oder mehrerer Gene von einem Organismus auf einen anderen derselben oder einer anderen Art:
a) vertikaler Gentransfer: obiges über den natürlichen Mechanismus der sexuellen Reproduktion
b) horizontaler Gentransfer: obiges über einen asexuellen Austausch, z.B. bei Konjugation zwischen Bakterien

Pollentransfer / Auskreuzung: zur Bestäubung und Befruchtung führender Transfer von Pollen von einer Pflanze auf eine andere

Hybridisierung: Pollentransfer auf eine Pflanze einer anderen Gattung, Art, Unterart oder Varietät

Diasporen: Verbreitungseinheiten (Samen, samentragende Organe, Sporen, vegetative Verbreitungseinheiten)

gene flow, *gene dispersal*: Verbreitung von Genen durch Auskreuzung und Diasporendispersion

Introgression: Ausbreitung von fremden Genen bzw. Genotypen in einer Population

Mantelsaat: direkt an einen transgenen Pflanzenbestand sich anschließender Bestand nicht-transgener Pflanzen i.d.R. der gleichen Art und Varietät durch den transgener Pollen abgefangen werden soll, um Auskreuzungen zu minimieren.

containment: Maßnahmen zur präventiven räumlichen Eindämmung potenziell invasorischer Organismen oder der Ausbreitung von Pollen und Samen transgener Pflanzen.

Demnach ist *gene flow* (Genfluss) ein Oberbegriff unter den sich andere wie folgt einordnen lassen (Tab. 1).

Tab. 1: Systematische Aufgliederung des Begriffes *gene flow*

<table>
<tr><td colspan="4">gene flow</td></tr>
<tr><td colspan="3">Genaustausch zwischen verschiedenen Individuen
(Gentransfer)</td><td>Verbreitung eigenständiger Träger von Genen</td></tr>
<tr><td colspan="2">sexuelle Prozesse
Vertikaler Gentransfer
durch Pollentransfer
(Auskreuzung)</td><td>asexuelle Prozesse
Horizontaler Gentransfer
z.B. durch Konjugation</td><td>durch Diasporenverbreitung</td></tr>
<tr><td>zwischen gleichen Sippen</td><td>zwischen verschiedenen Sippen
= Hybridisierung</td><td></td><td></td></tr>
</table>

Die (unbeabsichtigte) Verbreitung und Etablierung von Transgenen bei Pflanzen erfolgt in mehreren Schritten (nach Jordan, 1999):

1. Erfolgreiche Hybridisierung/Auskreuzung zwischen der transgenen Kulturpflanze und einer verwandten Wildpflanze/Wildform oder Gentransfer zwischen zwei verschiedenen Kultursorten
2. Introgression und Adaptierung oder Überdauerung in der Samenbank der Felder

Auskreuzung und Hybridisierungen

Die Wahrscheinlichkeit von Hybridisierungen zwischen der transgenen Kulturpflanze und einer verwandten Wildpflanze ist von verschiedenen Faktoren bestimmt (Abb. 1) von denen Kompatibilität (Pollen-Narbe, Genome), phänologische Übereinstimmung, die absolute und relative[1] Anzahl übertragener keimungsfähiger Pollen unmittelbare und damit zentrale Bedeutung haben (vgl. Bartsch et al., 1993; Schütte, 1998[2]). Die Kompatibilität ist, je nach dem welche Art Pollendonor und welche den Pollenrezeptor repräsentiert, z.T. sehr unterschiedlich. So kann Ackersenf (Sinapis arvensis) auf Raps (Brassica napus) Pollen unter bestimmten (Labor-)bedingungen übertragen. Umgekehrt ist dies aber selbst im Labor nicht möglich.

---

[1] Mit relativer Anzahl ist das Verhältnis des transgenen Pollens zu nicht-tansgenem Pollen auf der Narbe gemeint. Durch begrenzte Befruchtungskapazität kommt es zur Konkurrenz zwischen den Pollen.

[2] Schütte (1999) stellte aus 55 empirischen und 35 theoretischen Studien wichtige Informationen zusammen. Der größte Teil der Studien befasst sich mit nicht-transgenen Pflanzen. Nur 13 beziehen sich auf Freilandversuche mit transgenen Pflanzen, überwiegend Kartoffel, Raps und Baumwolle.

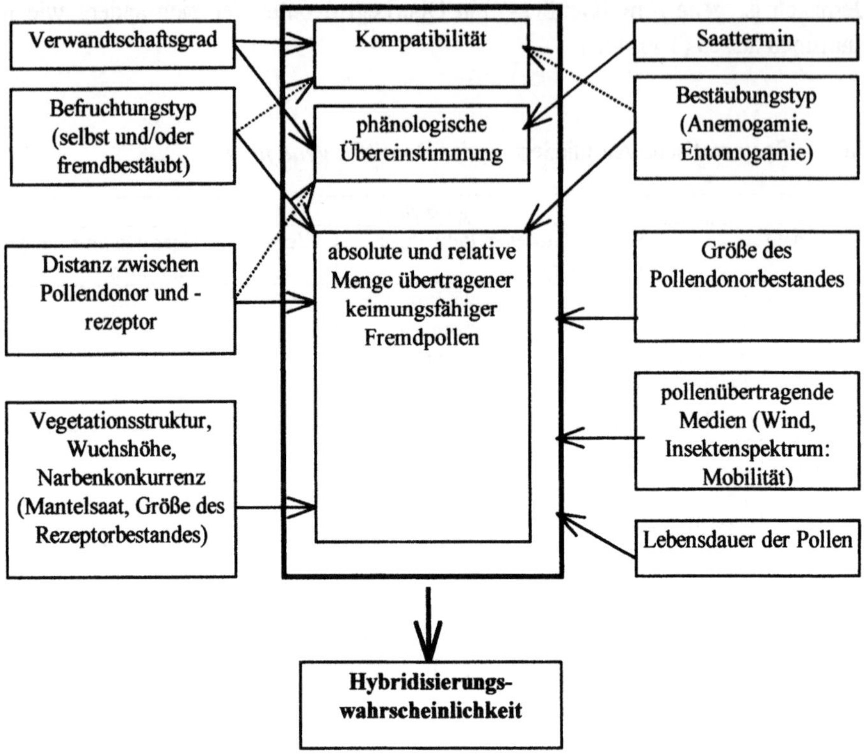

Abb. 1: Die Hybridisierungswahrscheinlichkeit beeinflussende Faktoren

Die Menge übertragener Pollen ist ebenfalls von Faktoren bestimmt. Zunächst ist das Ausmaß der Pollenemmission vom Befruchtungs- bzw. Bestäubungstyp (Selbstbefruchtung?, Wind-, Insektenbestäubung) und der Größe des Bestandes des Pollenspenders (Pollendonor) abhängig. Ist die Pflanze selbstbefruchtet, sind Auskreuzungen nur in geringem Maße möglich, allerdings haben auch sogenannte „strikte Selbstbefruchter“ (z.B. Weizen) per Definition eine Fremdbefruchtung von lediglich „unter 10%“. Auch innerhalb einer Art unterscheidet sich der Grad der Selbstbefruchtung sehr, wie auch das Ausmaß der Wind- oder Insektenbefruchtung sogar innerhalb verschiedener Sorten recht variabel ist. Viele Kulturpflanzen sind eher selbst- als fremdbefruchtet, ein Ergebnis des Auswahlprozesses. Mit zunehmender Distanz zwischen potenziellen Donor- und Rezeptorpflanzen nimmt bei grober Betrachtung die Wahrscheinlichkeit einer Pollenübertragung ab. Verstärkt wird dieser Effekt durch begrenzte „Lebensdauer“ des Pollens (wiederum durch Klimafaktoren beeinflusst).

Introgression

Introgression von Genotypen tritt vor allem dann ein, wenn Konkurrenzvorteile gegeben sind, die einen Selektionsvorteil bedingen. Introgression kann aber auch ohne Selektionsvorteile geschehen, nämlich, wenn die Auskreuzungsrate hoch ist (vgl. Hancock et al., 1996: Apfel, Pflaume, Luzerne, Sonnenblume, Roggen, Reis, Zuckerrübe, Gänsefußgewächse).

Ergebnisse der Risikoforschung

Potenzielle Auskreuzungspartner transgener Kulturpflanzen (Hybridisierungen zwischen Arten)

Der Tabelle 2 ist zu entnehmen, inwieweit Auskreuzungen bei wichtigen in Europa genutzten transgenen Kulturpflanzen auftreten. In Bartsch et al. (1993) findet sich eine Zusammenstellung potenzieller Auskreuzungspartner aus verschiedenen Quellen für weitere kultivierte Arten (s. Tab. 2). Auch Gerdemann-Knörck und Tegeder (1997) und Neuroth (1997) trugen für ausgewählte Kulturpflanzen[3] Deutschlands Daten zusammen, um die Wahrscheinlichkeit von Hybridisierungen abzuschätzen.
Noch umfangreicher und aus der internationalen Perspektive haben Hancock et al. (1996) potenzielle Kreuzungspartner über 30 verschiedener Kulturarten (auf verschiedenen Kontinenten) aufgeführt und kenntlich gemacht, welcher Kreuzungspartner als Unkraut bekannt ist. Für viele Kulturarten fehlen noch genaue Angaben über das Spektrum ihrer potenziellen Kreuzungspartner.
Für die meisten der angeführten Arten ist, aufgrund fehlender Auskreuzungspartner und geringer Winterhärte, das Auskreuzungsrisiko in Europa als gering einzustufen. Auskreuzungen werden beim **Raps** erwartet bzw. wurde bereits nachgewiesen. So zeigten Untersuchungen von Mikkelsen et al. (1996) in Dänemark, dass durch Auskreuzungen Transgene (Glyphosat-Resistenz) von Raps auf Rübsen (*Brassica rapa*) übertragen werden können, wobei die Hybriden fertil und herbizidrestistent sind. Rückkreuzungen mit dem ursprünglichen Unkraut Rübsen ergeben herbizidresistente Pflanzen mit allen Unkrauteigenschaften von Rübsen. Hybridisierungen mit anderen Brassicaceen sind weit weniger wahrscheinlich (Daten und Diskussion um Hybridisierung von Raps mit verschiedenen Arten in Kap. 4.1, Herbizidresistenz: Tab. 7).
Bei **Luzerne**, für die gentechnische Veränderungen geplant sind (Pühler, 1998), besteht ebenfalls ein erhöhtes Auskreuzungsrisiko. So sind die bei uns wild, in ruderalen Halbtrockenrasen vorkommenden Formen bereits Hybride zwischen *Medicago sativa* und *M. falcata* (Rothmaler, 1982).
Bei der **Zuckerrübe** ist die Situation etwas komplexer: Der entscheidende Domestizierungsschritt war die Ausbildung einer Zweijährigkeit und damit einer Rübe als Speicherorgan. Während es in wintermilder Lage zur Überwinterung und damit der Ausbildung von Blütenständen bei zweijährigen Formen kommen kann (Saatgutproduktion in der Poebene), verhindert Frost in den Anbaugebiete NW-Europas im allgemeinen die Überwinterung. Durch Rückmutation kann es nun zur Ausbildung von Samen kommen, die einjährige Formen (Unkrautrüben oder Schosser) hervorbringen (s.a. Kap. 4.1., Durchwuchsprobleme).

[3] *Brassica rapa, B. napus, B. oleracea, Sinapis alba, Raphanus sativa, Beta vulgaris, Linum usitatissimum, Solanum tuberosum, Lycopersicon esculentum, Triticum aestivum, Hordeum vulgare, Zea mays* und *Pisum sativum.*

Tab. 2: Wahrscheinlichkeit bzw. Risiko interspezifischer Auskreuzungen bei ausgewählten transgenen Kulturpflanzen, die in Europa angebaut werden können

transgene Kultur-pflanze	**potenzielle Auskreuzungspartner (weltweit)**	**sonstige Bemerkungen**	**Auskreu-zungs-risiko in Europa**
Tabak (Nicotiana tabacum)	mehrere von 60 Arten der Gattung, z.B. *N. rustica und N. petunioides*, Goodspeed (1954)	möglicherweise Gefahr bei Auskreuzung in *N. glauca* (invasive Art). Keine Hybridisierungen mit nordamerikanischen Arten oder Zierarten in Mitteleuropa bekannt	gering
Tomate (Lycopersicon esculentum)	*L. chmielewskii, L. pimpinellifolium* (in Peru und Ecuador), Wildform *L. esculentum var. cerasiforme* (USA, Honduras, Taiwan) Ellstrand und Hoffmann (1990)		gering
Kartoffel (Solanum tuberosum)	160-200 Arten in Südamerika (Simmods, 1976, zit. in Sukopp und Sukopp, 1994) Hybridisierung mit *S. sucrense* (Unkraut in Bolivien) nachgewiesen (Ellstrand und Hoffmann, 1990)	unter natürlichen Bedingungen in Nordamerika und Mittel-europa mit keiner Wildart kreuzbar, z.T. weil die Kulturform nicht zur Blüte kommt oder Blüten männlich steril sind (Conner, 1994a;b)	gering
Mais (Zea mays)	Hybridisierung mit *Zea mexicana* möglich, diese hat jedoch ein sehr begrenztes Areal (Doebley, 1990)	keine Verwandten in Nordamerika und Mitteleuropa, keine Auswilderungen (Kapteijns, 1993)	gering
Zuckerrübe (Beta vulgaris)	*Beta vulgaris maritima, B. atriplicifolia*, und *B. macrocarpa*		rel. gering
Radiccio (Raphanus sativa)	mit *Raphanus raphinastrum* kreuzbar		gegeben
Raps (Brassica napus)	fertile Nachkommen nach Hybridisierung mit Rübsen (Mikkelsen et al., 1996), mit weiteren 7 Arten unter bestimmten Bedingungen kreuzbar - u.a. *Brassica adpressa, Raphanus raphanistrum, Sinapis arvensis* (s. Gerdemann-Knörck und Tegeder, 1997, u. Kap. 4.1, Tab. 7)		gegeben

Beim Eintrag solcher Samen besteht die Möglichkeit eines genetischen Austausches entweder mit anderen Kulturformen (als Schosser) oder mit der Wildrübe. Dieser Weg ist auch für Transgene denkbar (Bartsch, 1999).

Einteilung von Pflanzen nach der Wahrscheinlichkeit, mit der ihre Gene auf andere Arten übertragen werden

Als Beispiel einer schematisierten Abschätzung für die Wahrscheinlichkeit eines Gentransfers in Wildarten geben Ammann et al. (1996) für verschiedene Pflanzen in der Schweiz ein System mit verschiedenen Codes vor. Dabei sahen sie die Häufigkeit von Wildarten, die Ausbreitungswahrscheinlichkeit von Samen und Verbreitungsorganen sowie die Wahrscheinlichkeit Hybride zu bilden als entscheidende Faktoren an. Der Faktor Befruchtungstyp (Selbst- oder Fremdbefruchtung) blieb bei Ammann et al. (1996) unberücksichtigt.

Tab. 3: Codes für Tabelle 4

Df	**Verbreitungsfrequenz**
Df0	keine verwandten Wildarten vorhanden
Df1	verwandte Wildarten äußerst rar
Df2	verwandte Wildarten sehr rar
Df3	verwandte Wildarten nicht sehr häufig vorkommend
Df4	verwandte Wildarten nicht sehr häufig, aber gleichmäßig vorkommend
Df5	verwandte Wildarten häufig und gleichmäßig vorkommend
Dd:	**Diasporenausbreitungsindex**
Dd0	keine Diasporenausbreitung (Samen sind steril)
Dd1	Diasporenausbreitung unter Ausnahmebedingungen manchmal möglich
Dd2	Diasporenausbreitung unter günstigen Bedingungen möglich
Dd3	Diasporenausbreitung findet statt, Fruchtbildung normalerweise unterdrückt
Dd4	Diasporenausbreitung ist bedeutend, Fruchtbildung erfolgt bei Kultivierung
Dd5	Diasporenausbreitung ist die Regel, Fruchtbildung erfolgt häufig und mit hoher Effektivität
Dp:	**Hybridisierungs- und Pollenausbreitungsindex**
Dp0	keine verwandten Wildarten vorhanden
Dp1	keine kompatiblen verwandten Wildarten vorhanden
Dp2	keine Berichte über spontane Hybriden
Dp3	Auftreten zufälliger natürlicher Hybride; keine Rückkreuzungen beobachtet
Dp4	natürliche Hybridisierung, Hybride sind fertil und zeigen Rückkreuzungen
Dp5	natürliche Hybridisierung häufig, Hybride sind fertil und zeigen häufig Rückkreuzungen

verändert nach Ammann et al., 1996

Tab. 4: Wahrscheinlichkeit der Ausbreitung von Genen aufgrund der Eigenschaften der Pflanzen bei verbreiteten Kulturpflanzen auf Wildpflanzen in der Schweiz

Spezies	**Deutscher Name**	**Ausbreitungs-index Df.Dd.Dp**	**Wahrscheinlichkeit**	
Festuca arundinacea	Rohrschwingel	5.5.5	1	hoch und verbreitet
Festuca pratensis	Wiesenschwingel	5.5.5	1	hoch und verbreitet
Lolium multiflorum	Ital. Raygras	5.5.5	1	hoch und verbreite
Lolium perenne	Engl. Raygras	5.5.5	1	hoch und verbreitet
Medicago sativa	Luzerne	5.4.5	1	hoch und verbreitet
Lactuca sativa	Salat	2.5.5	2	hoch, aber lokal
Daucus carota sativus	Möhre	4.2.4	2	hoch, aber lokal
Brassica napus	Raps	2.5.3	3	niedrig, aber lokal
Brassica rapa	Rübsen	2.4.3	3	niedrig, aber lokal
Raphanus sativus	Rettich, Radieschen	3.3.3	3	niedrig, aber lokal
Cichorium inthybus	Salatzichorie	4.3.3	3	niedrig, aber lokal
Secale cereale	Roggen	4.3.2	4	minimale Wirkung
Cichorium endivia	Endivie	2.2.3	4	minimale Wirkung
Brassica oleracea	Kohl	3.3.3	4	minimale Wirkung
Trifolium pratense	Rotklee	5.3.1	5	keine Wirkung
Trifolium repens	Weißklee	5.3.1	5	keine Wirkung
Beta vulgaris	Zuckerrübe	1.2.1	5	keine Wirkung
Solanum tuberosum	Kartoffel	5.1.0	5	keine Wirkung
Lycopersicon esculentum	Tomate	0.1.0	5	keine Wirkung
Triticum aestivum	Weizen	4.2.2	5	keine Wirkung
Hordeum vulgare	Gerste	4.2.2	5	keine Wirkung
Zea mays	Mais	4.0.0	5	keine Wirkung

verändert nach Ammann et al., 1996

Untersuchungen zu Auskreuzungsraten zwischen Zuckerrüben und Unkrautrüben sowie Raps und Rapsverwandten sind im Kapitel 4.1 (Herbizidresistenz, S. Tab. 7 und „Verstärkung von Durchwuchsproblemen") beschrieben.

Innerartliche Auskreuzungsraten bei verschiedenen Distanzen

Für das Ausmaß von Auskreuzungsvorgängen sind Abundanz von Kreuzungspartnern (s.o.), die Weite des Pollenflugs bzw. -transportes (Abundanz u. Verhalten von Bestäubern), sowie die „Überlebensfähigkeit des Pollens" entscheidend.
Es gibt verschiedene Untersuchungen zur Pollendichte in der Luft bzw. auf dem Boden (Pollenfallen), die eine Abnahme mit der Entfernung zeigen (ZALF, 1998; Squire et al.,1999; McCartney und Lacey, 1991; Lavigne et al., 1996; Timm et al., 1995, zit. in Schütte, 1998). Andererseits wurden aber sogar in der Arktis und im Atlantik Pollen nachgewiesen (Quellen s. Schütte, 1998).
Zur Abundanz von Pollenüberträgern und zur Übertragung durch Insekten sind ebenfalls viele Studien abgeschlossen, die bestätigen, dass bei insektenbestäubten, krautartigen Pflanzen mit weiteren und sehr variablen Auskreuzungsdistanzen gerechnet werden muss (ZALF, 1998; Ramsay et al., 1999; Scheffler et al., 1993 u.a.

s. Schütte, 1998). Bienenarten, die keine Staaten bilden, können zum Beispiel Gebiete von über 10000 m^2 überbrücken (Heinrich, 1976, zit. in Regal, 1982).
Über die „Lebensdauer" von Pollen unter UV-Strahlung ist sehr wenig bekannt. Im Labor kann Pollen, je nach Art, bei Temperaturen über 10 Grad Celsius und unter 50% Luftfeuchtigkeit Tage bis Wochen und in Extremfällen weit darüber hinaus befruchtungsfähig bleiben (Quelle in Schütte, 1998).

Experimente zur Auskreuzung bei verschiedenen Distanzen

Die Auskreuzungsraten unterschieden sich in Experimenten mit dergleichen Pflanzenart bei verschiedenen Distanzen bis 1000 m um mehrere Zehnerpotenzen voneinander. Die von Schütte (1998) zusammengetragenen Daten zeigen unter Angabe der Distanz zwischen Donor- und Rezeptorpflanzen und der zugehörigen Frequenz der Pflanzen bzw. Samen mit eingekreuzten Genen dieses uneinheitliche Bild. Schon die Tatsache, dass die Auskreuzungsrate am Samen oder am Keimling bestimmt wurde, verändert das Ergebnis stark, weil viele Samen nicht zur Keimung gelangen. Eine genaue Diskussion der Unterschiede findet sich bei Gliddon (1999) und Schütte (1998). Dort werden zum Beispiel durch Windverhältnisse, die Größe bzw. Flugweite der Bestäuber oder durch Bestäuberrouten verursachte Unterschiede besprochen. Es zeigte sich klar, dass bei insektenbestäubten Pflanzen die Auskreuzungswahrscheinlichkeit in Abhängigkeit von der Distanz innerhalb der Sorten einer Art sehr variabel ist und somit nicht allein über die Pflanzenart bestimmt werden kann (Gliddon, 1999). Die Größe der bestäubenden und der bestäuten Populationen ist ein Hauptfaktor für die Unterschiedlichkeit der Ergebnisse.
Auf einen Unterschied im experimentellen Design der auch mit der Größe der Populationen zusammenhängt (zwei verschiedene Ansätze) sei hier etwas ausführlicher eingegangen:

Der donorzentrierte Ansatz: Transgen oder konventionell markierte Pflanzen dienen als Pollen-Donor und in verschiedenen Abständen werden Rezeptorpflanzen untersucht, die das Markergen nicht besitzen (Nachweis eines Pollentransfers durch den Nachweis des Vorhandenseins eines Markergens in den Samen bzw. Keimlingen der Rezeptorpflanzen). Da nur dort eine Auskreuzung gefunden werden kann, wo auch gesucht wird und mit zunehmender Entfernung von den Donorpflanzen die Zahl der zu untersuchenden Pflanzen exponenziell zunimmt, können Auskreuzungen über weite Distanzen kaum nachgewiesen werden; Transferraten werden somit unterschätzt.

Der rezeptorzentrierte Ansatz: Hier dienen die markierten Pflanzen als Pollen-Rezeptoren, so dass Samen von ihnen, der nicht homozygot für das Markergen ist, zwangsläufig aus einer Bestäubung mit Pollen aus einer anderen Population herrührt. Pollentransfer-Distanzen ergeben sich aus dem Abstand zu den nächstgelegenen nicht-markierten Populationen. Da möglicherweise Pollenquellen in der Umgebung übersehen werden, wird die Transferdistanz möglicherweise überschätzt.
Entsprechend der unterschiedlichen Gewichtung zeigt Tab. A1 im Anhang (ohne Berücksichtigung der Bäume), dass die durchschnittlichen angegebenen Maximaldistanzen bei rezeptororientieren Versuchen (und solchen, die mit „Isolation"

beschrieben sind) mit 1960 m deutlich höher[4] sind als bei donorzentierten (312 m, in Tab. mit „Mantelsaat" bezeichnet). Bei donorzentrierten Ansätzen wird in der Regel nicht über so weite Entfernungen gemessen. Ein Grund für diese Unterschiede liegt besonders in der anderen **Größe der Donorpopulation** bei rezeptorzentrierten Ansätzen[5].

Trotz der vielen Faktoren, die die Transferraten variieren, sollen hier einige Schlussfolgerungen aus relativ kleinräumigen Versuchsergebnissen gezogen werden:

- Der höchste, mit einem donorzentrierten Ansatz gemessene Wert lag bei 3% in 400 m für *Raphanus sativus.*
- Auffallend sind die hohen Werte (rezeptorzentrierte Ansätze) für Kürbis (5% bei 1300 m; 13,3% bei 480 m) *Agrostis tenuis* (>1% bei 8000 m) und Sonnenblume (15% bei 200 m).
- Für männlich fertilen Raps, Tabak, Kartoffel, Tomate und Zuckerrübe lagen die Auskreuzungsraten bis 100 m maximal bei 1%, meistens jedoch weit darunter im Bereich um 0,01-0,03% (für Raps recht sicher) - und darunter.
- Die geringsten Auskreuzungs-Raten zeigten sich bei strikten Selbstbefruchtern und beim Einsatz von Mantelsaaten (Definition s.o.) um kleine Versuchsflächen.
- Bäume zeigen generell sehr viel höhere Pollentransportdistanzen als krautige Pflanzen (s. Anhang Tab. A1).

Besonders für Raps werden neuere, z.T. noch laufende Untersuchungen mit Donorpopulationen zwischen 0,1 und 55 ha Größe (in der Mehrzahl 0,1 bis 5 ha) besonders im Zusammenhang mit mathematischen Modellen genauere Einschätzungen der Situation im **Anbaumaßstab** möglich machen. In Versuchen von Norris et al. (1999) sind herbizidresistente Rapspflanzen nach der Ernte der nachfolgenden Getreidefrucht im Nachbarfeld eines HR-Feldes (also durch Auskreuzung entstanden) in sehr unterschiedlicher Häufigkeit nachweisen lassen (3 x 0%, 1 x 0,4%, 1 x 40% [6 Orte]). Am Straßenrand waren 0%, 0,1% und 16,3% (3 Orte) der Pflanzen herbizidresistent. Nach Downey (1999) betrug die Auskreuzungsrate (gemessen an Keimlingen) in benachbarte Felder (4 m Abstand) bei einer Donorpflanzenfläche von 16 ha durchschnittlich 0,28%. Bei 250 m Abstand zwischen den Feldern war nur noch in 33 m vom Feldrand Auskreuzung (0,1%) festgestellt worden. Bei den Versuchen von Pellmann et al. (1998) sind trotz kleiner Donorfpflanzenfläche (<1 ha) in 50 m bzw. 100 m Auskrezungsraten an gekeimten Samen von 0,3-2% bzw. 0,5% gemessen worden. Pfeilstedter et al. (1998) haben bei ähnlich kleiner Versuchsfläche in 200 m nur durchschnittlich 0,017% Auskreuzungen (bei den Samen) gefunden.
Stewart et al. (zit. in USDA, 1999) untersuchen derzeit Auskreuzungsraten zwischen Raps und *Raphanus raphanistrum* sowie *Brassica rapa* mit Fluoreszenz-Markern.
Bei Zuckerrüben wurde die Auskreuzungshäufigkeit in Unkrautrüben im Anbaumaßstab von Vigouroux et al. (1999) untersucht. Zuckerrübenschosser hybridisierten

[4] Den Extremwert von 8000m für *Agrostis tenuis* herausgenommen, sind es immer noch 954 m.
[5] Möglicherweise werden negative Befunde (kein Nachweis von Fremdgenen) bei rezeptorzentrierten Ansätzen auch selten publiziert.

mit Unkrautrüben im Nachbarfeld mit folgenden Häufigkeiten: 10% Hybride bei 3 m, 1% bei 15 m Entfernung vom Pollengeber.

Sonderfall: Männlich-sterile Rapspflanzen als Pollenrezeptoren

Unumstritten geht aber aus den neueren Daten deutlich hervor, dass die Raten bei männlich-sterilem Raps als Pollenrezeptor (und es gibt sterile Sorten s. Kap. 4.1) weitaus höher liegen. So fanden Simpson et al. (1999) Raten (mit Mantelsaat und 5 ha Donorpopulation, untersucht wurden die Samen) von 8-28% (Durchschnitt 18%) in 100 m (200 m im Durchschnitt 6%, 400 m im Durchschnitt 2-3%). Thompson et al. (1999) nutzten eine Donorpopulation von 55 ha und haben Auskreuzungsraten von 65-55% in 100-930 m Entfernung gemessen. Die Samenbildung war jedoch nur bei ca. der Hälfte der Samenanlagen festzustellen (bei der größten Entfernung nur bei ca. 10% der Samenanlagen).

Indirekte Abschätzungen und Modellbildung

Seit kürzerer Zeit werden andere Methoden herangezogen, um die erkennbaren Schwächen (besonders die geringe Größe der Donorpopulationen) der bisherigen Experimente auszugleichen. Es werden hierzu markergestützte Untersuchungen (Allelfrequenzen, Isoenzyme, RFLP, Mikrosatelliten) an bestehenden Populationen durchgeführt.
So fanden etwa Raybould und Clarke (1999) heraus, dass wilde Zuckerrüben alle ca. 75 m Unterpopulationen (Einheiten mit beschränktem genetischen Austausch zu anderen) bilden. Skott und Wilkinson (1998) konnten an einer 33 km langen Zone an der Themse nachweisen, dass in 7% von 145 Populationen von *Brassica rapa* Raps-Hybride vorkamen. Der Anteil der Hybride im Samenstadium lag bei 0,4-1,5%. Desplanque et al. (1999) konnten an der französischen Küste zwischen Unkrautrüben und Wildrüben keinen genetischen Austausch nachweisen, wohl aber einen hohen Austausch mit Kulturrüben in Saagutproduktionszonen.
Srauss et al. (zit. in USDA, 1999) untersuchten den Genfluss zwischen natürlichen Pappelbeständen in Oregon anhand von DNA-Markern, sowie das Überleben der Hybride mit Plantage-Pappeln auf gestörten und naturnahen Standorten.
Anhand von Computermodellen wird desweiteren die Prognose von Transferraten Schritt für Schritt untersucht und könnte entsprechend, beim Feldmaßstab angefangen, Stück für Stück verifiziert und auf größere Anbauflächen übertragen werden (Squire et al., 1999; Gliddon, 1999; Hoffmann und Köhler 2000; Etienne Klein [Universität Paris-Süd]).

Ausbreitung über Samen und Verbreitungsorgane

Die von Pollen zu überbrückenden Distanzen zwischen einem Bestand transgener Pflanzen und Wildpopulationen können sich natürlich verkürzen, wenn sich die transgene Pflanze durch Diasporen zunächst ausbreitet (16 von 29 ausgewählten Kulturarten in Nordamerika sind tierverbreitet, Hancock et al., 1996) und damit näher an kreuzungsfähige Wildpopulationen herankommt. Auch Ausbreitung durch Verkehr und Handel spielen eine Rolle. Insgesamt sind mit Verbreitung von

Diasporen größere Distanzen effektiver zu überbrücken als durch Pollen (dazu Howe und Smallwood, 1982).

Regulierungsmaßnahmen und Forschungsbedarf

Forschungsbedarf

Arbeiten zur "Lebensdauer" von Pollen sind spärlich vorhanden, könnten jedoch zur genaueren Abschätzung von Auskreuzungsraten beitragen.
Über inter- und intraspezifische Auskreuzungsraten laufen national und international derzeit verschiedene Forschungs- und Monitoringprojekte. Parallel dazu werden Modelle zur Vorhersage von Auskreuzungs-Häufigkeiten weiterentwickelt und getestet.

Regulierung

Ob Auskreuzung verhindert werden sollte, hängt letztlich von der Frage ab, ob es überhaupt zu einer Introgression kommt und den erwarteten Folgen der Introgression. Die Wahrscheinlichkeit einer Hybridisierung und Introgression ist einerseits abhängig von Pflanzenmerkmalen bzw. vom Spektrum der potenziellen Partner und kann relativ gut abgeschätzt werden (s.o.). Andererseits ist eine Introgression wahrscheinlich, wenn der Pollendruck hoch ist (was aber für konventionelle Sorten auch zutrifft) oder die Transgene einen hohen Fitnessvorteil bedeuten, aufgrund dessen sich der Genotyp bzw. die Art als Unkraut in oder außerhalb des Ackers (Verwilderung) durchsetzen kann. Entscheidend für die Regulierung ist, ob solche Folgen bei Kulturpflanzen und eventuell bei Hybriden erwartet werden (wenn überhaupt Kreuzungspartner vorhanden sind und Gentransfer wahrscheinlich ist). Die Bewertung und Abschätzung der Folgen ist in Abhängigkeit von den Transgenen vorzunehmen und wird explizit im Kapitel 3.2.1 (Verwilderungen) behandelt und in den Kapiteln zu fitnessrelevanten Merkmalen (Kap.4.1-4.6) jeweils spezifisch angesprochen. Im Kapitel 3.3 sind Kriterien für die Einschätzung der Bedeutung verschiedener Transgene sowie Pflanzenarten und ein Vorschlag für die bei Bedarf schrittweise, experimentelle Abschätzung dargestellt.
Parallel dazu besteht die Möglichkeit, durch verschiedene Auflagen die Auskreuzung / Introgression und damit die in der Folge befürchteten Effekte einer Auskreuzung bzw. einer Verbreitung durch Diasporen (insbesondere Samen) zu minimieren:

Möglichkeiten der Verringerung von Auskreuzungen und der Introgression von Genen

Für Versuchsfelder besteht die Möglichkeit, eine Auskreuzung durch Mantelsaaten gering zu halten oder die Pflanzen vor der Blüte zu ernten.
Die Auskreuzung sowie das Entstehen und Ausbreiten von Hybriden (nach Introgression) können zwar nicht vollständig verhindert, aber die Häufigkeit dieser Prozesse kann durch verschiedene züchterische *containment*-Maßnahmen sehr gering gehalten werden: (1) Pflanzensorten, deren Samen nicht gehandelt werden, könnten

als männlich-sterile Sorten angebaut werden[6]. Dann wären nur die Züchtungsflächen als Pollenquelle in Betracht zu ziehen. Die Entwicklung von Pflanzen mit (2) samenlosen Früchten oder mit (3) Samen, die nicht keimfähig sind (sog. „Terminator-Technik") (Gressel, 1999; Anonym, 1998), kann die Ausbreitung über Samen gering halten (Rotino et al., 1997). Diese drei Methoden geben keine absolute Sicherheit, denn in Pflanzenpopulationen gibt es immer Individuen, bei denen verschiedene Eigenschaften unterdrückt oder ausgefallen sind.
Im Zusammenhang mit dem Auskreuzungsrisiko von Herbizidresistenz-Genen in verwandte Unkräuter (vgl. Kap. 4.1) wird die Einführung der Gene in Chloroplasten diskutiert und erprobt, denn diese werden in der Regel nicht über den Pollen weitergegeben (Scott und Wilkinson, 1999; Daniell et al., 1998). Auch diese Methode hat Schwächen, da in den meisten Nacktsamern (d.h. vor allem Nadelbäume) aber auch einigen anderen Pflanzenarten Chloroplasten auch über den Pollen übertragen werden (Gray und Raybould, 1998).
Darüber hinaus gibt es zum Beispiel bei Raps die Möglichkeit, Transgene in Teile des Genoms zu integrieren (das sog. „C-Genom"), die bei der Kreuzung mit anderen verwandten Arten selten weitergegeben werden (Pinder et al., 1999).
Durch die Kombination verschiedener Methoden könnte natürlich eine relativ hohe Sicherheit erreicht werden. Dies würde bei Pflanzen relevant sein, deren Nutzen sehr hoch ist, bei denen man aber im Falle einer Auskreuzung oder Ausbreitung von Hybriden auch mit Schäden rechnet.
Regional können auch anbautechnische Methoden die Ausbreitung bestimmter Gene und Genotypen in Grenzen halten (z.B. bei herbizidresistentem Raps und Weizensorten, vgl. Kap. 4.1). Insbesondere ist die Einhaltung von in der Pflanzenzüchtung erprobten Isolierdistanzen zu nennen, die natürlich auch je nach der Höhe des Risikos erweitert werden können. Für die Effektivität der Isolation von Pflanzenbeständen können Werte aus der Saatgutherstellung herangezogen werden. George (1985) empfiehlt für die Verminderung von Einkreuzungen für einzelne Kulturpflanzenarten die in Tab. 6 aufgeführten „Isolierdistanzen". Levin und Kerster (1974, zit. in Hancock et al., 1996) geben für Windbestäuber eine durchschnittliche Isolierdistanz von 244 m, für Insektenbestäuber eine von 657 m an. Ein Anbau in Regionen ohne potenzielle Kreuzungspartner würde sicherlich die größte Sicherheit bieten.
Es gibt aber auch bereits im Falle von Raps Erfahrungen mit Isolierdistanzen gegen Ein- und Auskreuzen. Diese werden beim Anbau von Raps zur Produktion von technischen (teilweise toxischen) Ölen angewendet. Auch hier kann die Klärung der Frage, ob und welche *containment*-Maßnahmen getroffen werden sollten, nur im Zusammenhang mit den erwähnten Abschätzungskonzepten (Kap. 3.3) zu den oben genannten befürchteten Folgen (Entstehung verstärkter Unkrautprobleme in oder außerhalb des Ackers [Verwilderung]) gelingen.

[6] Männliche Sterilität könnte bald auch von außen mit einer chemischen Substanz induziert werden; (Kriete et al., 1996, zit. in Pühler, 1998).

Tab. 5: Isolierdistanzen verschiedener Kulturpflanzen

Kulturpflanze	**Isolierdistanz**
Kürbis	1000 m (Saatgutproduktion), 1500 m ("Basis-Saatgut")
Bohne (Vicia faba)	ab 1000 m (Saatgutproduktion)
Mais	bis 1000 m
Zwiebel	1000 m (im Anbau)
Möhre	800 m, 1600 m ("Basis-Saatgut")
Tomate	30-200 m (Saatgutproduktion)
Erbse	20-100 m ("stock seed")
Salat	2 m

nach George, 1985

Grundsätzlich ist wegen des je nach Freisetzungsort unterschiedlichen Verwilderungspotenzials von Pflanzen und des Handels bzw. des unabsichtlichen Transportes von Verbreitungsorganen (s. Kap. 3.3) eine internationale Abstimmung der Regulierungsmaßnahmen anzustreben.

Literatur

Ammann K, Jacot Y, Rufener AL, Mazyad P. 1996. Field release of transgenic crop in Switzerland, an ecological risk assessment, In: Schulte E, Käppeli O. (eds.) Gentechnisch veränderte krankheits- und schädlingsresistente Nutzpflanzen – Eine Option für die Landwirtschaft, Schwerpunktprogramm Biotechnologie des Schweizerischen Nationalfonds zur Förderung der wissenschaftlichen Forschung, Bern 101-158

Anonym 1998. Neues Verfahren vereitelt „Farmers Privilege". *Transkript* 4 (5):20

Bartsch D, Sukopp H, Sukopp U. 1993. Indroduction of plants with special regard to cultigens running wild. In: Wöhrmann K, Tomiuk J. (eds.) Transgenic Organisms, Birkhäuser, Basel, 135-151

Bartsch D. 1999. Monitoring gentechnisch veränderter Pflanzen am Beispiel von *Beta vulgaris* mit Rizomania-Resistenz und Phosphinothricin-/Kanamycin-Toleranzmarkern. Habilitationsschrift, Univ. Aachen, 185 S

Conner AJ. 1994a. Analysis of containment and food safety issues associated with the release of transgenic potatoes. The molecular and cellular biology of the potato: 245-264 CAB International, Wallingford, UK

Conner AJ. 1994b. Biosafety assessment of transgenic potatoes: Environmental monitoring and food safety evaluation. in: Jones DD. (ed.) Proceedings of the 3rd International Symposium on "The Biosafety Results of Field Tests of Genetically Modified Plants and Microorganisms"; Monterey, California, 245-262

Crawley MJ, Hails RS, Rees M, Kohn D, Buxton J. 1993. Ecology of transgenic oilseed rape in natural habitats. *Nature* 363:620-623

Daniell H, Datta R, Varma S, Gray S, Lee S-B. 1998. Containment of herbicide resistance through genetic enginieering of the chloroplast genome. *Nature Biotech.* 16:345-348.

Desplanque B, Buodry P, Broomberg K, Saumitou-Laprade P, Cuguen J, Van Dijk H. 1999. Genetic diversity and gene flow between wild, cultivated and weedy froms of *Beta vulgaris* L. (Chenopodiaceae), assessed by RFLP and microsatellite markers. *Theor Appl Genet* 98:1194-1201

Doebley J. 1990. Molecular evidence for gene flow among Zea species. *BioScience* 40:443-448

Downey RK.1999. Gene flow and rape the Canadian experience. *BCPC Symposium Proc.* 72:95-100

Ellstrand NC, Hoffman CA. 1990. Hybridization as an avenue of escape for engineered genes - Strategies for Risk Reduction. *BioScience* 40:438-442

George RAT. 1985. Vegetable seed production, London, 318 S.

Gerdemann-Knörck M, Tegeder M. 1997. Kompendium der für Freisetzungen relevanten Pflanzen; hier Brassicaceae, *Beta vulgaris*, *Linum usitatissimum*. *Texte des Umweltbundesamtes* 38:1-221.

Gliddon CJ. 1999. Gene flow and risk assessment. *BCPC Symposium Proc.* 72:49-56

Goodspeed TH. 1954. The genus *Nicotiana*. *Chronica Bot.* 16:536, Massachusets

Grant V. 1950. The flower constancy of bees. *Botanical Review* 16:379-398

Gray AJ, Raybould AF. 1998. Reducing gene escape routes. *Nature* 392:635-636

Gressel J. 1999. Tandem constructs: Preventing the rise of superweeds. *Trends in Biotechnology* 17(9):361-366

Hancock JF, Grumet R, Hokanson SC. 1996. The opportunity for escape of engineered genes from transgenic crops. *Hort Science* 31:1080-1085

Hankeln T, Feldmann RC, Schmidt ER. 1998. Untersuchungen zum Gentransfer und zur Freisetzung von DNA aus transgenen Pflanzen. *Bundesgesundheitsblatt* 12:542-547

Heiser CB. 1973. Introgression re-examined. *Bot. Rev.* 39:347-366

Hoffmann M, Köhler W. 2000. Modellierung von Genfluß und Verwilderung bei transgenen Zuckerrüben (*Beta vulgaris* convar. altissima DÖLL). Proceedings zum BMBF-Statusseminar „Biologische Sicherheitsforschung bei Freilandversuchen mit transgenen Organismen und anbaubegleitendes Monitoring" 29-30.6 1999, Braunschweig:129-134

Højland JG, Poulsen GS. 1994. Five cultivatetd plant species: *Brassica napus* L. ssp. *napus* (Rape), *Megicago sativa* L. ssp. *sativa* (Lucerne/Alfalfa), *Pisum sativum* L. ssp. *sativum* (Pea), *Populus* L. spp (Poplars), *Solanum tuberosum* L. ssp. *tuberosum* (Potato) – Dispersal, establishement and interactions with the environment. The National Forst and Natur Agency, Copenhagen

Hokanson SC, Grumet R, Hancock JF. 1997. Effect of border rows and trap/donor ratios on pollen-mediated gene movement. *Ecological Applications*, in press

Howe HF, Smallwood J. 1982. Ecology of seed dispersal. *Ann. Rev. Syst.* 13:201-228

Jordan N.1999. Escape of pest resistance transgenes to agricultural weeds: Relevant facts of weed ecology, In: Traynor PL, Westwood JH. (eds.) Proccedings of the workshop on: Ecological effects of pest resitance genes in managed ecosystems 31.1.-3.2.99 Bethesda, Maryland, 27-36

Kapteijns AJAM. 1993. Risk Assessment of genetically modified crops. Potential of four arable crops to hybridize with the wild flora. *Euphytica* 66:145-149

Knapp R. 1984. Perspectives on species differentiation and on hybridization in vegetation analysis and in phytosociological relevés. In: Knapp R. (ed.) Sampling methods and taxon analysis in vegetation science. Junk Publ., The Hague, Boston, London, 23-34

Kriete G, Niehaus K, Perlick AM, Pühler A, Broer I. 1996. Male sterility in transgenic tobacco plants induced by tapetum-specific deacetylation of the externally applied nontoxic compound N-acetyl-L-phosphinothricin. *Plant J* 9:809-818

LaSota LR. 1992. Field tests of cotton genetically modified to contain a delta endotoxin gene from *Bacillus thuringiensis*. Caspar R, Landsmann J. (eds.) Proceedings of the 2nd International Symposium on "The Biosafety Results of Field Tests of Genetically Modified Plants and Microorganisms" Goslar, 257-260

Lavigne C, Godelle B, Reboud X, Gouyon PH. 1996. A method to determine the mean pollen dispersal of individual plants growing within large pollen source. *Theor Appl Genet* 93:1319-1326

McCartney HA, Lacey ME. 1991. Wind dispersal of pollen from crops of oilseed rape (*Brassica napus* L.). *J. Aerosol Sci.* 22(4):467-477

Mikkelsen TR, Andersen B, Jörgensen RB. 1996. The risk of crop transgene spread. *Nature* 380:31

Neuroth B. 1997. Kompendium der für Freisetzungen relevanten Pflanzen; hier Solanaceae, Poaceae, Leguminosae. Texte des Umweltbundesamtes 62:1-341

Norris CE, Simpson EC, Sweet JB, Thomas JE, 1999. Monitoring weediness and persistence of genetically modified oilseed rape (*Brassica napus*) in the UK. In: British Crop Protection Council (ed.) *Proceedings No. 72*, Gene Flow and Agriculture: Relevance for transgenic crops, 255-260

Paul EM, Thompson C, Dunwell JM. 1995. Gene dispersal from genetically modified oil seed rape in the field. *Euphytica* 81:283-289

Peacock J. 1990. Ways to pollen sterility. *Nature* 347:714-715

Pellmann H, Reißer W, Theophilou S, Schlegel M. 1998. Begleitforschung zu Freisetzungen gentechnisch veränderter Pflanzen in Sachsen. Bundesgesundheitsblatt 12:552-559

Pfeilstetter E, Matzk A, Schiemann J, Feldmann SD. 1998. Untersuchungen zum Auskreuzungsverhalten von Liberty-tolerantem Winterraps auf nicht –transgenen Raps. In: BMBF-Workshop Biologische Sicherheit, Braunschweig 1998:175-183

Pinder R, Al-Kaff N, Kreike M, Dale P. 1999. Evaluating the risk of transgene spread from *Brassica napus* to related species. *BCPC Symposium Proc.* 72:275-280

Pühler A. 1998. Einfluß von freigesetzten und inverkehrgebrachten, gentechnisch veränderten Organismen aus Mensch und Umwelt. In: Der Rat von Sachverständigen für Umweltfragen (ed.) Zu Umweltproblemen der Freisetzung und des Inverkehrbringens gentechnisch veränderter Pflanzen. 1-50

Ramsay G, Thompson CE, Neilson S, Mackay GR. 1999. Honeybees as vectors of GM oilseed rape pollen *BCPC Symposium Proc.* 72:203-208

Raybould AF, Clarke RT. 1999. Defining and measuring gene flow. *BCPC Symposium Proc.* 72:41-48

Raybould AF, Gray AJ. 1993. Genetically modified crops and hybridization with wild relatives: a UK perspective. *J. Applied Ecology* 30:199-219

Regal PJ. 1982. Pollination by wind and animals: Ecology of greographic patterms. *Ann. Rev. Ecol. Syst.* 13:497-524

Rothmaler W. 1982. Exkursionsflora für die Gebiete der DDR und der BRD. Bd. 4

Rotino GL, Perri E, Zottini M, Sommer H, Spena A. 1997. Genetic engineering of parthencarpic plants. *Nature Biotech.* 15:1398-1401

Scheffler JA, Parkinson R, Dale PJ. 1993. Frequency and distance of pollen dispersal from transgenic oilseed rape (*Brassica napus*). *Transgenic Research* 2:356-364

Scheffler JA., Parkinson R, Dale PJ. 1995. Evaluating the effectiveness of isolation distances for field plots of oilseed Rape (*Brassica napus*) using a herbicide-resistance transgene as a selectabel marker. *Plant Breeding* 114:317-321

Schütte G. 1998. Vertikaler Gentransfer. In: Nutzung der Gentechnik im Agrarsektor des USA – Die Diskussion von Versuchsergebnissen und Szenarien zur Biosicherheit, Texte des Umweltbundesamtes, Berlin, UBA-Texte 47/98:239-270

Schütte G. 2001. Gene transfer and invasiveness of transgenic plants or their hybrid progeny. http:www.gtz.de/biotech/document.htm, im Druck

Scott SE, Wilkinson MJ. 1998. Transgene risk is low. *Nature* 393:320

Scott SE, Wilkinson MJ. 1999. Low probability of chloroplast movement from oilseed rape (*Brassica napus*) into wild *Brassica rapa*. *Nature Biotech.* 17:390-392.

Simoson EC, Norris CE, Law JR. 1999. Gene flow in genetically modified herbicide tolerant oilseed rape (*Brassica napus*) in the UK. *BCPC Symposium Proc.* 72:75-82

Squire GR, et al. 1999. Gene flow at the landscape level. *BCPC Symposium Proc.* 72:57-64

SRU (Der Rat von Sachverständigen für Umweltfragen) 1998. Umweltgutachten 1998, Metzler Poeschel, Stuttgart

Stace CA. 1975. Hybridization and the flora of the British Isles. Academic Press, London

Sukopp U, Sukopp H. 1994. Ökologische Langzeit-Effekte der Verwilderung von Kulturpflanzen in: Daele, W. van den et al. (eds.) Verfahren zur Technikfolgenabschätzung des Anbaus von Kulturpflanzen mit gentechnisch erzeugter Herbizidresistenz Heft 4, WZB Berlin, 150 S.

Sukopp U, Sukopp H. 1997. Ökologische Dauerbeobachtung genetisch veränderter Kulturpflanzen als Instrument der biologischen Sicherheitsforschung und des Naturschutzes. In: Landesanstalt für Umweltschutz Sachsen-Anhalt (ed.): 6. Tagung des Arbeitskreises der Landesämter und –anstalten „Naturschutz in der Agrarlandschaft", *Berichte aus dem Landesamt für Umweltschutz Sachsen-Anhalt*, Sonderheft 3

Thompson CE, Squire G, Mackay et al. 1999. Regionals patterns of gene flow and its consequence for GM oilseed rape. *BCPC Symposium Proc.* 72:95-100

Torgensen H. 1996. Ökologische Effekte von Nutzpflanzen – Grundlagen für die Beurteilung transgener Pflanzen? Österreichisches Umweltbundesamt, *Monographien* 74:1-54

USDA (United States Department of Agriculture) 1999. Biotechnology Risk Assessment Research Grants Program Home Page. http://www.reeusda.gov/crgam/biotechrisk.biotech.htm

Vigouroux Y, Darmency, de Garambe TG, Richard-Molard M, 1999. Gene flow between sugar beet and weed beet. BCPC Symposium Proceedings 72: Gene flow and agriculture: Relevance for transgenic crops, 83-88

Anhang

Tab. A1: Innerartliche Auskreuzungsdistanzen und –raten bei Nutz- und Wildpflanzen aus zumeist kleinflächigen Versuchen (z.T. als Näherungswerte aus Graphiken) [1].

Species	Experiment	gemessene Distanzen	Frequenz (%)	Trans-gene als Marker ?	Quelle
Agrostis tenuis	Rezeptorzentr.	8000 m	>1%		Karataglis, 1980 (in Ellstrand, 1988)
Beta vulgaris (F; I/W)	Mantelsaat	6 m 10 m 12 m	17.1% 5.4% 0.7%		Archimowitsch, 1949 (in Free, 1970)
	Mantelsaat	< 1 m 10 m 15 m 20 m 25 m 30 m	0.8-3.8% 0.25-0.4% 0.2-0.6% 0.04-0.13% 1% 0.02-0.05%		Dark, 1971
	Isolation	200 m 400 m 600 m	0.42% 0.11% 0.12%		Jensen und Bogh, 1941 (in Dark, 1971)
	Isolation	0-80 m 80-200 m >200 m	7.7% 1.2% 0.3%		Archimowitsch, 1949 (in Free, 1970)
Brassica napus (S/F; I/W)	Mantelsaat	1 m 3 m 12 m 24 m 36 m 47 m	1.5% 0.4% 0.02% 0.004% 0.001% 0.0003%	ja	Scheffler et al., 1993
	Mantelsaat	1 m 16 m 32 m	0.1% 0.001% 0.001%	ja	Pauk et al., 1995
	Isolation (Rezeptorzentr.)	46 m 137 m 366 m	(2.1%) (1.1%) (0.6%)		Stringham und Downey, 1982
	Isolation	200 m 400 m	0.016% 0.004%	ja	Scheffler et al., 1995
Brassica rapa (F; I)	?	25 m	1%		Tedin, 1931 (in Free, 1970)

Cucumis melo	Mantelsaat	1 m	54%		Handel, 1982
(F; I)		2 m 4 m 6 m 8 m	48% 32% 48% 24%		
Cucumis sativus (F; I)	Mantelsaat	1 m 2 m 4 m 6 m 8 m 10 m	14.5% 15.5% 1.7% 1.4% 0% 0.2%		Handel, 1983
	Mantelsaat und Isolation	50 m	0-5%, 37%		Hokanson, et al. 1996
Cucurbita foetidissima	Rezeptorzentr.	30 m 140 m 220 m 480 m 1700 m	48% 3.4-5.1% 6.8% 13.3% 0%		Kohn und Casper, 1992
Cucurbita spp. (F; I)	Rezeptorzentr.	1300 m	5%		Kirkpatrick und Wilson, 1988
Gleditsia triacanthos	Rezeptorzentr.	200 m	5.8%		Hamrick und Schnabel, 1985 (in Ellstrand, 1988)
Gossypium hirsutum (S; I)	Mantelsaat	10 m 16 m 22 m	0% 0.7% 0.7%	ja	Umbeck et al., 1991
	Mantelsaat	1 m 10 m 10-20 m	0.4% 0.06% 0.01%	ja	Fitt, 1994
	Mantelsaat	1 m 4 m 16 m	0.15-0.4% 0.08% <0.03%	ja	Llewellyn und Fitt, 1996
	Mantelsaat	35 m	3%		Simpson und Duncan, 1956 (in Lasota, 1992)
	Mantelsaat Isolation	10 m 10 m	4.7% 1%		Green und Jones, 1953 (in Lasota, 1992)
	Isolation	0.9 m 1.6 m 2.1 m 3.5 m	4.5% 4.4% 0.8% 2.9%	ja	Kareiva et al., 1994
Helianthus annuus (F; I)	Isolation Hybridisierung	3 m 200 m	27% 15%		Arias und Rieseberg, 1994
		400 m	<5%		

Linum usitatissimum (F; I)	Mantelsaat	0.3 m > 0.6 m 1000 m	0.5% 0% 0-2%	ja	Mchughen et al., 1991
Lupinus texensis	Mantelsaat	0.6 m 1.8 m 3 m 4.8 m	60% 40% 10% 6%		Schaal, 1980
Lycopersicon esculentum (F/S; I)	?	22 m	< 0.1%		Currence und Jenkins, 1942 (in Free, 1970)
Nicotiana tabacum	Isolation	1 m 10 m 21 m	15.9% 1.2% 0.3%		Paul et al., 1991
Raphanus sativus (F; I)	Isolation Hybridisierung	1 m 200 m 400 m	33-89% 1.5-6% 0-3%		Klinger et al., 1992
	Rezeptorzentr.	100-1000 m	3-18%		in: Ellstrand und Hoffmann, 1990
Solanum phureja	Isolation	10 m 20 m 40 m 80 m	5.1% 1.1% 0.5% 0.2%		Schittenhelm und Hoekstra, 1995
Solanum tuberosum (S; I)	?	4 m > 4,5 m	0.05% 0%	ja	Tynan et al., 1990
	Mantelsaat	<3 m <4.5 m <6 m <7.5 m <10.5 m	0% 0.022% 0% 0.004% 0%	ja	Conner, 1994a,b
	Mantelsaat	3 m 10 m 20 m	2% 0.017% 0%	ja	McPartlan und Dale, 1994
Sorghum bicolor	Isolation Hybridisierung	5 m 50 m 100 m	2-12% 0% 2%		Arriola und Ellstrand, 1996
Tachigalia versicolor	Rezeptorzentr.	500 m	26%		in: Ellstrand und Hoffmann, 1990
Trifolium repens	Mantelsaat	2 m 4 m 10 m 12 m 24 m 48 m 112 m	0.68% 0.11% 0.03% 0% 0.02% 0% 0.01%		Woodfield et al., 1994

Gehölzpflanzen

Phlox drummondii	Rezeptorzentr.	50-100 m	8%		Levin, 1983 (in Ellstrand, 1988)
Picea glauca	Rezeptorzentr.	1000 m	0.1-0.7%		in: Ellstrand und Hoffmann, 1990
Pinus taeda (W)	Rezeptorzentr	122 m	36-60%		Friedman, und Adams, 1985
Pinus elliotii (W)	Rezeptorzentr.	122 m	88%		in: Ellstrand und Hoffmann, 1990
Pseudotsuga menziesi	Rezeptorzentr.	161 m	20-27%		in: Ellstrand und Hoffmann, 1990
		2000 m	4-15%		

Es bedeuten: S = vorwiegend Selbstbefruchter; F: vorwiegend Fremdbefruchter, I: vorwiegend Insektenbestäuber; W: vorwiegend Windbestäuber; zu den Begriffen „Isolation“ (zwischen den Flächen eine freie, abgemähte Fläche) und „rezeptorzentriert“ s. Text, „Hybridisierung“: Donor- und Rezeptorpflanzen gehören zu verschiedenen Sub-Spezies (meist Kulturform / Wildform), ( ) = wenig abgesicherte Auskreuzungsraten. „Mantelsaat“: Definition s.u.

[1] Verändert nach Schütte (1998) (ein äußerst umstrittener Versuch und Daten aus Versuchen mit sterilen Raps-Empfängerpflanzen entfernt, weil nicht vergleichbar)

Mantelsaat

Mantelsaaten ("border rows, trap plants") bestehen häufig aus nicht-transgenen Pflanzen der gleichen Art und Phänologie. Der Erfolg dieser Maßnahme, die ursprünglich aus der Saatgutherstellung stammt, läßt sich wie folgt begründen:

1. Bestäubende Insekten suchen in der Regel den kürzest möglichen Weg zur nächsten Blüte (Grant, 1950), wodurch der transgene Pollen (der entomophilen Pflanze) zum großen Teil innerhalb des transgenen Bestandes oder aber in der Mantelsaat-Fläche abgeladen wird.
2. Die Mantelsaat stellt eine bedeutsame Narbenkonkurrenz dar. Viele Pollen landen (sei es durch Insekten oder Wind) auf den Pflanzen / Narben, vorausgesetzt, sie befinden sich in der gleichen phänologischen Phase wie die transgenen (vgl. Paul et al., 1995).
3. Vor allem bei windbestäubten Arten spielt die Vegetationsstruktur eine Rolle. In dichter und hoher Vegetation dürften sich viele Pollen frühzeitig verfangen. Bartsch (mündl. Mitt., 1998) nutzte zur Abschirmung transgener Zuckerrüben beispielsweise eine Mantelsaat aus Hanf (übermannshoch und behaart).

Freilich ist für die Effektivität dieser Containment-Maßnahme das flächenmäßige Verhältnis zwischen transgenen Pflanzenbestand (Pollendonor-Population) und der Mantelsaat (Rezeptorpflanzen-Population) entscheidend. Hokanson et al. (1997) zeigten an Gurken, daß bei kleiner Donorpopulation und großflächiger Mantelsaat (Verhältnis 1:131) keinerlei Pollentransfer nach außen stattfindet, während beim Verhältnis 1:34 bereits vereinzelte Auskreuzungen nachweisbar waren. Für großflächigere Freisetzungen reicht Mantelsaat demnach als Containment-Maßnahme nicht aus. In jedem Fall verhindert die Mantelsaat einen Pollentransfer effektiver als keine entsprechende Umpflanzung (Vergleich zwischen Scheffler et al., 1993, 1995; Review von LaSota, 1992).

3.2.2 Horizontaler Gentransfer

G. SCHÜTTE, S. OLDENDORF

Relevanz und Kenntnisstand

Als horizontalen Gentransfer (HGT) bezeichnet man eine asexuelle Übertragung von Genen. Prokaryonten (Bakterien, Blaualgen) tauschen nur auf diese Art ihr Genmaterial untereinander aus. Bei Eukaryonten bedeutet horizontaler Gentransfer dagegen die Übertragung von Genen zwischen Arten, die nicht miteinander kreuzbar sind.

Horizontaler Gentransfer zwischen Bakterien

Bei Bakterien sind drei Mechanismen der Genübertragung bekannt:

- Wenn DNA durch Bakteriophagen übertragen wird, spricht man von **Transduktion.**
- **Konjugation** beschreibt die Genübertragung zwischen Bakterien durch direkten Zell-Kontakt.
- **Transformation** beschreibt die Aufnahme extrazellulärer DNA durch sogenannte „kompetente" Bakterien (s. Heidenreich, 1999, S. 135)

Eine Zusammenfassung vieler Versuche zur Häufigkeit des HGT in verschiedenen Medien ergibt folgendes Bild (s. Heidenreich, 1999): Konjugation in unsterilen Medien wurde in Extremfällen in Raten von 10^{-10} bzw. 10^{-1} (Übertragung chromosomaler Gene bzw. zwischen gram-positiven Bakterien in Insektenlarven) Transkonjuganten pro Rezipientenzelle nachgewiesen. In den meisten Versuchen lagen die Werte für unsterile Böden und die Rhizosphäre zwischen 10^{-4} und 10^{-7}. Die Transduktion in unsterilen Böden wurde mit einer Frequenz von 10^{-6} bis 10^{-3} Transduktanten pro Rezipientenzelle beobachtet. Transformation wurde in unsterilen Böden in Frequenzen von 10^{-8} bis 10^{-5} Transformanten pro Rezipientenzelle (T/R) gemessen.
Anhand dieser Ergebnisse lässt sich erkennen, dass der HGT bei Bakterien vor allem in bestimmten Medien eine wichtige Rolle für die Evolution spielt. Im Vergleich dazu sind Mutationsraten – Mutation ist der andere wichtige Mechanismus bei Bakterien-unter Labor und Freilandbedingungen von 10^{-10} und $<10^{-9}$ gemessen worden (mehrere Autoren, zit. in Heidenreich, 1999).
Die Transferraten können theoretisch auch höher liegen als die gemessenen, falls sogenannte kryptische Gene übertragen werden. Diese Gene werden nur bei bestimmten Umweltbedingungen exprimiert und damit phänotypisch erfassbar (Heidenreich, 1999). Zu bedenken ist auch, dass man den vollen Umfang eines Gentransfers mit Kulturverfahren nicht erfassen konnte, da nur etwa 10% der im Boden vorkommenden Bakterienarten als kultivierbar gelten. Beide Aspekte sprechen

dafür, auch kultivierungsunabhängige Verfahren wie etwa der Direktzählung genetisch veränderter fluoreszierender Bakterien zur Untersuchung einzusetzen (s. u. und Heidenreich, 1999, S. 110-111).

Unter natürlichen Bedingungen sind die Konjugation und die Transduktion die wichtigsten Transfermechanismen in Bakterien (mehrere Autoren in Heidenreich, 1998). Heidenreich (1999) zählte eine Reihe von Versuchen mit den verschiedenen, Medien auf, z.B. unsterilem Boden, Rhizosphäre, Keimlingszone, Klärschlamm, Phytosphäre, Seewasser. In allen Medien wurde ein - teilweise sehr geringer – Transfer nachgewiesen.
Die Transferraten zwischen Bakterien sind abhängig von der Konzentration übertragbarer DNA im Medium, dem Verhältnis von Rezipienten- und Donorzellen und den herrschenden Wachstumsbedingungen wie Nährstoffgehalt, Temperatur und pH-Wert. Sie steigt bei Selektionsdruck an, z.B. konnte eine verstärkte Aufnahme von Antibiotikaresistenzgenen in Gegenwart von Antibiotika im Medium beobachtet werden. Im Wasser begünstigen hohe Schwebstoff-Konzentrationen oder Flocken die Übertragungsrate; verschmutzte und nährstoffreiche Böden wirken sich ebenfalls erhöhend auf die Transferrate aus (Heidenreich, 1998). Zusammenfassend zeigte sich nach Heidenreich (1999), dass folgende Faktoren einen Transfer begünstigen:

- günstige Wachstumsbedingungen für Bakterien
- hoher Anteil geladener Oberflächen bzw. Partikel
- Selektionsdruck
- Zellzahlen von Donor- und Rezipientenzellen bei ca. 10^7 Zellen/g bzw. ml

Horizontaler Gentransfer zwischen anderen Organismenreichen und -gruppen

Für einen HGT zwischen Pflanzen gibt es bislang keine Beweise. Auch zwischen Tieren sowie zwischen Pflanzen und Tieren sind keine Genübertragungen nachgewiesen worden. Für letztere Konstellationen sind zwar in Ausnahmefällen auffällige Sequenzhomologien in Erbmaterial entdeckt worden (z.B. Houck et al. 1991; Heidenreich, 1999, S. 127 ff), aber auch parallele Entwicklungen sind dabei als Ursache denkbar.
Kellner et al. (1993) konnten Gentransfer in Mikrokosmen zwischen Pilzen nachweisen. Weiterhin konnte unter Laborbedingungen ein Transfer zwischen Bakterien und Hefepilzen (Heinemann und Sprague, 1989, zit. in Heidenreich, 1999) und von Bakterien in tierische Zellen (Heitmann, 1990, zit. in Heidenreich, 1999) beobachtet werden.
Für einen Transfer von Genen aus Pflanzen in Bakterien, der im Zusammenhang mit der Freisetzung transgener Pflanzen diskutiert wird, gibt es zwei Hinweise. Einerseits ist ein Transfer eines Gens aus transgenen Pflanzen im Bienendarm auf Bakterien nachgewiesen worden (Hirsch, 2000). Zum anderen konnten Gebhard und Smalla (1998) unter optimierten Laborbedingungen einen Transfer aus Zuckerrüben in ein Bakterium (Actinobacter sp.) feststellen. Die Transferraten auf dem künstlichen Nährboden betrugen 10^{-10} bis 10^{-5} T/R. Unter natürlichen Bedingungen müssten Gene

aus zerfallenem Pflanzenmaterial dazu im Boden persistieren. Das ist nach Untersuchungen von Wackernagel und Lorenz (1994) nicht ausgeschlossen. Einzelne Gene waren in ihren Versuchen noch nach 60 Tagen im Boden erhalten. Die Halbwertszeit verschiedener Gene in unterschiedlichen Lebensräumen betrug zwischen 10 Minuten und 10 Tagen, für Böden zwischen 9 und 28 Stunden (Lorenz und Wackernagel, 1994).
Bekannt ist auch der Spezialfall des Transfers von DNA aus dem Bakterium *Agrobacterium tumefaciens* auf dikotyledone Pflanzen. Dabei wird in der Pflanze die Tumorbildung ausgelöst (SRU, 1998). Eine Etablierung der Bakterien-Gene in der Keimbahn der Pflanze erfolgt dabei unter natürlichen Bedingungen jedoch nicht.

Mögliche ökologische Wirkungen

Ein HGT verursacht eine Veränderung des Genpools, wie sie auch durch andere Mechanismen, wie Mutationen oder durch Kulturmaßnahmen wie Pflügen, Pestizidanwendungen usw., verursacht werden kann. Der Gentransfer führt nur zu einem Risiko, wenn die übertragenen Gene entspechende unerwünschte Wirkungen haben. Das gentechnische Übertragen von Fremdgenen bedeutet vorerst in vielen Fällen eine systematische Umgehung der natürlichen Kreuzungsbarrieren, die sich im Laufe der Evolution gebildet haben. Die langfristigen Auswirkungen solcher Vorgänge können noch nicht eindeutig abgeschätzt werden (SRU, 1998). Theoretisch könnte einerseits die Quantität, d.h. Freisetzung oder Transfer von Genen in Mengen, die weit über der natürlichen Verbreitung liegen, oder (bzw. damit gekoppelt) die Qualität, d.h. Freisetzung oder Transfer von Genen mit nachteiliger Wirkung, unerwünschte Auswirkungen haben.
Da ein HGT zwischen transgenen und nicht-transgenen Mikroorganismen sehr wahrscheinlich ist (s.o.), der aus transgenen Pflanzen in andere Organismen jedoch extrem unwahrscheinlich, ist die Risikodiskussion vor allem bezüglich der transgenen Bakterien relevant. Die Abschätzung des Risikos eines HGTs aus Pflanzen ist ausschließlich im Zusammenhang mit Antibiotikaresistenzgenen geführt worden (s. Kap. 3.1.3). Gene, deren Transfer in Mikroorganismen gelungen ist, und deren Weitergabe in natürlich vorkommende Bakterien aufgrund ihrer Wirkung ein Risiko beinhalten könnte, sind zum Beispiel solche, die

- Krankheiten verursachen (s. Kap. 4.8),
- die zur Impfstoff- oder Pharmaka-Produktion eingesetzt werden (s. Kap. 4.7.2),
- toxische oder allergene Eigenschaften besitzen,
- Stoffkreisläufe beeinflussen (s. Kap. 4.9) oder
- die Konkurrenzfähigkeit der Organismen (s. Kap. 4.8) verstärken.

Forschungs- und Regulierungsmaßnahmen

Forschungsmaßnahmen

Um den Gentransfer genauer und sicherer verfolgen zu können, werden die Detektierungsmethoden noch verfeinert (z.B. durch den Einsatz von Markergenen für Fluoreszensverhalten od. PCR-Methoden) (z.B. Keller et al., 2000; Hoffmann et al. 1998). Die Transferraten sollten einheitlich auf bestimmte Zellen (Donor-, Rezipienten- oder inokulierte Zellen) bezogen und unter Angabe einer Zeitspanne berechnet werden, damit Ergebnisse aus unterschiedlichen Ansätzen miteinander vergleichbar sind (Heidenreich, 1999).
Längerfristige Untersuchungen im Freiland, inwieweit Genmaterial auf natürlich vorkommende Organismen übertragen wird, stehen noch aus. Heidenreich (1999) schlug vor, dass bei den Feldversuchen verfolgt werden sollte, ob sich die neuen Gene im fremden Genom stabil genug verankern, um neue Genotypen entstehen zu lassen. Begleitend dazu müsste in Labortests geprüft werden, welche Mikroorganismen als Rezipienten in Frage kommen und welche phänotypischen Auswirkungen das betreffende Transgen hier zeigt. In möglichst komplexen, unsterilen Mikrokosmen sollten verschiedenste Bedingungen geschaffen werden, um zu überprüfen, unter welchen ein Gentransfer verstärkt hervorgerufen wird.
Es ist bei allen Risikoabschätzungen auch zu bedenken, dass auch nach einer Freisetzung genmobilisierende Elemente aus der Umwelt aufgenommen werden können (z.B. Phagen, konjugative Plasmide), die die Übertragbarkeit eines Transgens in andere Mikroorganismen erhöhen (Heidenreich, 1998).

In der neueren Forschung zum HGT liegt in der Untersuchung von Transferereignissen im Darm von Insekten bzw. Bodentieren ein besonderer Schwerpunkt, da die Bedingungen dort für einen HGT besonders geeignet scheinen (s. a. Tebbe, 2000). So untersuchten Hoffmann et al. (1998) mit kultivierungs-unabhängigen Methoden (PCR) den Gentransfer im Darm von Collembolen. Inzana (zit. in USDA, 1999) dagegen sucht nach einem Transfer eines Antibiotika-resistenzgens aus einem gentechnisch hergestellten Impfstoff im Darm von Schweinen. Andrews und Loynachan (zit. in USDA, 1999) erforschen in einem Projekt in den USA den Einfluss verschiedener Wirtschaftsdünger auf Transferraten.

Regulierungsmaßnahmen

Das Risiko eines Gentransfers kann quantitativ verringert werden, wenn sogenannte *containment*-Verfahren eingesetzt werden. Methoden des physikalischen und chemischen *containments* bestehen in der Anwendung von Desinfektionsmitteln, Bioziden, dem Abbrennen und Unterpflügen. Abbrennen und Pflügen der Versuchs-felder reduzierte die Bakterienpopulation am deutlichsten, während Biozid-anwendungen keine lang anhaltenden Wirkungen zeigten (s. Heidenreich, 1999).
Das biologische *containment* zielt auf das kontrollierte Absterben und das Nicht-Weitergeben des transgenen Materials. Für das kontrollierte Absterben wurden

sogenannte Suizidsysteme entwickelt. Diese Bewirken genetisch ein Absterben der freigesetzten Organismen, das durch Umweltbedingungen ausgelöst wird. Keines der *containment*-Verfahren führt jedoch zu einer 100-prozentigen Vernichtung des Gens und ein zu erwartender Schaden lässt sich nur durch einen Verzicht auf seine Freisetzung sicher abwenden. Um die Sicherheit zu erhöhen, können freigesetzte Mikroorganismen allerdings mit mehreren Systemen ausgestattet werden (weitere Quellen s. Kap. 4.8.2).

Der Rat der Sachverständigen für Umweltfragen (SRU) wies in seinem Umweltgutachten 1998 darauf hin, dass HGT-Frequenzen besonders bei Freilandversuchen so gering wie möglich gehalten werden sollten. Er schlug deshalb vor, Fremdgene nicht auf Plasmiden zu verankern, da diese leicht in weit entfernte Spezies transferiert werden können. Hierbei wären vor allem die Resistenzplasmide mit weitem Wirtsbereich zu nennen, die praktisch auf alle gram-negativen Bakterien übertragen werden und von dort über Konjugation in gram-positive Bakterien oder niedere Eukaryonten gelangen können (SRU, 1998).

Literatur

Gebhard F, Smalla K. 1998. Transformation of *Acinetobacter* sp. BD413 by transgenic sugar beet DNA. *Appl. Environm. Microbiol.* 64:1550-1554

Heidenreich B. 1998. Horizontaler Gentransfer. In: Nutzung der Gentechnik im Agrarsektor der USA – Die Diskussion von Versuchsergebnissen und Szenarien zur Biosicherheit. Umweltbundesamt, Berlin. UBA-Texte 47/98, 157-239

Heidenreich B. 1999. Analyse und Bewertung der Risikoforschung zur Freisetzung gentechnisch veränderter Mikroorganismen. Dissertation FB Biologie, Universität Hamburg 1999

Hirsch W. 2000. Hinweise auf Gentransfer zwischen genetisch veränderten Pflanzen und Mikroorganismen. Fridrich Schiller Universität Jena. Informationsdienst Wissenschaft file:///C|/FENSTER/TEMP/$WPM2B59.html, Stand 23.5.2000

Hoffmann A, Thimm T, Dröge M, Moore ERB, Munch JC, Tebbe CC. 1998. Intergeneric tranfer of conjugative and mobilizable plasmids harbored by *Escherichia coli* in the gut of the soil microathropod *Folsomia candida* (Collembola). *Applied and Environmental Microbiology* 64:2652-2659

Houck MA, Clark JB, Peterson KR, Kidwell MG. 1991. Possible horizontal transfer of *Drosophila* genes by the mite *Proctolaelaps regalis*. *Science* 253:1125-1129

Kellner M, Burmester A, Wöstemeyer A, Wöstemeyer J. 1993. Transfer of genetic information form the mycoparasite *Parasitella parasitica* to its host *Absidia glauca*. *Current Genetics* 23:334-337

Lorenz MG, Wackernagel W. 1994. Bacterial gene transfer by natural genetic transformation in the environment. *Microbiological Reviews* 58(3):563-602

Nielsen KM, van Elsas JD, Smalla K. 2000. Transformation of *Acinetobacter* sp. Strain BD413(pFG4delta*npt*II) with Transgenic Plant DNA in Soil Microcosm and Effects of Kanamycin on Selection of Transformants. *Appl. Environm. Microbiol.* 66(3):1237-1242

SRU (Der Rat der Sachverständigen für Umweltfragen) 1998. Umweltgutachten 1998. Metzler-Poeschel, Stuttgart, 283-284

Tebbe CC. 2000. Potentials of gene transfer from genetically modified plants to micoorganisms – pitfalls of detecting transfer events. At: ESF/AIGM (European Science Foundation) The environmental implications of genetically modified plants with insect resistance genes. Workshop, September 2000, Bern, Switzerland

USDA (United States Department of Agriculture) 1999. Biotechnology Risk Assessment Research Grants Program Home Page.
http://www.reeusda.gov/crgam/biotechrisk.biotech.htm

Wackernagel W, Lorenz MG. 1994. DNA-Entlassung aus Bakterien, DNA-Überdauerung und genetische Transformation im natürlichen Lebensraum. In: BMFT (Ed.) Biologische Sicherheit, Bonn, 3:9-33

3.3 Risiken für die Umwelt: Verwilderung transgener Pflanzen und ihrer Hybride

G. SCHMITZ, G. SCHÜTTE

Einleitung

Eine der Befürchtungen im Zusammenhang mit transgenen Pflanzen sind unerwünschte Ausbreitungen, die mit einer "Nichtrückholbarkeit" verbunden sind. Diese Nichtrückholbarkeit ist der Grund für die gebotene besondere Vorsicht bei Freisetzungen. Warum es bisher noch zu keinen Verwilderungen gekommen ist, ist sicherlich nicht ausschließlich auf Vorsichtsmaßnahmen zurückzuführen (vgl. SRU, 1998), sondern mag daran liegen, dass (1) das Verwilderungspotenzial der Kulturpflanzen, die bisher gentechnisch verändert ins Freiland gebracht worden sind, auch in der jeweilig nicht-transgenen Form gering ist, (2) die übertragenen Transgene bisher kaum zu Unkrauteigenschaften beigetragen haben und (3) der Zeitraum zur Entwicklung von Verwilderungen noch „zu kurz" ist. Dass es bei transgenen Pflanzen zu Verwilderungen kommen kann, liegt nahe, da bereits für (nicht-transgene) Kulturpflanzen die Herausbildung von Unkrauteigenschaften und anschließende Verwilderungen belegt sind (z.B. Hirsearten, deren Rispe vor einer Ernte zerfällt), und das Veränderungspotenzial durch Gentechnik höher als in der bisherigen Züchtung ist.
In der Natur können neben der Rekombination (bei der sexuellen Vererbung) und Mutation folgende Mechanismen das Verwilderungs- bzw. Invasivitätspotenzial einer Art verändern:

Tab. 1: Natürliche Effekte, die das Verwilderungspotenzial einer Art zusätzlich verändern können

Mechanismus	Voraussetzung
Veränderung der Umweltfaktoren „aktiviert" Gene und damit Eigenschaften, die unter anderen Bedingungen unterdrückt werden (Epistaseeffekte). Diese Eigenschaften könnten Wuchsvorteile mit sich bringen.	am ehesten zu erwarten, wenn Pflanzen unter neuen Umweltbedingungen wachsen werden.
Die zufällige Zusammensetzung des Genpools einer Gründerpopulation führt dazu, dass sich bisher unterlegene Genotypen mit für eine Besiedlung relevanten Merkmalen unter veränderten Umweltbedingungen durchsetzt (Foundereffekte).	am ehesten bei kleinen Anfangspopulationen zu erwarten.

Im Zusammenhang mit transgenen Pflanzen und deren Hybriden wird das Übertragen von Genen, die in bestimmten Umwelten Fitnessvorteile mit sich bringen, als Möglichkeit angesehen, das Verwilderungs- und Invasionspotenzial zu erhöhen.
Zu den befürchteten Folgen zählen das Auftreten neuer Unkrautformen und das Zurückdrängen heimischer Arten und Lebensgemeinschaften.

Allgemeines zu Abschätzungsmöglichkeiten eines Invasivitätsrisikos

Grundsätzlich gibt es zwei Wege der Abschätzung des Verwilderungs- bzw. Invasivitätsrisikos:

- über Vergleiche von transgenen Organismen mit gebietsfremden Pflanzenarten (exotic species model) und
- durch Freilandexperimente mit transgenen Linien.

Beide Wege werden im Folgenden vorgestellt.

Exotic species model

Das *exotic species model* geht davon aus, dass wesentliche Informationen und Erfahrungen über die Wahrscheinlichkeit, Mechanismen und Auswirkungen biologischer Invasionen (nicht-transgener) Arten für entsprechende Abschätzungen bei transgenen Organismen genutzt werden können, denn in beiden Fällen werden bestehende Ökosysteme mit Organismen konfrontiert, deren Genom von dem ansässiger Sippen qualitativ verschieden ist. Vorteile gegenüber Freisetzungs-experimenten werden nach Kowarik (1996) gesehen,

- im Umfang der Stichprobe (z.B. > 12000 nach Mitteleuropa eingeführte Arten),
- in der Langfristigkeit der zu beobachtenden Prozesse, während der unterschiedliche, teilweise auch wechselnde, Umweltbedingungen bestanden.

Gelegentlich wird die Relevanz des Modells mit dem Argument relativiert, dass mit transgenen Pflanzen nur wenige Gene, mit gebietsfremden Pflanzen aber ganze Genome neu in ein Gebiet gelangen. So fehlt bei fremden Arten meist ein Großteil des Erregerspektrums, während resistente Arten nur von ganz speziellen Gruppen nicht befallen werden können. Jedoch könnten Gene, die z.B. eine Toleranz gegenüber abiotischem Stress verursachen, bedeutende Fitnessvorteile mit sich bringen.
Bevor Ursachen und ökologische Folgen des Invasionserfolges gebietsfremder Pflanzenarten besprochen werden, sei auf eine Systematik und Definitionen bezüglich der Sammelbegriffe „fremde“ bzw. „einheimische“ Arten hingewiesen (Tab. A1).

Invasion

Der Invasionserfolg gebietsfremder Pflanzenarten hängt von vielen Faktoren ab. Abb.1 gibt einen systematischen Überblick (ohne Gewichtung von Faktoren) über diese Faktoren in kausal-hierarchischer Anordnung. Hinweise auf die Bedeutung der Faktoren finden sich in den Fußnoten, Gewichtungen werden auch im Verlauf dieser Abhandlung noch vorgenommen.
Der Invasionserfolg lässt sich als Ergebnis zweier gegeneinander wirkender Kräfte beschreiben: “Invasionsdruck” und “Invasionswiderstand”. Invasionsdruck beschreibt die organismische Ebene und ist ein “Produkt” aus der Anzahl ansiedlungsfähiger Diasporen und dem Invasionspozential (artspezifisches Vermögen, Ressourcen auszunutzen). Invasionswiderstand entspricht dem Begriff der “biotischen Resistenz”

(Trepl, 1990) und beschreibt die biozönotische Ebene, nämlich das Vermögen der Lebensgemeinschaft, sich des Eindringens durch eine neue Art zu erwehren. Dieses Vermögen ist wesentlich abhängig von dem Angebot besiedelbarer Standorte, von ausnutzbaren Ressourcen und dem Vorhandensein potenzieller Antagonisten. Die vier Faktoren (ansiedlungsfähige Diasporen, Invasionspozential, Angebot besiedelbarer Standorte, Vorhandensein potenzieller Antagonisten) sind in ihrem Ausmaß wiederum von jeweils mehreren z.T. anthropogen bedingten Faktoren abhängig. Kulturelle Rahmenbedingungen beeinflussen beispielsweise den Diasporennachschub (unbeab-sichtigte Verschleppung und kulturbedingte Akklimatisation) sowie die Häufigkeit besiedelbarer Lebensraumtypen. Weitere Details sind der Abbildung 1 und den zugehörigen Fußnoten zu entnehmen.

Kriterien zur Abschätzung des Invasionsrisikos mittels des *Exotic Species Model*

Eigenschaften invasiver Pflanzen

Um abschätzen zu können, ob bei transgenen Pflanzen Verwilderungen zu erwarten sind, bieten sich Analysen der Merkmale erfolgreicher invasorischer Pflanzen an. Grundlegende Arbeiten von Baker (1965), Keeler (1989), Williamson (1993) und anderen Autoren zeigten die in Tab. 2 dargestellten Merkmale invasorischer Pflanzen. Für Pflanzen, die auf gestörten Standorten vorkommen oder auf frühe Sukzessionsstadien angewiesen sind, also auch für Pflanzen, die in der Landwirtschaft Unkrautprobleme verursachen, ist eine grobe Abschätzung nach diesen Merkmalen (s. Tab. 2) durchaus möglich (s. Keeler, 1989 u. Diskussion bei Schütte, 1998). Invasionsfördernde Merkmale häufen sich bei bestimmten Pflanzenfamilien (Asteraceae, Poaceae, Fabaceae, aber auch Brassicaceae, Caryophyllaceae und Lamiaceae).

Mit dem Wissen um diese allgemeinen Eigenschaften können Invasionen von Pflanzen in der Natur jedoch nur schlecht vorhergesagt werden, da natürliche Lebensräume zu uneinheitlich sind.

Bei einigen Invasoren in naturnahe Lebensräume treffen somit nur wenige der beschriebenen Merkmale zu, obwohl sie invasorisch sind (Impatiens glandulifera, Prunus serotina). Allerdings haben alle in naturnahen Lebensräumen Deutschlands bekämpften Pflanzen (die einen direkten Schaden verursachten) gemein, dass sie sich entweder durch ein besonders gutes Ressourcen- oder Nährstoffaneignungsvermögen auszeichnen (s. Analyse in Schütte, 1998 u. Fußnote 7 zu Tab. 1). Somit ergeben sich einerseits Kriterien für das Risiko zum Unkraut in der Kulturlandschaft und weniger aussagekräftige zur invasiven Art in naturnahen Lebensräumen, aber gute Hinweise, welche Eigenschaften zu deutlichen Schäden in naturnahen Lebensräumen führen könnten.

Letztlich spielt die Menge des Eintrags von Pflanzen (bzw. deren Verbreitungsorganen) eine sehr große Rolle. Auch der Erfolg im Herkunftsgebiet und die Verwandtschaft zu Unkräutern sind hilfreiche Kriterien (s. Schütte, 1998).

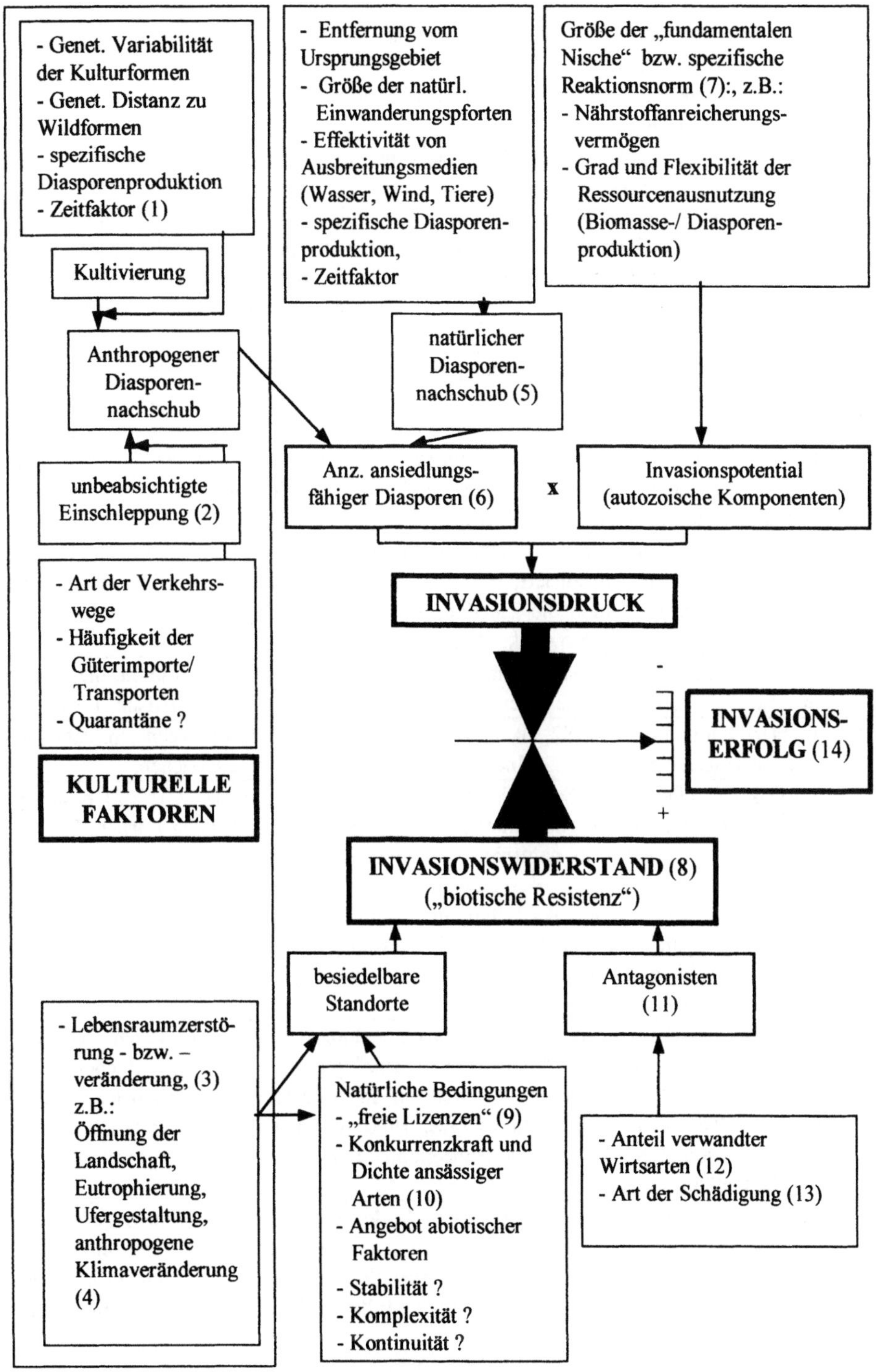

Abb. 1: Faktoren, die das Invasionsgeschehen gebietsfremder Pflanzenarten bestimmen

Legende zu Abb. 1

1	Das Auftreten von Verwilderungen war häufig weit nach der Anpflanzung zu beobachten. Zwischen erster Kultivierung und spontaner Ausbreitung von Gehölzen lagen in Brandenburg im Durchschnitt ca. 147 Jahre (Basis: 184 Gehölzarten; Sukopp und Kowarik, 1994)
2	Nach Trepl und Sukopp (1993) ist nicht nur auf Inseln, sondern auch auf den Kontinenten der verkehrsbedingte Transport ein Hauptfaktor für Ausbreitungen gebietsfremder Pflanzenarten. Beispielsweise zeigt eine Analyse von über 200 amerikanischen und afrikanischen Naturreservaten eine positive Korrelation zwischen Besucherzahl und der Anzahl exotischen Gefäßpflanzen (Macdonald et al., 1989). Leider gibt es jedoch kaum Daten über das Maß unbeabsichtigt eingeschleppter Diasporen (Simberloff 1980, zit. in Trepl und Sukopp, 1993).
3	Nach Rejmánek (1989) ist die Öffnung der Landschaft der weitaus wichtigste Faktor für das Eindringen neuer Pflanzen. So führten in Mitteleuropa Rodungen bzw. Nutzungsänderungen seit 5000 v. Chr. zum Anstieg der Artenvielfalt, der bis zum Beginn der mit Industrialisierung einhergehenden Intensivierung der Landnutzung anhielt (vgl. Sukopp, 1996). Neophytische Uferpflanzen profitieren von Wasserbau-maßnahmen und Gewässereutrophierungen.
4	Kowarik (1996) führt die zunehmende Einbürgerungstendenz (um 1780 noch 3% der eingeführten Arten naturalisiert; um 1990 ca. 7,4%) auf die seit 1850 anhaltende Erwärmung zurück. Auch die Zunahme städtischer Flächen (Wärmeinseln), dürfte dazu beigetragen haben (Kowarik, 1996).
5	Der natürliche Diasporennachschub ist vor allem durch Faktoren bestimmt, die durch inselökologische Phänomene beschreibbar sind (vgl. MacArthur und Wilson, 1967)
6	Richter-Dyn und Goel (1982, zit. in Mooney und Drake, 1989) berechneten, dass für das Eindringen einer Art ca. 20 Individuen als Startpopulation ausreichen.
7	Eurieökie, große genetische Variabilität, und andere Merkmale (s.Tab.2) besitzen invasorische Pflanzen besonders auf gestörten Standorten (vgl. auch Ehrlich, 1989). Bei schädlichen Arten in naturnahen Räumen Deutschlands wurden ein besseres Nährstoffaneignungs- und Ressourcennutzungsvermögen als Ursachen erkannt (Analyse der Daten Kowariks [1996] in Schütte, 1998). Dies gilt für gutversorgte Standorte (Japanischer Staudenknöterich, Reynoutria japonica) ebenso wie magere (Robinie, Robinia pseudoacacia: Luftstickstoffixierung) (mehrere Autoren, zit. in Schütte, 1998).
8	Lebensgemeinschaften auf Inseln oder anderen biogeographisch isolierten Gebieten zeigen eine relativ schwache "biotische Resistenz" gegen Eindringlinge (Macdonald et al., 1989). Nach Auswertung von weltweit in Naturreservaten erhobenen Daten (Usher, 1988, zit. in Mooney und Drake, 1990) waren im Durchschnitt auf Inseln 30%, in Festlandsgebieten mit Mittelmeerklima 12%, in trockenen Regionen 5% bis 9% der Gefäßpflanzen gebietsfremd.
9	Früher war man der Ansicht, dass Waldgesellschaften pflanzensoziologisch "abgesättigt" sind und keine neuen Arten zulassen. Das massive Eindringen des Kleinblütigen Springkrauts, *Impatiens parviflora,* zeigte, dass auch hier "freie Lizenzen" vorhanden sind (Collwell, 1985; Müller, 1984; Trepl und Sukopp, 1993; Trepl, 1990).
10	Je geringer die Populationsstärke ist, desto höher ist die Gefahr, ausgerottet zu werden (Diamond, 1984).

11	Antagonisten (Phytophage, Phytopathogene) können die Konkurrenzkraft (z.B. Samenproduktion und Biomasseakkumulation) stark beeinflussen, was oft weniger durch den direkten Verlust von Pflanzenorganen zu erklären ist, als vielmehr durch *trade off* zwischen (kostenintensiven) chemischer Verteidigung und Wachstum. Blossey und Notzold (1995) wiesen nach, dass eingeschleppte Arten aufgrund eines geringen Herbivorendruckes weniger in chemische Verteidigung zu investieren brauchen und die Stoffwechselenergie damit dem Wachstum zur Verfügung steht. Der veränderte Selekionsdruck manifestiert dies auch in genetischer Differenzierung. Daten aus Kalifornien von Munz (1968, zit. in Crawley, 1987) zeigten, dass von den dort wachsenden exotischen Pflanzenarten über die Hälfte größer wird als in ihren Herkunftsgebieten.
12	Monophage Antagonisten wirken durch spezifischere Anpassungen i.d.R. stärker auf die Vitalität /Diasporenproduktion der Pflanze ein als Polyphage (Generalisten). Die Besiedlung gebietsfremder Pflanzen durch monophage Arten ist wiederum stark vom Vorkommen nah verwandter heimischer Pflanzenvertreter (Ausgangswirte) abhängig (Strong et al., 1984).
13	Antagonisten wirken je nach Art der Schädigung unterschiedlich effektiv. Beispielsweise ging die anfänglich sehr invasive Kanadische Wasserpest (*Elodea canadensis*) durch einen Nematoden deutlich zurück, da dieser den Vegetationskegel befiel. Bei der biologischen Bekämpfung eingeschleppter Unkräuter werden unter den Monophagen vor allem jene ausgesucht, die die Pflanzen an empfindlichen Stellen treffen. Oft werden auch Kombinationen verschieden schädigender Phytophagen angestrebt (Schroeder, 1983).
14	Nur ein relativ geringer Prozentsatz der eingeführten Pflanzen werden in Floren eingebürgert. Nur wenige von diesen wiederum werden als schädlich eingestuft. So etablierten sich von den ca. 12000 nach Mitteleuropa eingeführten Pflanzenarten 2% (1% in naturnahen Lebensräumen); unerwünschte Auswirkungen zeigten sich bei 0,2% der Pflanzen (Kowarik, 1996). Für Australien jedoch liegen die Angaben bei 2,5% (der Exoten sind schädlich) Exoten scheinen aber häufiger Schäden in der Landwirtschaft zu verursachen als einheimische Pflanzen. Nach Baker (1986) sind 50% von 500 Unkräutern/-gräsern in den USA nicht einheimisch, wovon allein 196 aus Europa stammen (Pimentel, 1986: 73% von 80 bedeutenden Unkräutern). Möglicherweise ist hier auch von Bedeutung, dass Kulturpflanzen häufig selbst gebietsfremd sind und „ihre" Begleiter aus dem Ursprungsgebiet an die Anbaubedingungen präadaptiert sind.

Tab. 2: Merkmale, die bei invasorischen Pflanzen besonders häufig auftreten

Wachstum/Nährstoffaneignung	
	gute Nährstoffaneignung, Ressourcennutzung (z.B. N_2-bindende Pflanzen, C4-Pflanzen, tiefe Wurzeln, Schattentoleranz),
	geringe Keimungsansprüche und schnelles Wachstum der Keimlinge
	schnelles Erreichen des Reproduktionsalters
Vermehrung	
	hohe Anzahl von Diasporen (relativ für Lebensformtyp)
	lang anhaltende reproduktive Phase
	vegetative Vermehrung
	fakultative Autogamie (einige Autoren: Autogamie)
	Polyploidie / hohe Chromosomenzahl
	Heterozygotie, genetische Diversität
Verbreitungsfähigkeit von Diasporen und Pollen	
	Fern- insbesondere Windausbreitung und Tierausbreitung von Diasporen und Pollen
	Beziehung zu biologischen Vektoren
Überdauerungsvermögen /Resistenz	
	längere Dormanz bei einem Teil der Samen
	toxische Inhaltsstoffe (Fraßresistenz)
	hohes Lebensalter des Individuums (bei Ausdauernden)
	dachartige Wuchsform / Wuchshöhe
	hohe Resistenz / Toleranz gegen abiotische und biotische Faktoren
	hohe Dichtetoleranz (Wachstum in dichten Beständen)

aus Schütte, 1998 nach verschiedenen Autoren zusammengestellt

Eigenschaften invasierter Lebensräume

Wie bereits dargestellt (Abb. 1), hängt der Invasionserfolg einer Pflanze - zumindest in naturnahen Räumen - wesentlich von der Beschaffenheit des besiedelten Lebensraumes ab. Unter Ausschluss von Verhältnissen auf “biologisch wenig resistenten” Inseln ergibt ein Vergleich von prozentualen Anteilen an Exoten in verschiedenen Räumen das in Tab. 3 dargestellte Bild.

Die Störung der Vegetationsdecke - sei sie nun anthropogen oder natürlich bedingt – bedeutet nicht nur die Bereitstellung eines Keimbettes, sondern ist oft auch mit dem Transport von Diasporen verbunden. Die von Sukopp und Sukopp (1994) festgestellte gute Korrelation zwischen dem Störungsgrad und dem Anteil an Exoten mag eventuell auch Ausdruck eines “Diasporenimportes” sein. In aride Gebiete, naturnahe Wälder und in Landschaften später Sukzessionsphasen (Trepl und Sukopp, 1993) werden nämlich weniger Pflanzen (und Tiere) transportiert. Die hohe "biotische Resistenz" solcher Lebensräume ist somit möglicherweise nur eine scheinbare, da der geringe Transportumfang kein lebensraumimanentes Merkmal ist.

Zusammenfassend zeigt sich, dass nach Eintrag fremder Arten gestörte sowie geographisch isolierte sowie Klimaveränderungen unterworfene Lebensräume am wenigsten "resistent" gegenüber invasiven Pflanzen sind.

Tab. 3: Bedeutung verschiedener Merkmale naturnaher Lebensräume für die Besiedelbarkeit durch invasorische Pflanzen (Inseln ausgenommen)

Lebensräume mit einem relativ geringen Anteil von Exoten	
	sehr feuchte Lebensräume sehr trockene Zonen naturnahe, "unkultivierte" Wälder späte Sukzessionsphasen verschiedener Vegetationsformen
Lebensräume mit einem höheren Anteil an Exoten	
	Lebensgesellschaften temperater Zonen Lebensgesellschaften mit fehlenden oder schwachen Konkurrenten
Lebensräume, für die die Daten kein eindeutiges Bild hergeben	
	Lebensräume mit einer sehr hohen bzw. niedrigen Artenzahl in Bezug auf Neophyten. (Für Neozoen besteht nach Ehrlich [1989] und Rejmánek [1989] eine Abhängigkeit des Erfolgs von der Artenarmut an Tieren im neuen Lebensraum.) Lebensräume mit einem hohen Anteil an Prädatoren und Parasiten (Trepl, 1990)

aus Schütte, 1998 nach verschiedenen Autoren zusammengestellt

Erfahrungen aus Experimenten mit transgenen Pflanzen

Es wurden bisher erst wenige Freilandversuche zum Verwilderungspotenzial transgener Pflanzen durchgeführt. Experimente an Zuckerrüben- und Rapslinien werden vorgestellt:

Zuckerrübe

Introgression: Aufgrund der geringen Winterhärte kann die normale, nämlich zweijährige Zuckerrübe (B. vulgaris vulgaris var. altissima) in Mitteleuropa nicht überwintern und damit verwilderungsfähigen Samen ausbilden. Auch eine Auskreuzung mit der an den marinen Raum gebundenen Wildrübe ist unter diesen klimatischen Umständen zumindest so nicht möglich. Nun werden aber regelmäßig mit Saatgutimporten aus Nord-Italien Samen nach Nord-West-Europa eingebracht, die einjährige und damit verwilderungsfähige Pflanzen hervorbringen. Diese sind durch Rückmutationen (ursprüngliches Merkmal Einjährigkeit) und durch Hybridisierung zwischen Zuckerrüben und den einjährigen Wildrüben entstanden. Die als Schosser oder Unkrautrüben bezeichneten Pflanzen bilden in einigen Regionen eigenständige Populationen und können durch Auskreuzung Gene auf andere Unterarten und Varianten, wohl aber kaum auf andere *Chenopodiaceae*-Arten, übertragen. Auf diese Weise könnten transgene Linien (etwa mit Rizomania- oder Herbizidresistenz) ihre Eigenschaften auf Unkrautrüben und Wildrüben übertragen.

Konkurrenzverhalten: Versuche zur Konkurrenz zwischen transgenen Rizomania-resistenten Zuckerrübenlinien, entsprechenden nicht-transgenen Linien, konventionellen Zuckerrübensorten einerseits und dem Weißen Gänsefuß (Chenopodium album) andererseits, ergaben nach zwei Jahren ein etwas uneinheitliches Bild (Bartsch et al. 1996; Bartsch et al., 1994; Bartsch, 1994). Im ersten Jahr war die transgene Linie auch unter Krankheitsdruck wenig konkurrenzfähig (Frischgewichtsmessungen), während sich im darauffolgenden Jahr Vorteile gegenüber den Kontrollhybriden zeigten. Die Unterschiede zwischen den

Jahren wurden darauf zurückgeführt, dass im ersten Jahr gepflanzt und nicht ausgesät wurde (was den Rizomaniabefall abschwächt) und möglicherweise ein Inzuchteffekt bei der transgenen Linie vorlag. Die zur Kontrolle mit untersuchten konventionellen Zuckerrüben waren den transgenen und entsprechenden nicht-transgenen Linien stets überlegen.
Versuche zur Kälteresistenz und Winterhärte zeigten eine "nicht zu vernachlässigende" Tendenz zur Überwinterung, so dass eine generative Vermehrung konventioneller Zuckerrüben in Deutschland möglich ist. Etablierungen in Agrarökosystemen wurden vermutlich auf Grund der geringen Konkurrenzkraft der Art bisher nicht beobachtet (Bartsch, 1999).

Raps

Parker und Kareiva (1997) stellten in Gewächshausversuchen fest, dass die Keimungsrate stearat- und laurathaltiger transgener Rapslinien signifikant höher war als bei Kontrollpflanzen, während die Vermehrungsrate weder im Gewächshaus noch im Freiland gegenüber Kontrolllinien signifikant erhöht war. Linder (im Druck) stellte bei transgenen, stearathaltigen Rapspflanzen eine erhöhte "tiefe Dormanz" der Samen fest, in der er eine verbesserte Verwilderungseigenschaft sieht. Crawley et al. (1993) ermittelten Vermehrungsraten von transgenen, herbizidresistenten (gegen Glufosinat s. Kap. 4.1.), antibiotikaresistenten (gegen Kanamycin) Rapslinien und entsprechenden Kontrollpflanzen in drei verschiedenen Klimaten mit je vier Standorttypen. Im Gesamtvergleich (alle Standorte und Teilversuche) zeigten konventionelle Linien höhere Vermehrungsraten (transgene Linien waren in einigen Teilversuchen überlegen).

Relative Bedeutung der beiden Abschätzungsmethoden

Das *exotic species model* nutzt das Wissen um ökologische Ursachen, Mechanismen und Wirkungen der Ausbreitung gebietsfremder Pflanzenarten für Aussagen über transgene Pflanzen. Aus dem *exotic species model* ergibt sich vor allem, welche Eigenschaften und Pflanzen bei einer Abschätzung des Verwilderungs- und Unkrautrisikos relevant sind.
Insgesamt ist das *exotic species model* ein hilfreiches Mittel auch bei der Bewertung dieser Eigenschaften (sowohl in transgenen Pflanzen als auch in deren Kreuzungspartnern). Freilandversuche erscheinen sinnvoll, wenn ein Risiko gesehen wird (s.u.).

Ökomomische und ökologische Auswirkungen der Ausbreitung von Pflanzenarten

Im weltweiten Vergleich sind (im Gegensatz zu der Ausbreitung fremder Tierarten) die mit Ausbreitungen gebietsfremder Pflanzen verbundenen ökologischen Probleme relativ unbedeutend. So ist kein Fall bekannt geworden, in dem die Ausbreitung eines Neophyten zum (überregionalen) Verschwinden heimischer Pflanzenarten geführt hat. In Norddeutschland werden nur 31 Neophyten ökologische Schäden attestiert

(Kowarik und Schepker, 1998). Neophyten haben bei uns eher eine regionale/biotopspezifische Bedeutung, so in Auenlebensräumen oder Sandgebieten. Insgesamt spielen bei 6% der in Deutschland gefährdeten 727 Gefäßpflanzenarten Neophytenausbreitungen als ein Faktor unter mehreren eine Rolle (Kowarik, 1996).
Bei gebietsfremden Pflanzenarten können theoretisch zwei Wirkungsweisen unterschieden werden.
Direkte Zurückdrängung ansässiger Arten durch:

- bessere Ausnutzung abiotischer Ressourcen (Wasser, Nährstoffe, Wurzelraum, Licht) als weitaus wichtigsten Grund für Veränderungen in Phytozönosen. Lohmeyer (1971) zeigte anschaulich, wie die *Urtica*-bestimmte Auenfluren (Convolvulion) durch das Einwachsen von *Helianthus tuberosus* verändert werden.

- Allelopathie (direkte Verdrängung durch Ausscheiden chemischer Stoffe): Einige nach Afrika eingeführte *Eucalyptus*-Arten sind verwildert und bilden unter Abgabe ätherischer Öle (Wurzelauscheidungen, Blatt- und Rindenwurf) artenarme Bestände. In Mitteleuropa ist bei *Senecio inaequidens* zu vermuten, dass Dominanzbestände durch allelopathische Effekte unterstützt werden.

Veränderung der Standortparameter:

- Ausdauernde Neophyten können durch Standortveränderungen auch längerfristig auf die Vegetationsentwicklung Einfluss nehmen. So kann die luftstickstoffbindende *Robinia pseudoacacia* durch Nährstoffanreicherung auf mageren Standorten zu abweichenden Gehölzsukzessionen führen. Die Hemmung der natürlichen Verjüngung ist durch die sehr schattentolerante *Prunus serotina* gegeben. Auch dichte Bestände von *Solidago*-Arten verhindern über lange Zeit eine Gehölzansiedlung (Kowarik, 1996). *Helianthus tuberosus* kann Ufererosionen durch Nager provozieren, da diese die Knollen ausgraben. In den ariden Gebieten sinkt der Grundwasserspiegel, wenn sich *Tamarix*-Arten ansiedeln (Vitousek, 1986).

Die mit Neophytenausbreitungen verbundenen Änderungen der Raumstruktur, des Mikroklimas und der artlichen Zusammensetzung der Vegetation haben auch Auswirkungen auf die (tierischen) Konsumenten, da sich das Mikroklima ändern kann und somit die Artenzusammensetzung.
Je nach Art der Vegetationsveränderung werden sich auch die Gemeinschaften von Primär- und Sekundärkonsumenten ändern. Wirtsspezifische an heimische Arten gebundene Phytophagen, dürften bei Verdrängung ihrer Wirtspflanzen zwangsläufig stark betroffen sein (Schmitz, 1998). Ähnliches dürfte auch für wirtsspezifische phytopathogene Pilze und oligolektische Blütenbesucher gelten. Ändert sich mit dem Eindringen einer neuen Pflanzenart auch das räumliche Gefüge der Vegetation, so kann der Standort für bestimmte Phytophage ungeeignet werden, da sie über ihre Wirtspflanze hinaus auch spezifische mikroklimatische Bedingungen benötigen. Solche Vegetationsveränderungen betreffen natürlich auch rein raumstruktur- und mikroklimaspezifische Gruppen (z.B. Spinnen, Laufkäfer, Heuschrecken). Schließlich

können sich auch über die Änderung des Bestandesabfalls Artenverschiebungen auf Destruentenebene ergeben (z.B. bei Ausbreitung von Douglasie und Robinie).

Vorschläge zur Abschätzung des Verwilderungsrisikos transgener Pflanzen und deren Hybride

Theoretische und experimentelle Abschätzung anhand der Transgene

Sweet et al. (1999) haben die Transgene in solche mit hohem Risiko und mit niedrigem Risiko unterteilt: Ein hohes Risiko vermitteln Gene, die die Fitness erhöhen, also alle Resistenzgene (s. Kap. 4.1 - 4.6, Kap.4.1 nur Unkrauteigenschaften). Aber auch Gene, die z.B. die Öl- oder Stärkezusammensetzung verändern, können die Fitness erhöhen, wenn etwa die Überwinterungsfähigkeit sich verbessert (s. Kap. 4.7.1 u. 4.7.2).
Eine Resistenz gegen Käfer oder Schmetterlinge allein, oder gekoppelt mit der Herbizidresistenz ist bisher in den USA in Mais, Baumwolle oder Kartoffeln (Pflanzen, die in den USA kaum Probleme bereiten) nicht als bedenklich fitnessverbessernd angesehen worden. Schmetterlings-resistente Baumwolle auf Hawaii ist hingegen nicht freigesetzt worden, da sie dort mit Wildarten hybridisieren kann. Je nach Pflanzenart (s.u.) und Region (Abundanz hybridisierender Wildarten) sind die Risiken als sehr unterschiedlich einzuschätzen.
In der jüngeren Diskussion um Verwilderungen und Unkrauteigenschaften hat sich herauskristalisiert, dass insbesondere die in Zukunft erwartete **Häufung fitnessrelevanter Transgene in Pflanzen Probleme verursachen** werden (Jørgensen, 1999; Champolivier et al., 1999; Sweet et al., 1999). Der Forschungsbedarf zu den befürchteten Auswirkungen von Mehrfachresistenzen gegen Schaderreger und abiotische Faktoren wurde für verschiedene Pflanzengruppen (u.a. Brassicaceen, Getreide, Kürbisgewächse und Gräser) in den USA kürzlich auf einer Tagung festgehalten (Traynor und Westwood, 1999). So sind zum Beispiel Studien an Brassicaceen angeregt worden, um deren Konkurrenzfähigkeit unter Ausschluss bestimmter Schaderreger (durch Pestizide als Modell für Resistenz) zu prüfen (Neeser, 1999). Mehrere Tagungsteilnehmer haben den Einfluss von Insekten auf die Populationsdichten und die Abundanz von Pflanzen als bedeutend eingeschätzt (Louda, 1999; Marvier und Kareiva, 1999, s. Kap. 4.2. S. 127). Über den Einfluss von Pathogenen auf Populationsdichten ist kaum etwas bekannt (Antonovics, 1999).

Zu diesen Fragestellungen laufen derzeit mehrere Risikoforschungs-Projekte in den USA. Zwei Projekte dienen dazu, den Pathogendruck durch Viren auf wilde Kürbisgewächse festzustellen (Staub et al., zit. in USDA, 1999; Fuchs und Gonsalves, 1999) und die Fitness von Pflanzen mit bzw. ohne Virusresistenz zu vergleichen (Konkurrenzversuche). Falk (zit. in USDA, 1999) untersucht die Auswirkungen einer Virusresistenz (gegen BYDV: barley yellow dwarf virus) in Wildgräsern. Raybould et al. (2000) versuchen, den Einfluss der Virusresistenz auf das Überleben wilder (rapsverwandter) Brassicaceen zu ermessen, so wie Bartsch et al. (1996) es für Rhizomania-resistente Zuckerrüben unternahmen.
Die Auswirkungen eines verringerten Fraßdruckes durch Insektenresistenz in verwandten Unkrautarten untersuchen Stewart (1999, an *Raphanus raphanistrum*

und *Brassica rapa*) und Snow (zit. in USDA, 1999) an Raps bzw. Sonnenblumen. Erste Ergebnisse zeigen, dass *B. rapa* mit *B.t.*-Genen unter Befallsdruck konkurrenzstärker ist als ohne (Stewart und Halfhill, 2000).
Nach dem *exotic species model* sind fehlende Schaderreger bei Unkräutern in der Kulturlandschaft nur eines unter sehr vielen für die Durchsetzungsfähigkeit relevanten Merkmalen (s. Tab. 2 ff.). Daher ist die Wahrscheinlichkeit, dass sich bei bestimmten Arten Unkrautprobleme durch eine neue Eigenschaft verstärken, größer, als dass völlig neue Unkräuter entstehen (vgl. Abb. 2).
Bei Pflanzen, die in naturnahen Lebensräumen schädlich wurden, waren es vor allem Fähigkeiten wie die Ressourcennutzung (z.B. Schattentoleranz, sehr schnelles Wachstum im Vergleich zu Konkurrenten gleichen Lebensformtyps) und das Nährstoffaneignungsvermögen (z.B. Stickstoffbindung, Wurzellängen im Vergleich zu Konkurrenten). Auch Resistenzen gegen abiotische Faktoren (z.B. Kälte, Hitze, Salz, Aluminium) sind besonders zu prüfen. Sie könnten sogar die Verbreitungsgrenzen von Pflanzen verschieben (s. Kap. 4.6).

Abschätzung anhand der Empfänger-Pflanzenart

Ebenso wie die Transgene teilten Sweet et al. (1999) auch die Pflanzen in Gruppen mit niedrigem, mittlerem und hohem Risiko ein (Tab.4). Pflanzeneigenschaften unabhängig von Hybridisierungschancen, die bedenklich sind, finden sich aber detaillierter in Tab. 2 in dieses Kapitels.

Tab. 4: Pflanzliche Risikogruppen bezüglich der Verwilderung transgener Pflanzen oder ihrer Hybride

	Kriterien	**Beispiele für Deutschland**
geringes Risiko	Selbstbefruchter, wenig Hybride bekannt, wenig Standort-angepasst	Mais[1], Kartoffel[1], Sonnenblume[1]
mittleres Risiko	offene Befruchtung, einige verwandte Wildarten, können bestimmte Habitate besiedeln, ausläuferbildend	Hafer, Raps, Zuckerrübe
hohes Risiko	offene Befruchtung, viele verwandte Wildarten, Fähigkeit verschiedene, auch naturnahe Habitate zu besiedeln, ausdauernde Pflanzen, ausläuferbildend	*Populus*-Arten und winterharte Gräser

[1] Pflanzen wie die Sonnenblume in den USA oder Mais und Kartoffeln in Südamerika gehören auf diesen Kontinenten in andere Risikogruppen.

De Vries et al. (1992) versuchten Kulturpflanzen, die noch nicht gentechnisch verändert wurden, in Risikogruppen für die Niederlande einzuteilen. Größere ökologische Effekte erwarten sie bei folgenden Arten: *Agrostis capillaris, Agrostis stolonifera, Asparagus officinalis, Brassica rapa, Cichorium inthybus, Daucus carota, Festuca pratensis, Lilium bulbiferum, Lolium perenne. Medicago sativa, Narcissus pseudonarcissus, Poa pratensis, Trifolium repens, Tulipa sylvestris.*

Gentechnisch veränderte Baumarten sind kritischer zu beurteilen als kurzlebige transgene Pflanzen, da sie in naturnahe Lebensräumen späterer Sukzessionsstadien bzw. in Klimaxgesellschaften eindringen könnten. Zu den Wirkungen transgener Bäume hat 1999 eine eigene OECD-Tagung stattgefunden (OECD, 1999).
Hinweise auf Kulturpflanzen, die in Folgekulturen Unkrautprobleme verursachen (Durchwuchs) finden sich im Kapitel Herbizidresistenz (Kap. 4.1).

Umfassendes Abschätzungskonzept zum Verwilderungs- und Unkrautpozential transgener Pflanzen und ihrer Hybride

Das Schema von Amman et al. (1996, s. Abb. 2) beschreibt eine mögliche Vorgehensweise für die experimentelle Abschätzung, wenn aufgrund der Wirkungen des Transgens mit einer erhöhten Fitness in bestimmten Lebensräumen (der Kultur- oder „Natur"-Landschaft) und entsprechenden Unkrautproblemen gerechnet werden muss (s.o. Risikogruppen der Transgene und Pflanzen). Voraussetzung für eine solche Entscheidung (s. Regulierung) ist das Wissen über vorhandene verwandte Kreuzungspartner und die Biologie der Pflanzen. Für die Abschätzung der Wirkung von Resistenzgenen gegen biotische und abiotische Faktoren (s. Kap. 4.1-4.6) sind zum Beispiel Daten über die Biologie der Pflanzen und kreuzbare Wildpflanzen (Anzahl und Bedeutung der Schaderreger, Überdauerungsfähigkeit – s. Abschätzung anhand der Transgene bzw. Empfängerpflanze) hilfreich. Außerdem werden zum Beispiel in den USA Daten über das Spektrum und die Bedeutung der Insekten und Krankheitserreger, die an Wildpflanzen leben, deren Hybride mit Kulturarten Unkrautprobleme verursachen, gefordert (verschiedene Autoren, zit. in Traynor und Westwood, 1999). Solche Daten wurden von verschiedenen Autoren (Tab. A2; Gerdemann-Knörck und Tegeder, 1997; s.o. Ergebnisse der Risikoforschung) für ausgewählte Kulturpflanzen auch bereits zusammengestellt.
Für die Auswahl der Lebensräume für die Versuche (vorletzter Kasten des Schemas von oben) stellt sich die Frage, ob Lebensräume einzubeziehen sind, in die die Pflanzen aufgrund einer abiotischen Resistenz erst eindringen können.

Ebenso bedeutend ist die Frage, ob Lebensräume mit besonderem ökonomischen oder ökologischen Wert durch die jeweilige Pflanze bedroht sein könnten. Kriterien für den ökologischen Wert (nach Plachter, 1991) aus der Biotopbewertung sind:

- maximale und mittlere Biodiversität
- Ursprünglichkeit (vgl. Hemerobiegrad bei Kowarik, 1988)
- Repräsentation eines typischen kulturhistorisch bedeutsamen Landschaftselements bzw. biogeographische Bedeutung (Endemismen)
- Gefährdung/Seltenheit (Bedeutung für seltene/gefährdete Pflanzengesellschaften oder Arten)
- Ersetzbarkeit / Regenerierbarkeit

ökologische Funktionen für das Umland (Wasserdepot, Erosionsschutz, Erholungs- und Ausgleichsfunktion usw.).

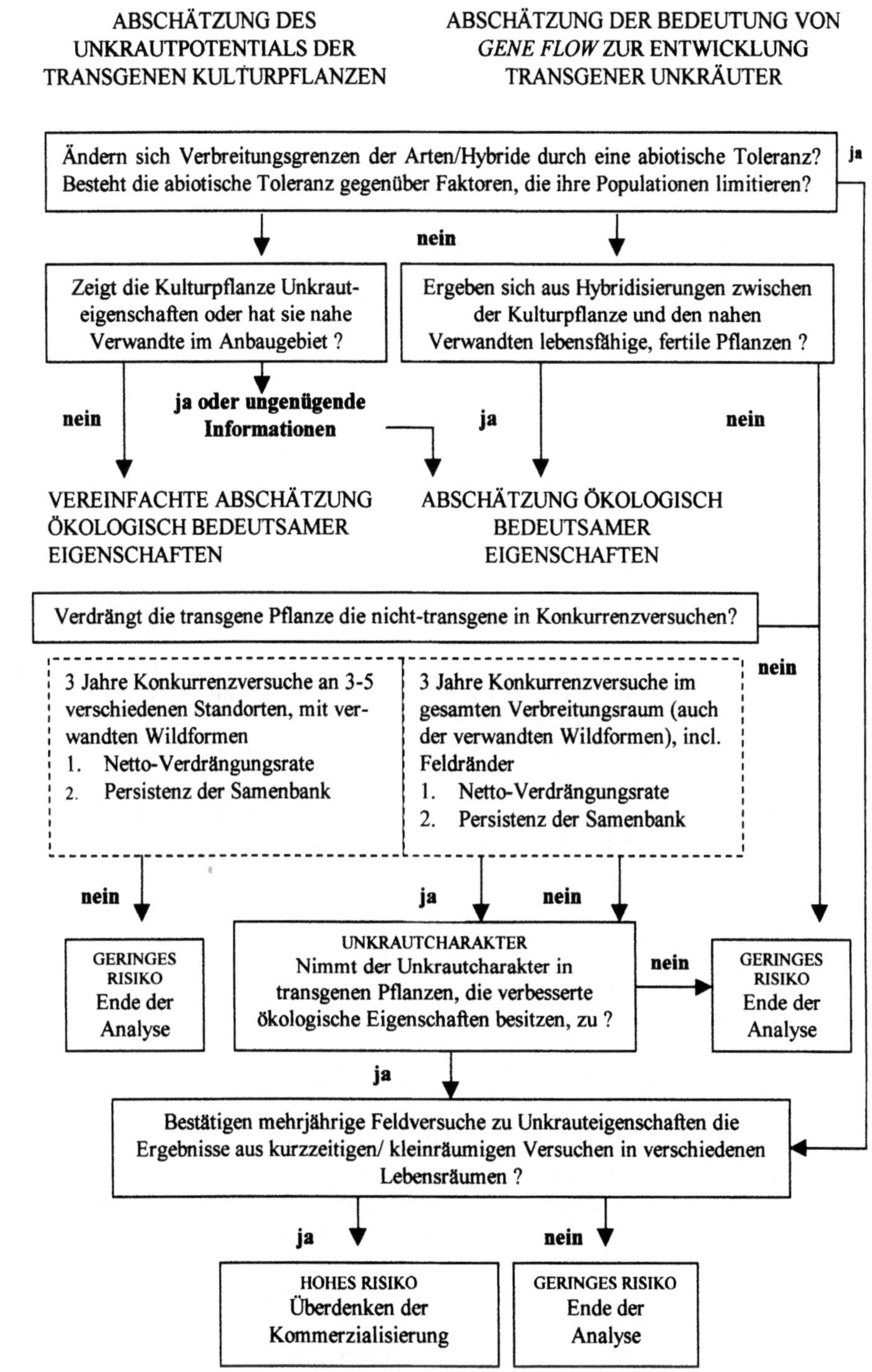

[1] verändert nach Ammann et al. 1996

Abb. 2: Schema zur experimentellen Abschätzung des Unkrautpozentials transgener Pflanzen und deren Hybride in und außerhalb der Kulturlandschaft[1]

Literatur

Ammann K, Jacot Y, Rufener AL, Mazyad P. 1996. Field release of transgenic crop in Switzerland, an ecological risk assessment, In: Schulte E, Käppeli O. (eds.) Gentechnisch veränderte krankheits- und schädlingsresistente Nutzpflanzen – Eine Option für die Landwirtschaft, Schwerpunktprogramm Biotechnologie des Schweizerischen Nationalfonds zur Förderung der wissenschaftlichen Forschung, Bern, 101-158

Antonovics J. 1999. Pathogens and Plant Polpulation Dynamics: In: Traynor PL, Westwood JH. (eds.) The Effects of Resistance Genes on Numbers and Distribution. In: Ecological Effects of Pest Resistance Genes in Managed Ecosystems. Information Systems für Biotechnology, 49-56

Baker HG. 1965. Characteristics and modes of origin of weeds. In: Baker HG, Stebbins GL. (eds.) The genetics of colonizing species, New York, 147-172

Baker HG. 1986. Patterns of plant invasion in North America. In: Mooney HA, Drake JA. (eds.) Ecology of biological invasions of North America and Hawaii. *Ecological Studies* 58:44-57

Bartsch D, Schmidt M, Pohl-Orf M, Haag C, Schuphan I. 1996. Competitiveness of transgenic sugar beet resistant to Beet Necrotic Vein Virus and potential impact on wild beet population. *Molecular Ecology* 5:199-205

Bartsch D. 1994. Ergebnisse der ökologischen Begleitforschung 1993. *Mitteilungen aus der NNA* 1:40-43

Bartsch D. 1999. Monitoring gentechnisch veränderter Pflanzen am Beispiel von *Beta vulgaris* mit Rizomania-Resistenz und Phosphinothricin-/Kanamycin-Toleranzmarkern. Habilitationsschrift, Univ. Aachen, 185 S.

Bartsch D., Pohl-Orf M, Schmidt M, Schuphan I. 1994. Naturalization of transgenic (BNYV-Virus Resistant) sugar beets in agricultural and non-agricultural areas. In: Jones DD. (ed.) Proceedings of the 3rd International Symposium, "The biosafety results of field tests of GM plants and MOs", July 13-16, Monterey, Kalifornien, 353-361

Blossey B, Notzold R. 1995. Evolution of increased competitive ability in invasive nonindigenous plants: A hypothesis. *J. Ecol.* 83 (5):887-889

Champolivier J, Gasquez J, Messean A, Richard-Molard M. 1999. Management of transgenic crops within the cropping system. In: BCPC Symposium Proceedings 72, Gene flow and agriculture: Relevance for transgenic crops, 233-240

Colwell RK, Norse EA, Pimentel D, Sharples FE, Simberloff D. 1985. Genetic engineering in agriculture. *Science* 229:111-112

Crawley MJ, Hails RS, Rees M, Kohn D, Buxton J. 1993. Ecology of transgenic oilseed rape in natural habitats. *Nature* 363:620-623.

Crawley MJ. 1987. What makes a community invasible. In: Gray AJ, Crawley MJ, Edwards PJ. (eds.) Colonization, succession and stability, 428-453

Crawley MJ. 1995. The ecology of transgenic plants. In: Environmental impact of genetically-modified Crops. Workshop at ITE Monks Wood, 28-30 November 1995

Diamond JM. 1984. Historic extinctions: A Rosetta Stone for understanding prehistoric extinctions. A prehistoric revolution. In: Martin PS, Klein RG. (eds.) Quaternary extinctions, Tucson, Arizona, 824-862

Ehrlich PR. 1989. Attributes of invaders and the invading processes: Vertebrates. In: Drake JA, Mooney HA, Castri F, di Groves RH, Kruger FJ, Rejmánek M, Williamson M. (eds.) Biological invasions: a global perspective. SCOPE 37, Chichester, 315-328

Fuchs M, Gonsalves D. 1999. Risk assessment of gene flow from a virus-resistant transgenic squash into a wild relative. In: Ammann K, Jacot Y, Simonsen V, Kjellsson G (eds.). Methods for Risk Assessment of Transgenic Plants. III. Ecological risks and prospects of transgenic plants, where do we go from here? A dialogue between biotech industry and science, Basel, Schweiz, 141-143

Gerdemann-Knörck M, Tegeder M. 1997. Kompendium der für Freisetzungen relevanten Pflanzen; hier Brassicaceae, *Beta vulgaris*, *Linum usitatissimum*. Texte des Umweltbundesamtes 38:1-221

Hancock JF, Grumet R, Hokanson SC. 1996. The opportunity for escape of engineered genes from transgenic crops. *Hort Science* 31:1080-1085

Howarth FG. 1991. Environmental impacts of classical biological control. *Annu. Rev. Entomol.* 36:485-509

Jørgensen RB. 1999. Gene flow from oilseed rape (*Brassica napus*) to related species. In: BCPC Symposium Proceedings 72, Gene flow and agriculture: Relevance for transgenic crops, 117-124

Keeler KH. 1989. Can genetically engineered crops become weeds? *Bio/Technology* 7:1134-1139

Kowarik I, Schepker 1998: Plant invasions in Northern Germany: human perception and response, In: Starfinger U, Edwards K, Kowarik I, Williamson M (eds.) Plant Invasions: Ecological mechanisms and human responses, Leiden, Backhuys, 109-120

Kowarik I. 1988. Zum menschlichen Einfluß auf Flora und Vegetation - Theoretische Konzepte und eine Quantifizierungsansatz am Beispiel Berlin (West). Landschaftsentwicklung und Umweltforschung.- *Schriftenr. d. Fachbereichs Landschaftsentw. d. TU Berlin* 56, 280 S.

Kowarik I. 1996. Auswirkungen von Neophyten auf Ökosysteme und deren Bewertung. In: Langzeitmonitoring von Umwelteffekten transgener Organismen. Arbeitstagung am 5./6. Oktober 1995, Texte des Umweltbundesamtes, Berlin, UBA-Texte 58/96: 119-155

Linder R. 1995. Seedbank dynamics in *Brassica*: A targeted approach to risk assessment. At: Environmental impact of genetically-modified crops. Workshop at ITE Monks Wood, 28-30 November 1995

Lohmeyer W. 1971. Zur Ausbreitung fremder nitrophiler Pflanzenarten. In: Olschowy G. (ed.) Belastete Landschaft - gefährdete Umwelt,München, 177-183

Louda SM. 1999. Insect Limitation of Weedy Plants and Ist Ecological Implications. In: Traynor PL, Westwood JH. (eds.) Ecological Effects of Pest Resistance Genes in Managed Ecosystems. Information Systems für Biotechnology: 43-48

MacArthur RH, Wilson EG. 1967. The Theory of Island Biogeography. Princeton Univ. Press, Princeton, NJ

Macdonald IAW, Lloyd LL, Usher MB, Hamann O. 1989. Wildlife conservation and the invasion of nature reserves by introduced species: A global perspective. In: Drake JA, Mooney HA, Castri F di, Groves RH, Kruger FJ, Rejmánek M, Williamson M. (eds.) Biological invasions: A global perspective, Chichester, SCOPE 37:215-256

Marvier M, Kareiva K. 1999. Extrapolating from Field Experiments tha Remove Herbivores to Population-Level Effects of Herbivore Resistance Genes. In: Traynor PL, Westwood JH. (eds.) Ecological Effects of Pest Resistance Genes in Managed Ecosystems. Information Systems für Biotechnology:57-64

Miller HI, Huttner SL, Beachy R. 1993. Risk assessment experiments for "genetically modified" plants. *Bio/Technology* 11:1323-1324

Mooney HA, Drake JA. 1989. Biological invasions: A SCOPE Program Overview. In: Drake JA, Mooney HA, Castri F di, Groves RH, Kruger FJ, Rejmánek M, Williamson M. (eds.) Biological invasions: A Global Perspective, Chichester, *SCOPE* 37:491-508

Müller HJ. 1984. (ed.) Ökologie. Stuttgart, 395 S.

Neeser C. 1999. Report of the *brassica* crops working group. In: Traynor PL, Westwood JH. (eds.) Ecological Effects of Pest Resistance Genes in Managed Ecosystems. Information Systems für Biotechnology, 73-78

OECD 1999 http://www.oecd.org/ehs/agdGMTre.htm

Parker IM, Kareiva P. 1997. Assessing the risks of invasion for genetically engineered plants: acceptable evidence and reasonable doubt. *Biological Conservation* 781(2):193-203

Pimentel D. 1986. Population dynamics and the importance of evolution in successful biological control. *Fortschritte der Zoologie* 32:3-18

Plachter H. 1991. Naturschutz. G Fischer, Stuttgart, 463 S.

Raybould AF, Jones AE, Alexander M, Pallett D, Thurston MI, Cooper JI, Wilkinson MJ, Gray AJ. 2000. The potential for ecological release following introgression of virus-resistance transgenes into natural populations of wild *Brassica* species. In: Fairbairn C, Scoles G, McHughen A. (eds.) Proceedings of the 6th International Symposium on The Biosafety of Genetically Modified Organisms, July 2000, Saskatoon, Canada, 105-111

Rejmánek M. 1989. Invasibility of plant Communities. In: Drake JA, Mooney HA, Castri F di, Groves RH, Kruger FJ, Rejmánek M, Williamson M. (eds.) Biological invasions: A global perspective, Chichester, SCOPE 37:369 -388

Sandlund OT, Schei PJ, Viken A. 1996. Proceedings of the Norway/UN conference on alien species: Trondheim, Directorate for Nature Management and Norvegian Institute for Nature Research: 233

Schmitz G. 1998. *Impatiens parviflora* D.C. (Balsaminaceae) als Neophyt in mitteleuropäischen Wäldern und Forsten – Eine biozönotische Analyse. *Z. Ökol. Natursch.* 7:193-206.

Schroeder D. 1983. Biological control of weeds. In: Fletcher WW. (ed.) Recent advances in weed research. Commonw. Agric. Bureau, Unwin Brothers, Surey, 41-78

Schroeder F-G. 1969. Zur Klassifizierung der Anthropochoren. *Vegetatio* 16:225-238

Schütte G. 1998. Invasivität transgener Pflanzen, In: Nutzung der Gentechnik im Agrarsektor der USA - Die Diskussion von Versuchsergebnissen und Szenarien zur Biosicherheit, Texte des Umweltbundesamtes, Berlin, UBA-Texte 47/98:271-306

SRU (Der Rat von Sachverständigen für Umweltfragen) 1998. Umweltgutachten 1998, Metzler Poeschel, Stuttgart

Stewart CN, Halfhill MD. 2000. Consequences of gene flow from Bt canola. ESF/AIGM (European Science Foundation) The environmental implications of genetically modified plants with insect resistance genes. Workshop, September 2000, Bern, Switzerland

Stewart CN. 1999. Insecticidal transgenes into nature: gene flow, ecological effects, relevancy, and monitoring, In: Relevance for transgenic crops. British Crop Protection Council Symposium Proceedings No. 72:179-190.

Strauss S. Report of the poplar working group. In: Traynor PL, Westwood JH. (eds.) Ecological Effects of Pest Resistance Genes in Managed Ecosystems. Information Systems für Biotechnology, 105-112

Strong DR, Lawton JH, Southwood R. 1984. Insects on plants - community patterns and mechanisms. 1. Aufl., Camelot Press, Great Britain, 313 S.

Sukopp H, Kowarik I. 1994. Auswirkungen der Freisetzung nichtheimischer Gehölzearten am Beispiel von Berlin und Brandenburg, Biologische Sicherheit Bd. 3 *Forschung Biotechnologie*:1009-1033

Sukopp H. 1976 Dynamik und Konstanz in der Flora der Bundesrepublik Deutschland, *Schriftenr. Vegetationskde.* 10: 9-26

Sukopp H. 1996. Welche Natur wollen wir schützen? Fragen der Ökologie und des Naturschutzes. In: Langzeitmonitoring von Umwelteffekten transgener Organismen. Arbeitstagung am 5./6. Oktober 1995, Berlin, 27-46

Sukopp U, Sukopp H. 1994. Ökologische Langzeit-Effekte der Verwilderung von Kulturpflanzen In: Daele W. van den et al. (eds.) Verfahren zur Technikfolgenabschätzung des Anbaus von Kulturpflanzen mit gentechnisch erzeugter Herbizidresistenz, WZB Berlin, Heft 4, 150 S.

Sweet JB, Norris CE, Simpson E, Thomas JE. 1999. Gene flow and agriculture: Relevance for transgenic crops. BCPC Symposium Proceedings 72, 241-246

Torgensen H, Seifert F. 1999. Austria: Precautionary blockage of transgenic crops.

Traynor PL, Westwood JH. (eds.) 1999. Ecological Effects of Pest Resistance Genes in Managed Ecosystems. Information Systems für Biotechnology, Blacksburg, Virginia, 129 S.

Trepl L, Sukopp H. 1993. Zur Bedeutung der Introduktion und Naturalisation von Pflanzen und Tieren für die Zukunft der Artenvielfalt. Rundgespräche der Kommission für Ökologie 6, 127-142

Trepl L. 1990. Zum Problem der Resistenz von Pflanzengesellschaften gegen biologische Invasoren. *Verh. Berliner Bot. Ver.* 8:195-230

USDA (United States Department of Agriculture) 1999. Biotechnology Risk Assessment Research Grants Program Home Page. http://www.reeusda.gov/crgam/biotechrisk.biotech.htm

Vitousek PM. 1986. Biological invasions and ecosystem properties: Can species make a difference? In: Mooney HA, Drake JA. (eds.) Ecology of biological invasions of North America and Hawaii. *Ecological Studies* 58:163-176

Vries de FT, van der Meijden R, Brandenburg WA. 1992. Botanical files. A study of the real chances for spontaneous gene flow from cultivated plants to the wild flora of the Netherlands. *Gorteria Suppl.* 1

Anhang

Tab. A1: Definitionen und Systematik einheimischer/fremder Arten (in Anlehnung an Schroeder, 1974; Sukopp, 1976).

Flora/Vegetation

Flora	die in einem gegebenen Gebiet vorkommenden Pflanzenarten mit spontaner Verbreitung
Vegetation	Pflanzenbedeckung an einem Standort / in einem Gebiet

Einteilung nach Grad der Naturalisation

Kultivierte (Ergasiophyten)	nur angebaut vorkommend
Unbeständige (Ephemerophyten)	wildwachsend, aber nicht beständig
Kulturabhängige (Epökophyten)	mit festem Platz in der vom Menschen beeinflußten Vegetation; würden mit Aufgabe menschlicher Tätigkeit wieder verschwinden
Neuheimische (Agriophyten)	mit festem Platz in der heutigen natürlichen Vegetation, in der ursprünglichen aber fehlend
Einheimische (Indigene)	Bestandsglieder der ursprünglichen Vegetation

Einteilung nach Einwanderungs- bzw. Einführungsart

Eingeschleppte (Xenophyten)	durch Menschen unabsichtlich eingeführt
Verwilderte (Ergasiophygophyten)	Absichtlich eingeführt und kultiviert und dann auch außerhalb der Kulturflächen auftretend
Eindringlinge (Akolutophyten)	Eigentliche Einwanderung aus eigener Kraft, jedoch erst aufgrund der vom Menschen verursachten Standortveränderungen möglich

Einteilung nach Einwanderungszeit

Einheimische (Indigene)	Vor Eingreifen den Menschen eingewandert / entstanden
Alteinwanderer (Archäophyten)	Unter der Mitwirkung des Menschen vor 1500 eingewandert
Neueinwanderer (Neophyten)	Nach 1500 eingewandert

Prozesse

Einwanderung	Eindringen in ein neues Gebiet ausschließlich auf spontaner Ausbreitung beruhend
Einführung	ausschließlich durch Kultivierung neu in ein Gebiet gelangt
Einbürgerung	nach Einführung kommt es zu spontaner Ausbreitung und dauerhaftem Auftreten
Etablierung, Naturalisation	unabhängig ob eingewandert oder eingeführt kommt es zu spontaner Ausbreitung und dauerhaftem Auftreten
Invasion	Vorgang der Arealausweitung von Organismen

Tab. A2: Übersicht über einige Zusammenstellungen von Basisdaten für Nutzpflanzen (entnommen aus Pühler, 1998)

Geographischer Raum	**Datenumfang**	**Bearbeiter**
Großbritannien	30 Arten und 2 Gattungen	Raybould und Gray, 1993
Dänemark	12 Sippen (dav. 3 Gattungen)	Højland und Poulsen, 1994
Deutschland bzw. Mitteleuropa	54 Arten (dav. 17 Arten ausführlich)	Sukopp und Sukopp, 1994
Schweiz	22 Arten	Ammann et al., 1996
Österreich	11 Arten	Torgensen, 1996

4 Wissensstand zu den Auswirkungen spezieller gentechnisch vermittelter Eigenschaften

4.1 Herbizidresistenz

G. SCHÜTTE, G. SCHMITZ

Stand der Entwicklung transgener Pflanzen mit Herbizidresistenz

Die Verwendung von Herbiziden

Ein hoher Prozentsatz der Intensivackerkulturen wird mit Herbiziden behandelt. Der Vergleich mit den USA zeigt, dass der Herbizideinsatz in Deutschland sehr ausgeprägt ist (s. Tab. 1).

Tab. 1: Vergleich von Herbizidanwendungen in den USA und Deutschland zu Beginn der Freisetzungen herbizidresistenter Pflanzen (80er Jahre)

USA (Anteil Ackerflächen an landwirtsch. Flächen ca. 40%, Pimentel et al. 1993)			**Deutschland** (Anteil Ackerflächen an landwirtsch. Flächen ca. 60-70%, Bechmann et al. 1987; Stat. Bundesamt, 1983)		
Ackerkultur	**Anteil herbizid-behandelt**	**Quelle**	**Ackerkultur**	**Anteil herbizid-behandelt**	**Quelle**
alle Ackerflächen	46%	Pimentel et al., 1993	alle Ackerflächen	81% 97%	Körner, 1990 Hirn und Olbrich, 1991
Mais	95%	Goldburg, 1992	Mais	fast 100%	Hurle, 1994
Sojabohne	95%	Goldburg, 1992	Zuckerrübe	fast 100%	Beusmann, 1994
Weizen	40% 50-60%	Goldburg, et al., 1990 Osteen, 1993	Getreide (außer Mais)	80-90%	Hurle, 1994
Baumwolle	95%	Goldburg, 1992	Raps	80-90%	Hurle, 1994
			Kartoffeln	50%	Hurle, 1994

Bei den Herbiziden ist zu unterscheiden zwischen solchen, die fast alle Pflanzen angreifen (Totalherbizide = Breitbandherbizide) und in der Regel zur Vernichtung der gesamten Vegetation der behandelten Flächen eingesetzt werden (z.B. Wege, Plätze, Gräben, Bahnanlagen), und solchen, die selektiv wirken (Selektiv-Herbizide) und üblicherweise in Monokulturen eingesetzt werden. Die Selektivität basiert auf artspezifischen Unterschieden in der Aufnahme, der Mobilität, dem Abbau und der physiologischen Wirkung des Toxins. Herbizide können weiterhin in Kontaktherbizide (besprühtes Gewebe wird verätzt) und translokale Herbizide (Transport

über Leitungsbahnen in die Pflanze) eingeteilt werden (Fröhlich, 1991). Nach dem Zeitpunkt des Ausbringens wird zwischen Vorauflaufherbiziden (vor oder beim Auflaufen der Saat) und Nachauflaufherbiziden (Einsatz in der bereits entwickelten Kultur) unterschieden.
Herbizide wirken auf sehr unterschiedliche Weise. Wirkungsformen translokaler Herbizide beruhen u.a. auf Hemmung bzw. Störung von Zellatmung, Photosynthese, Chlorophyllsynthese, Zellteilungsvorgängen oder Wurzelentwicklung (Fröhlich, 1991).
Die Entwicklung transgener herbizidresistenter Pflanzen und der dazugehörigen Herbizide (Komplementärherbizide) ermöglichen als sogenanntes HR-System (Herbizid-Resistenz-System) - auch als „HR-Technik" bezeichnet die Vermeidung von Nebenwirkungen (Ertragsminderungen) der Herbizide auf die Kulturpflanzen.
Darüber hinaus gibt es einen forschungstechnischen Grund des Einsatzes von Herbizidresistenz-Genen. Diese Gene können als „Selektions-Marker" an andere in die Pflanze einzuführende Gene (=Transgene) gekoppelt werden, um den Erfolg der Übertragung durch Herbizidzugabe überprüfen zu können (Deutscher Bundestag, 1987).

Entwicklung herbizidresistenter Pflanzen

Prinzipiell sind vier molekularbiologische Wege möglich, wie Pflanzen herbizidresistent gemacht werden können (Deutscher Bundestag, 1987):

1. Verhinderung des Vordringens des Herbizids an seinen Wirkort in den Pflanzen (Unterbindung der Penetration)
2. Abbau des Herbizids in der Pflanze zu einem unwirksamen Stoffwechselprodukt (Metabolit)
3. Unempfindlichmachen des vom Herbizid blockierten Moleküls (Zielenzym) (bei Glyphosat-Resistenz z.B. unempfindliche ESP-Synthetase)
4. Überexpression des Zielenzyms

Die bisher verwendeten Transgene ermöglichten die Entwicklung von Resistenzen gegen mindestens neun verschiedene Herbizide (Schütte, 2000). Tab. 2 gibt den Stand von 1997 wieder. Bis 1990 waren zu Versuchszwecken in ca. 30 Pflanzenarten Herbizidresistenzen eingebracht worden, mit Mehrfachresistenzen bei Baumwolle (7), Mais, Sojabohne, Tabak, Tomate (je 4), Kartoffel (3) und Zuckerrübe (2) (Goldburg et al., 1990). 1999 zählte man weltweit Freilandversuche mit über 50 transgenen herbizidresistenten Pflanzenarten (USDA-APHIS, 1999; James und Krattiger, 1996).

Tab. 2: Resistenz-Typen und Anzahl der bis Mitte 1997 getesteten transgenen Pflanzenarten mit Herbizidresistenz (Schütte, 1998)

Resistenz gegen	Anzahl Pflanzenarten (Stand 1997)
Glyphosat (Round Up®) (T)	8
Glufosinat (Basta®) (T)	7
Sulfonylharnstoffe (S)	6
Bromoxynil (S)	4
Imidazolinon	3
2,4-D (Phenoxycarbonsäure)	2
Isoxazol	1

T: Totalherbizid, S: Selektivherbizid.

Freisetzungen

Herbizidresistenz ist weltweit das in Freilandversuchen am häufigsten getestete Merkmal. In der EU wurden bis Mai 2000 insgesamt 1290 Anträge für die Freisetzung transgener Pflanzen mit Herbizidresistenz-Merkmalen gestellt: Raps, Mais, Radiccio, Tabak, Zuckerrüben, Kohlarten, Chicorée, Weizen, Pappeln, Eukalyptus, Nelken und Sonnenblumen (RKI, 2000; UBA, 1999). Mit 80% und 50% aller gestellten Anträge in der EU bzw. in Deutschland ist Herbizidresistenz die wichtigste Eigenschaft transgener Pflanzen. Kombinationen mit anderen Eigenschaften sind häufig (Tab. 3). In Deutschland lagen bis Mai 2000 für Raps 26, Mais 19 und Zuckerrübe 15 Freisetzungsanträge vor (RKI, 2000).

Tab. 3: Anzahl und Anteil der Freisetzungsanträge für Pflanzen mit Herbizidresistenz in der EU und Deutschland bis Mai 2000 vor (RKI, 2000)

Eigenschaft	EU		Deutschland	
	Anzahl	Anteil[1]	Anzahl	Anteil[2]
Herbizidresistenz	913	57,0%	58	48,0%
Herbizidresistenz + Insektenresistenz	135	8,4%		
Herbizidresistenz + männliche Sterilität	169	10,5%	1	0,8%
Herbizidresistenz + Virusresistenz	25	1,6%		
Herbizidresistenz + weitere Eigenschaften	48	3,0%	1	0,8%
Gesamt	1290	80,5%	60	50,0%

[1] an allen 1603 Freisetzungsanträgen
[2] an allen 120 Freisetzungsanträgen

Von allen Herbizidresistenzen sind die gegen die beiden Totalherbizide Glyphosat und Glufosinat am weitesten verbreitet. In der EU wurden Raps, Mais und Zuckerrübe ausschließlich mit diesen Herbizidresistenz-Eigenschaften getestet. In den USA bezogen sich bis Mitte 1997 86% der Freilandversuche auf diese Resistenztypen. Einundneunzig Prozent der 1344 Anträge bezogen sich auf die drei Pflanzen Mais (757), Sojabohne (310), Baumwolle (196). Der Rest fiel auf sechs weitere Pflanzenarten: Zuckerrübe (23), Raps (21), Kartoffel (15), Tomate (11), Reis (7) und Weizen (4) (Schütte, 1998).

Inverkehrbringen

Bis Ende 2000 wurden in der EU fünf Anträge auf Inverkehrbringen zugelassen, sechs weitere mit Einschränkungen. Für neun Anträge laufen die Verfahren noch (Tab. 4). In den USA spielte die Vermarktung herbizidresistenter Pflanzenarten (Sojabohne, Mais, Raps, Baumwolle) bereits vor 1996 eine bedeutende Rolle (James und Krattiger, 1996; Gressel, 1996). Bis heute sind weitere Pflanzenarten hinzugekommen (Zuckerrübe, Canola, Weizen, Gerste, Reis, Pappel) (USDA, 1999).

Tab. 4: Herbizidresistente Pflanzen, für die in der EU bis Ende 2000 Anträge auf Inverkehrbringen gestellt wurden (RKI, 2000 – Stand seit 1999 unveränd.).

laufendes Verfahren	zugelassen	mit Einschränkungen (s.u.) zugelassen
D: Raps (Glu)	F: Raps (Glu+ mSt)	GB: Raps (Glu+ mSt) [1]
B: Raps (Glu+mSt)	F: Raps (Glu+ mSt)	GB: Raps (Glu) [2]
F: Mais (Gly)	F: Mais (Glu)	F: Mais (Glu+ Ins) [3]
NL: Mais (Glu+ Ins)	NL: Nelke (Chl+ Blü)	GB: Mais (Glu+Ins) [2]
NL: Nelke (Chl+ Alt)	F: Tabak (Bro)	NL: Radiccio (Glu+ mSt) [4]
NL: Nelke (Chl+ Blü)		GB: Sojabohne (Gly) [2]
NL: Radiccio (Glu+mSt)		---
DK: Futterrübe (Gly)		1 = nicht als Futter / Lebensmittel
ES: Baumwolle (Gly)		2 = nur Import, Lagerung, Verarbeitung
		3 = nicht umgesetzt
		4 = nur für Saatguterzeugung

Glu: Glufosinat-, Gly: Glyphosat-, Chl: Chlorsulfuronresistenz, mSt: männliche Sterilität, Ins: Insektenresistenz, Alt: Verzögerung des Alterungsprozesses, Blü: Veränderung der Blütenfarbe

In der EU mehrten sich die ökologischen Bedenken zum Anbau transgener Pflanzen mit Herbizidresistenzen. So wurde 1998 in Frankreich ein zweijähriges Moratorium für den kommerziellen Anbau von mit heimischen Arten kreuzbaren Pflanzen (u.a. Raps) ausgesprochen und in Großbritannien eine freiwillige Vereinbarung mit den Herstellern getroffen, auf den Anbau von transgenem Raps für ein Jahr zu verzichten. Griechenland verbot den Anbau und den Import von herbizidresistentem Raps. Österreich sieht ein Verbot für den Anbau transgener Pflanzen insgesamt vor (Torgersen und Seifert, 1999).

Kenntnisstand zu möglichen Wirkungen des Anbau herbizidresistenter Pflanzen

Mögliche Risiken der HR-Technik werden in Europa in stärkerem Maße diskutiert als in den USA. Dies dürfte unter anderem daran liegen, dass in Europa der Herbizideinsatz eine relativ größere Bedeutung hat als in Amerika (Schütte, 2000). Bei der Risikoabschätzung bedarf es des Vergleichs der HR-Technik mit dem konventionellen Anbau.

Verhalten der Komplementärherbizide in Boden, Wasser und Pflanzen

Daten zum Verhalten der Komplementärherbizide in Boden Wasser und Pflanze liegen fast nur für Glyphosat und Glufosinat vor. Tab. 5 fasst einige der wesentlichen Ergebnisse bisheriger Untersuchungen zusammen.

Tab. 5: Verhalten von Glyphosat und Glufosinat in Boden Wasser und Pflanzen

Medium	Glyphosat	Glufosinat
Boden	relativ unbeweglich und gut abbaubar Halbwertzeit 3-45 Wochen	gut beweglich in 7 Tagen zu 50-80% abgebaut
Grundwasser	geringes Risiko der Kontamination	trotz Versickerungsneigung geringes Risiko der Kontamination
Pflanze	kaum Abbau Akkumulation z.T. in Speicherorganen, Stoffwechselveränderungen über Genprodukt hinaus nicht zu erwarten	keine Akkumulation in Speicherorganen, aber Anreicherung von Ammoniak, z.T. stabile Metabolite in Pflanzen, kein Transport im Phloem, Stoffwechselveränderungen über Genprodukt hinaus nicht zu erwarten

Verschiedene Biomasse- und Stoffwechselrate-Tests zeigten, dass Bakterien und Pilze (manchmal nach anfänglichem Anstieg ihrer Stoffwechselaktivität) durch Behandlung mit Glyphosat bzw. Glufosinat z.T. deutlich reduziert werden. Längere Anwendung der Mittel führt zum Rückgang herbizidsensitiver und zur Dominanz herbizid-verträglicher Bakterien im Boden (Elimination, Resistenzentwicklung). Diese Effekte sind in sandigen Böden in der Regel stärker als in bindigen. Während pflanzenpathogene Pilze kaum geschädigt werden, wurden Beeinträchtigungen an nützlichen Mikroorganismen festgestellt. Auch Algen auf und im Boden werden bei normaler Mittelanwendung geschädigt (mehrere Autoren zit. in Schütte, 2000).

Erosionsgefahr

Bodenerosionen sind in mitteleuropäischen Agrarflächen vor allem regenbedingt und stellen ein Problem nicht nur für die Ackerflächen (Bodenverlust in Norddeutschland:

0,7-11 t/ha und Jahr), sondern auch für die Gewässer (Überdüngung) dar. Erosionsfördernd wirken die Faktoren Hanglage, Vegetationsarmut und Bodenverdichtung. Mais-, Kartoffel-, Zuckerrüben- und Rapskulturen sind besonders anfällig. Frostempfindliche Arten wie zum Beispiel *Phacelia*, Senf und Ölrettich oder winterharte wie Winterrübsen, Rotklee und Roggen werden als Zwischenfrüchte zur Erosionsvermeidung eingesät. Zwischenfrüchte mit unkrautunterdrückender Wirkung (z.B. Senf, Rotklee, Winterrübsen und Roggen) sind besonders geeignet. Die Zwischenfrüchte werden entweder vor der Einsaat der Kulturpflanzen untergegraben (Mulchsaat) oder die Kulturpflanzen werden in die Zwischensaat eingesät (Direktsaat). Auerswald (1994) führt in seiner theoretischen Studie, bei der er von einem Glyphosat- oder Glufosinateinstz im späten Nachlauf bei dreigliedriger Fruchtfolge ausgeht, die Möglichkeit verschiedener erosionsvermindernder Effekte der HR-Technik an:

- Es ist eine spätere Herbizidbehandlung möglich, wodurch die Unkräuter länger den Boden bedecken.
- Die Kulturpflanzen wachsen wegen besserer Verträglichkeit des Herbizids schneller als bei konventionellen Herbiziden und bedecken somit den Boden schneller.
- Die Unkräuter wachsen aufgrund des schnelleren Abbaus des Herbizids schneller wieder nach, was vor allem in der Phase nach der Ertragsbildung von Bedeutung ist.

Nach seinen Berechnungen führten diese Aspekte aber nur zu einem geringfügigen Erosionsrückgang.
Diese Vorteile sind also nicht überzubewerten, zumal sich herausgestellt hat, dass bei der HR-Technik je nach Kulturart meist mindestens zwei Anwendungen nötig sind und die Applikation im frühen Nachauflauf empfohlen wird (verschiedene Autoren in Schütte, 2000; s.u.). Die Zeit des Einsatzes des Totalherbizide fällt so gewöhnlich in die regenreichsten Monate (Ende März bis Mitte Mai).
Die HR-Technik könnte allerdings dazu anregen, vermehrt die erosionshemmende Mulch- und Direktsaat einzusetzen, da die beim Zwischenfruchtanbau auftretende Problemunkräuter leichter bekämpft werden können. Zur Bodenbedeckung bei Mulchsaatversuchen siehe ZALF (1998).

Wirkungen auf Bodenmikroorganismen

Verschiedene Versuche haben gezeigt, dass eine Applikation der beiden Herbizide Glyphosat und Glufosinat bei Durchschnittstemperaturen unter 20° C einen Rückgang der Mikroorganismen über acht Wochen und länger verursachen kann (mehrere Autoren, zit. in Schütte, 1998; 2000). Auch andere Herbizide wirken hemmend auf die Mikroflora, aber eine vergleichende Abschätzung fällt aufgrund der Daten schwer, zumal auch die Vorgeschichte der Böden einen Einfluss auf die Ergebnisse hat. Außerdem sind bislang keine Kriterien und Anhaltspunkte erarbeitet worden, nach denen entschieden werden könnte, ab welcher Dauer des Rückgangs der mikrobiellen Diversität ein Schaden vorliegt (s. dazu Kap. 4.4 unter

Forschungsmaßnahmen). Auswirkungen auf Bodenalgen (Grün- u. Blaualgen) sind ebenfalls wenig untersucht (Schütte, 2000).

Toxizität für Tier und Mensch

Bisher liegen wenige Untersuchungen zur Toxizität der Komplementärherbizide auf Nicht-Wirbeltiere vor. Die Angaben zu Glyphosat und Glufosinat (Tab. 6) lassen keine befriedigende Gesamteinschätzung zu. Nachgewiesen wurde eine schädigende Wirkung von Glyphosat auf Fische und eine Laufkäferart und von Glufosinat auf Fische und Spinnen. Beide Totalherbizide sind als fischgiftig klassifiziert (Sandermann und Ohnesorge, 1994). Zu berücksichtigen sind auch die indirekten Effekte auf die Arthropodenfauna, die durch die Wirkung der beiden Totalherbizide auf die Mikroorganismen und die Ackerbegleitflora als essenzielle Nahrungsgrundlagen für Insekten und Kleinsttiere entstehen.

Tab. 6: Toxizität von Glyphosat und Glufosinat für verschiedene Tiergruppen

Organismen-gruppe	**Glyphosat**	**Glufosinat**
Arthropoden	auf 1 von 14 Arten schädigend wirkend (Laufkäfer Bembidion)[1] keine Effekte auf „Indikator-Organismen"[2]	von geprüften Bodentieren nur toxisch auf Spinnen[3] für Bienen ungefährlich[4]
Fische	leicht toxisch[2]	leicht toxisch[2]
aquatische Organismen	leicht toxisch[2]	leicht toxisch[2,4]
Regenwürmer	toxisch für *Aporrectodea caliginosa*[6]	nicht toxisch[4]
Vögel	k. A.	toxische Schwellendosis 40mg/kg Körpergewicht[5]
Säugetiere incl. Mensch	s. Text	s. Text

[1] Diercks und Heitefuss, 1990; [2] Sandermann und Ohnesorge, 1994; [3] Bock, 1991 (unveröffentl. zit. in Dorn et al., 1992; [4] Dorn et al., 1992; [5] Ebert, 1988 (unveröffentl. zit. in Dorn et al., 1992); [6] Springett und Gray 1992

Die ADI-Werte (Acceptable Daily Intake) liegen nach WHO bei Glyphosat bei 0,3 und bei Glufosinat bei 0,07 mg/kg Körpergewicht und Tag. Entsprechend der höheren Toxizität von Glufosinat sind die letalen Dosen (Ratte LD_{50} oral) hier halb so hoch. Glyphosat hat eine geringe akute und chronische Toxizität und es sind weder mutagene Wirkungen an Hefen und Bakterien noch kanzerogene oder fruchtschädigende Wirkungen an Nagetieren nachgewiesen worden (Monsanto, 1980, 1982 zit. in Herzfeld et al., 1985; Sandermann und Ohnesorge, 1994). Ähnliches gilt auch für Glufosinat. Allerdings wies Seiler 1971 (zit. in Herzfeld et al., 1985) eine geringe mutagene Wirkung der Nitrosoform des Glyphosats im Magen nach. Nach Böger (1994) dürften öko- oder humantoxische Probleme bei beiden Herbiziden höchstens nach überhöhten oder bei späten Applikationen auftreten. Das im Zusammenhang mit

herbizidresistenter Baumwolle zum Einsatz kommende Bromoxynil führte allerdings zu praenatalen Missbildungen (UBA, 1999).
Metz et al. (1998) weisen darauf hin, dass die Wirkung von zwei Metaboliten, die in Pflanzen durch Umsetzung von Glufosinat entstehen, noch nicht untersucht sind. Nach den Autoren besteht auch die Möglichkeit, dass je nach (transgener) Kulturpflanze unterschiedliche Metabolite entstehen.

Verstärkung von Unkrautproblemen durch Auskreuzung der HR-Gene

Resistenzen gegen Komplementärherbizide können nicht nur spontan entstehen (initiale Resistenz), sondern auch durch Auskreuzung, d.h. Übertragung von Eigenschaften auf andere Arten (vgl. dazu Kap. 3.2.1). Dass so etwas vor allem beim transgenen Raps diskutiert wird, ist verständlich, da Hybridisierungen unter Brassicaceen nicht selten sind.

Tab. 7: Potenzielle Hybridisierungspartner von Raps (Brassica napus)[1] in Deutschland

Potenzielle Hybridisierungspartner **Winterraps**	
Ackersenf (Sinapis arvensis)	Sehr häufiges Ackerwildkraut bes. in Zuckerrübe, **Hybride nur mit männl. steril. Raps**
Rübsen (Brassica rapa = B. campestris)	Kulturpflanze
Gemüsekohl (Brassica oleracea)[1]	Kulturpflanzen in verschiedenen Formen, wild auf Ruderalstellen, **Hybride nur im Labor**
Rauke (Sisymbrium sp.)	v.a. Ruderalarten

Potenzielle Hybridisierungspartner **Sommerraps** (bei uns derzeit nur ca. 0,6 % der Rapsanbaufläche)	
Acker-Hederich (Raphanus raphanistrum)	Häufiges Ackerwildkraut bes. in Zuckerrübe, **Hybride meist nur mit männl. steril. Raps, bei fertilem Raps nur 0,2% der Samen, triploid und nicht fertil, es sei denn Poliploidisierung**
Brassica adpressa = Hischfeldia incarna	Seltenes Unkraut **Hybride meist nur mit männl. steril. Raps, bei fertilem Raps nur 1,5% der Samen, triploid und nicht fertil, es sei denn Poliploidisierung**
Rutenkohl (Brassica juncea)	Seltene Kulturpflanze
Schwarzer Senf (Brassica nigra)	Zerstreut, Flussbegleiter
Rauke (Sisymbrium sp.)	v.a. Ruderalarten unklar, ob bei Sommerraps

[1]nach diversen Autoren zit. in Schütte, 1998; ZALF, 1998; Jørgensen, 1999

Raps (Brassica napus) ist bereits selbst ein fertiles Hybridisierungsprodukt von Gemüsekohl (B. oleracea) und Rübsen (B. rapa). Raps ist mindestens mit acht Arten eingeschränkt kreuzbar (Tab. 7). Dabei zeigen sich sehr unterschiedliche Wahrscheinlichkeiten erfolgreicher Hybridisierungen, was vor allem auf den Verwandtschaftsgrad (Pollen-Narben-Kompatibilität), die Phänologie (überlappende Blütezeiten), sowie die Fertilität der Hybride (Ploidiegrad) zurückzuführen ist. Auch die Häufigkeit bzw. Erreichbarkeit der Kreuzungspartner (Pollenkonkurrenz) und die Art des Hybridisierungspartner (Pollendonator bzw. –akzeptor) spielt eine große Rolle. Kreuzungen des Raps mit den Elternarten (Brassica rapa und B. oleracea) sind unterschiedlich wahrscheinlich. Erstere hybridisiert mit Raps im Freiland, letztere nur unter besonderen Bedingungen im Labor. Auskreuzungen in relativ häufige Ackerwildkräuter *Raphanus raphanistrum* und *Sinapsis arvensis* sowie mit den seltenen *Hischfeldia incarna* sind ausgesprochen selten und können nur zu (meist fertilen) Hybriden führen, wenn der Raps männlich steril und somit Pollenakzeptor ist. Eventuell könnte dieser Weg des Genaustausches bei Hybridraps-Sorten eine Rolle spielen, da diese leicht durch Fremdpollen bestäubt werden können (geringe Pollenkonkurrenz).
Das Auskreuzungsrisiko ist für den Mais und die Kartoffel in Mitteleuropa sehr gering, da Mais nicht winterhart ist, und bei beiden keine kreuzbaren Wildarten existieren. (ZALF, 1998). Zuckerrüben, die durchwachsen und zur Blüte kommen, können ihre Gene auf Wild- und Unkrautrüben übertragen.
Für Hafer, Gerste und Rüben stellen Flughafer, Wildgerste bzw. Wildrüben potenzielle Auskreuzungspartner dar, die in Europa Unkrautprobleme verursachen (Schütte, 1998). In den USA oder Südamerika kreuzen sich z.B. Weizen bzw. Reis mit Unkrautarten (s. Kap. 3.2.1).

Verstärkung von Durchwuchsproblemen

Als Durchwuchs („volunteers") bezeichnet man Kulturpflanzen, die, aus zurückliegendem Anbau stammend, in Kulturen anderer Arten heranwachsen (z.B. einzelne Rapspflanzen in Rübenfeldern). In der Regel haben sie als Samen im Boden überdauert. In Europa ist bekannt, dass Raps und Hafer Durchwuchsprobleme in Mais und Zuckerrüben verursachen sowie, dass Weizen in Zuckerrüben Probleme bereitet (Petersen und Hurle, 1998). Aber auch Zuckerrübenschosser und Kartoffeln bereiten teilweise Probleme, und ihre Bekämpfung ist aufwendig (Norris et al., 1999).

Insgesamt ist zumindest beim Raps Durchwuchs ein größeres Risiko als die (interspezifische) Auskreuzung in andere Arten (Champolivier et al., 1999; Jørgensen, 1999), weil die interspezifischen Auskreuzungsraten mit Unkräutern gering sind und kaum zu fertilen Nachkommen führen (s.a. Tab. 7). Dagegen haben sich in Versuchen von Norris et al. (1999) herbizidresistente Durchwuchs-Rapspflanzen im Feld nach der Ernte der nachfolgenden Getreidefrucht und im Nachbarfeld (diese sind also durch Auskreuzung entstanden) in relativ großer Häufigkeit nachweisen lassen (0 bis 42% im HR-Rapsfeld bzw. im benachbarten Feld - je nach Versuchsort [6 Orte]). In Kanada ist im Jahr 2000 erstmalig dreifach resistenter Raps-Durchwuchs -(gegen Glufosinat, Glyphosat und ein weiteres Mittel) gefunden worden (Anonym, 2000). Da die Samen viele Jahre im Boden überdauern

können, halten sich die Genotypen entsprechend lange im Feld. Bei Zuckerrüben ist die Auskreuzung in Unkrautrüben auch untersucht (Vigouroux et al., 1999: Zuckerrübenschosser hybridisierten mit Unkrautrüben im Nachbarfeld, 10% Hybride bei 3 m, 1% bei 15 m Entfernung vom Pollengeber).
Im Zusammenhang mit transgenen Eigenschaften können sich Durchwuchsprobleme auf zwei Weisen zeigen:

1. Durchwuchspflanzen stammen aus transgenen Kulturen und sind mit Herbizidresistenz ausgestattet. In herbizidresistenten Kulturen werden sie nicht durch das Herbizid bekämpft. Folgen in einer Fruchtfolge mehrere transgene, herbizidresistente Kulturen mit unterschiedlichen Komplementärherbiziden aufeinander, können durch Auskreuzung mehrfachresistente Pflanzen entstehen. Insbesondere Hybridvarietäten des Raps sind – aufgrund geringer Pollenkonkurrenz - für transgenen Fremdpollen sehr empfänglich (Thompson et al., 1999).
2. Durchwuchspflanzen haben neben transgenen Eigenschaften auch die Fähigkeit, innerhalb der Anbauphase übertragungsfähige Pollen und fertile Samen hervorzubringen. Damit ist es ihnen auch möglich, Transgene zu übertragen.

Prinzipiell lässt sich Durchwuchs in einer Getreide-Folgekultur bekämpfen. Allerdings fällt eine machbare und teilweise angestrebte Reduktion (Pallutt und Burth 1994; Kaiser, 1989 zit. in Pallutt und Burth, 1994) des Herbizideinsatzes in Getreide damit als Option aus.

Resistenzentwicklung bei Ackerbeikräutern und Zunahme von Problemunkräutern sowie Dominanzverstärkungen

Ende der sechziger Jahre seinen Anfang nehmend, entwickelten Unkräuter zunehmend Resistenzen gegen Herbizide. Anfang der neunziger Jahre gab es weltweit bereits 107 Arten mit resistenten Biotypen gegen insgesamt 14 verschiedene Klassen von Herbiziden, wobei 83 der Arten zwei- oder mehrfach resistent waren (LeBaron 1991). Resistenzbildung gewinnt weltweit - besonders aber in den intensiv genutzten Regionen (v.a. Getreide-, Raps- und Leinanbau) - an Bedeutung.
Obwohl sich eine Resistenz gegen Glyphosat nur schwer entwickeln kann, da das Toxin gegen mehrere Enzyme gleichzeitig wirkt, ist ein resistenter Biotyp von *Lolium rigidum* (Weidelgras) festgestellt worden (Anonym, 1996, in Schütte, 2000). Wenn das Szenario von Petersen und Hurle (1998) eintritt, dass Glyphosat und Glufosinat bei Vermarktung der HR-Technik in Deutschland maximal 25-30% aller Herbizide ausmachen könnten, wird die Wahrscheinlichkeit der Resistenzbildung stark ansteigen.
10 der 20 wichtigsten Unkräuter in Raps, Mais und Zuckerrübe in Deutschland kommen in allen drei Kulturen vor (nach Petersen und Hurle, 1998). Ein Verzicht auf eine Rotation der Herbizide und anderer Bekämpfungsmaßnahmen würde den Konzentrationsprozess (wenige Problemunkräuter und Verschwinden neutraler oder nützlicher Beikräuter s.u.) verstärken.
Es kann auch ohne Resistenzbildung zu Dominanzen von Ackerschachtelhalm (Equisetum arvense) kommen, da er gegen Glyphosat und Glufosinat „von Natur aus" resistent ist. Glufosinat wirkt nicht hundertprozentig gegen

Ackerstiefmütterchen (Viola arvensis), Klettenlabkraut (Galium aparine), Amaranth (Amaranthus retroflexus), Ackerfuchsschwanz (Alopecurus myosuroides), Windhalm (Apera spica-venti) und zum Teil Ausfallgetreide (Garbe et al., 2000; mehrere Quellen, zit. in Schütte, 1998). Auch die ausdauernden Arten Ackerkratzdistel (Cirsium arvense) und Quecke (Agropyron repens) würden zugunsten anderer Arten zunehmen (Petersen und Hurle, 1998).
Für die Entwicklung eines Resistenzmanagements ist das Wissen um die Faktoren, die Resistenzen fördern, von großer Bedeutung (vgl. Tab. A1). Um Resistenzentwicklungen im Rahmen der HR-Technik zu verhindern bzw. zu verzögern, ist es vor allem notwendig, den Selektionsdruck, der zur Ausbildung von Resistenzen führt, zu vermindern. Generelle Möglichkeiten eines Resistenzmanagementes bei Unkräutern sind:

- Herbizid-Rotation (verschiedene Mittel, Applikationsformen- und zeitpunkte)
- mehrmaliger Einsatz einer niedrigen Dosis hintereinander im Wechsel mit einmaliger höherer Dosis
- Fruchtwechsel
- Wechsel der Unkrautbekämpfungsmaßnahmen (Herbizide, mechanische Bekämpfung, Einsaatstreifen, Bioherbizide)

(mehrere Autoren, zit. in Schütte, 1998; Schütte, 2000)

Die Einrichtung von Refugialflächen, auf denen Unkräuter nicht bekämpft werden, um eine Mischung von Resistenzallelen mit "normalen" Allelen zu gewährleisten wird ebenso diskutiert, doch ist der Genfluss zwischen HR-Flächen und Refugien wahrscheinlich nicht hoch genug, um eine Resistenzentwicklung zu unterdrücken.

Verarmung in der Ackerbegleitflora

Ein Ziel des Naturschutzes ist die Erhaltung von Arten innerhalb der vom Menschen genutzten Flächen („Integration" statt „Segregation"). Ein wichtiges Teilziel dieser Anstrengungen ist die Erhaltung der floristischen Vielfalt in den Ackerflächen, die seit der Einführung der Herbizide dramatisch zurückgegangen ist (Quellen s. Schütte, 1998), durch Extensivierung der landwirtschaftlichen Praxis, integrierten Pflanzenschutz, angepasste Düngung, Ackerrandstreifenprogamme, Einsaat von Schonstreifen und Nutzungsrotation mit Brachestadien. Eine vielfältige Ackerflur ist aus Gründen des integrierten Pflanzenschutzes von besonderer Bedeutung, da die Begleitflora (unterhalb der Schadschwelle) Lebensraum und Ausgangspunkt eines großen Teils der Nützlingsfauna darstellt. Maßnahmen zur Regenerierung und Förderung der Diversität der Samenbanken landwirtschaftlicher Böden werden seit Jahren wissenschaftlich getestet (mehrere Quellen in Schütte, 2000, S. 12 ff), auch weil der Bestand an Beikräutern eine Nahrungsgrundlage für einige Vogelarten bietet (Watkinson et al., 2000). Darüber hinaus gibt es viele weitere positive Effekte, die von Ackerbeikräutern ausgehen (vgl. Tab. 8).

Tab. 8: Beispiele positiver und negativer Effekte von Beikräutern im Ackerbau

positive Wirkungen von Beikräutern	**negative Wirkungen von Beikräutern**
Depot für Nützlinge Bienenweide Verdunstungsschutz Erosionsschutz düngende Effekte Ästhetische Bedeutung / Erholung Artenschutz und kulturhistorische Bedeutung Nutzung als Wildgemüse oder Heilkräuter Standortanzeiger für den Landwirt Nahrungsgrundlage für Vögel	Konkurrenz um Licht, Nährstoffe, Wasser, Raum Allelopatische Effekte (= Hemmung über Ausscheidungen) Zwischenwirte für phytopatogene Pilze Ausweichwirte einiger landwirtschaftlicher Schädlinge Erschwernis der Ernte Unerwünschte Beimengungen im Erntegut

Der Einsatz von Tankmischungen (d.h. Mischung verschieden wirkender Selektivherbizide), die wie Totalherbizide wirken, kann bei heutiger Praxis zur Verdrängung besonders der ein- und zweijährigen Arten führen. Die Verwendung von Glyphosat oder Glufosinat wird darüber hinaus nach Einschätzung von Mahn (1994) auch zur Abnahme mehrjähriger Arten auf behandelten Flächen führen. Eine Verarmung der Ackerflora wird von einigen Autoren erwartet, wenn die Komplementärherbizide mehr als einmal pro Fruchtfolge eingesetzt werden (Hurle, 1994; Mahn, 1994; Heitefuss et al., 1994). Dabei spielen nicht nur direkte Auswirkungen der Gifte eine Rolle, sondern auch indirekte Effekte. So werden bei frühen Anwendungen im Raps die Winterannuellen zurückgedrängt, was dem Raps einen Wuchsvorsprung ermöglicht, der wiederum den Wärmekeimern notwendiges Licht nehmen würde (Mahn, 1994). Die Rückdrängung der Beikräuter weit unterhalb der Schadschwelle mehrfach in der Saison (95%-ige Unkrautbekämpfung mit Totalherbiziden, Westwood, 1997) widerspricht dem Prinzip des integrierten Pflanzenschutzes (Schütte, 1998).

Nach Dewar (pers. Mittl.) haben erste praxisnahe Versuche in Großbrittanien gezeigt, dass ein Einsatz der HR-Technik unter ganz bestimmten Bedingungen in Zuckerrüben die Beikrautdichte auch fördern kann. Die Beikräuter hatten eine fördernde Wirkung auf Nützlingspopulationen, die wiederum eine Blattlaus-Massenentwicklung verhinderten. Allerdings war dieses Ergebnis nur im frühen Nachauflauf auf Böden mit einer reichen Samenbank erzielt worden.

Zusammenfassung der möglichen Wirkungen der HR-Technik

Wesentliche Vor- und Nachteile der HR-Technik sind in Tab. 9 zusammengestellt. Abwägungen der möglichen Wirkungen der HR-Technik sind dadurch erschwert, dass man bisher kaum abschätzen kann, wie stark sich diese nach einer Zulassung durchsetzen werden und welche Effekte dann am stärksten zum Tragen kämen. Häufig wurde von Seiten der Hersteller angeführt, dass die HR-Technik zur Verminderung der Herbizidaufwandmengen und durch Verwendung toxikologisch wenig bedenklicher Herbizide zu geringeren Umweltbelastungen führt. Nach Angaben eines Herstellers in den USA konnte der Herbizidverbrauch in Sojabohnen um 9-39% gesenkt werden (Monsanto, 1998). Untersuchungen in Deutschland zeigen dagegen, dass mehr Anwendungen notwendig sind als ursprünglich angenommen, und in Mais sogar mehr als bisher üblich (Cremer, 1996). Nach Cremer (1996) ist eine zweite Behandlung in Mais häufig, in Soyabohnen gelegentlich und Raps in Ausnahmefällen nowendig. Nach Stelling et al. (2000) ist mit der HR-Technik in Mais in 2/3 der Fälle mehr als eine Herbizidbehandlung erforderlich. Zuckerrüben brauchen dagegen zwei bis drei Herbizidbehandlungen (Cremer, 1996).

Tab. 9: Ökologische Vor- und Nachteile der HR-Technik gegenüber der konventionellen Unkrautbekämpfung.

	Vorteile gegenüber konventionellen Anbaumethoden (bei geringer Nutzung)	**Nachteile (bei massiver Nutzung)**
Toxizität der komple-mentär-herbizide	• insgesamt wahrscheinlich geringere spezifische toxische Belastung der Umwelt (durch Glyphosat und Glufosinat), u.a.: - geringe Grundwasserbelastung - geringe Akkumulation über die Nahrungskette - relativ geringe Toxizität für Säuger - relativ geringe Toxizität für Arthropoden	• Möglichkeit der Mehrbelastung durch Überdosierung (da keine Schäden an Kulturpflanzen) und durch Rückdrängung mechanischer Unkrautbekämpfung • Beeinträchtigungen an einzelnen Arthropoden, an Fischen und diversen Bodenmikroorganismen durch Glyphosat und Glufosinat möglich • Bromoxynil: praenatale Schädigungen bei Säugern
Erosion	• Verbreitung der erosionshemmenden Mulch- und Direktsaat wird gefördert, da dabei auftretende Unkräuter in den Griff zu bekommen sind	• Unvereinbarkeit mit Untersaaten und geringem Beikrautbestand → ungeschützer Boden → mehr Erosion?
Resistenz-entwicklung bei Ackerbei-kräutern	• initiale Resistenzen relativ schwer zu entwickeln (Notwendigkeit von Mehrfachmutationen)	• Verzicht auf Herbizidrotation (trotz Fruchtwechsel, kann Herbizid weiter benutzt werden) → starke Verwendung ein und desselben Mittels → Resistenzentwicklung? • Risiko der Resistenzentwicklung durch Durchwuchs und Auskreuzungen (bes. bei den Brassicaceen)
Ackerbegleit-flora und integrierter Pflanzen-schutz	• Totalherbizide brauchen erst relativ spät eingesetzt zu werden → Ackerbeikräuter können heranwachsen • relativ geringe Toxizität für Bestäuber	• weiterer Rückgang der Begleitflora befürchtet • Entwicklung einer artenarmen über weite Strecken homogenen Ackerflur durch: Ausdünnung der Samenbank und Ausbildung von Resistenzen

Grundsätzlich erlaubt die Tatsache, dass eine Verringerung der Aufwandmenge im Zusammenhang mit einem Mittelwechsel erreicht wurde, keine Schlussfolgerung in Hinsicht auf eine Verbesserung der Umweltwirkungen (s.a. Johnson, 2000). Die auf einmaligen Anwendungen basierenden Abschätzungen erosionshemmender Wirkungen (s.o., Auerswald, 1994), nämlich durch (1) weniger Befahren und (2) schnelles Wiederauflaufen von Unkräutern (wegen schnelleren Abbaus des Herbizids), entsprechen nicht den voraussichtlichen Praxisbedingungen (daher in Tab. 9 nicht enthalten).
Schließlich muss auch die Mentalität der Landwirte beachtet werden, denn der Anwender von Komplementärherbiziden wird, da keinerlei Schädigungen an der Kulturpflanze auftreten, eher über- als unterdosieren (UBA, 1999).

Da wenige Resistenzgene in viele verschiedene Kulturpflanzen eingebracht worden sind, ist ein Fruchtwechsel nicht mehr notwendigerweise mit einer Herbizidrotation verbunden. Mit Markterfolg der HR-Technik wird der Einsatz der Komplementärherbizide zunehmen. Es ist möglich, dass bei unsachgemäßer Verwendung der HR-Technik Risiken durch Resistenzbildung bei Ackerbeikräutern erwachsen. Befürchtet wird auch, dass es zu einer Verarmung der aus Artenschutzgründen und für den integrierten Pflanzenschutz wichtigen Ackerbeikrautgesellschaften kommt.

Ökologische Auswirkungen der HR-Technik gehen also weniger von den herbizidresistenten Pflanzen selbst aus, als vielmehr von dem Einsatz der Komplementärherbizide. Ein dauerhafter, räumlich weitreichender Einsatz der HR-Technik in allen Hauptkulturarten würde nach heutiger Einschätzung gegen die Konvention von Rio verstoßen, da die Biodiversität in Agrarräumen erheblich beeinträchtigt würde. HR-Systeme bzw. Komplementärherbizide könnten nach bisheriger Erkenntnis unter folgenden Bedingungen ökologische und ökonomische Vorteile (verschiedene Autoren, zit. in Schütte, 1998; Lutman, 2000) mit sich bringen:

- bei der gezielten Bekämpfung von Problemunkräutern im Zuckerrüben-, Mais- und Rapsanbau (vor allem in Wasserschutzgebieten wegen der relativ geringen toxikolischen Effekte),
- zur Nachauflaufbekämpfung in Kartoffeln an Standorten mit Erosionsneigung (Vermeidung der Hacke),
- bei der Bekämpfung mehrfachresistenter Unkräuter bzw. –gräser,
- im Mulch- und Direktsaatverfahren (Vereinfachung).

Die gezielte Behandlung von Befallsnestern sowie Bandspritzverfahren in Kombination mit der Hacke könnten zur Verringerung des Mitteleinsatzes führen und somit befürchtete negative Auswirkungen unwahrscheinlich machen oder abschwächen. Erste Versuchsergebnisse aus laufenden europäischen Projekten (s.o.) deuten daraufhin, dass sich im Zuckerrübenanbau unter bestimmten Voraussetzungen (reiche Samenbank des Bodens) im Vergleich zum konventionellen Anbau einige ökologische Vorteile ergeben könnten.

Forschungsbedarf und Regulierungsmaßnahmen

Forschungsbedarf

Trotz der großen zukünftigen Bedeutung, die der HR-Technik möglicherweise zukommen wird, sind die mit dieser Technik verbundenen toxikologischen und ökosystemaren Auswirkungen nur in Teilen verstanden. Es sind umfangreiche vergleichende Untersuchungen zu den langfristigen Auswirkungen der großflächigen Verwendung der HR-Technik in verschiedenen Anbaugebieten notwendig, wobei Vergleiche zur konventionellen Unkrautbekämpfung und der ökologischen Unkrautregulierung anzustreben sind. Erst interdisziplinäre Ansätze werden der Komplexität selbst „verarmter" Agrarökosysteme gerecht.
In verschiedenen Regionen Europas werden derzeit mehrjährige großflächige Untersuchungen zu Aufwandmengen, Anwendungshäufigkeit, Durchwuchspro blemen, Auskreuzung und teilweise zu den Auswirkungen auf die Begleitflora und die Insektenfauna durchgeführt (z.B. Mahn, 1996; Pallut und Hommel, 1998; ZALF, 1998; Pearsall, 2000; Ammann, 2000). Noch liegen wenig Angaben zu den jeweiligen Schwerpunkten und ersten Ergebnissen vor. Es kann daher noch nicht entschieden werden, ob weitere Untersuchungen in anderen Regionen notwendig sind.
Bachmann et al. (2000) untersuchen derzeit die Auswirkungen der HR-Technik mit Glufosinat auf Mikroorganismen des Bodens. Dabei werden auch auf der PCR (polymerase chain reaction) basierende Methoden eingesetzt, die kultivierungs-unabhängig sind.
Folgende Fragen sind in den Projekten nach unserer Kenntnis nicht ausreichend berücksichtigt:

- Die toxikologischen Wirkung der beiden bisher nicht überprüften Metabolite von Glyphosat in transgenen Pflanzen und die Artspezifität in der Wirkung von Metaboliten (vgl. Metz et al., 1998) sollten untersucht werden.
- Aussagen über den Einfluss der HR-Technik auf Erosionen beziehen sich bisher überwiegend auf eine Anwendungen. Es ist zu klären, inwieweit sich die für die HR-Technik realistischere Praxis (zweimalige Behandlung, u.a. im Frühnachauflauf) auf Erosionen auswirken würde.
- In der bisherigen Forschung und soweit nachvollziehbar in den laufenden Projekten (s.o.) sind die Auswirkungen der HR-Technik auf Blau- und Grünalgen, typische phytopathogene, symbiontische oder seltene Mikroorganismen sowie ausgewählte Arten der Bodenfauna im Boden unter praxisnahen Bedingungen (zweimalige Anwendung der Mittel) zu wenig berücksichtigt worden (vgl. Schütte, 1998).

Regulierungsmaßnahmen

Für die Abschätzung (öko)toxischer Wirkungen, die derzeit nur begrenzt möglich ist, wäre eine Offenlegung entsprechender Daten für Herbizide notwendig.

Petersen und Hurle (1998) führen drei prinzipielle Wege für die Einführung der HR-Technik an:

- Die HR-Technik wird solange ohne flankierende Maßnahmen zugelassen, bis sich bedenklich Effekte abzeichnen.
- Die Einführung der HR-Technik wird mit einem Nachzulassungsmonitoring gekoppelt, das frühzeitig negative Auswirkungen detektieren soll, um entsprechende Maßnahmen noch rechtzeitig einleiten zu können.
- Vor Einführung der Technik werden Beschränkungen ausgesprochen, um negative Folgen bereits im Vorfeld zu vermeiden bzw. zu verzögern, wobei nicht bekannt ist, wann und in welchem Ausmaß mit diesen gerechnet werden könnte.

Die Ergebnisse der derzeit laufenden Begleitforschungsprojekte (s.o.) und eventueller Monitoringprojekte (s. Kap. 6) werden Hinweise darauf geben, ob und welcher Art Beschränkungen oder Anbauleitlinien/Empfehlungen sinnvoll sind, um die erwarteten positiven Wirkungen zu erhalten bzw. negative abzuwenden.
Züchterisch lässt sich das Risiko der Auskreuzung und Etablierung neuer Unkrautarten durch verschiedene *containment*-Strategien gering halten (s. hierzu Kap. 3.2.1). So wird zum Beispiel im Fall einer gentechnisch veränderten Pappel in den USA erwogen, nur männlich sterile Linien zuzulassen.
Vorschläge für Anbauleitlinien und Managementmaßnahmen für herbizidresistenten Raps und **Weizen**, die gegen Auskreuzung in Unkräuter und Durchwuchs schützen sollen, gibt es bereits aus Kanada und den USA. Für den Anbau von herbizidresistentem **Raps** in Kanada wurden unter anderem folgende Maßnahmen empfohlen (verschied. Autoren in Schütte, 2000; Anonym, 2000):

- Herbizidresistente Sorten mit Resistenzen gegen verschiedene Herbizide sollten nicht auf benachbarten Feldern angebaut werden (gegen Auskreuzen mit Folge Mehrfachresistenz). Derzeit wird ein Abstand von mindestens 200m zwischen Feldern mit gegen verschiedene Herbizide resistenten Sorten empfohlen.
- Rapssamen herbizidresistenter Sorten sollten separiert gelagert werden, und die Verbreitung der Samen durch Ackergeräte und beim Transport sollte durch verschiedene Vorkehrungen gering gehalten werden.
- In Folgekulturen sollte durchwachsender Raps sicher bekämpft werden.
- Informationen zu allen Management-Aspekten sollten zur Verfügung stehen (landwirtschaftliche Beratung).
- Ein Wechsel der HR-Technik mit verschiedenen anderen Verfahren der Unkrautbekämpfung wird im allgemeinen für die USA gefordert (s. Westwood, 1997).

Ökopunktmodelle, die anbaubedingte ökologische Vorteile honorieren (SRU, 1996; Kahnt, 1996) könnten zur Förderung ökologisch vorteilhafter Anbauweisen auch bei herbizidresistenten Sorten führen, wie etwa: Mulchsaat, Teilflächenbehandlung, Beschränkung der HR-Technik auf eine Kulturpflanze in der Fruchtfolge, Erhalt oder Erhöhung der Diversität der Samenbank des Bodens (versch. Autoren, zit. in Schütte, 1998; 2000).

Das UBA (1999) fordert eine „durchdachtes Beikraut- und Fruchtfolgemanagement", „die Begrenzung der Anwendung von Komplementärherbiziden innerhalb der Fruchtfolge", und das *containment* der Gene durch Expression in Chloroplasten (s.o.) zu „bevorzugen".

Schließlich sollte für die Anwendung von Komplementärherbiziden wegen der veränderten Metabolitensituation eine entsprechende Prüfung im Rahmen der Herbizidzulassung nach PflSchG und der PflanzenschutzmittelhöchstmengenVO (PHmV) für Lebensmittel erfolgen (UBA, 1999).

In Österreich sind die Freisetzung transgener Pflanzen und der Import von transgenem Saatgut derzeit verboten, weil sie zu einer Steigerung des Herbizideinsatzes führen könnten (Torgersen und Seifert, 1999).

Literatur

Ammann, K. 2000. Vorstellung des ESF (European Science Foundation)-Programmes: Bewertung möglicher Auswirkungen transgener Pflanzen. Bmb+f Statusseminar „Biologische Sicherheitsforschung bei Freilandversuchen mit transgenen Organismen und anbaubegleitendes Monitoring", Braunschweig

Anonym, 1996. Ein Unkraut, das nicht vergeht. *Süddeutsche Zeitung* 1.8.1996, 18

Anonym, 2000. Triple-resistant canola weeds. *Trends in Plant Science* 5(5):189

Auerswald K. 1994. Auswirkungen des Anbaus herbizidresistenter Kulturpflanzen auf das Ausmaß der Bodenerosion und der Pestizidabschwemmung. In: Daele W. van den et al. (eds.) Verfahren zur Technikfolgenabschätzung des Anbaus von Kulturpflanzen mit gentechnisch erzeugter Herbizidresistenz Heft 8, WZB Berlin, 52 S.

Bachmann S, Schmalenberger A, Tebbe CC. 2000. Biologische Begleitforschung zu den bodenmikrobiologischen Auswirkungen von Fruchtfolgen mit transgenen, herbizidresistenten Nutzpflanzen. Proceedings zum BMBF-Statusseminar „Biologische Sicherheitsforschung bei Freilandversuchen mit transgenen Organismen und anbaubegleitendes Monitoring" 29-30.6 1999, Braunschweig:129-134

Bechmann A, Gustedt E, Preising A, Thomas F. 1987. Landbau-Wende (Kurzfassung) – Vorschläge für eine neue Agrarpolitik - Ökologischer Anbau.- Zukunfts-Institut, Barsinghausen, 1-27

Beusmann V. 1994. Betriebs- und volkswirtschaftliche Aspekte des Einsatzes herbizidresistenter Nutzpflanzen. In: Daele W. van den et al. (eds.) Verfahren zur Technikfolgenabschätzung des Anbaus von Kulturpflanzen mit gentechnisch erzeugter Herbizidresistenz Heft 15, WZB Berlin, 93 S.

Böger P. 1994. Mögliche pflanzenphysiologische Veränderungen in herbizidresistenten und transgenen Pflanzen und durch den Kontakt mit Komplementärherbiziden. In: Daele W. van den et al. (eds.) Verfahren zur Technikfolgenabschätzung des Anbaus von Kulturpflanzen mit gentechnisch erzeugter Herbizidresistenz Heft 2, WZB Berlin, 161 S.

Champolivier J, Gasquez J, Messean A, Richard-Molard M. 1999. Management of transgenic crops within the cropping system. BCPC Symposium Proceedings 72: Gene flow and agriculture: Relevance for transgenic crops, 233-240

Cremer J. 1996. Zum derzeitigen Stand der Feldversuche mit Glufosinat-ammonium in glufosinat-verträglichen Kulturen. *Z. PflKrankh. PflSchutz, Sonderheft* XV:173-179

Deutscher Bundestag (ed.) 1987. Zur Sache: Themen parlamentarischer Beratung: Chancen und Risiken der Gentechnologie 1/87, Bericht der Enquete-Kommission „Chancen und Risiken der Gentechnologie“ des 10. Deutschen Bundestages, 405 S

Dewar A. 2000. Bio-Diversity Implications. at ESF/AIGM (European Science Foundation) The wider environmental implications of genetically modified plants. Workshop, January 2000, Cambridge, UK

Diercks R, Heitefuss R. 1990. (eds.) Integrierter Landbau. Systeme umweltbewußter Pflanzenproduktion, München, 440. S.

Dorn E, Görlitz G, Heusel R, Stumpf K, 1992. Verhalten von Glufosinat-Ammonium in der Umwelt - Abbau im und Einfluß auf das Ökosystem. *Z. PflKrankh. PflSchutz*, Sonderheft XIII:459-468

Fröhlich G. (ed.) 1991. Phytopathologie und Pflanzenschutz. UTB Wörterbücher der Biologie, UTB 867, G Fischer, Stuttgart, 382 S.

Garbe V, Sauermann W, Bötger H, Broschewitz B, Augustin B, Stelling D, Gleser HJ, Gehring K. 2000. Einsatzmöglichkeiten von Unkrautschadensschwellen in transgenem herbizidtoleranten Winterraps. *Mitteilungen aus der Biologischen Bundesanstalt für Land- und Forstwirtschaft* Berlin-Dahlem. 52. Deutsche Pflanzenschutztagung in Freising-Weihenstephan 9.-12.Oktober 2000, 376:155-156

Goldburg R, Rissler J, Shand H, Hassebrook C, 1990. Biotechnology's bitter harvest, herbicide-tolerant crops and the threat to sustainable agriculture. A report of the Biotechnology Working Group, 73 S.

Goldburg RJ. 1992. Environmental concerns with the development of herbicide-tolerant plants. *Weed Technology* 6:647-652

Gressel J. 1991. Why get resistant? It can be prevented or delayed. In: Caseley JC. et al. (eds.) Herbicide resistance in weeds and crops, Oxford, 1-25

Gressel J, 1996. The potential roles for herbicide-resistant crops in world agriculture. In: Duke SO (ed.) Herbicide-resistant crops, New York, 231-250

Heitefuss R, Gerowitt B, Steinmann H-H. 1994. HR-Technik und integrierter Pflanzenschutz. In: Daele W. van den et al. (eds.) Verfahren zur Technikfolgenabschätzung des Anbaus von Kulturpflanzen mit gentechnisch erzeugter Herbizidresistenz Heft 13, WZB Berlin, 78 S.

Herzfeld F, Görlitz B-D, Kiper M. 1985. Gentechnologie in der Landwirtschaft. *Naturwissenschaften* 72:582-590

Hirn G, Olbrich M. 1991. Landwirtschaft - Pestizide als Bestandteil einer industriellen Agrikultur. In: Ruhnau M, Altenburger R, Bödeker W. (eds.) *Pestizid-Report,* Göttingen, 41-84

Hurle K. 1994. Mögliche Veränderungen in der landwirtschaftlichen Praxis durch die HR-Technik. In: Daele W. van den et al. (eds.) Verfahren zur Technikfolgenabschätzung des Anbaus von Kulturpflanzen mit gentechnisch erzeugter Herbizidresistenz Heft 12, WZB Berlin, 87 S.

James C, Krattiger AF. 1996. Global review of the field testing and commerçialisation of transgenic plants: 1986-1995 - The first decade of crop biotechnology. ISAAA Briefs Nr. 1., Ithaca, N.Y., 31 S.

James C. 1999. Preview. Global review of commercialized transgenic crops: 1999. ISAAA Briefs 12: Preview, Ithaca, N.Y., 8 S.

Johnson B. 2000. Mai 4. E-mail listserve kammann@sgi.unibe.ch

Jørgensen RB. 1999. Gene flow from oilseed rape (*Brassica napus*) to related species BCPC Symposium Proceedings 72: Gene flow and agriculture: Relevance for transgenic crops, 117-124

Kahnt G. 1996. Alternativen im Landbau - Perspektiven integrierter und ökologischer Anbauverfahren. In: Linckh G. et al. (eds.). *Nachhaltige Land- und Forstwirtschaft. Expertisen,* Berlin, 187-213

Körner H. 1990. Der Einfluß der Pflanzenschutzmittel auf die Faunenvielfalt der Agrarlandschaft (unter besonderer Berücksichtigung der Gliederfüßler der Oberfläche der Felder). *Landwirtschaftliches Jahrbuch* 67(4):375-496

LeBaron HM. 1991. Distributions and seriousness of herbicide-resistant weed infestations worldwide. In: Caseley et al. (eds.) Herbicide resistance in weeds and crops, Oxford, 27-43

Lutman P. 2000. Herbicide Tolerance: Agronomic Impact. at ESF/AIGM (European Science Foundation) The wider environmental implications of genetically modified plants. Workshop, January 2000, Cambridge, UK

Mahn A 1996. Begleituntersuchungen des Landes Niedersachsen zum Freisetzungs-experiment der Firma AgrEvo von gentechnisch veränderten Herbizid-resistenten Kulturpflanzen. http://www.bioregion.de/fg/fg08/nlobeglf.html

Mahn E-G. 1994. Zu den Auswirkungen der Einführung Herbizidresistenter Kulturpflanzen auf Ökosysteme. In: Daele W. van den et al. (eds.) Verfahren zur Technikfolgenabschätzung des Anbaus von Kulturpflanzen mit gentechnisch erzeugter Herbizidresistenz Heft 10, WZB Berlin, 71 S.

Metz PLJ, Stiekema WJ, Nap J-P. 1998. A transgene-centered approarch to the biosaftey of transgenic phosphinothricin-tolerant plants. *Molecular Breeding* 4:335-341.

Monsanto. 1998. Das Roundup Ready® Sojabohnen-System: Nachhaltigkeit und Herbizidresistenz. Monsanto (Deutschland) GmbH, Immermannstraße 3, 40210 Düsseldorf, 11 S.

Norris CE, Simpson EC, Sweet JB, Thomas JE, 1999. Monitoring weediness and persistence of genetically modified oilseed rape (*Brassica napus*) in the UK. In: British Crop Protection Council (ed.) *Proceedings No. 72*, Gene Flow and Agriculture: Relevance for transgenic crops, 255-260

Osteen C. 1993. Pesticide use and trends and issues in the United States. In: Pimentel D, Lehman H. (eds.) The pesticide question, New York, 307-336

Pallutt B, Hommel B. 1998. Untersuchungen zur Bewertung von transgenem Glufosinat-tolerantem Raps und Mais für den integrierten Pflanzenschutz – Konzeption und zweijährige Ergebnisse. *Mitt.a.d.Biol. Bundesanst.* 357:125

Pearsall D. SCIMAC – Ist Role in the Development of GM Crops in the UK.Proceedings zum BMBF-Statusseminar „Biologische Sicherheitsforschung bei Freilandversuchen mit transgenen Organismen und anbaubegleitendes Monitoring“ 29-30.6 1999, Braunschweig:159-164

Petersen J, Hurle K. 1998. Einführung von herbizidresistenten Sorten: Konsequenzen für die Unkrautbekämpfung.- *Z. PflKrankh. PflSchutz*, Sonderh. XV: 365-372.

Pimentel D, Mc Laughlin L, Zepp A, Lakitan B, Kraus T, Kleinman P, Vancini F, Roach WJ, Graap E, Keeton W, Selig G. 1993. Environmental and economic impacts of reducing U.S. agricultural pesticide use. In: Pimentel D, Lehman H. (eds.) The pesticide question, New York, 223-278

RKI (Robert Koch Institut) 2000. Liste der inverkehrgebrachten Produkte http://www.rki.de/GENTEC/INVERKEHR/INVKLISTE.htm

Sandermann H, Ohnesorge FK. 1994. Nutzpflanzen mit künstlicher Herbizidresistenz: Verbessert sich die Rückstandssituation? In: Daele W. van den et al. (eds.) Verfahren zur Technikfolgenabschätzung des Anbaus von Kulturpflanzen mit gentechnisch erzeugter Herbizidresistenz Heft 6, WZB Berlin, 152 S.

Schütte G. 1998. Risiken des Anbaus herbizidresistenter Pflanzen, In: Nutzung der Gentechnik im Agrarsektor des USA – Die Diskussion von Versuchsergebnissen und Szenarien zur Biosicherheit, Studie im Auftrag des Umweltbundesamtes, UBA-Texte 47/98, 381-445

Schütte G, 2000. Transgenic herbicide resistant plants. Mitteilungen aus dem Institut für Allgemeine Botanik Hamburg. Bd.28. http:www.gtz.de/biotech/document.htm

Springett JA, Gray RAJ, 1992. Effect of repeated low doses of biocides on the earthworm *Aporrectodea caliginosa* in laboratory culture. *Biol. Soil. Biochem.* 24(12):1739-1744

SRU (Der Rat von Sachverständigen für Umweltfragen) 1996. Sondergutachten "Konzepte einer dauerhaft-umweltgerechten Nutzung ländlicher Räume" des Rates von Sachverständigen für Umweltfragen. Drucksache 13/4109: 127 S.

Stelling D, Schulte M, Amann A. 2000. Strategien der Unkrautbekämpfung mit LIBERTY® in LIBERTYLINK® Mais. *Mitteilungen aus der Biologischen Bundesanstalt für Land- und Forstwirtschaft* Berlin-Dahlem. 52. Deutsche Pflanzenschutztagung in Freising-Weihenstephan 9.-12.Oktober 2000.376:154-155

Thill, D.C. 1996. Managing the spread of herbicide resistance. In: Duke SO. (ed.) Herbicide-resistant crops, New York, 331-337

Thompson CE, Squire G, Mackey GR. Bradshaw JE, Crawford J, Ramsay G. 1999. Regional patterns of gene flow and its consequence for GM oilseed rape. BCPC Symposium Proceedings 72: Gene flow and agriculture: Relevance for transgenic crops, 95-100

Torgersen H, Seifert F. 1999. Austria: Precautionary Blockage of Agricultural Biotechnology. Report for the project „Safety Regulation of Transgenic Crops – Completing the Internal Market? (funded by DGXII RTD [ELSA]), ITA/OeAW, Wien

UBA (Umweltbundesamt), 1999. Beitrag der Biotechnologie zu einer dauerhaft umweltgerechten Entwicklung. UBA-Texte 1/99, 90-98

USDA (United States Department of Agriculture), 1999. Historical Database. http://www.aphis.usda.gov/bbep/bp

Vigouroux Y, Darmency, de Garambe TG, Richard-Molard M, 1999. Gene flow between sugar beet and weed beet. BCPC Symposium Proceedings 72: Gene flow and agriculture: Relevance for transgenic crops, 83-88

Watkinson AR, Frecklton RP, Robinson RA, Sutherland WJ. 2000. Predictions of Biodiversity Response to Genetically Modified Herbicide-Tolerant Crops. *Science* 289:1554-1557

Westwood J, 1997. Growers endorse herbicide resistant crops, recognize need for responsible use. ISB News. http://www.nbiap.vt.edu

ZALF (Zentrum für Agrarlandschafts- und Landnutzungsforschung) e.V. 1998. Gutachten zu den ökologischen Auswirkungen der Einführung der Herbizidresistenz(HR)-Technik bei Raps und Mais, Müncheberg, 161 S.

Anhang

Tab. A1: Faktoren, die a) allgemein eine Resistenzbildung beschleunigen und b) den Anteil resistent gewordener Biotypen schnell ansteigen lassen (vgl. Schütte, 1998).

a)

- hohe Persistenz des Herbizids und /oder häufige Anwendung*
- geringe Rotation des Herbizids (Einsatz jedes Jahr oder alle 2 Jahre)*
- hohe initiale Frequenz des Resistenzgens in der Unkrautpopulation*
- hohe Mutationsfrequenz des Gens (Böger, 1994)
- hoher Selektionsdruck (meist bei neuen Herbiziden nach Gressel [1991])
- nicht-wendende Boden- oder Stoppelbearbeitung bei einseitigen Spritzfolgen (Heitefuss et al., 1994)
- geringe Anzahl der zu überwindenen Wirkmechanismen *

* nach Thill, 1996 u. Böger, 1994

b)

- geringe Lebensdauer der Unkrautsamen im Boden, verringerter Samenvorrat des Bodens (keine zeitliche Verschleppung) (Böger, 1994)
- geringe Samenproduktion (Böger, 1994)
- gute Pollenausbreitung (Hurle, 1994)

4.2 Insektenresistenz

G. SCHMITZ, G. SCHÜTTE

Entwicklungsstand transgener Pflanzen mit Insektenresistenz

Die Ausgangslage

Dreizehn Prozent der jährlichen Welternte fallen dem Fraß durch Insekten zum Opfer (House of Lords, 1999). Der Schaden durch Insekten erscheint noch bedeutsamer, zieht man auch die durch Pflanzensauger (Hemipteroidea) übertragenen Viruserkrankungen hinzu. Seit den 40er Jahren werden daher vermehrt synthetische aber auch aus Naturstoffen gewonnene Insektizide eingesetzt. Heute machen sie etwa 40% der weltweit verwendeten Pestizide aus (Herbizide 40%, Fungizide 20%). Die meisten Insektizidanwendungen richten sich gegen Schmetterlinge (Lepidoptera: 44%) und Pflanzensauger (Hemipteroidea: 22%) sowie gegen Käfer (Coleoptera) (Quellen in Schütte und Riede, 1998). In Deutschland spielen Insektizide innerhalb der Pestizide zwar eine zunehmende, jedoch insgesamt noch geringere Rolle als beispielsweise in den USA (Tab. 1).

Tab. 1: Anteile verschiedener Pestizidanwendungen in Deutschland, den USA und weltweit zum Zeitpunkt des Beginns der intensiven Entwicklung transgener Pflanzen

	Insektizide	Herbizide	Fungizide	Quelle
Deutschland 1990-95	5-16%	k. A.	k. A.	BMELF, 1995
Deutschland 80er Jahre	3%	80%	17%	Diercks, 1994
USA 80er Jahre	19%	69%	12%	Pimentel et al., 1993
weltweit	40%	40%	20%	Anonym, 1994

Da der Einsatz von Insektiziden diverse negative human-, ökotoxikologische und ökologische Nebeneffekte nach sich zieht, wird seit den 80er Jahren daran gearbeitet, die seit über 25 Jahren entwickelten gentechnischen Methoden für die Pflanzenzüchtung nutzbar zu machen, um insektizide Kulturpflanzen durch Einbringen von Genen anderer Organismen zu entwickeln. Vorteile werden darin gesehen, dass die pflanzeneigenen Insektizide erst beim Fressakt auf die Zielorganismen (Haupt-Insektenschädlinge) wirken, so dass Belastungen ganzer Ökosysteme vermieden werden können (vgl. Akkumulation und Ferntransport von DDT).

Transgene insektenresistente Pflanzen

Gentechnisch hergestellte Insektenresistenzen beruhen auf unterschiedlichen Mechanismen und werden z.T. mit anderen ertragssteigernden, produktverbessernden oder auch anderen insektenhemmenden Merkmalen kombiniert (Abb. 1).

Abb. 1: Basis der Entwicklung transgener insektenresistenter Pflanzen (Erläuterungen s. Text)

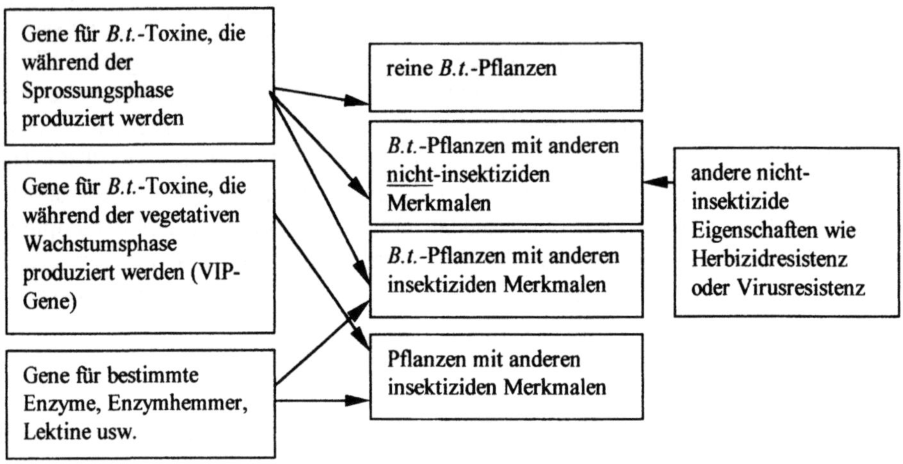

Am weitesten entwickelt und am verbreitetsten ist die Nutzbarmachung der auf *B.t.*-Toxinen (*B.t.* = *Bacillus thuringiensis*) basierenden insektiziden Wirkung. Das Bodenbakterium setzt Toxine frei, die nach Aufnahme durch das Insekt zu einer tödlichen Durchlässigkeit der Darmwand führen. Die insektengruppenspezifisch wirkenden Bakterien bzw. Toxine werden seit 30 Jahren zur biologischen Schädlingsbekämpfung in Form von Sprays einsetzt (Quellen in Schütte und Riede, 1998, nähere Angaben zur Wirkungsweise und Wirtsspezifität der Toxine sowie zu deren Verwendung in Sprays und transgenen Pflanzen finden sich im Anhang, A1-A4).

***B.t.*-Toxine in Kombinationen mit anderen nicht-insektiziden Eigenschaften**

Die Fähigkeit, *B.t.*-Toxine produzieren zu können, wird häufiger mit anderen transgen erworbenen Eigenschaften kombiniert (vgl. Abb. 1). So wurden in den USA bis Mitte 1997 in 251 von 1255 Freilandversuchen eine Kombination mit Herbizidresistenz, in 76 Fällen eine mit Virusresistenz getestet. In der EU wurden 117 Anträge (8,6% von 1358) auf Freisetzungen transgener Pflanzen mit Herbizid- und Insektenresistenz gestellt (75 Anträge, 2,9% bezogen sich auf reine Insektenresistenz) (RKI, 1999).

Nicht auf *B.t.*-Toxinen beruhende transgene Insektenresistenzen

In verhältnismäßig geringem Maße wurden transgene Pflanzen entwickelt, deren Insektenresistenz nicht auf *B.t.*-Toxinen basiert (in den USA waren es bis Mitte 1997 25 Anträge auf Freisetzung im Gegensatz zu 811 Anträgen mit *B.t.*-Pflanzen, Schütte und Riede, 1998). Die nicht auf *B.t.* basierenden Wirkungsweisen beruhen überwiegend auf der Produktion von Enzymen, Enzym-Hemmern und anderen Proteinen bzw. Glycoproteinen. Erfolgsversprechend erscheinen die in Entwicklung befindlichen Pflanzen mit Transgenen zur Herstellung von Chloesterol-Oxidase und VIP (vgl. Tab. 2).

Tab. 2: Nicht auf *B.t.*-Toxinen beruhende Wirkungsweisen transgener, insektenresistenter Pflanzen

Pflanze produziert	**Wirkungsweise und sonstige Bemerkungen**
Lektine	proteinhaltige Verbindungen an denen Proteine agglutinieren; noch nicht effektiv genug, Nebenwirkungen auf Marienkäfer nachgewiesen, wirken als Mitogene bei menschlichen T-Zellen (Autoimmunreaktionen, Krebszellenentstehung)
Alpha-Amylase-inhibitorern	ein Inhibitor aus Bohnen verursachte im Freiland eine hohe Resistenz gegen eine Rüsselkäferart[1]
Protease-Inhibitoren	zu uneffektiv, da Insekten zu viele Proteasen haben, die nicht gezielt gehemmt werden können; eine notwendige hohe Expression des Transgens ist nicht gegeben,
Stilbensynthase	bisher nur vereinzelt im Freiland getestet
Peroxidase	bisher nur vereinzelt im Freiland getestet
Hyoscyaminhydroxylase	bisher nur vereinzelt im Freiland getestet
Chitinase	Labortests
bacterial insecticidal proteins	Labortests
Photorhabdus luminescens toxin	wirkt auf verschiedene Insektenordnungen toxisch
Avidin	gute Wirkung gegen Lagerschädlinge bei Mais[2]
Terpenoide	Labortests
„early recognition resistance genes	wirken auf Nematoden und bestimmte Blattlausstämme
Cholesterol-Oxidase	aus *Steptomyces;* wirkt spezifisch gegen Coleopteren und Lepidopteren und ist in geringen Konzentrationen wirksam; wirkt durch Auflösung des Mitteldarmepithels; von Monsanto in Entwicklung.
vegetative insecticidal protein (VIP)	von *B.t.* während Wachstumsphase produziert (vgl. Abb. 1), wirkt in geringen Konzentrationen auf bestimmte Maisschädlinge, auf die *B.t.*-Endotoxine z.T. nicht wirken; Auflösung des Mitteldarmepithels

Quellen: (Schütte und Riede, 1998; Schütte, 2000; [2] Kramer et al., 1999;[1] Morton et al., 2000).

Mit der Kombinationen verschiedener Resistenzgene erhofft man sich eine Erhöhung der insektiziden Wirkung und eine Bremsung von Resistenzentwicklungen bei den Insekten. Bis 1997 wurden in den USA 19 Freilandversuche beantragt (1,6% von

1255 Anträgen) in denen Kombinationen mit *B.t.*-Toxinen getestet werden sollten (Schütte und Riede, 1998). Diese Kombinationen bestanden aus *B.t.*-Toxin und Cholesterol-Oxidase, Terpenoiden bzw. Protease-Inhibitoren.

Freisetzungsversuche und Inverkehrbringen

Bis heute wurden in den USA für 1563 Freisetzungen Anträge gestellt. Für Europa waren es bis April 2000 254 (zum großen Teil in Kombination mit Herbizidresistenz) (Tab. 3). Eine Übersicht über Anträge auf Inverkehrbingen liefert Tab. A1 (Anhang). Von großer Bedeutung sind demnach *B.t.*-Mais, -Baumwolle und -Kartoffel, die in den USA seit 1995 bzw. 1996 (Kartoffel) in großem Umfang angebaut werden.

Tab. 3: Anträge zur Freisetzung insektenresistenter transgene Pflanzen in den USA (bis Jan. 2000 [USDA, 2000]) und der EU (bis April 2000 [BBA, 2000])

Kulturpflanze	USA	EU
Mais	957	192
Kartoffel	296	18
Baumwolle	150	15
Tomate	36	4
Tabak	12	0
Soja	23	0
Raps	17	2
Reis	4	3
sonstige	68	16 (8 Arten)
Summe	1563	254

Ein Hauptschädling im Mais ist der Maiszünsler (Ostrinia nubilalis), der alle Teile der Pflanze nutzt und besonders durch Minieren von Stengeln (Pflanzen knicken um) und Kolben (Körnerverlust) schädlich wirkt. Er tritt in Europa, wo er heimisch ist, in zwei verschiedenen Ökotypen (Pheromonrassen) auf, von denen der maisschädliche Typ ("Z-Rasse") in Deutschland nordwärts bis etwa auf die Höhe von Bonn vorkommt. Nach Nordamerika ist das Insekt (European Corn Borer) um 1909 eingeschleppt worden und hat sich bis in die 60er Jahre massiv ausgebreitet (Metcalf und Flint, 1962). Gegen den Maiszünsler aber auch gegen andere Schadschmetterlinge wie den Southwestern Corn Borer (Diatraea grandiosella) wurde von verschiedenen Firmen der *B.t.*-Mais entwickelt, der in den USA und in Japan mit verschiedenen *B.t.*-Toxin-Varianten angebaut wird (Schütte und Riede, 1998). Zulassungen für die EU-Länder sind beantragt, jedoch ist der kommerzielle Anbau aufgrund verschiedener Bedenken noch nicht freigegeben (vgl. Tab. A1).
Das *B.t.*-Toxin in transgenen, insektenresistenten Kartoffeln richtet sich gegen den Kartoffelkäfer (Leptinotarsa decemlineata, Colorado Potato Beetle), der in Amerika heimisch[1] ist und 1874 nach Europa eingeschleppt wurde. Der Anbau dieser

[1] Der Käfer kam ursprünglich an der Wildpflanze *Solanum rostratum* in den östlichen Rocky Mountain und übernahm die Kartoffel als neue Wirtspflanze (METCALF & FLINT 1962).

Kartoffeln ist in den USA, Kanada und Japan freigegeben. Der Kartoffelkäfer gehört zu den weltweit 12 Insektenarten, die am schnellsten Resistenzen gegen Insektizide erworben haben (Georghiou, 1990, zit. in Schütte und Riede, 1998).
Die *B.t.*-Baumwolle wurde entwickelt, um Schäden durch verschiedene Lepidopteren (z.B. Pink Bollworm = *Pectinophora gossypiella*; Bollworm = *Heliothis zea* = Baumwollkapselwurm) zu vermindern und ist in den USA und Japan freigegeben. Die Genehmigung zum Anbau in Spanien steht noch aus.

Ökologische Wirkungen des Anbaus transgener, insektenresistenter Pflanzen

In Bezug auf insektenresistente Pflanzen wurden in der Risikoforschung und Diskussion

- die Auswirkungen auf Wildpflanzen nach Übertragung der Gene (durch Auskreuzung),
- Nebeneffekte auf Nicht-Ziel-Organismen und
- die Gefahr des zu frühen Verlustes ökologisch wertvoller Resistenzgene (durch Anpassung d.h. Resistenzentstehung der Schaderreger)

thematisiert.

Auswirkungen nach Übertragung der Gene auf Wildpflanzen

Die Bedeutung einer auskreuzungsbedingten Übertragung der Insektenresistenz-Gene auf andere verwandte Wildpflanzen wird für transgene, insektizide Pflanzen mit hoher Toxinexpression diskutiert. Nachteilige Effekte auf Insekten der jeweiligen Zielgruppe (Lepidopteren oder Coleopteren bei *B.t.*, größerer Wirtskreis bei kommenden Sorten s.u. und Tab. 2), die speziell an diesen Wildpflanzen vorkommen, werden befürchtet. Auch könnte ein verringerter Fraßdruck eventuelle Unkrauteigenschaften dieser Pflanzen verstärken (vgl. Stewart, 1999). In den USA laufen zwei Projekte mit der Fragestellung, ob die Unkrauteigenschaften bei Raps- bzw. Sonnenblumenverwandten (Monitoring von *B.t. Raphanus raphanistrum* u. *Brassica rapa* mit Floureszenz-Markern bei Raps, Samenproduktion bei wilden *B.t.*-Sonnenblumen) verstärkt werden (USDA, 1998 und 1999). Erste Ergebnisse zeigen, dass *B. rapa* mit *B.t.*-Genen unter Befallsdruck konkurrenzstärker ist als ohne (Stewart und Halfhill, 2000). Nach Analysen des Wachstums nicht-transgener Pflanzen von Marvier und Kareiva (1999) sowie Louda (1999) kann ein verringerter Insektenfraß sowohl die Fitness bzw. das Populationswachstum als auch das Habitatspektrum vergrößern. Bei verschiedenen Pflanzen stieg das Populationswachstum beim Wegfall von einer bis fünf Insektenarten auf eine Rate von über 1,3 (Marvier und Kareiva, 1999). Die Auswirkungen sind in durch Biomasseentnahme gestörten Lebensräumen (also auch auf Ackerland) und wenn Insekten, die sonst an Blüten und Samenanlagen fressen, wegfallen besonders deutlich (Louda, 1999).
Die Wahrscheinlichkeiten und Folgen einer Übertragung Fitness-relevanter Gene bei verschiedenen Pflanzenarten werden in Kap. 3.2.1 und 3.3 ausführlich behandelt.

Nebenwirkungen auf Nicht-Ziel-Organismen

Eine positive Folge des Anbaus insektenresistenter Pflanzen hat sich in den USA deutlich gezeigt: Es können Insektizide eingespart werden (s.u. S. 144), was auch Bodendrucklasten durch Befahren (und Erosionen als Folge) verringert. Die toxikologischen und ökotoxikologischen Nebenwirkungen der *B.t.*-Pflanzen sind geringer als die der Insektizide (s.a. Review von Schütte und Riede, 1998).
Die derzeit im Freiland, vor allem in den USA, getesteten **neueren** Insektentoxine (s. Tab. 2) wirken fast alle auf einen breiteres Insektenspektrum, eine Gruppe (Proteinase-Inhibitoren, „PI") ist auch humantoxikologisch problematisch (Stewart, 1999, Quellen in Schütte, 2000). Pham–Delègue und Jouanin (2000) stellten in Versuchen mit PI-Raps fest, dass die Inhibitoren nicht im Pollen oder Nektar synthetisiert wurden und somit auch keine Kurzzeit-Schäden an Bienen verursachen. Versuche zur Humantoxizität von Alpha-Amylase Inhibitoren haben keine negativen Wirkungen gezeigt (s. Kap. 3.1.1). Viele (Öko)toxizitätstests zu den neueren insektiziden Pflanzen stehen noch aus.
Die Auswirkungen der *B.t.*-Pflanzen auf Nicht-Ziel-Organismen werden derzeit noch weiter untersucht. Es gibt zwar schon sehr viele Daten über die Auswirkungen von *B.t.*-Sprays, aber diese sind nur bedingt auf die Toxine in Pflanzen übertragbar:

1. Zur Vergleichbarkeit der Wirkungen von *B.t.*-Sprays und *B.t.*-Pflanzen

Zur Abschätzung der Toxizität von *B.t.*-Pflanzen für Nicht-Ziel-Organismen können nur bedingt auch Versuche mit *B.t.*-Sprays hinzugezogen werden. Die Vergleichbarkeit ist vor allem durch die Unterschiedlichkeit der Toxinmoleküle erschwert. Während das *B.t.*-Spray die durch Verdauungsenzyme noch zu prozessierenden Protoxine enthält, exprimieren *B.t.*-Pflanzen meist schon die verkürzten, bereits aktiven Endotoxine. Mit der Verkürzung (und auch durch Erhöhung bestimmter Basenanteile) hat sich die Wirksamkeit der Toxine auch z.T. um das Zehnfache erhöht (Schütte und Riede, 1998).
Nicht-Zielorganismen, die durch eine vom Zielorganismus abweichende Enzymausstattung unempfindlich gegenüber *B.t.*-Suspensionen sind, könnten durch direkte Aufnahme von Endotoxinen beeinträchtigt werden bzw. sterben (Haider et al., 1986; Bradley et al., 1995). Da aber häufig die fehlenden Bindungsstellen für die Toxine im Darm für die Spezifität verantwortlich sind, dürfte die Verkürzung der Toxine die Spezifität vermutlich nur in einen relativ geringen Ausmass ausweiten, wenn überhaupt. Und zudem werden bei *B.t.*-Pflanzen nur Phytophage dem Toxin ausgesetzt, die an entsprechenden Pflanzenteilen (bei gewebsspezifischer Expression würde sich der Anteil noch verringern lassen) fressen.
Auch wenn *B.t.*-Toxine zu Versuchszwecken in *Escherichia coli* produziert werden, sind sie nicht völlig identisch. Denn sie sind nicht oder anders glykosiliert als jene aus *B.t.*-Pflanzen, was Unterschiede in der Toxizität bedingen könnte.

2. Zur Persistenz und Human- und Vertebratentoxizität der Toxine aus *B.t.*-Sprays und *B.t.*-Pflanzen

Persistenz im Boden: Die biologische Aktivität der Toxine aus Pflanzen nimmt bei warmen Temperaturen und hoher Feuchte sehr schnell ab (Halbwertszeit: 1,6 Tage), kann aber auch wie bei Toxinen aus Sprays länger dauern. Für *B.t.*-Sprays wurden Halbwertszeiten von 2,7 bis unter 100 Tagen, in 8 von 9 Versuchen unter 41 Tagen, gemessen. Die biologische Aktivität der Böden variiert die Ergebnisse sehr stark. Besonders bei niedrigen pH-Werten (Messungen ab pH 4,4) können auch Toxine, die aus Wurzeln oder zerfallenem organischem Material (Pflanze oder Spray) frei werden, an Bodenpartikel adsorbiert werden und sich dort anreichern (Saxena et al., 1999; Tapp und Stotzki, 1998; Wallimann, 2000; ältere Daten und Quellen in Schütte und Riede, 1998). Es ist jedoch erwiesen, dass eine Anlagerung nur bis zu einer bestimmten (eben bodenabhängigen) Menge erfolgt und es wird keine Ansammlung von Toxinen über diese Grenze hinaus erwartet (Crecchio und Stotzky, 1998).

Human- und Vertebratentoxizität sowie Allergenität: Im sauren Milieu des Vertebratenmagens persistieren *B.t.*-Toxine nur kurz (Reardon und Wagner, 1995). Orale Aufnahme von *B.t.*-Präparaten war für alle bisher getesteten Vertebraten (Mäuse, Fasane, Hühner, Wachteln, Schafe, Schweine, Fische) ungefährlich (mehrere Autoren zit. in Saik et al., 1990). Im Versuch vertrug der Mensch 10^{10} Sporen über 5 Tage (Siegel und Shadduck, 1990). Toxische Wirkungen sind einzig für "gelöste" *B.t.* israelensis-Toxine (gemeint sind vermutlich zum Toxin gespaltene Protoxine) auf Mäuse bekannt geworden. Das Toxin zeigte auch cytotoxische Effekte in mehreren Zelllinien von Säugetieren (mehrere Autoren, zit. in SAIK et al. 1990). Die in den Sprays enthaltenen *B.t-*.Sporen scheinen zum Teil jedoch ein allergenes Potenzial zu besitzen (Bouchie, 2000). Versuche zur Toxizität von *B.t.*-Toxinen in Pflanzen haben keine negativen Wirkungen gezeigt (s. Kap. 3.1.1). Abschätzungsschwierigkeiten hinsichtlich der Allergenität bereitet das Cry9C-Toxin (s. Kap. 3.1.2).

3. Ergebnisse der Untersuchungen zu den Auswirkungen auf Nicht-Ziel-Arthropoden bei *B.t.*-Sprays

Lepidopterenspezifische B.t.-Sprays

Wirkungen auf Nicht-Ziel-Lepidopteren: Freilandversuche mit *B.t.*-Sprays zeigten, dass beim Einsatz lepidopterenspezifischer Toxine neben den Schadlepidopteren auch ein Großteil anderer Lepidoterenarten beeinträchtigt werden (Tab. 4).

Tab. 4: Untersuchungen zur Wirkung auf verschiedene Nicht-Ziel-Lepidopteren

Art / Gruppe	Applikation	Wirkung	Quelle / Bemerkung
Lepidoptera, div. spp	mikrobielles *B.t.kurstaki* - Präparat	toxisch für 50% der Arten; frühe Larvenstadien empfindlicher als spätere	Schweizer et al., 1994 (zit. in Schütte und Riede 1998), Laborstudie
Lepidoptera, div. spp	*B.t.*-Präparat (einmalige Abwendung)	Dichteabnahme bei 16 von 19 Arten; Bestände erholen sich nur langsam	Wagner et al., 1995 (zit. in Reardon und Wagner, 1995) 3 Jahre Freilandunt.
Schwalbenschwanz (Papilio machaon)	*B.t.*-Präparat	Art reagiert empfindlich	Johnson et al., 1995 (zit. in Wagner et al., 1996)
Blutbär (Tyria jacobaeae)*	Dipel	Art reagiert empfindlich	Reardon und Wagner, 1995

* Art wird zur biologischen Kontrolle von *Senecio jacobaea* eingesetzt

Wirkungen auf Parasitoide: Wie schon in Tabelle 4 deutlich wird, wirken *B.t.*-Toxine teilweise nicht tödlich, sondern beeinträchtigen statt dessen zum Beispiel Parasitierungs-, Schlüpf- oder Vermehrungsraten. Diese können durch *B.t.*-Toxine direkt wie auch indirekt (durch Verringerung der Wirtsdichte und des Nährstoffangebotes in den Wirten) negativ beeinflusst werden (Theiling und Croft, 1988). Flexner et al. (1986) wies bei 5 von 21 Parasitoidenarten eine leichte, bei 2 eine mittlere Toxizität nach. *B.t.*-Toxin kann für Parasitiode indifferent sein oder sogar die Parasitierungsrate kurzfristig erhöhen, da das Wachstum des Wirtes verlangsamt ist (Schütte und Riede, 1998). Deml und Dettner (1998) werteten verschiedene Versuche im Überblick aus und fanden in 24 von 111 Versuchen einen direkten negativen Effekt der Toxine auf verschiedene Arten und in den restlichen Versuchen keinen solchen Effekt. Von sieben Raupenfliegenarten waren zwei empfindlich gegen lepidopterenspezifische *B.t.*-Präparate (Flexner et al., 1986).

Wirkungen auf Prädatoren: Tab. 5 zeigt einige Beispiele von Wirkungen von *B.t.*-Applikationen auf räuberische Arthropoden. Die direkte toxische Wirkung von *B.t.*-Präparaten auf Prädatoren ist in der Regel relativ gering; vor allem werden sie als Nicht-Lepidopteren von lepidopterenspezifischen Toxinen (*B.t.* kurstaki) nicht oder kaum beeinträchtigt (Sims, 1995). Indirekte Effekte durch Veränderungen der Physiologie und der Dichte der Beute, können sich allerdings auch hier einstellen (Theiling und Croft, 1988).

Tab. 5: Beispiele von Wirkungen lepidopterenspezifischer *B.t.*-Toxine auf räuberische Arthropoden

Art / Gruppe	Applikation	Wirkung	Quelle / Bemerkung
div. Käferarten (Carabidae, Staphylinidae, Coccinellidae)	*B.t.*-Präp.	kaum schädigende Wirkung, in einem Fall verlängerte Entwicklungszeit	Flexner et al. 1986, Melin und Cozzi, 1990; Vinson, 1990
120 Prädatoren-Arten	*B.t.*-Präp.	36 Arten sind negativ (davon 24 direkt), 78 nicht und 6 positiv beeinflusst	Deml und Dettner, 1998
Florfliege (Chrysopa sp.)	*B.t.*-befallene Beute	verlängerte Entwicklungszeit	Salama et al., 1982 (zit. in Vinson, 1990)
	B.t.-Präp.	geringe bis mittlere Toxizität: von 43 Arten erlitten 2 Mortalitäten von 80-100% und 3 von 40-80%.	Flexner et al., 1986
	B.t. k.-Präp.	im adulten Zustand unempfindlich	Hassan, 1983 (zit. in Melin und Cozzi, 1990)
1 Wanzenart 2 Raubmilbenarten	*B.t.*-befallene Beute	keine Schädigung	Vinson, 1990; Pilcher et al., 1997

Wirkungen auf Bodenarthropoden, Regenwürmer und Bodenmikroflora: Untersuchungen zu Auswirkungen auf Bodenfauna und Bodenmikroflora sind spärlich. Versuche mit *B.t. galleriae*-Präparaten zeigten bei Bodenmilben und Collembolen eine 2-10-fache Dichteabnahme.

Wirkungen auf andere Insekten: Die omnivoren Dermaptera und verschiedene Heteroptera zeigten sich durch lepidopterenspezifische *B.t.*-Präparate auch nicht geschädigt (Melin und Cozzi, 1990).

Wirkungen auf Wasserorganismen: Bisher wurden im limnischen und marinen Bereich nur Versuche mit *B.t.*-Präparaten durchgeführt. Diese zeigten bisher keine negativen Effekte auf aquatische Mikroorganismen (Kreuzweiser et al., 1996), Zooplankton und diverse Wasserinsektenarten (Ausnahme: eine Kriebelmückenart). Auch bei marinen Krebs- und Muschelarten wurden bisher keine Schädigungen festgestellt. Der Salinenkrebs Artemia salina zeigte sich jedoch empfindlich (div. Autoren zit. in Melin und Cozzi, 1990).

Coleopterenspezifische B.t.-Sprays

Nach dem Review von Deml und Dettner (1998) sind bei neun von elf verschiedenen Insektenarten keine negativen Effekte gefunden worden. In zwei Fällen war die Eizahl verringert und die Mortalität der adulten Insekten erhöht.

4. Ergebnisse der Untersuchungen zu den Auswirkungen auf Nicht-Ziel-Arthropoden bei *B.t.*-Pflanzen

Exprimiert in transgenen Pflanzen zeigen teilweise leicht veränderte *B.t.*-Toxine sehr hohe Mortalitäten gegenüber den eigentlichen Zielorganismen. Die meisten Insektenordnungen, die sonst an der Nutzpflanze fressen und so überhaupt getroffen werden können, sind relativ unempfindlich gegen die jeweilig exprimierten Toxine, da ihnen die entsprechenden Proteinbindungsstellen in der Darmwand fehlen (s.o.). Da entweder nur ein Coleopteren- oder nur ein Lepidopterentoxin in den Pflanzen exprimiert wird, ist das Wirkungsspektrum möglicherweise sogar enger als bei den in *B.t.*-Sprays eingesetzten *B.t.*-Toxin-Mischungen.

Hoch-Dosis-B.t.-Pflanzen mit lepidoterenspezifischen Toxinen

Wirkungen auf phytophage Arthropoden: Die bisher einzige im Vergleich zu den unter „Wirkungen auf Prädatoren" beschriebenen Freilandversuchen längere, großflächige - und somit aussagekräftige - Studie (s.u., 2 ha, 3 Jahre) zur Wirkung von *B.t.*-Pflanzen auf Insekten stammt von Luttrell et al. (1995). Auf den von Luttrell et al. (1995) untersuchten *B.t.*-Baumwollfeldern war die Gesamtzahl der Arthropoden (ohne Blattläuse, basierend auf Netzfängen) auf *B.t.*-Flächen um 13% gegenüber unbehandelten Nicht-*B.t.*-Flächen verringert, auf Flächen mit Insektizidbehandlung aber um 32%[2]. Die Zahl der weder als nützlich noch schädlich eingestuften Insekten war auf *B.t.*-Flächen nach Netzfängen um 49% gegenüber unbehandelten Nicht-*B.t.*-Flächen vermindert, auf Insektizid-behandelten nur um 36%.

[2] Allerdings werden in der Praxis in den USA oft auf *B.t.*-Feldern Insektizide eingesetzt (s. S. 144)

Die Schmetterlinge waren jedoch in ihrer Gesamtzahl auf den *B.t.*-Flächen stärker zurückgegangen (-84% gegenüber unbehandelten Flächen) als auf den Flächen mit Insektizideinsatz (-52% gegenüber unbehandelten Flächen). Daten von Daly et al. (2000) und Head (2000), denen auch große Langzeitversuche zugrunde liegen, sind leider noch nicht veröffentlicht. Wenn die Toxine auch in Pollen exprimiert werden, könnte es über die Aufnahme von Pollen besonders im Mais auch an Lepidopteren, die an Beikräutern fressen, zu Beeinträchtigungen kommen.

Auswirkungen auf ausgewählte Falterarten in *B.t.*-Mais

Nach Vorversuchen von Losey (1999) reagierten die Raupen des Monarchfalters (Danaus plexippus) auf eine willkürlich ausgebrachte Menge von Pollen mit einer 45-prozentigen Mortalität. Seitdem sind Studien zur Exposition von *B.t.*-Toxinen via Mais-Pollen auf Beikräutern (Sears et al., 2000; Pleasants et al., 1999) und zur Wirkung dieser Toxine auf den Monarchfalter und andere Schmetterlinge (Papilio polyxenes, eine Schwalbenschwanzart) veröffentlicht worden (Hansen und Obricki, 1999; Wraight et al., 2000). Die Fachwelt spaltet sich bei der Interpretation der Ergebnisse, die alle aufgrund der Laufzeit der Versuche und der Populationsdynamik der Lepidopterenarten (natürliches auf und ab der Populationsgröße über Zyklen von ca. 7 Jahren) einen vorläufigen Charakter haben (Ammann, 2000; Goldburg, 1999; Brower und Zalucki, 1999). Es besteht keine Einigkeit darüber, welche Pollenmenge für Laborversuche als realitätsnah angesehen werden kann, und ob man für eine Risikoabschätzung vom Extremfall einer kurzen Periode mit hoher Pollenproduktion und ohne Regenfälle ausgehen sollte (Sears, 2000; Hansen und Obricki, 1999; Ammann, 2000). Es besteht jedoch Einigkeit darüber, dass von der Maissorte von Novartis („event 176", die eine je nach Autor 40-fache bzw. 7-fache *B.t.* Dosis im Pollen produziert, s. Wraight et al., 2000; Steffey, 2000) häufigere und schädigendere Wirkungen ausgehen als von der Vergleichssorte von Monsanto „event Mon 810" oder der vergleichbaren „Bt11").

Wraight et al. (2000) fanden bei der weniger Toxin im Pollen produzierenden Sorte „event Mon 810" im Freiland keine Nebenwirkungen auf *Papilio polyxenes*, während „event 176" nach drei Tagen eine 80prozentige Mortalität hervorrief (gegenüber 10-20% in der Kontrolle). Hansen und Obricki (1999) beobachteten mit „event 176" an einem Laborstamm bei einer Dosis von 135 Pollenkörnern pro cm^2 Beikrautblattfläche erhöhte Mortalitäten bei Kleinstlarven (n=35) von *Danaus plexippus.* Die Mortalität korrelierte jedoch nicht mit der Höhe der Dosis. Nach Sears et al. (2000) liegt die LD_{50} („event 176" über 96 Std.) für Kleinstlarven dieser Art bei 389 Pollenkörnern pro cm^2 Beikrautblattfläche, 133 Pollenkörner pro cm^2 verursachen eine ganz leicht erhöhte Mortalität. Die im Feld gemessene Pollendichte auf den Blättern von Beikräutern lag jedoch bei verschiedenen Untersuchungen je nach der Niederschlagsmenge und anderen Faktoren nur bei 74-217 bzw. 80-115 Körnern pro cm^2 (s. Ammann, 2000) bzw. bei durchschnittlich 78 Pollenkörnern (Spannbreite: 1-381, Sears und Stanley-Horn, 2000). Der Pollen, der im Umkreis mehrerer Meter eines Feldes niedergeht, fällt zu 90% im Abstand von 5m (Sears et al., 2000) bzw. zu 88% im Abstand von einem Meter (Pleasants et al., 1999) vom Feld zu Boden.

Brower und Zalucki (1999) merkten an, dass die bisherigen Studien (Hansen und Obricki, 1999; Wraight et al., 2000) nur an Kleinstlarven durchgeführt wurden, 90% der Blattmasse aber von Altlarven der Schmetterlinge konsumiert würden.

Brower und Zalucki (1999) merkten an, dass die bisherigen Studien (Hansen und Obricki, 1999; Wraight et al., 2000) nur an Kleinstlarven durchgeführt wurden, 90% der Blattmasse aber von Altlarven der Schmetterlinge konsumiert würden.
Nach Pimentel und Raven (2000) und Sears (2000) ist der starke Rückgang (von Juli 1996 bis September 1998 um 30% nach Pimentel und Raven, 2000) des Monarchfalters in erster Linie auf Pestizideinsätze (die Wirtspflanzen der Lepidopteren werden vernichtet, Insektizide wirken direkt) und auf die Zerstörung von Überwinterungshabitaten zurückzuführen. **Gleichzeitig** wird behauptet, dass ein ca. 30-prozentiger Anstieg der Populationsgrößen des Falters mit der Zunahme der *B.t.*-Maisflächen um ca. 40% im Jahr 1999 einherging (Giddings, 1999).

Bei Blattläusen und anderen Phloemsaugern sind toxische Effekte bisher gar nicht nachgewiesen und aus mehreren Gründen nicht zu erwarten: Es gibt keine Hinweise dafür, dass Endotoxine ins Phloem abgegeben werden. Außerdem hat diese Gruppe weder Proteasen noch Proteinbindungsstellen in der Darmwand.

Wirkungen auf Blütenbesucher: Untersuchungen zum Einfluss von *B.t.*-Pollen auf Blütenbesucher liegen kaum vor. Honigbienen (Apis mellifera), die an *B.t.*-Mais Pollen suchen, zeigten keine erhöhte Mortalität (Arpaia, 1996). Einige räuberische Insekten (s.u.), die sich gelegentlich (Chrysopidae, Coccinellidae) bis regelmäßig (Anthocoridae) von Pollen ernähren, waren nach Verfütterung von *B.t.*-Maispollen in Laborversuchen nicht beeinträchtigt (Pilcher et al., 1997).

Wirkungen auf Parasitoide: Zu diesen Wirkungen liegen bisher nur wenige Untersuchungen vor. Keine direkte Schädigung fand Johnson (1997) an zwei *Heliothis*-parasitierenden Hymenopteren. Schuler et al. (1999) fanden keine Unterschiede in der Parasitierungsrate der Kohlschabe (Plutella xylostella) durch Parasitoide auf *B.t.*-Raps und konventionellem Raps. Da die Mortalität der Zielorganismen an *B.t.*-Pflanzen viel höher als bei anderen Bekämpfungsmaßnahmen (über 95% bei Hoch-Dosis-Pflanzen s.u.) ist, müssen auch indirekte Effekte in Betracht gezogen werden. Spezialisierte Parasitoide, die kaum auf andere Wirte ausweichen können, könnten in ihren Populationen extrem zurückgehen und sich nur in den Refugien halten (Schütte und Riede, 1998). (Siehe auch unter Resistenzmanagement).

Wirkungen auf Prädatoren: Fütterungs-Experimente von Hilbeck et al. (1998) zeigten, dass *B.t.*-Toxine aus transgenen Pflanzen über die Nahrungskette Florfliegenlarven beeinträchtigen können. Die Mortalität der Larven stieg von 37% auf 62% nachdem sie in Laborversuchen **ausschließlich** (und damit sicherlich nicht der natürlichen Diät entsprechend) mit *B.t.*-Mais gefütterten Maiszünslerlarven ernährt wurden (s.a. Wirkung von *B.t.*-Sprays Tab.5). Direkte Fütterungsversuche mit *B.t.*-Pollen oder aktivierten Toxinen hatten keine akuten Mortalitäten zur Folge (Pilcher et al. 1997; Sims et al., 1995).
Vergleichende Freilanduntersuchungen zur Fauna in Mais- und Baumwollfeldern zeigten bisher keine negativen Effekte durch *B.t.*-Pflanzen (Orr und Landis, 1997; Pilcher et al., 1997 und Flint et al., 1995 alle zit. in Schütte, 2000; Candolfi et al. 2000). Hoffmann et al. (1992, zit. in Schuler, 1999) untersuchten die Effekte von *B.t.*-Tabak auf Raubwanzen. Tendenziell war die Zahl räuberischer Arten in *B.t.*-Feldern manchmal sogar etwas erhöht. Die meisten Untersuchungen haben jedoch

sehr lokalen (wenige Quadratmeter große Versuchsflächen, vgl. Flint, 1995, Pilcher et al., 1997) und kurzfristigen Charakter (nur eine Vegetationsperiode d.h. oft nur eine bzw. zwei Generationen der Insekten erfasst, vgl. Orr und Landis, 1997; Candolfi et al., 2000), was ihre Aussagekraft deutlich vermindert (Schütte und Riede, 1998).

Wirkungen auf tagaktive Parasitoide und Prädatoren an Pflanzen (epiphytische): In der Freilandstudie von Luttrell et al. (1995) an *B.t.*-Baumwolle zeigte sich, dass „nützliche Insekten" (Parasitoide und Prädatoren hier ohne Laufkäfer, weil die Studie keine Bodenarthropoden umfasste) nur um 2-3% in ihrer Gesamtzahl auf den *B.t.*-Flächen ohne zusätzlichen Insektizideinsatz im Vergleich zu unbehandelten Nicht-*B.t.*-Flächen zurückgingen (Rückgang um 31% auf den Flächen mit Insektizideinsatz, ergänzende Insektizideinsätze sind aber auf *B.t.*-Flächen in den USA üblich, s. S. 144).

Wirkung auf Bodenarthropoden: Versuche mit Toxinen aus *B.t.*-Pflanzen erbrachten bisher keine Hinweise auf Schädigungen von Bodenarthropoden, Regenwürmern oder Arten der Bodenmikroflora (s.a. unter „2. Persistenz der Toxine").

Wirkungen auf Gesamt-Arthropoden an Pflanzen (nach Netzfängen ermittelt, d.h. Aktivitätsdichten): Auf den von Luttrell et al. (1995) untersuchten *B.t.*-Baumwollfeldern war die Gesamtzahl der Arthropoden (ohne Blattläuse und ohne Laufkäfer, basierend auf Netzfängen und Zählungen an Pflanzen) auf *B.t.*-Flächen um 13% gegenüber unbehandelten Nicht-*B.t.*-Flächen verringert, auf Flächen mit Insektizidbehandlung aber um 32%. Die Schmetterlinge waren jedoch in ihrer Gesamtzahl auf den *B.t.*-Flächen stärker zurückgegangen (-84%!) als auf den Flächen mit Insektizideinsatz (-52%) gegenüber unbehandelten Flächen).

Hoch-Dosis-B.t.-Pflanzen mit coleopterenspezifischen Toxinen

Honigbienen (*Apis mellifera*), die an *B.t.*-Pflanzen mit coleopterenspezifischen Toxinen Pollen suchten, zeigten keine erhöhte Mortalität (Arpaia, 1996).
Blattläuse, die an *B.t.*-Kartoffeln saugten, wirkten sich nicht auf die Mortalität einer sie fressenden Marienkäferart aus (Dogan et al., 1996).

5. Übersicht

Ein tabellarischer Vergleich (Tab. 6) von *B.t.*-Sprays, Hoch-Dosis-*B.t.*-Pflanzen und synthetischen Insektiziden soll die Unterschiede in der Wirkung auf Insekten deutlich machen. Eine gute Zusammenstellung der Unterschiede in der Wirkung von *B.t.*-Sprays und Insektiziden findet sich auch bei Theiling und Croft (1988).

Bisher kann nicht entschieden werden, ob von *B.t.*-Sprays oder von *B.t.*-Pflanzen stärkere Nebeneffekte auf die Insektenwelt ausgehen (Schütte, 2000). Der Vergleich des Einsatzes von *B.t.*-Pflanzen gegenüber dem konventionellen Anbau herkömmlicher Sorten ergibt für die Insekten mit Ausnahme der Zielgruppe der Schmetterlinge deutlich positive Ergebnisse. Der mehrfach erwähnte Versuch von Luttrell et al. (1995) (s.o.) kann dazu als bisher aussagekräftigste Studie gelten. Die Bilanz von Luttrell et al. (1995) für die *B.t.*-Pflanzen relativiert sich jedoch, denn in diesem Versuch wurden *B.t.*-Flächen nicht insektizidbehandelt.

Tab. 6: Vergleich der Eigenschaften und Wirkungen von *B.t.*-Sprays und Hoch-Dosis-*B.t.*-Pflanzen

Toxizität für Nicht-Ziel-Organismen	***B.t.*-Sprays**	**Hoch Dosis-*B.t.*-Pflanzen**	**synthetische Insektizide**
Nicht-Ziel-Phytophage	relativ hohe Mortalitäten **nur** bei Arten der gleichen Ordnung wie der Zielorganismus möglich, unabhängig davon, ob sie an der Pflanze fressen oder nicht, beide Wirkungen nur punktuell nach Applikation;	sehr hohe Mortalitäten (ca. 96-99%) **nur** bei Arten der gleichen Ordnung wie der Zielorganismus, wenn sie an der Pflanze fressen, auch Beeinträchtigungen durch Pollen (wenn Toxin in Pollen produziert wird möglich)	hohe Mortalitäten (bis 90%) bei vielen Insekten, unabhängig davon, ob sie an der Pflanze fressen oder nicht.
Prädatoren und Parasitoide	direkte Schädigungen bei einem kleinen Teil der untersuchten Arten (s. Tab 5)*; indirekte Schäden wg. geringerer Mortalität der Zielorganismen auch weniger bedeutend und beides nur kurzzeitig nach Applikation	bisher kaum Befunde zu direkten Schädigungen, manchmal Bestandszunahme festgestellt, andererseits aber indirekte negative Wirkungen über Verlust von Beute-/Wirtstieren auf **spezialisierte** Parasitoide/Räuber	je nach Mittel und Art Mortalität relativ hoch (bis 90%)
Toxindiversität	relativ hoch	derzeit gering	je nach Mittelwahl
Mortalität der Zielorganismen	relativ gering abhängig von: 1. der Art des Insektes und der Toxine 2. der Erreichbarkeit des Schadinsektes bzw. Art der Spritzung 3. Suspensionsmenge 4. Zeitpunkt der Spritzung und klimatische Randbedingungen (Persistenz)	sehr hoch (ca. 96-99%) abhängig von 1. der Art des Insektes und des Toxins und des Promotors 2. Fraßort und Fraßweise des Insektes und Toxingehalt des betreffenden Gewebes zum gegebenen Zeitpunkt	meist relativ hoch (bis 90%) abhängig von: 1. der Art des Insektes und der Toxine 2. der Erreichbarkeit des Schadinsektes bzw. Art der Applikation 3. Aufwandmenge 4. Zeitpunkt der Applikation und klimatische Randbedingungen (Persistenz)
Wirkdauer	durch Abwaschung und UV-Abbau kurz	lang, da im Gewebe nachgeliefert	je nach Mittel unterschiedlich, Gefahr der Anreicherung

* Für *B.t.*-Sprays gegen Coleopteren kann diese Aussage nicht so sicher getroffen werden, weil die meisten Versuche mit lepidopterenspezifischen *B.t.*-Sprays unternommen wurden.

In der Praxis verringerte sich der Insektizideinsatz nur auf ca. 3 statt 5 Applikationen in Baumwolle (Shelton et al., 2000) und auf **schätzungsweise** die Hälfte in Mais (Gianessi und Carpenter, 1999) in den USA. Mit *B.t*-Baumwolle wurde in einigen Regionen Mehrerträge erzielt.
Ertragssteigerungen durch *B.t.*-Mais, die zur ökologisch wünschenswerten Umnutzung entsprechender Flächen führen könnten, waren vor allem in Gebieten mit hohem Befall des Maiszünslers festzustellen. Gemittelte Daten aus den Jahren 1997 und 1998 ergaben, dass die Nutzung von *B.t.*-Mais in den USA zu einer Produktionssteigerung von über 2% führte (hochgerechnet aus Gianessi und Carpenter, 1999). Eine Ertragssteigerung wurde bei der Ökobilanzanalyse von *B.t.*-Mais im Vergleich zum konventionellen und biologischen Maisanbau (Klöpffer et al., 1999) nicht berücksichtigt. In dieser Analyse schnitt der transgene Mais in der Gesamtbewertung ähnlich wie der konventionelle ab. Der biologisch angebaute Mais wurde in einigen Kategorien als vorteilhaft bewertet.

Verlust von Resistenzgenen, Resistenzentstehung und Resistenzmanagement

Die Risikoforschung beschäftigt sich außerdem mit der von vielen Wissenschaftlern geäußerten Sorge, dass die relativ umweltfreundlichen Toxine (s.o.) durch Resistenzen zu schnell unbrauchbar werden und damit auch Einsatzmöglichkeiten im ökologischen Landbau zunichte machen.

Erfahrungen mit der Resistenzentwicklung und -erhaltung bei Schadinsekten gegenüber B.t.-Sprays

Freiland: Beobachtete Resistenzen gegenüber *B.t.*-Sprays, die Toxinmischungen (Gegensatz zu derzeitigen *B.t.*-Pflanzensorten) enthalten, sind trotz 30-40 Jahren Anwendung von *B.t.*-Sprays bisher kaum aufgetreten. Die einzige Art, die im Freiland nach jahrelanger *B.t.*-Spray-Anwendung resistente Populationen aufgebaut hat, ist die Kohlschabe (Plutella xylostella). Resistenzentwicklungen, die auf Hawaii, an der Ostküste der USA und im asiatischen Raum auftraten, gingen jeweils jahrelange und sehr massive Spritzungen mit *B.t.*-Präparaten (bis maximal 72 Applikationen/Jahr) voraus (Marrone und Macintosh, 1993; Bauer, 1995).

Labor: Im Labor wurden zahlreiche Experimente durchgeführt, um das Potenzial verschiedener Insekten zur Resistenzentwicklung zu bestimmen. Günstig für Resistenzbildungen ist eine Dosis, die 20% der Tiere überleben lassen (Fox, 1996). Weiterhin zeigte sich, dass Resistenzen gegenüber Einzeltoxinen schneller erreicht werden und wesentlich stärker ausgeprägt sind als solche gegenüber *B.t.*-Sporenpräparaten, die ja eine Mischung verschiedener Cry-Toxine beinhalten.
Resistenzen gegen *B.t.*-Toxine können bei einzelnen Insektenarten sehr unterschiedlich ausgeprägt sein.
So liegen die gemessenen Resistenzfaktoren (letale Dosis für 50% der Population an *B.t.*-Pflanzen / letale Dosis für 50% der Kontrollpopulation) zwischen 1 und 5000, in der Regel aber weit unter tausend und oft im Dezimalbereich. Auch die Empfindlichkeit von Individuen innerhalb einer Population kann um das fünffache variieren (vgl. Tabashnik, 1994).

Diese Unterschiede beruhen auf verschiedenen Resistenzmechanismen bei den Insekten, die auch für verschiedene Populationen einer Art differieren können:

- Verminderung der Bindungsstellenzahl in der Darmwand oder ihrer Affinität für die Toxine,
- Veränderung im proteolytischen Abbau der Protoxine,
- Verhinderung des Eindringens in die Darmzellmembran, nach Bindung der Toxine,
- Verhaltensänderungen,
- Verhinderung der Sporenbildung.

Wichtig für ein Resistenzmanagement, das einen Wechsel der Toxine einschließt, ist die Erkenntnis, dass die Mehrfachresistenzen in der Regel mit nur geringen Resistenzfaktoren (s.o.) einhergehen. Es wird angenommen, dass sie eher auf Veränderungen bei der Aufspaltung der Toxine (s.o. Punkt 2) und nicht über das verschlechterte Anlagern der Toxine an Bindungestellen (s.o. Punkt 1) erfolgen. Bei extrem hohen Resistenzfaktoren ist also oft die Resistenz nur gegen eines oder mehrere sehr ähnliche Toxine gegeben.
Mehrfachresistenzen sind im Labor unter den in Deutschland relevanten Schädlingen nur bei *Leptinotarsa decemlineata* (Kartoffelkäfer) gefunden worden.
So entwickelte *Heliothis virescens* nach Selektion mit CryIA(b) und Dipel eine 2,4-57-fache Resistenz gegen 20 verschiedene *B.t.*-Stämme über sechs verschiedenen Unterarten aus (Stone et al., 1989, zit. in Marrone und Macintosh, 1993).

Je nach Resistenzart und -ausprägung, sowie Art und Herkunft des Schadinsektes hält sich die erworbene Resistenz ohne spezifischen Selektionsdruck 1 bis 30 Generationen (Schütte und Riede, 1998). Es zeigte sich, dass im Freiland entstandene Resistenzen meist stabiler sind (Roush, 1997). Resistenzen mit geringen Auswirkungen auf die Fitness und solche, deren Gene dominant vererbt werden, halten sich lange in der Population und die Rückselektion geschieht schnell (Schütte, 2000). Bourguet (2000) konnte zeigen, dass der Genaustausch zwischen Subpopulationen des Maiszünslers von drei verschiedenen Wirtsarten hoch war. Eine dominante Resistenz wäre somit schnell wirksam weitergegeben, während eine rezessive Vererbung bei hohem Genaustausch vorerst ohne Wirkung bleibt.

Die *B.t.*-Sprays sind also nicht nur umweltfreundlich, sondern auch die Entstehung von Resistenzen in den Schaderregern fand nach mehreren Jahrzehnten nur unter dramatischen Extrembedingungen statt (s.o. bis maximal 72 Applikationen/Jahr). Resistenzen gegen konventionelle Insektizide entstehen durchschnittlich nach etwa 10 Jahren (Quellen in Schütte und Riede, 1998). Die schwache Resistenzbildung gegen *B.t.*-Sprays dürfte auf die unterschiedlichen Wirkwege der Toxine, den geringeren Wirkungsgrad sowie auf ihre geringe Persistenz zurückzuführen sein (beides verringert den Selektionsdruck). Gerade weil in Pflanzen aber derzeit eine dauerhafte Expression erreicht ist und jeweils nur ein, in seiner Wirkung noch verstärktes Toxin zur Wirkung kommt, könnten die Toxine schnell unbrauchbar werden. Die Gefahr einer Resistenzentstehung bei Schaderregern ist besonders hoch, wenn sie nur oder fast nur an einer Pflanzenart fressen, eine hohe Reproduktivität besitzen (z.B.

Kartoffelkäfer) und viele Generationen im Jahr hervorbringen (in Deutschland beim Maiszünsler und Kartoffelkäfer nur eine Generation, in den USA je nach Breitengrad aber 3-5 bzw. 2).
Danach richtet sich die Schärfe der Vorsichtsmaßnahmen.
Zur Prävention sind in den USA und Australien zum Teil Resistenzmanagement-Auflagen erlassen worden:

Hoch-Dosis-Refugien Resistenzmanagemenstrategie

Diese Strategie wird von der EPA (Environmental Protection Argency) und vielen Konzernen in den USA bevorzugt und ist derzeit internationaler Standard. Sie beruht auf Modellrechnungen und Simulationen und baut auf drei festen Voraussetzungen auf, ohne die sie sehr uneffektiv ist. Wenn diese aber erfüllt sind, so zeigen die Simulationen und bisherigen Erfahrungen aus Labors, sind die Erfolgschancen sehr hoch (Quellen in Schütte und Riede, 1998). Als Prämissen sind zu nennen:

- Eine sehr hohe Mortalität (min. 99% und 100% der resistent hetereozygoten Individuen) durch hohe Toxinexpressionen in der Pflanze,
- und ein starker genetischer Austausch zwischen resistenten und nicht resistenten Individuen/Populationen aus sogenannten Refugien;
- Resistenz-Allele kommen in den Populationen nicht häufiger als 1/1000 (dominante Allele) oder 1/10000 (rezessive Allele) vor.

Über den Anteil der Refugien, auf denen Nicht-*B.t.*-Pflanzen stehen, gab es jedoch von Anfang an große Meinungsverschiedenheiten, und sowohl in den USA als auch in Australien sind die anfänglich geforderten Flächenanteile (4-5% ohne Insektizide und 20-25% mit Insektiziden) mittlerweile erhöht worden. Statt Refugien sind auch Saatmischungen denkbar, die aber nur dann effektiv gegen Resistenzentwicklungen wirken, wenn die phytophagen Individuen nicht zwischen den Futterpflanzenindividuen wechseln, was eine „Verdünnung" der Dosis zur Folge hätte (Mallet und Porter, 1992).

Tab. 7: Aktuell geforderte Flächenanteile von Refugien für den Maiszünsler in *B.t.*-Mais-Anbaugebieten

Quelle	**Insektizideinsatz**	
	ohne	**mit**
Andow und Hutchinson (1998)	25%	75%
Union of Concerned Scientists, USDA u.a.*	20-25%	40-45%
National Corn Growers Association (1998) *	20%	20%
National Corn Growers Association (1999)*	20%-50% je nach Region s. Text	

* zit. in Dove, 1999

Bei gleichzeitigem Anbau von *B.t.*-Mais und *B.t.*-Baumwolle und in südlichen Anbauregionen der USA sind 50% Refugien gefordert (National Corn Growers Association, 1999), weil die Pflanzen einen gemeinsamen Schädling haben, und der

Selektionsdruck auf diesen sonst besonders hoch wäre. Auch die Entfernung der Refugien vom Feld ist festgelegt (maximal 800m, Empfehlung 400m). 40% Refugienfläche (mit Insektizideinsatz) wurden für Länder, in denen Mais die Hauptkulturpflanze ist, gefordert (Horstmeier 1999, zit. in Thomas und Powell, 2000).
Eine ganze Reihe von Wissenschaftlern hält die Hoch-Dosis-Strategie für unzureichend, weil ihre Voraussetzungen nachweislich nicht immer sicher gewährleistet sind.

Ursachen für ein mögliches Scheitern der Hoch-Dosis/Refugien Strategie (s. Schütte und Riede, 1998; Schütte, 2000):

- Ein genetischer Austausch zwischen den resistenten und nicht-resistenten Populationen kann erschwert sein, da

  1. die anfälligen Larven an *B.t.*-Pflanzen länger zur Entwicklung brauchen als an konventionellen (Liu et al., 1999) und daher eine asynchrone Entwicklung befürchtet wird.

- Die notwendig hohen Mortalitäten (99% der Individuen und 100% der resistent hetereozygoten Individuen) werden nicht erreicht, weil

  1. die Expression des Toxins in einzelnen Pflanzen einer Sorte, in befressenen Teilen, oder zeitweise zu niedrig ist (bei einigen transgenen Mais- und Baumwollsorten ist dies der Fall)[3],
  2. die Schadinsekten nicht genügend lange an den *B.t.*-Pflanzen fressen durch Meidung von *B.t.*-Pflanzen (beim Kartoffelkäfer und Maiszünsler beobachtet) und durch zufälligen Wechsel auf Nicht-*B.t.*-Pflanzen am Rand der Felder bzw. der Grenze zu Refugien (besonders bei polyphonen Schädlingen).
  3. In Fällen in denen die Resistenzgene dominant vererbt werden (*B.t.*-Resistenzen werden autosomal und meist ganz, z.T. rezessiv und selten dominant vererbt) heterozygote Individuen unempfindlich sind. Beim Maiszünsler und einem Baumwollschädling sind zumindest Individuen mit einem „unkomplett" dominanten Erbgang der Resistenzgene gefunden worden. In Teilen der USA gibt es einen Baumwollschädling, der wenig empfindlich gegen das eingesetzte Toxin ist.

- Die Voraussetzung, dass die Resistenz-Allele nicht häufiger im Verhältnis 1/1000 (dominante Allele) oder 1/10000 (rezessive Allele) vorkommen wird nicht immer erreicht (Andow und Hutchinson, 1998).

---

[3] Die zwei Maislinien („events") mit der gleichmäßigsten (nicht höchsten s.o.) Toxinexpression („Mon 810", „Bt11") verursachen eine Mortalität von ca. 98%, die anderen Sorten erreichen diesen Wert nur auf die erste Maiszünsler-Generation bezogen. In der zweiten Generation wurde nur noch eine Mortalität von 50-75% erreicht (Rice und Pilcher, 1998). Die Gesamtmortalität, auch aufgrund einiger Pflanzen ohne Expression, liegt beim derzeitigen Anbaumuster in den USA nach Ostlie et al. (1997, zit. in Gianessi und Carpenter, 1999) nur bei ca. **96%**.

Moderate oder niedrige Dosis als Strategie in Kombination mit natürlichen Feinden

Eine Verringerung der Dosis kann erreicht werden, indem *B.t.*-Toxine in geringerem Maße oder gewebespezifisch exprimiert werden und *B.t.*-Pflanzen mit konventionellen Sorten oder Sorten mit anderen Insektenresistenzgenen im Anbau gemischt werden (Schütte, 2000). Die Mortalität muss entweder weit über (s. Hoch-Dosis-Strategie) oder weit unter 80% liegen, um eine Resistenzentwicklung zu verlangsamen (s.o.)

Die Vorteile dieser Strategie sind, dass

- mehr spezialisierte Nützlingspopulationen im Feld überleben könnten, da nicht alle Schädlinge sterben, und
- alle eventuellen Nebenwirkungen aufgrund der Dosis geringer ausfallen.

Eine Voraussetzung für diese Strategie besteht jedoch auch:

- Nützlinge sollten sich an durch *B.t.*-Toxine geschwächten Schädlingen entwickeln können (dosisabhängig) und sie dürfen in ihrer Gesamtwirkung nicht empfindliche Schaderreger gegenüber resistent gewordenen bevorzugen, denn das würde einen zusätzlichen Selektionsdruck bewirken.

Um diese Voraussetzung zu prüfen, sind Untersuchungen zum Beziehungsgeflecht der drei Ebenen Pflanze, Schaderreger und Parasit/Räuber notwendig, wie sie in Großbritannien derzeit unternommen werden. Diese dreistufigen Systeme werden dort sowohl experimentell als auch mit Modellen erforscht und erste Ergebnisse geben Anlass dazu, eine Umsetzung im größeren Maßstab (Freilandversuch) zu testen. Je nach Stärke der Dosis ist auch eine Kombination mit Refugien in der Diskussion. Ein Problem besteht darin, dass anfällige Schaderreger meist eine längere Entwicklungszeit haben und das Risiko, parasitiert oder gefressen zu werden, somit steigt (versch. Autoren s. Schütte, 2000). Außerdem fressen anfällige Insektenlarven weniger schnell, bewirken somit teilweise weniger Duftstoff-Abgabe bei den Pflanzen, wodurch kaum Parasitoide angelockt werden (Schuler, 2000). Beide Faktoren begünstigen das Überleben resistenter Biotypen und erhöhen ihren Anteil.

Mischung von Toxinen (unabhängig von der Dosis)

Sowohl die Hoch-Dosis als auch die Moderate/Geringe-Dosis-Strategie kann durch den Einsatz verschiedener Toxine (mit unterschiedlichen Wirkwegen – ohne Kreuzresistenz) verbessert werden. Denn zahlreiche Versuche mit mehreren Toxinen zeigen eine starke Verzögerung der Resistenzbildung.
Unterschiedliche Toxine können in verschiedenen Pflanzen innerhalb gemischter Bestände oder nacheinander (Rotation) (bietet sich bei additiver Vererbung der Resistenzgene bei den Insekten[4]) eingesetzt werden. Oder sie werden in ein und derselben Pflanze exprimiert (bietet sich bei rezzessiver Vererbung der Resistenzgene bei den Insekten an).

[4] Additiv bedeutet, dass ein Resistenzgen gegen mehrere Toxine wirkt

Alternative Resistenzmanagementkonzepte zu marktreifen Mais- und Kartoffel-B.t.-Sorten

B.t.-Mais: Die Entwicklung von *B.t.*-Mais richtet sich vor allem gegen den Hauptmaisschädling in den USA, den aus Europa eingeschleppten Maiszünsler, *Ostrinia nubilalis.* Diese Art ist mit Insektiziden kaum zu bekämpfen, da sie als Larve in Stengeln miniert. In Europa werden Eiparasitoide (Trichogramma) eingesetzt. Der Maiszünsler frisst an sehr vielen (über 200) Pflanzen; die Art entwickelt aber an anderen Pflanzen nicht so große Populationen wie an Mais.

- *B.t.*-Mais sollte früher als nicht-transgener Mais ausgesät werden, da die Zünsler im Frühjahr reifere Pflanzen extrem vorziehen. Die zweite Generation würde die Eier dann auch an nicht-resistenten Mais legen, wo die Larven keinem "*B.t.*-Selektionsdruck" mehr ausgesetzt sind (Alstad und Andow, 1995). Der Vorschlag wird von Ives (1996) als uneffektiv kritisiert.

B.t.-Kartoffeln: Folgende alternative Managementmethoden wurden vorgeschlagen:

- *B.t.*-Kartoffeln sollen als Fallenpflanzen genutzt werden, um die Zahl der Kartoffelkäfer insgesamt zu reduzieren. Dazu werden sie 14 Tage früher gesetzt und nach Befall untergegraben (Whalon und Wierenga, 1994).

- Refugien sollten in Streifen oder zentral (nicht mehr als 500 m voneinander entfernt) angelegt werden. Das Resistenzmanagement soll durch einen Fruchtwechsel unterstützt werden.

(*B.t.* Baumwolle s. Anhang)

Forschungsbedarf und Regulierungsmaßnahmen

Forschungsbedarf

Die Auswirkungen von coleopterenspezifischen Toxinen auf Arthropoden sind weitaus weniger untersucht worden als die von lepidopterenspezifischen.
Einen besseren Vergleich der Wirkungen von *B.t.*-Sprays und –Pflanzen würden die folgenden von Deml und Dettner (1998) vorgeschlagenen Untersuchungen ermöglichen. Nach Deml und Dettner (1998) sollten jeweils bei einer Reihe von Insektenarten, die an der jeweiligen Kulturart fressen, Laborversuche mit *B.t.*-Pflanzenmaterial durchgeführt werden (z.T. zusätzliche Bestimmung von Wachstumsraten und anderen Indices). Auch Tests, ob Toxin-Bindungsstellen im Darm verschiedener Nicht-Ziel-Insekten vorliegen, kämen in Frage. Zudem sollten Parasitierungsraten am Zielinsekt, Auswirkungen auf räuberische Arten und auf die Collembolenfauna untersucht werden. Teilweise wird gefordert, aufgrund des *B.t.*-Austrags bei Mais in den Boden, Effekte auf Bodenorganismen zu prüfen.
Aufgrund der Vorteile (weniger ökologische Nachteile) der Management-Strategie sollten großflächige Versuche mit Pflanzen, die Toxinmischungen mit moderater oder geringer Dosis exprimieren (geringeres Risiko der Resistenzbrechung) angestrebt werden.

Resistenz-Monitoring: Unabhängig von der Wahl der Management-Strategie wird von vielen Wissenschaftlern gefordert, dass ein Resistenz-Monitoring durchgeführt wird. Dabei sollten Resistenzallele nachgewiesen werden können, wenn sie eine Häufigkeit von ca. 10^{-6} (bei dominanten Allelen) bzw. 10^{-3} (bei rezessiven Allelen) überschreiten – was natürlich eine entsprechende Probenmenge notwendig macht (Quellen s. Schütte, 2000). Sind diese Häufigkeiten in einer Population erreicht, ist nach Modellrechnungen eine schnelle Ausbreitung zu befürchten (wobei die Anzahl der Generationen der Schädlinge pro Jahr und der Fittnessverlust der resistenten Biotypen als Faktor eingehen). Heckel (2000) arbeitet derzeit an der Entwicklung molekularer Marker, mit denen eine Resistenzentwicklung auch in kleiner Zahl leichter nachweisbar wäre. Andow (2000) bilanzierte die Kosten und die Sensivität verschiedener Monitoring-Strategien und kritisierte die bevorzugte Strategie der US-Behörden. Der Resistenzmechanismus (incl. Grad des Fitnessverlustes) und die Art seiner Vererbung (rezessiv/dominant?, bei Mehrfachresistenzen additiv?) müssten auch untersucht werden, um die Notwendigkeit von Maßnahmen einschätzen zu können.

Monitoring der Wirkungen auf Nicht-Ziel-Insekten: Aufgrund der theoretisch nicht auszuschließenden unterschiedlichen Wirtsspezifität der *B.t.*-Sprays und *B.t.*-Pflanzen werden Langzeituntersuchungen, die die Populationsdynamik (natürliche Dichteschwankungen) der ausgewählten Insektenarten berücksichtigten, geplant (und wurden zum Teil bereits begonnen). Die Spezifität könnte allerdings bei Arten, die im Labor gehalten werden können, auch dort überprüft werden.
Besonders von Interesse ist die Frage, ob die besonders effektive und spezialisierte Nützlingsgruppe der Parasitoide beeinträchtigt wird und ob sie die Anpassung der Schadinsekten beschleunigen.

Regulierungsmaßnahmen

Es wird befürchtet, dass der Anbau von Hoch-Dosis-Pflanzen mit nur einem Toxin Resistenzen bei den Schaderregern provoziert, wodurch als Folge der Ökolandbau seine Mittel nicht mehr effizient einsetzen kann. Zumindest im Kartoffelbau ist der Ökolandbau auf *B.t.*-Sprays angewiesen, beim Mais steht mit der Bekämpfung des Zünslers durch *Trichogramma* (Parasitoid) eine Alternative zur Verfügung. Auch Isolierdistanzen, wie sie als Maßnahme gegen Auskreuzung vorgeschlagen werden (s. Kap. 3.2.1), sind als Schutz alternativ bewirtschafteter Flächen uneffektiv, denn resistente Insekten können kilometerweit passiv (Windverdriftung) oder aktiv wandern (vgl. Lenormand und Raymond, 1998; Lenormand et al., 1999). So hat sich zum Beispiel eine initiale Resistenz gegen Organophosphate in der Mückenart *Culex pipiens* durch Migration stückweise weltweit verbreitet (Raymond et al., 1991).
Daher forderte Langenbruch (1998) zumindest für den Kartoffelbau „restriktive, vorbeugende Maßnahmen (wie etwa die Bekämpfung mit Fangpflanzen)“. Ein vorbeugendes (!) Resistenzmanagement sollte erprobt, von Industriegeldern finanziert und staatlich überwacht werden. Österreich hat sich, um den hohen Anteil der Ökolandwirtschaft vor resistenten Schaderregern zu schützen, gegen eine Zulassung entsprechender Sorten entschieden (Torgersen und Seifert, 1999).

Hoch-Dosis-Pflanzen in Zentren der Biodiversität: Die Folgen der Übertragung der extrem starken Resistenzen auf verwandte Wildarten mit Unkrautcharakter werden derzeit z.B. an Raps und Sonnenblumen (in den USA) erforscht. Effekte durch Auskreuzung in seltene Wildpflanzen, die für bestimmte Insekten eine essenzielle Nahrungsgrundlage darstellen, sind in der Diskussion. Eine Zusammenarbeit mit nicht-industrialisierten Ländern erscheint notwendig, da die meisten Pflanzen dort ihren Ursprung haben. Bei dortigem Anbau wären das Einhalten von Isolierdistanzen und andere Containmentmaßnahmen (s. Kap. 3.2.2) zu erwägen.

Besondere Maßnahmen des integrierten Pflanzenschutzes und Refugienstrategien: B.t.-freie Ackerrand- und Schonstreifen könnten sowohl als Refugie im Sinne des Resistenzmanagementes als auch dem Aufbau von schützenswerten Schmetterlingspopulationen an Beikräutern dienen. Eine Vorjahres-Befallsprognose für die jeweiligen Insektenschädlinge würde helfen, den unnötigen Einsatz von *B.t.*-Pflanzen in Jahren mit geringem Befall zu verhindern und somit eine Resistenzentwicklung erschweren.

Bei einer Einführung von Hoch-Dosis-Pflanzen sind Refugien-Vorschriften in den USA (und Australien) üblich, die nicht immer von den staatlichen Behörden (hier EPA), sondern auch von den Saatgutfirmen verlangt werden (Monsanto, Corn Growers Association, s. Tab. 7. u. Schütte, 2000). *B.t.*-Kartoffeln werden in den USA ohne Refugien-Auflagen angebaut. Zwei Gründe sind hierfür wahrscheinlich maßgebend:

- Die Resistenz richtet sich gegen **einen** relativ monophagen Schädling (er wird nicht an anderen Wirtspflanzen fressen und so die Dosis verdünnen).
- Die Empfindlichkeit des Kartoffelkäfers gegen die eingesetzten Toxine ist unvergleichbar höher als die der Schadlepidopteren an Mais und Baumwolle in den USA (der Selektionsdruck ist theoretisch sehr gering, weil die Mortalität wirklich nahe 100% liegen könnte).

Anbaukataster und Notmaßnahmen: Es wird zudem für sinnvoll erachtet, auf dem Wege der Dokumentation die Verteilung der Flächen mit insektenresistenten Sorten sowie der Refugien (konventionelle Sorten) und eventueller natürlicher Refugien zu erfassen (Feldmann, pers. Mittl.). Entlang der Staatsgrenzen mag es einer internationalen Abstimmung bedürfen.

Es sollte geklärt sein, welche Maßnahmen (Anbaustop für bestimmte Sorten etwa, Insektizideinsätze, Fruchtfolgen abändern) getroffen werden, wenn Resistenzen in einer Häufigkeit auftreten, die oben genannte Stufen überschreiten (s.o., je nach Schaderreger, Anbauregion und Art der Resistenz).

Literatur

Alstad DN, Andow DA. 1995. Managing the evolution of insect resistance to transgenic plants. *Science* 268:1894-1896

Ammann K. 2000. August 22. E-mail listserve kammann@sgi.unibe.ch

Andow DA, Hutchinson W. 1998. Bt-corn resistance management. In: Mellon M, Rissler J. (eds.) Now or never: Serious new plans to save a natural pest control, 19-66

Andow DA. 2000. Priorities for future monitoring. ESF/AIGM (European Science Foundation) The environmental implications of genetically modified plants with insect resistance genes. Workshop, September 2000, Bern, Switzerland

Anonym 1994. *Agro* 212

Arpaia S. 1996. Ecological impact of Bt-transgenic plants: 1. Assessing possible effects of CryIIIB toxin on honey bee (Apis mellifera L.) colonies. *Journal of Genetics and Breedings* 50:315-319.

Bauer LS. 1995. Resistance: A threat to the insecticidal crystal proteins of *Bacillus thuringiensis*. *Florida Entomologist* 78:414-443

BBA (Biologische Bundesanstalt) 1999. http:/www.bba.de/gentech/tab3.htm

BBA 2000. Anträge zur Freisetzung von GVO in der EU: eingeführte Eigenschaften. http:/www.bba.de

Berenbaum MR. 2000. July 12. E-mail listserve kammann@sgi.unibe.ch

Bigler F, Keller B, Keller M. 1997. Risikoforschung an gentechnisch verändertem Bt-Mais. In: Eidgenössische Forschungsgemeinschaft für Agrarökologie und Landbau (ed.) Medieninformation 11
http://www.admin.ch/sar/fal/mi/mit1197d.html

BMELF (Bundesministerium für Ernährung, Landwirtschaft und Forsten) 1995. (ed.) Statistisches Jahrbuch über Ernährung, Landwirtschaft und Forsten der Bundesrepublik Deutschland. Bd. 37. Münster-Hiltrup

Bouchie A. 2000. Bacillus identify crisis. *Nature Biotechnolgy* 18(8):813

Bourguet D. 2000. Gene flow on Ostrinia nubilalis in France. Implication for the sustainability of Bt maize. ESF/AIGM (European Science Foundation) The environmental implications of genetically modified plants with insect resistance genes. Workshop, September 2000, Bern, Switzerland

Bradley D, Harkey MA, Kim M-K, Biever KD, Bauer LS. 1995. The insecticidal CryIB crystal protein of *Bacillus thuringiensis* ssp. *thuringiensis* has dual specificity to coleopteran and lepidopteran larvae. *Journal of Invertebrate Pathology* 65:162-173

Brower LP, Zalucki MP. 1999. Bt-corn and its effects on Monarch butterflies: a note of caution. November 11. E-mail listserve kammann@sgi.unibe.ch

Candolfi M, Ahl-Goy P, Reber B, Brown K. 2000. Novartis field study results on potential effects of Bt-corn on non-target arthropods. ESF/AIGM (European Science Foundation) The environmental implications of genetically modified plants with insect resistance genes. Workshop, September 2000, Bern, Switzerland

Crecchio C, Stotzky G. 1998. Insecticidal activity and biodegradation of the toxin from Bacillus thuringiensis Subs. *kurstaki* bound to humic acids from soil. *Soil. Biol. Biochem.* 30(4):463-470

Daly J, Finegan J, Wilson L, Fitt G, Schellhorn N. 2000. Impact of Bt Cotton – Insect/Plant Interactions. ESF/AIGM (European Science Foundation) The environmental implications of genetically modified plants with insect resistance genes. Workshop, September 2000, Bern, Switzerland

Deml R, Dettner K. 1998. Wirkungen *Bacillus thuringiensis*-toxin-produzierender Pflanzen auf Ziel- und Nichtzielorganismen – eine Standortbestimmung. *Umweltbundesamt Texte* 36/98, 120 S.

Diercks R. 1984. Einsatz von Pflanzenbehandlungsmitteln und die dabei auftretenden Umweltprobleme. Materialien zur Umweltforschung. Der Rat von Sachverständigen für Umweltfragen. Stuttgart

Dogan EB, Berry RE, Reed GL, Rossignol PA. 1996. Biological parameters of convergent lady beetle (Coleoptera: Coccinellidae) feeding an aphids (Homoptera: Aphididae) on transgenic potato. *Journal of Economic Entomology* 89:1105-1108

EPA (Environmental Protection Agency) 1995. *Bacillus thuringiensis* CryIA(b)-endotoxin and the genetic material necessary for its production (Plasmid vector pCIB4431) in corn. 18 pp.

Estruch JJ, Carozzi NB, Desai N, Duck NB, Warren GW. 1997. Transgenic plants: An emerging approach to pest control. *Nature Biotechnology* 15:137-141

Feldmann S. 2000. Zusammenfassende Darstellung der von den Bundesländern finanzierten Begleitforschung. Bmb+f Statusseminar „Biologische Sicherheitsforschung bei Freilandversuchen mit transgenen Organismen und anbaubegleitendes Monitoring" Braunschweig 1999

Ferro DN. 1993. Potential for resistance to *Bacillus thuringiensis*: Colorado Potato Beetle (Coleoptera: Chrysomelidae) - A model system. *American Entomologist* 39:38-44

Flexner JL, Lighthart B, Croft BA. 1986. The effects of microbial pesticides on non-target, beneficial arthropods. *Agriculture, Ecosystems and Environment* 16:203-254

Fox J. 1996. *Bt* cotton infestations renew resistance concerns. *Nature Biotechnology* 14:1070

Gianessi LP, Carpenter JE. 1999. Agricultural Biotechnology: Insect Control Benefits. Biotechnology Industry Organization (BIO) http://bio.org/foogundag/bioins01.html

Giddings V. 2000. BIO Statement regarding purported new findings on Bt corn and Monarch butterflies. August 22. E-mail listserve kammann@sgi.unibe.ch

Goldburg B. 1999. Preliminary research results presented during the Monarch research symposium Nov.2.1999. November 11. E-mail listserve kammann@sgi.unibe.ch

Gould F. 1988. Genetic engineering, integrated pest management and the evolution of pests. *TREE/TIBTECH* 3/6(4):515-518

Gould FL. 1997. Comments of Fred Gould on plant pesticide resistance management. Comments to an EPA-Hearing 21.03.1997 (OPP-DO470):1-3

Haider MZ, Knowles BH, Ellar DJ. 1986. Specifity of *Bacillus thuringiensis var. colmeri* insecticidal endotoxin is determined by differential proteolytic processing of the protoxin by larval gut proteases. *Eur. J. Biochem.* 156:531-540

Hansen L. Obricki J. 1999. Non-target effects of Bt corn pollen on the Monarch Butterfly (Lepidoptera: Danaidae) 54th Compiled Proseccings, Annual Meeting, North Central Brancj of the Entomological Society of America, abstract http://www.ent.iastate.edu/entsoc/ncb99/prog/abs/D81.html

Head G. 2000. The challenge of producing environmental friendly crops. ESF/AIGM (European Science Foundation) The environmental implications of genetically modified plants with insect resistance genes. Workshop, September 2000, Bern, Switzerland

Heckel DG. 2000. Genetic mechanisms and ecological consequences of the development of resistance in insect pests to transgenic plants. ESF/AIGM (European Science Foundation) The environmental implications of genetically modified plants with insect resistance genes. Workshop, September 2000, Bern, Switzerland

Hilbeck A, Baumgartner M, Fried PM, Bigler F. 1998. Effects of transgenic *Bacillus thuringiensis* corn-fed prey on mortality and development time of *Chrysoperla carnea* (Neuroptera: Chrysopidae). *Environmental Entomology* 27:480-87

Ho M. van 2000. July 12. E-mail listserve kammann@sgi.unibe.ch

House of Lords 1999. Session 1998/99: European Communities – Second Report

Huang F, Buschman LL, Higgins RA, McGaughey WH. 1999. Inheritance of resistance to *Bacillus thuringiensis* Toxin (Dipel ES) in the European Corn Borer. Science 284:965-967.

Johnson MT. 1997. Interaction of resistant plants and wasp parasitoids of Tobacco Budworm (Lepidoptera: Noctuidae). *Environ. Entomol.* 26(2):207-214

Klöpffer W, Renner I, Tappeser B, Eckelkamp C, Dietrich R. 1999. Life Cycle assessment gentechnisch veränderter Produkte als Basis für eine umfassende Beurteilung möglicher Umweltauswirkungen. Umweltbundesamt Österreich. Monographien Bd. 111. Wien, 253 S.

Kramer KJ, Moragn TD, Throne JE, Dowell FE, Bailey M, Howrd JA. 1990. Transgenic avidin maize is resistant to storage insect pests. *Nature Biotechnology* 18(6):670-674

Kreutzweiser DP, Gringorten JL, Thomas DR, Butcher JT. 1996. Functional effects of the bacterial insecticide *Bacillus thuringiensis* var. *kurstaki* on aquatic communities. *Ecotoxicology and Environmental Safety* 33:271-280

Langenbruch GA. 1998. *B.t.*-Mais und *B.t.*-Kartoffeln – gefährden sie den Einsatz von *Bacillus thuringiensis*-Päparaten in Deutschland? *Mitt.a.d.Biol. Bundesanst.* 357:342

Lenormand T, Bourguet D, Giullemaud T, Raymond M. 1999. Tracking the evolution of insecticide resistance in the mosquito *Culex pipiens*. *Nature* 400:861864

Lenormand T, Raymond M. 1998. Resistance management: the stable zone strategy. *Proc. Roy. Soc. Lond. Ser.* B. 265:1985-1990

Liu Y, Tabashnik BE, Dennehy TJ, Patin AL, Bartlett AC. 1999. Development time and resistance to Bt crops. *Nature* 400:19

Losey JE, Raynor LS, Carter ME. 1999. Transgenic pollen harms monarch larvae. *Nature* 399:214.

Louda SM. 1999. Insect Limitation of Weedy Plants and Ist Ecological Implications. In: Traynor PL, Westwood JH. (eds.) Ecological Effects of Pest Resistance Genes in Managed Ecosystems. Information Systems für Biotechnology:43-48

Lozzia GC, Manachini B. 2000. Field studies and laboratory bioassay of the effect of Bt on non-target arthropods. ESF/AIGM (European Science Foundation) The environmental implications of genetically modified plants with insect resistance genes. Workshop, September 2000, Bern, Switzerland

Luttrell RG, Mascarenhas VJ, Schneider JC, Parker CD, Bullock PD. 1995. Effect of transgenic cotton expressing endotoxin protein on arthropod populatione in Mississippi cotton. Proc. of the Beltwide cotton production research conference. National cotton council of America, Memphis TN, 760-763

Mallet J, Porter P. 1992. Preventing insect adaptation to insect-resistant crops: Are seed-mixtures or refugia the best strategy? *Proc. Roy. Soc. London Ser.* B:165-198

Marvier M, Kareiva K. 1999. Extrapolating from Field Experiments tha Remove Herbivores to Population-Level Effects of Herbivore Resistance Genes. In: Traynor PL, Westwood JH. (eds.) Ecological Effects of Pest Resistance Genes in Managed Ecosystems. Information Systems für Biotechnology:57-64

Marrone PG, Macintosh SC. 1993. Resistance to *Bacillus thuringiensis* and resistance management. In: Entwistle JS, Cory MJ, Bailey MJ, Higgs S. (eds.) *Bacillus thuringiensis*, an environmental biopesticide: theory and practice, 221-235

Matten SR, Lewis PI. 1995. EPA and *B.t.*- Plant-pesticide resistance management. NBIAP News Report, Internet: http://www.nbiap.vt.edu

Melin BE, Cozzi EM. 1990. Safety to nontarget invertebrates of lepidopteran strains of *Bacillus thuringiensis* and their ß-exotoxins. In: Laird, M., Lacey, L.A., Davidson, E.W. (eds.) Safety of microbial insecticides, CRC Press, Inc., Boca Raton, Florida, 149-167

Metcalf CL, Flint WP. 1962 Destructive and useful insects – their habits and control, 4th ed., McGraw-Hill Book Company, New York, San Francisco, Toronto

National Corn Growers Association April 21, 1999. Industry insect management program. http://.Ncga.Corn/02profits/Insectmgmtplan/toc.Htm

Pham-Delègue, Jouanin L. 2000. Impact of genetically modified plants on honeybees. ESF/AIGM (European Science Foundation) The environmental implications of genetically modified plants with insect resistance genes. Workshop, September 2000, Bern, Switzerland

Pilcher CD, Obrycki JJ, Rice ME, Lewis LC. 1997. Preimaginal development, survival, and field abundance of insect predators on transgenic *Bacillus thuringiensis* corn. *Environ. Entomol.* 26(2):446-454

Pimentel D, Mc Laughlin L, Zepp A, Lakitan B, Kraus T, Kleinman P, Vancini F, Roach WJ, Graap E, Keeton W, Selig G. 1993. Environmental and economic impacts of reducing U.S. agricultural pesticide use. In: Pimentel D, Lehman H. (eds.) The pesticide question, New York, 223-278

Pimentel D, Raven PH. 2000. Commentary: Bt corn pollen impacts on nontarget lepidoptera: Assessment of effects in nature. *Proc. Natl. Acad. Sci. USA* 97(15):8198-8199

Pleasants JM, Hellmich RL, Lewis LC. 1999. Pollen deposition on milkweed leaves und der natural conditions. Presentation at the Monarch butterfly research symposium, Chicago, Nov. 1999

Powell DA, Grant SE, Lastivic S. 1999. A survey of Ontario corn producers to assess compliance with refugia recommendations to manage development of resistance to genetically engineered Bt-corn in the European corn borer. Agri-food Risk Management and Communication Technical Report No. 10 http://www.oac.uoguelph.ca/riskcomm/plant-ag/bt-survey/bt-survey.htm

Raymond M, Callaghan A, Fort P, Pasteur N. 1991. Worldwide migration of amplified insecticide resistance genes in mosquitos. *Nature* 350:151-153

Rice M, Pilcher CD. 1998. Potential benefits and limitations of transgenic BT corn for management of the European Corn Borer. *American Entomologist*, Summer 1998

RKI (Robert-Koch-Institut, Berlin) 1999a. Eigenschaften der freigesetzten Organismen in den EU-Mitgliedstaaten. (http://www.rki.de/GENTEC/FREISETZUNGEN/EU_TRAIT.HTM)

RKI 1999b. Beispiele gentechnisch veränderter Pflanzen, die in der EU auf dem Markt sind. (http://www.rki.de/GENTEC/INVERKEHR/IVKLIST_HTM)

Roush RT. 1997. Managing resistance to transgenic crops. In: Carozzi N, Koziel M (eds.) Advances in Insect Control: The Role of Transgenic Plants, Bristol, 271-94

Saik JE, Lacey LA, Lacey CM. 1990. Safety of microbial insecticides to vertebrates - domestic animals and wildlife. In: Laird M, Lacey LA, Davidson EW. (eds.) Safety of microbial insecticides, CRC Press, Inc., Boca Raton, Florida, 115-132

Saxena D, Flores S, Stotzky G. 1999. Insecticidal toxin in root exudates from *B.t.* corn *Nature* 402:480

Schuler T, Potting PJ, Denholm I, Poppy GM. 1999 Parasitoid behaviour and Bt plants. *Nature* 400:825-26

Schuler T. 2000. Potential side effects of GM oilseed rape and GM apple on arthropod natural enemies. ESF/AIGM (European Science Foundation) The environmental implications of genetically modified plants with insect resistance genes. Workshop, September 2000, Bern, Switzerland

Schütte G, Riede M 1998: *Bacillus thuringiensis*-Toxine in Kulturpflanzen. In: Nutzung der Gentechnik im Agrarsektor des USA – Die Diskussion von Versuchsergebnissen und Szenarien zur Biosicherheit. Studie im Auftrag des Umweltbundesamtes, UBA-Texte 47/98, Berlin, 447-508.

Schütte G. 2000. Varieties Resistant Against Invertebrate Pests. Mitteilungen aus dem Institut für Allgemeine Botanik Hamburg. Bd.28. http:www.gtz.de/biotech/dokument.htm

Sears M, Stanley-Horn D. 2000. Impact of Bt corn pollen on monarch butterfly populations. In: Fairbairn C. et al. (eds.) Proceedings of the 6th International Symposium on the Biosafety of GMOs, July 2000, Saskatoon, Canada, 120-130

Sears MK, Shelton A. 2000 Questionable conclusions from latest monarch study. September 6. E-mail listserve kammann@sgi.unibe.ch

Sears MK, Stanley-Horn DE, Mattila HR. 2000. Preliminary report on the ecological impact of BT corn pollen on the Monarch butterfly in Ontario. Department of Environmental Biology, Univeresity of Guelph, Ontario N1G 2W1

Sears MK. 2000. Comments on recent reports dealing with Bt corn and the Monarch butterfly. Crop Pest Ontario Vol. 5(15), August 28. E-mail listserve kammann@sgi.unibe.ch

Shelton AM, Tang JD, Ruosh RT, Metz TD, Earle ED. 2000. Field tests on managing resistance to Bt-engineered plants. *Nature Biotechnology* 18(3):339-342

Siegel JP, Shadduck JA. 1990. Safety of microbial insecticides to vertebrates - humans. In: Laird M, Lacey LA, Davidson EW. (eds.) Safety of microbial insecticides, CRC Press, Inc., Boca Raton, Florida, 101-113

Sims S. 1995 *Bacillus thuringiensis* var. *kurstaki* (CryIA8c) Protein expressed in transgenic cotton: Effects on beneficial and other non-target insects. *Southwestern Entomologist* 20(4):493-500

SRU (Der Rat von Sachverständigen für Umweltfragen) 1998. Umweltgutachten 1998, Metzler-Poeschel Stuttgart.

Steffey K. 2000. Here we go again: Bt corn and Monarch butterflies. August 28. E-mail listserve kammann@sgi.unibe.ch

Stewart CN. 1999. Insecticidal transgenes into nature: gene flow, ecological effects, relevancy, and monitoring, In: Relevance for transgenic crops. British Crop Protection Council Symposium Proceedings No. 72:179-190.

Stewart CN, Halfhill MD. 2000. Consequences of gene flow from Bt canola. ESF/AIGM (European Science Foundation) The environmental implications of genetically modified plants with insect resistance genes. Workshop, September 2000, Bern, Switzerland

Tabashnik BE, Cushing NL, Finson N, Johnson MW. 1990. Field development of resistance to *Bacillus thuringiensis* in Diamondback Moth (Lepidoptera: Plutellidae). *Journal of Economic Entomology* 783:1671-1676

Tabashnik BE. 1994. Evolution of resistance to *Bacillus thuringiensis. Annu. Rev. Entomol.* 39:47-79

Tabashnik BE, Malvar T, Liu Y-B, Finson N, Borthakur D, Shin B-S, Park S-H, Masson L, Maagd RA de, Bosch D. 1996. Cross-resistance of the Diamond Moth indicates altered interactions with domain II of *Bacillus thuringiensis* toxins. *Applied and Environmental Microbiology*: 2839-2844

Tapp H, Stotzky G. 1998. Persistance of the insecticidal toxin from *Bacillus thuringiensis* Subs. *kurstaki* in soil. *Soil. Biol. Biochem.* 30(4):471-476

Theiling KM, Croft BA. 1988. Pesticide side-effects on arthropod natural enemies: a database summary. *Agriculture, Ecosystems and Environment* 21:191-218

Thomas K. Powell D. 2000 Backgrounder: Genetically-Engineered Bt-containing field corn. http://www.plant.uoguelph.ca/safefood/gmo/updated-bt-backgrounder.htm

Thompson MA, Schnepf HE, Feitelson JS. 1995. Structure, function and engineering of *Bacillus thuringiensis* toxins. *Genetic Engineering* 17:99-117

Torgersen H, Seifert F. 1999. Austria: Precautionary blockage of transgenic crops (and food?). Final report for the DG XII/ELSA projekt „Safety Regulation of Transgenic crops – Completing the Internal Market

USDA (United States Department of Agriculture) 1999. Biotechnology Risk Assessment Research Grants Program Home Page. http://www.reeusda.gov/crgam/biotechrisk.biotech.htm

USDA 2000. Field test releases in the US (www.nbiap.vt.edu/cfdocs/fieldtests2.cfm)

Vinson SB. 1990. Potential impact of microbial insecticides on beneficial arthropods in the terrestrial environment. In: Laird M, Lacey LA, Davidson EW. (eds.) Safety of microbial insecticides, CRC Press, Inc., Boca Raton, Florida, 43-64

Wagner DL, Peacock JW, Carter JL, Talley SE. 1996. Field assessment of *Bacillus thuringiensis* on nontarget Lepidoptera. *Environ. Entomol.* 25(6):1444-1454

Wallimann T. 2000. *B.t.* toxin: Assessing GM Strategies. *Science* 287:5450:41

Whalon ME, Wierenga JM. 1994. *Bacillus thuringiensis* resistant Colorado Potato Beetle and transgenic plants: Some operational and ecological implications for deployment. *Biocontrol Science and Technology* 4:555-561

Wraight CL, Zangerl AR, Caroll MJ, Berenbaum MR. 2000. Absence of toxicity of Bacillus thuringiensis pollen to black swallowtails under field conditions. *Proc. Natl. Acad. Sci. USA* 97(14):7700-7703

Anhang

A1

Wirkungsweise und -spezifität der *B.t.*-Endotoxine

Das Bodenbakterium *Bacillus thuringiensis* setzt während der Sporulation (nicht während der vegetativen Vermehrungsphase) höhermolekulare Protoxine frei, die in Proteinkomplexen vorliegen. Nach Aufnahme der Protoxine durch das Insekt werden sie im Darmlumen in eine lösliche Form überführt und durch Proteasen bei pH-Werten von 8-10 in kleinere Einheiten zerlegt. Darunter finden sich die wirksamen δ-Endotoxine (Cry-Proteine). Diese lagern sich an Bindungsstellen in der Membran der Darmzellen an und bilden Poren aus, die vermutlich einen unspezifischen Transport von Kationen durch die Membran erlauben. So kommt es zum Zusammenbruch der osmotischen Verhältnisse der Zellen, was zum Zelltod einschliesslich zum Aufheben der Barriere zwischen Darmlumen und Hämolymphe führt (Zitate bei Schütte und Riede, 1998, S. 455).

Die Wirkungsspezifität der *B.t.*-Toxine auf verschiedene Insektengruppen beruht auf folgenden Ursachen:

- Verschiedene Unterarten bzw. Stämme von *B. thuringiensis* produzieren eine Vielzahl unterschiedlicher Cry-Proteine, wobei die meisten mehr als nur einen Typ von Cry-Proteinen synthetisieren. Die verschiedenen Cry-Protein-Typen werden mit angehängten römischen Zahlen, Gross- und z.T. Kleinbuchstaben beschrieben (z.B.: CryIA[a], CryIA[b], CryIB..., CryIIA, CryIIB...,....., ChryIX). Insgesamt wurde bis Anfang 1997 96 verschiedene Cry-Gene entdeckt (Estruch et. al, 1997). Die Endotoxine wirken je nach Stamm unterschiedlich, vor allem aber gegen Lepidopteren (bis in die neunziger Jahre 12 verschiedene bekannt), Coleopteren (7 verschiedene) und Dipteren (Schütte und Riede, 1998).

- Die Enzymausstattung (und der im Mitteldarm vorherrschende pH-Wert) der Insekten ist art- bzw. gruppenspezifisch. Je nach Enzym spalten sich die Protoxine an anderen Stellen auf. Je nach Spaltungsstelle wiederum werden unterschiedlich wirksame Endotoxine freigesetzt.

- Die aktivierten Endotoxine binden mit hoher Affinität an spezifische Rezeptoren in der Darmwand. Diese unterscheiden sich zwischen einzelnen Insektenarten in Typ, Anzahl und Affinität.

A2

Verwendung der *B.t.*-Toxine in Sprays

Da die Toxine aufgrund ihrer sehr kurzen Persistenz nicht isoliert als Sprays verwendet werden können, werden Suspensionen mit sporulierenden *B.t.*-Zellen verschiedener Stämme zur Insektenbekämpfung eingesetzt (z.B. Dipel, Foray). *B.t.*-Sprays sind seit über 30 Jahren im Einsatz und machen heute mehr als 1% des weltweiten Insektizidmarktes aus - Tendenz zunehmend. Besondere Bedeutung erlangten sie im Ökolandbau, zur Bekämpfung von Waldschädlingen (z.B. Schwammspinner), Stechmücken und Vorratsschädlingen.

In neuerer Zeit werden auch Sprays mit transkonjugierten Stämmen von *B.t.* angeboten, oder solche mit transgenen, abgetöteten Pseudomonaden, deren Hüllen *B.t.*-Toxine enthalten (Vorteil: höhere Persistenz als in Sporensuspensionen). Die neuen Sprays ermöglichen neue Kombinationen von *B.t.*-Toxinen in den Applikationen, was in der Regel das Wirtsspektrum erweitert bzw. den Wirkungsgrad erhöht (Schütte und Riede 1998).

A3

Tab. A1: Beispiele für Anträge in Nordamerika, Europa und Japan auf Inverkehrbingen transgener Pflanzen mit insektizider Wirkung (H: kombiniert mit Herbizidresistenz).

a) Mais gegen Lepidopteren (v. a. Maiszünsler).

Antragsteller	Sorte	Staat	Verfahrensstand	Quelle
Cibaseeds	Maximizer	USA	in Verkehr	4
Dekalb Genetics	Bt-Xtra	USA	in Verkehr	1, 4
Dekalb Genetics	k.A. / H	NL	Beantragt	1, 5
Monsanto	YieldGard	USA	in Verkehr	1, 4
Monsanto	k.A.	F	Beantragt	1
Monsanto	k.A. / H	USA	in Verkehr	1, 4
Monsanto Japan	k.A.	Japan	in Verkehr	1
Monsanto Japan	k.A.	Japan	in Verkehr	1
Mycogen	NatureGard	USA	in Verkehr	4
Northrup	k.A.	GB+NL	Sorte zugelassen, EU 1998, aber kein Anbau	2, 3
Novartis (Ciba-Geigy)	KnockOut	USA	in Verkehr	1, 4
Novartis (Ciba-Geigy)	k.A. / H	F	Zugelassen, EU 1997	1
Novartis (Ciba-Geigy)	k.A. / H	Japan	in Verkehr	1
Novartis / Northrup King	k.A.	USA	in Verkehr	4
Pioneer	k.A.	F	Beantragt	1, 3

b) Kartoffel gegen Kartoffelkäfer

Monsanto	NewLeaf	USA	in Verkehr	1, 4
Monsanto	k.A.	USA	in Verkehr	1, 4
Monsanto Japan	k.A.	Japan	in Verkehr	1
Monsanto Japan	k.A.	Japan	in Verkehr	1
Nature Mark Potatoes	k.A.	Kanada	in Verkehr	1

c) Baumwolle gegen diverse Lepidopteren

Monsanto	Bollgard	USA	in Verkehr	1, 3, 4
Monsanto	k.A.	Japan	in Verkehr	1, 3
Monsanto	k.A.	Spanien	Beantragt	1, 3

1 RSU (1998), Stand 1997
2 RKI (1999b)
3 House of Lords (1999)
4 Schütte und Riede (1998)

A4

B.t.-Baumwolle

Auf Baumwolle kommen verschiedene Eulenfalterarten vor, die als polyphage Insekten auch andere Kulturpflanzen und Wildkräuter besiedeln. Bei diesen Arten wurden Resistenzen gegen bestimmte Cry-Toxine in unterschiedlicher Stärke nachgewiesen (Versuche). Probleme des Anbaus von *B.t.*-Baumwolle werden darin gesehen, dass das Toxin in den Pollen (Nahrung der Erstlarven) und gegen Ende der Saison vermindert expremiert wird, was eine Hoch-Dosis-Strategie schwierig macht. Folgende Managementvorschläge wurden gemacht:

1. Die Baumwolle ist so zu entwickeln, dass das *B.t.*-Toxin nur in Samenkapseln expremiert wird, da so die Raupen auf die Blätter abgedrängt werden, wo sie einen nur unbedeutenden Schaden verursachen (Gould, 1988).
2. Refugialflächen sollten 20% der Baumwollanbaufläche einnehmen (z.B. Gould, 1997).

4.3 Vergleich des Resistenzmanagementes bei Herbizidresistenz und *B.t.*-Resistenz

V. BEUSMANN

Die naturwissenschaftlichen und produktionstechnischen Zusammenhänge sind in den beiden vorangegangenen Kapiteln für die jeweilige Technik bereits diskutiert worden. Dabei ist deutlich geworden, dass sich die Managementstrategien aufgrund der Unterschiede in der Mobilität, den Generationsintervallen und anderen Parametern wesentlich unterscheiden und dass sie auch an die jeweiligen Standortbedingungen angepasst sein müssen.
An dieser Stelle soll nur noch einmal auf die Verteilung von Nutzen und Risiken der beiden Resistenzstrategien und deren Rückwirkungen auf die Regulierung hingewiesen werden:
Im Fall der Herbizidresistenz würde eine Resistenzbildung vor allem die Hersteller des HR-Saatgutes, die Hersteller des Komplementärherbizides und die Landwirte, die diese spezielle Herbizidstrategie einsetzen, treffen. Solange es alternative HR-Technikangebote oder auch klassische selektive Herbizide gibt, auf die Landwirte ausweichen können, tragen vor allem die Anbieter der HR-Technik das Risiko der Resistenzbildung. Aus diesem Grunde haben diese ein Eigeninteresse am Resistenzmanagement. Ein darüber hinaus gehendes öffentliches Interesse ergibt sich zum einen aus der Frage, ob die privatwirtschaftlichen Eigeninteressen hinreichend sind und zum anderen aus Überlegungen, dass die Techniken grundlegend neu sind, sich bisher auf sehr wenige Eigenschaften und Anbieter konzentrieren und sich in Nordamerika sehr schnell und sehr umfangreich verbreitet haben. Die Begrenzung der Risiken liegt damit auch durchaus im Interesse der Verbraucher und Steuerzahler.

Bei der *B.t.*-Resistenz sind über die gerade genannten Parteien hinaus vor allem die Vertreter des ökologischen Landbaus von Resistenzbildung bedroht: deren Möglichkeiten, auf andere Strategien auszuweichen, sind begrenzt oder kaum gegeben. Sie haben von der gentechnischen Nutzung der *B.t.*-Resistenz nicht profitiert, tragen aber die Risiken mit. In Ländern, in den der ökologische Landbau vom Staat besonders gefördert wird, besteht deshalb auch ein besonderes Interesse am Schutz seiner Methoden. In Österreich wurde hiermit das Zulassungsverbot für transgene *B.t.*-resistente Pflanzen begründet (s.o.).

4.4 Krankheitsresistenz gegen Pilze und Bakterien

M. HUSEMANN, S. OLDENDORF, G. SCHÜTTE

Bedeutung und Stand der Entwicklung in der Züchtung

Die drei bedeutendsten pathogenen Organismengruppen Pilze, Viren und Bakterien verursachen unterschiedliche Pflanzenschutzprobleme. Pflanzenviren, die keinen Stoffwechsel besitzen und die daher andere gentechnische Ansätze erfordern, sind Thema des Kapitels 4.5.
Im Gegensatz zu den Pilzen können Bakterien in ihre Wirte nur passiv durch natürliche Öffnungen und Verletzungen eindringen. Bakterienkrankheiten sind deshalb häufig Nachfolger mechanischer Belastungen der Wirtspflanzen, die zur Verwundung des pflanzlichen Gewebes geführt haben. Diese Infektionen führen daher i.d.R. in der Lagerung und im Transport zu größeren Problemen als auf dem Feld, wo sich nur schwerlich Epidemien entwickeln können.
Anders stellt sich die Situation für die Pilzkrankheiten dar. Da die Hyphen aktiv durch die Abschlußgewebe ihrer Wirtspflanzen dringen können, reicht ein Zusammentreffen von Pathogen und Wirt unter günstigen Bedingungen zu einer epidemiehaften Krankheitsentwicklung innerhalb des Feldbestandes. Dadurch können hohe Ertragseinbußen entstehen, wenn eine Behandlung mit Fungiziden nicht vorgenommen werden kann. Besonders betroffen ist dabei der Anbau von Kartoffeln und Kulturgetreidearten. Pilzinfektionen können jedoch bei allen Feldfrüchten große Ertragsverluste verursachen. Resistente Pflanzen könnten bei gleichzeitigem Verzicht auf bzw. gleichzeitiger Verringerung des Fungizideinsatzes sowohl die Quantität als auch die Nahrungsmittelqualität der Ernte verbessern.

Freisetzungen und Zulassung zum Inverkehrbringen

Das sich daraus ergebende unterschiedliche wirtschaftliche Risiko bei Befall mit pathogenen Bakterien bzw. Pilzen spiegelt sich in der Zahl der Anträge zur Freisetzung transgener Pflanzen mit Bakterienresistenz bzw. Pilzresistenz wider. In der EU sind bis Oktober 2000 nur 7 Anträge zur Bakterienresistenz, aber 104 zur Pilzresistenz eingegangen (Bendiek und Ehlers, 2000). Am häufigsten getestet wurden hier Raps (46 Anträge) und Kartoffel (20 Anträge). Bisher wurde weltweit noch keine transgene pilz- oder bakterienresistente Sorte zugelassen.

Theoretische Grundlagen und Ansätze der Resistenzzüchtung

Definitionen

In der phytopathologischen Literatur werden verschiedene Begriffe verwendet, die genaue Rückschlüsse auf das Verhältnis zwischen Pathogen und Pflanze zulassen. Da aber unterschiedliche Parameter als Grundlage für eine Einteilung verwendet werden,

werden Begriffe, die in diesem Zusammenhang häufig gebraucht werden, kurz erklärt:
Eine Pflanze, die von einer pathogenen Art nicht befallen werden kann, besitzt eine **Basisresistenz**. Die Parasiten besitzen nicht die Fähigkeit, die verschiedenen präformierten und induzierbaren Abwehrmechanismen zu durchbrechen. Entwickeln sich zumindest in einigen Fällen Krankheitssymptome, ist eine **Basiskompatibilität** zwischen Wirts- und Parasitenart vorhanden. Es können zwei Extreme auftreten:

- Suszeptible Reaktion: Das Pathogen infiziert den Wirt; die Bedingungen für Wachstum und Reproduktion sind optimal. Krankheitssymptome werden verursacht.
- Inkompatible oder resistente Reaktion: Das Pathogen kann in das Pflanzengewebe eindringen, Wachstum und Vermehrung werden durch das Abwehrsystem der Pflanze effektiv verhindert. Krankheitssymptome können nicht erkannt werden. Es resultiert eine **qualitative Resistenz**.

Der Übergang zwischen beiden Extremen ist fließend. Verhindert die Pflanze eine optimale Entwicklung des Parasiten, fällt das Infektionsnivau. Diese Sorten besitzen eine **quantitative** oder **partielle Resistenz**.

VanderPlank (1963, zit. in Robinson, 1969) schlug ein anderes Konzept vor. Dieses beruht auf einer mathematischen Auswertung von Beziehungen zwischen Pathogenrassen und Wirtsorten:

- **Vertikale Resistenz**: Es treten signifikant unterschiedliche Interaktionen zwischen Pathogenrassen und Wirtsorten auf; d.h. eine Pathogenrasse verursacht auf verschiedenen Sorten unterschiedlich schwere Krankheitssymptome. Z.B. *Mla-/Mlg*-Genorte der Gerste: Besiedelung der Pflanze durch einzelne Rassen des Erregers *Erysiphe graminis* f.sp. *hordei* werden erfolgreich verhindert (Jorgensen, 1994, zit. in Oldach, 1999).
- **Horizontale Resistenz**: Es treten keine unterschiedlichen Interaktionen auf, d.h. alle Pathogenrassen verhalten sich gleich . Z.B. *mlo*-Genort der Gerste: bedingt Resistenz gegenüber allen Rassen von *Erysiphe graminis* f.sp. *hordei* (Jorgensen, 1994, zit. in Oldach, 1999).

Beide Resistenzen können qualtitativer oder quantitativer Art sein, je nach dem auftretenden Krankheitsgrad.

Neben den bisher angesprochenen Resistenzen existiert auch eine induzierte Resistenz, die nicht an die Nachkommen weitergegeben wird. Diese wird durch avirulente parasitische Bakterien, Pilze und Viren ausgelöst, die Nekrosen verursachen. Nach einigen Tagen ist in vom Inokulationsort fernen Geweben eine langanhaltende Resistenz zu beobachten. Sie wirkt auch gegen Pathogene, die mit der induzierenden Art nicht verwandt sind (Lucas, 1999). Diese Resistenz wird als **systemische Resistenz** (systemic acquired resistance, SAR) bezeichnet.

Die verschiedenen Resistenzmechanismen wurden bei der Züchtung gewünschter Eigenschaften wie Geschmack und Inhaltsstoffe häufig durch die Hierarchie und die Vielfalt der Auslesekriterien ungewollt entfernt. Während Wildpflanzen oft eine

Basisresistenz besitzen, können hochgezüchtete Kultursorten z.B. von Reis, Weizen, Mais und Kartoffeln ihre ursprüngliche Resistenz verloren haben.

Grundlegende Ansätze der Züchtung pilzresistenter Pflanzen

DNA-Transformation ermöglicht die gezielte Übertragung einzelner Gene in die Pflanzen. Auf diese Weise lassen sich definierte Eigenschaften in Sorten integrieren, die durch klassische Züchtung nicht oder nur unter erheblichem Aufwand erreichbar wären. Die Genprodukte müssen dabei direkt oder indirekt die pflanzeneigene Abwehr unterstützen.

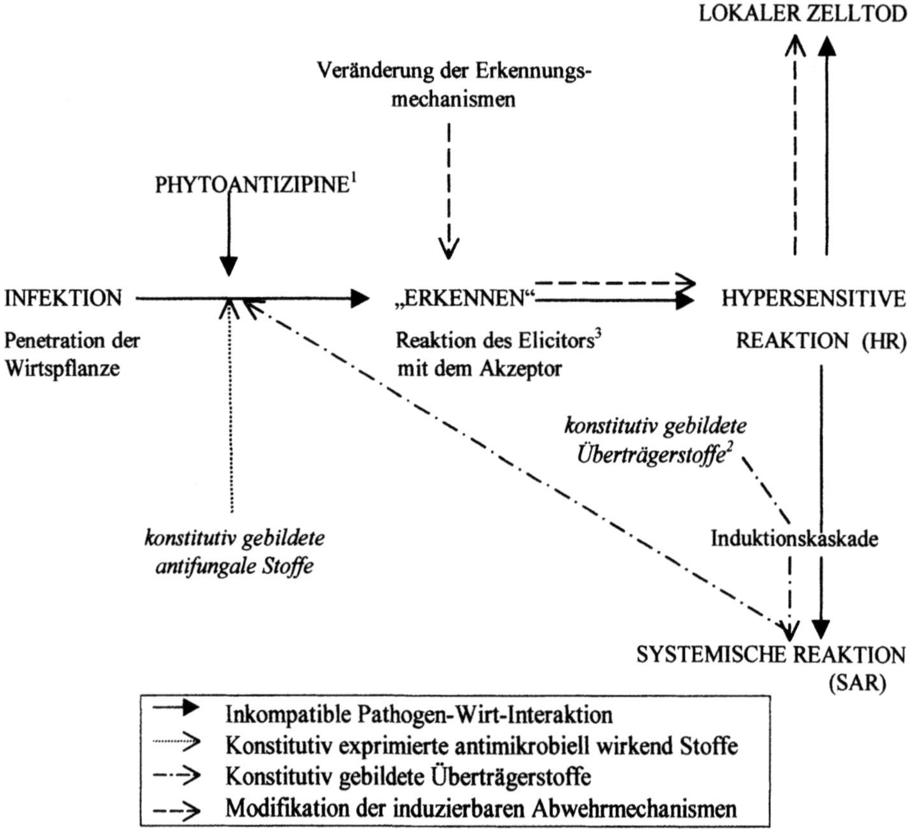

Abb. 1: Vorgänge in einer resistenten Pflanze nach Pathogenbefall

[1] Phytoantizipine sind niedermolekulare, antimikrobiell wirkende Stoffe, die in der Pflanze vor Pathogenbefall vorhanden sind bzw. direkt nach der Infektion ausschließlich aus vorgebildeten Verbindungen gebildet werden (VanEtten et al., 1994).

[2] Unter Überträgerstoffe sind alle Komponenten zusammengefasst, die als Zwischenstufen in der Induktionskaskade zur systemischen Resistenz gebildet werden oder diese Kasakade regulieren.

[3] Elicitoren sind Komponenten des Pathogens, die verschiedene Abwehrmechanismen in Wirtspflanzen auslösen (Elstner et al., 1996, S.245).

Die möglichen gentechnischen Ansätze und ihre zugehörigen Wirkketten sind in Abbildung 1 dargestellt. Grundlage des Schemas sind dabei die Pathogen-Wirt-Interaktionen, die während einer inkompatiblen Reaktion auftreten.
Aufgrund unterschiedlicher Expressionsmuster der übertragenen Gene und ihrer verschiedenen Wirkorte lassen sich die Ansätze einteilen:

1. Konstitutiv exprimierte Resistenzfaktoren
   Den transformierten Genen werden Promotoren vorgeschaltet, die eine konstitutive Expression bedingen. Dadurch sind die Genprodukte schon vor einer Infektion mit einem Pathogen vorhanden.

   - Konstitutiv exprimierte antimikrobiell wirkende Stoffe
     Diese Substanzen werden in den Geweben gebildet und angereichert. In ihrer generellen Wirkung ähneln sie daher den Phytoantizipinen[1]. Allerdings werden nicht nur Gene, die für typische Vertreter wie Lactone, Phenole, Saponine oder Stilbene kodieren, überexprimiert, sondern Gene vielerlei Ursprungs getestet. Genaue Wirkmechanismen sind häufig noch nicht bekannt.

   - Konstitutiv exprimierte Überträgerstoffe[2]
     Durch die Modifikation der Induktionskaskade zur systemischen Resistenz wird versucht, resistente Pflanzen zu erzeugen. Dabei werden entweder Überträgerstoffe, die in die Induktionskaskade eingreifen, Regulatorgene, oder Elicitoren konstitutiv exprimiert. Dadurch wird die gesamte Fülle an Abwehrmechanismen der SAR ausgelöst. Darunter zählen beispielsweise Chitinasen und Glucanasen (Elstner et al., 1996). Diese vielfältigen Resistenzfaktoren müssen so nicht durch Übertragung mehrerer Gene kumuliert werden. Induziert durch die konstitutive Expression von Überträgerstoffen wirken sie nun als präformierte Abwehrmechanismen (s. Abb. 1).

2. Induzierbare Resistenz
   Durch Verwendung induzierbarer Promotoren werden die übertragenen Gene nur nach Pathogenbefall exprimiert. Wichtig ist dies v.a. für einige Ansätze, die die Erkennungsmechanismen zwischen Pathogenen und Wirtspflanze modifizieren. Eine Möglichkeit besteht in der Übertragung von Genen für Elicitoren, die die Pflanze erkennen kann. Nach einer Infektion werden Abwehrreaktionen eingeleitet.
   Andere Ansätze verändern die Erkennungsmechanismen zwischen Wirt und Pathogen, die zu einer vertikalen Resistenz führen. Diesen gentechnischen Konzepten liegt das Gen-für-Gen-Modell von Flor (1942, zit. in Elstner et al., 1996) zugrunde. Zwischen Pathogenrasse und Wirtsorte liegt hier im Gegensatz zu anderen Resistenzmechanismen eine hohe Spezifität vor, deren Ursache meist noch nicht bekannt ist (Elstner et al., 1996). So werden spezifische Elicitoren durch ein Avirulenzgen im Pathogen gebildet, während spezifische Rezeptoren auf ein Resistenzgen zurückgehen. Treffen die Produkte dieser beiden Gene aufeinander, kann eine hypersensitive Reaktion (HR) beobachtet werden. Dabei treten schnelle Abwehrreaktionen wie Freisetzung reaktiver Sauerstoffspezies auf. Meist folgt dann der lokale Zelltod (programmed cell death, PCD), der die weitere Ausbreitung biotropher Pilze verhindert. Grundlage für gentechnische Experi-

mente sind die Avirulenz/Resistenz-Gen-Paare *AvrPto/Pto* und *Avr9/Cf9*. Diese gehen auf die Pathoge *Pseudomonas syringae* pv *tomato* im ersten Fall und *Cladosporium fulvum* im zweiten sowie den Wirt Tomate zurück. Dewit (1992, zit. in Elstner et al., 1996) entwickelte ausgehend vom Flor'schen Modell das Zwei-Komponenten-Sensorsystem als Ziel gentechnischer Ansätze für Pilzresistenz (Abb. 2). Ein bekanntes Resistenzgen und das komplementäre Avirulenzgen werden in das Genom derselben Pflanze eingebracht. Ersteres wird konstitutiv exprimiert. Letzteres darf nur während Pathogenbefall abgelesen werden, da die zeitgleiche Expression dieser Gene zum Zelltod und im Extremfall zum Tod der Pflanze führt. Durch Wahl eines Promotors, der auch von unspezifischen Elicitoren aktiviert wird, würde ein breiteres Erregerspektrum die spezifischen Abwehrreaktionen auslösen.

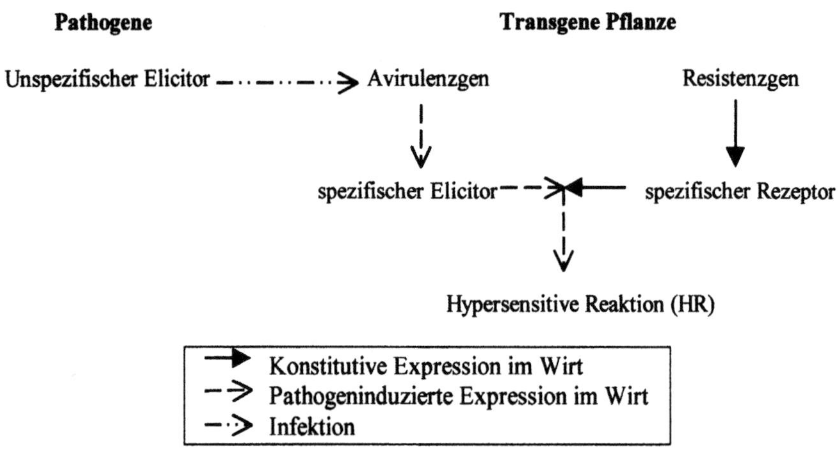

Abb. 2: Zwei-Komponenten-Sensorsystem von Dewit (verändert nach Elstner et al., 1996)

Konkrete Züchtungsansätze

Für die Zusammenstellung konkreter Züchtungsansätze gegen Pilze und Bakterien wurden alle verfügbaren Veröffentlichungen der letzten beiden Jahre in diesem Gebiet sowie einige Artikel aus früheren Jahren ausgewählt. Durch letztere soll ein Bild aller bisher durchgeführten Methoden erreicht werden. Eine vollständigere Aufzählung älterer Artikel ist z.B. Melchers und Stuiver (1998) zu entnehmen. Um ein hohes Maß an Übersichtlichkeit zu gewährleisten, wird im Text nicht für jeden Versuch eigens darauf verwiesen, welche Organismen getestet wurden. Der Einsatz gegen pilzliche und /oder bakterielle Erreger sowie einzelne Details zu den Versuchen sind den Tabellen 1 bis 3 am Ende dieses Unterkapitels zu entnehmen.

Konstitutiv exprimierte Resistenzfaktoren: Der Blumenkohlmosaikvirus-35S-Promotor wird von fast allen Arbeitsgruppen verwendet (z.B.: Broglie et al., 1991; Zhu et al., 1994; Cary et al., 2000). Einige Transfomationen wurden mit dem

Braunwurz-Mosaikvirus-35S-Promotor (Wu et al., 1995; 1997), dem Ubiquitin-Promotor aus Mais (Bliffeld et al., 1999; Clausen et al., 2000) und dem *rubisco-small-unit-promotor* (Deák et al., 1999) durchgeführt. Alle Promotoren bewirken die konstitutive Expression der zugehörigen Gene.

Konstitutiv exprimierte antimikrobiell wirkende Stoffe (s. Tab. 1)
Die übertragenen Gene sind unterschiedlicher Herkunft. Verschieden sind daher auch die entstehenden Wirkungsmechanismen der jeweiligen Genprodukte.

Gene pflanzlicher Herkunft
Eine Möglichkeit zur Erhöhung der Pathogenresistenz durch Transformation besteht in der Verwendung einzelner Elemente der pflanzeneigenen Abwehr. Das Spektrum reicht dabei von *pathogenesis-related proteins* (PR-Proteine) über Ribosomen-inaktivierende Proteine (RIPs) und bis zu Phytoalexinen (Erklärung s.u.).
PR-Proteine werden nach einer Infektion in der Pflanze akkumuliert. Sie sind kleine säurestabile Proteine, die aufgrund ihrer chemischen Eigenschaften in verschiedene Familien eingeteilt werden. Ihre Funktion im Abwehrsystem ist teilweise noch nicht bekannt. Zu den wichtigsten in der Gentechnik benutzten PR-Proteinen zählen die pflanzlichen Enzyme Chitinasen, Glykonasen und Lysozyme. Diese greifen die Zellwände der eindringenden Pilze an und inhibieren dadurch deren Wachstum. Versuche, bei denen die Gene dieser PR-Proteine in Pflanzen integriert wurden, und ihre Anfälligkeit für verschiedene Pilze getestet wurde, unternahmen beispielsweise Broglie et al. (1991), Tabei et al. (1998) und Yamamoto et al. (2000). Die Ergebnisse sind unterschiedlich. Während bei Monokotyledonen durch Einführung von Chitinasen eine deutliche Befallsreduktion oder sogar qualitativ resistente (s. Definitionen) Pflanzen erhalten wurden (Bliffeld et al., 1999; Nishizawa et al., 1999; Oldach, 1999), scheint bei dikotylen Pflanzen die Verminderung der Symptomausprägung vom Erreger abhängig zu sein. So erhielten Yamamoto et al. (2000) bei Chitinase-exprimierenden Weinpflanzen eine gute Resistenz für den Mehltauerreger *Unicula necator*, der Befall mit *Elsinoe ampelina* dagegen wird nicht maßgeblich beeinflusst. Unterstützt wird diese These auch von Experimenten von Tabei et al. (1998) und Wang et al. (1999). Während erstere gegen *Botrytis cinerea* resistente Gurkenpflanzen erhielten, konnten letztere nur eine geringe Reduktion der Krankheitssymptome von *Leptosphaeria maculans* bei transformierten Rapspflanzen feststellen.
Das Osmotin (AP24), ein weiteres PR-Protein, kann das Wachstum von Oomyceten hemmen (Elstner et al., 1996). Diese Pilze besitzen kein Chitin in ihrer Zellwand und können deshalb von oben genannten Enzymen nicht angegriffen werden. Durch konstitutive Expression von Osmotin in transgenen Kartoffeln, konnte die Befallsentwicklung nach Inokulation mit *Phytophtora infestans* verlangsamt werden (Liu et al., 1994). Allerdings konnten diese Autoren keine Befallsreduktion bei transgenem Tabak, der mit *Phytophtora parasitica* var. *nicotianae* infiziert worden war, feststellen.
Ribosomen-inaktivierende Proteine (RIPs) zählen zu den stärksten bekannten pflanzlichen Toxinen. In Pflanzensamen liegen sie in hoher Konzentration vor (Oldach, 1999). Ihre Wirkung entfalten sie durch die Hemmung der Proteinbiosynthese. Die einzelnen RIPs unterscheiden sich dabei in ihrer Substratspezifität. Einige inaktivieren die pflanzeneigenen Ribosomen nicht (Endo et al., 1988, zit. in

Honée, 1999). Eine weitere Form hemmt nach Pathogenbefall die pflanzeneigene Proteinbiosynthese und löst so den lokalen Zelltod aus (Oldach, 1999).
Zoubenko et al. (1997) transformierten Tabak mit dem *pokeweed antiviral protein* (PAP), das in Wechselwirkung mit Ribosomen tritt. Abhängig von den transgenen Linien ergibt sich sieben Tage nach der Inokulation mit *Rhizoctonia solani* eine Befallsreduktion zwischen 19 und 54%. Oldach (1999) transformierte Weizen mit einem *rip*-Gen der Gerste. Nach Inokulation mit dem Pilz *Fusarium culmarum* starb jedoch die Hälfte der transformierten Pflanzen ab, während der Rest kein Wachstum zeigte. Im Gegensatz dazu überlebten 81% der Kontrollpflanzen. Der Autor führte die erhöhte Empfindlichkeit der transgenen Pflanzen auf eine Schädigung der weizeneigenen Ribosomen durch die aktivierten RiPs zusätzlich zur Infektion zurück.
Stilbene sind Vertreter der **Phytoalexine**, niedermolekulare antimikrobiell wirkende Stoffe, die nach einer Pathogeninfektion in Pflanzengeweben gebildet und angereichert werden (VanEtten et al., 1994). Versuche wurden v.a. mit der Stilbensynthase durchgeführt, da für die Biosynthese von Stilbenen keine weiteren Enzyme notwendig sind (Hain et al., 1997). In Versuchen mit stilbenexprimierenden transgenen Pflanzen (Reis: Stark-Lorenzen et al., 1997; Tomate: Thomzik et al., 1997; Raps: RKI, 2000c) erhöhte sich die Pathogenresistenz.

Gene anderer Herkunft
Vielfältig gestalten sich die Resistenzmechanismen, die durch Transformation von Genen entstehen, die nicht aus dem Pflanzenreich stammen. I.d.R. ist die antifungale bzw. antibakterielle Wirkung des Genproduktes schon vor der Transformation bekannt.
Den meisten Transformationen liegt die Produktion von **Lysozymen** zugrunde. Diese Enzyme besitzen eine lytische Aktivität und können als Endochitinasen wir-ken. Deshalb steht bei diesen Ansätzen außer einer erhöhten Toleranz gegen phytopathogene Pilze auch die verbesserte Resistenz gegen bakterielle Erreger im Mittelpunkt. Die übertragenen Genen stammen aus dem Genom des Bakteriophagen T4 (RKI, 2000a; 2000b; 2000c), des Huhns (Trudel et al., 1995; Serrano et al., 2000) oder des Menschen (Nakajima et al., 1997; Takaichi und Oeda, 2000). Unter die transformierten Feldfrüchte zählen Kartoffeln (RKI, 2000a; 2000b; Serrano et al., 2000), Raps (RKI, 2000c) und Karotten (Serrano et al., 2000). Die Resistenz dieser Pflanzen gegenüber den getesteten Pathogenen lag teilweise bei 80%.
Ein weiteres Gen tierischer Herkunft verwendeten Mitsuhara et al. (2000). Dieses kodiert für das **Peptid Sarcotoxin IA** aus einer Fleischfliege. Die toxische Wirkung beruht auf dem Zusammenbruch des bakteriellen elektrochemischen Membranpotentials. Die Autoren transformierten Tabak mit diesem Gen und testeten die Resistenz gegen mehrere Pathogene. Während fast alle transgenen Pflanzen die Infektion überlebten, starben die Kontrollpflanzen.
Wu et al. (1995; 1997) transformierten Kartoffeln mit einem Gen für eine **H_2O_2-generierenden Glucoseoxidase** aus dem Pilz *Aspergillus niger*. Dieses Enzym unterstützt die Bildung aktivierter Sauerstoffspezies (AOS), die auch während des oxidative burst als Antwort der Wirtspflanze auf Pathogenbefall gebildet werden (Elstner et al., 1996). Die entstehenden AOS verursachten eine erhöhte Resistenz gegenüber einer ganzen Reihe von Pathogenen, u.a. *Phytophtora infestans, Verticillium dahliae* und *Alternaria solani*.

Einen ganz anderen Ansatz wählten Clausen et al. (2000). Die Autoren transformierten Weizen mit dem ***killing protein*** **KP 4** eines Virus. Dieses befällt spezifisch Arten der *Ustilagaceae*. Die Autoren erhielten durch die Übertragung erhöhte Resistenz bei Befall mit *Ustilago maydis* und *Tilletia tritici*.
Selbst zu synthetisch erzeugten antifungalen Stoffen wird eine kodierende DNA für die gentechnische Veränderung entwickelt. Cary et al. (2000) transformierten Tabak mit einem Gen für das **synthetische Peptid D4E1**. Dieses Molekül interagiert mit den Sterolen der Konidienzellwand und verhindert so deren Keimung. Die konstitutive Expression in Tabakpflanzen führte zu einer Reduktion des Befallsgrades mit *Colletotrichum destructivum* um durchschnittlich 50%.

Konstitutiv exprimierte Überträgerstoffe (s. Tab. 2)
Die Suche nach geeigneten **Überträgerstoffen** (s. Abb. 1) gestaltet sich schwierig. Deshalb werden die Konzentrationen von Substanzen erhöht, deren Wirkung in der Kaskade zur SAR bekannt ist. Versuche mit einem Gen, das die Umsetzung von Chorismat in Salicylsäure (SA) katalysiert, in Tabak (Verberne et al., 2000) und einem Katalasegen in der Kartoffel (Yu et al., 1999) greifen in eine SA-abhängige Kaskade ein. Heo et al. (1999) modifizierten die Ca^{2+}-vermittelte Resistenz des Tabaks durch Expression zweier Calmodulingene. In allen drei Ansätzen konnte in den transgenen Pflanzen eine verbesserte Resistenz gegenüber den ausgewählten Pathogenen festgestellt werden.
Auch bakterielle Substanzen können eine systemische Reaktion hervorrufen. So übertrugen Abad et al. (1997) ein Gen für ein Bakterienopsin in die Kartoffel. Trotz erhöhter SA-Konzentrationen und Überexpression von PR-mRNAs erhielten sie unterschiedliche Ergebnisse bei Inokulationsversuchen. Gegen *Phytophtora infestans* scheint vertikale Resistenz entstanden zu sein.
Eine bessere Steuerung verspricht die Übertragung von **Regulatorgenen**. Sowohl Cao et al. (1998) als auch Schaffrath et al. (2000) konnten auf diese Weise die Resistenz in den transgenen Pflanzen erhöhen. Beide Gruppen arbeiteten dabei mit der Überexpression eines pflanzeneigenen Abwehrgens.
Durch konstitutive Expression von Cryptogein, einem **Elicitor** aus *Phytophtora cryptogea*, erhielten Tepfer et al. (1998) in Tabak erhöhte Resistenz gegen *Phytophtora parasitica* var. *nicotiana*. Die transformierten Pflanzen besaßen zwei Wochen nach erfolgter Inokulation ungefähr doppelt so viele gesunde Blätter wie die Kontrollen. Shen et al. (2000) integrierten das *hrmA*-Avirulenzgen aus *Pseudomonas syringae* pv *syringae* in Tabak. Das Genprodukt ist noch nicht bekannt. Unter der Kontrolle eines nematodeninduzierbaren Promotors induzierte die schwache Basisexpression die allgemeinen Abwehrmechanismen. Dadurch war nach Inokulation mit *Phytophtora parasitica* var. *nicotiana* in den transgenen Pflanzen ein verlang-samter Befallsverlauf zu beobachten (Shen et al., 2000).

Induzierbare Resistenz (Tab. 3): Die Suche nach geeigneten induzierbaren Promotoren gestaltet sich schwierig. Meist werden diese nicht nur durch Pathogenbefall induziert, sondern auch durch weitere Stressfaktoren In einigen Fällen wirkt die geringe Basisexpression störend, wie beispielsweise bei der Übertragung von Avirulenzgenen in Pflanzen mit dem zugehörigen Resistenzgen. In den hier beschriebenen Experimenten wurden der gst-1-Promotor (Stuiver et al., unveröff., zit. in Honée,

1999) und der Promotor des *prp1-1*-Gens (Strittmatter et al., 1995) aus der Kartoffel verwendet.
Theoretisch können auch die Gene, die die Bildung von antimikrobiell wirksamen Stoffen bedingen, pathogenindzuiert exprimiert werden. Experimente dieser Art sind bisher nicht bekannt.

Induzierbare Resistenz gegen biotrophe Pilze
Keller et al. (1999) transformierten Tabak mit dem Gen für den **Elicitor** Cryptogein. Die transgenen Pflanzen zeigten auch gegen Pathogene, die nicht zur Gattung *Phytophtora* gehören, erhöhte Resistenz.
Die Experimente von Stuiver (1999, zit. in Westwood, 1999) und Stuiver et al. (1999 unveröff., zit. in Honée, 1999) lehnen sich an das Modell von Dewit an; ein **Avr/R-Gen-Paar** wird in einer Pfanze vereint. In beiden Fällen transformierten die Autoren Tomatensorten, die das Resistenzgen *Cf9* gegen *Cladosporium fulvum* be-sitzen, mit dem zugehörigen Avirulenzgen *Avr9*. Die Autoren erhielten verbesserte Resistenz gegen mehrere Erreger, u.a. *Cladosporium fulvum* und *Oidium lyco-persicum*. Versuche von Thomas et al. (2000) zeigen, dass bestehende Avr-/R-Gen-Paare auch in anderen Pflanzenarten integriert werden können. Die Interaktion der beiden Genprodukte führt auch dort zum lokalen Zelltod. Die Autoren integrierten dazu das *Avr9*/*Cf9*-Genpaar bzw. das *Avr4*/*Cf4*-Genpaar (*C. fulvum*/Tomate) in Tabak. Sobald beide Gene exprimiert wurden, führte das zum Tod der Trans-formanten.
Ein weiteres Experiment erreicht erhöhte Resistenz gegen Pathogene durch die Expression von **Barnase**. Diese Ribonuclease ist für die Zellen toxisch und kann den lokalen Zelltod auslösen. Strittmatter et al. (1995) verwendeten einen pathogen-induzierbaren Promotor, der eine geringe Basisexpression bedingt. Deshalb ist die konstitutive Expression eines Barnasehemmers, in diesem Experiment Barstar, notwendig, um die gebildeten Barnasemoleküle zu binden. Nach Inokulation mit *Phytophtora infestans* erhöht sich die Barnasekonzentration. Durch den dadurch ausgelösten Zelltod reduzierte sich der Befall zwischen 21 und 71% (Strittmatter et al., 1995).

Induzierbare Resistenz gegen nekrotrophe Pilze
Da sich nekrotrophe Pilze nur in abgestorbenen Pflanzengeweben entwickeln können, würde schnelles Absterben des pflanzlichen Gewebes ihre Ausbreitung erleichtern und beschleunigen. Um den Zelltod zu verzögern, übertrug Dickman (1999, zit. in Westwood, 1999) daher Gene in Pflanzen, die die Apoptose in Tieren verhindern. Dadurch veränderte er die Kaskade zum programmierten Zelltod und inhibierte diesen. Gilchrist (1999, zit. in Westwood, 1999) transformierte Tomaten mit einem Inhibitor des programmierten Zelltodes aus einem Baculovirus (*p35*-Gen). Die Resistenz gegenüber dem Pilz *Alternaria alternata* f.sp. *lycopersici* konnte so verbessert werden.

Tab. 1: Transgene pilzresistente Pflanzen: konstitutive Expression antimikrobiell wirkender Stoffe

Herkunft des Gens	Resistenzmechanismus	transformierte Pflanze	Zielorganismen	Quelle
Pflanzen				
• PR-Proteine[1]	Chitinase	Tabak (Nicotiana tabacum)	*Rhizoctonia solani*	Broglie et al., 1991
		Gurke (Cucumis sativus)	*Botrytis cinerea*	Tabei et al., 1998
		Weizen (Triticum aestivum)	*Erysiphe graminis*	Bliffeld et al., 1999
		Reis (Oryza sativa)	*Magnaporthe grisea*	Nishizawa et al., 1999
		Weizen (Triticum aestivum)	*Fusarium culmarum*	Oldach, 1999
		Raps (Brassica napus)	*Leptosphaeria maculans*	Wang et al., 1999
		Weintraube (Vitis vinifera)	*Uncinula necator, Elisinoe ampelina*	Yamamoto et al., 2000
	Chitinase und Glucanase	Tabak (Nicotiana tabacum)	*Cercospora nicotianae*	Zhu et al., 1994
	Defensin	Raps (Brassica napus)	*Leptosphaeria maculans*	Wang et al., 1999
	Osmotin	Kartoffel (Solanum tuberosum) Tabak (Nicotiana tabacum)	*Phytophtora infestans* *P. parasitica var. nicotiana*	Liu et al., 1994
	PR-5	Reis (Oryza sativa)	*Rhizoctonia solani*	Datta et al., 1999
	PR10.1	Raps (Brassica napus)	*Leptosphaeria maculans*	Wang et al., 1999
• RIPs[2]	Hemmung der Proteinsynthese	Tabak (Nicotiana tabacum)	*Rhizoctonia solani*	Zoubenko et al., 1997
		Weizen (Triticum aestivum)	*Fusarium culmarum*	Oldach, 1999
• Phytoalexine	Stilbensynthase	Reis (Oryza sativa)	*Magnaporthe grisea*	Stark-Lorenzen et al., 1997
		Tomate (Lycopersicon esculentum)	*Alternaria solani, Botrytis cinerea, Phytophtora infestans*	Thomzik et al., 1997
		Raps (Brassica napus)	Pilze	RKI, 2000c[+]
• andere Stoffe	Ferritin	Tabak (Nicotiana tabacum)	*Alternaria alternata, Botrytis cinerea*	Deák et al., 1999
Pilze				
• H_2O_2-generierende Glucoseoxidase	aktivierte Sauerstoffspezies	Kartoffel (Solanum tuberosum)	*Erwinia carotovora**, *Phytophtora infestans*	Wu et al., 1995
		Kartoffel (Solanum tuberosum)	*Alternaria solani, Verticillium dahliae*	Wu et al., 1997

Viren				
• killing protein KP 4	Antifungale Wirkung gegen *Ustilagenales*	Weizen (Triticum aestivum)	*Ustilago maydis* *Tilletia tritici*	Clausen et al., 2000
• Lysozym	lytische Aktivität	Kartoffel (Solanum tuberosum)	Bakterien	RKI, 2000a +
		Raps (Brassica napus)	Pilze	RKI, 2000c +
• Albicin detoxifizierendes Enzym	Detoxifizierung	Zuckerrohr (Saccharum officinarum)	*Xanthomonas albilineans*	Zhang et al., 1999
Bakterien				
• Pektatlyase	lytische Aktivität	Kartoffel (Solanum tuberosum)	*Erwinia caraotovora*	RKI, 2000b +
Tiere				
• Lysozym	lytische Aktivität	Tabak (Nicotiana tabacum)	*Fusarium oxysporum, Rhizopus nigricans, Verticillium alboatrum, Mucor racemosus, Botrytis cinerea*	Trudel et al., 1995
		Tabak (Nicotiana tabacum)	*Erysiphe cichoracearum, Pseudomonas syringae* pv. *tabaci**	Nakajima et al., 1997
		Kartoffel (Solanum tuberosum)	*Erwinia caratovora subsp. atroseptica**	Serrano et al., 2000
		Karotte (Daucis carota)	*Erysiphe heraclei, Alternaria dauci*	Takaichi und Oeda, 2000
• Peptid Sarcotoxin IA	Verlust des bakteriellen elektrochemischen Membranpotentials	Tabak (Nicotiana tabacum)	*Rhizoctonia solani, Pythium aphanidermatum, Erwinia carotovora subsp. carotovora*. Pseudomonas syringae* pv. *tabaci**	Mitsuhara et al., 2000
Synthetisch				
• Peptid D4E1	Interaktion mit Sterolen der Konidienzellwand	Tabak (Nicotiana tabacum)	*Aspergillus flavus, Verticillium dahliae, Colletotrichum destructivum*	Cary et al., 2000

+ Freisetzungsvorhaben in der BRD

* Bakterien

[1] *pathogenesis-related proteins*
Proteine, die nach einer Pathogeninfektion gebildet werden

[2] Ribosomen inaktivierende Proteine

Tab. 2: Transgene pilzresistente Pflanzen: Konstitutiv exprimierte Überträgerstoffe[2]

Herkunft des Gens	**Resistenz-mechanismus**	**transformierte Pflanze**	**Zielorganismen**	**Quelle**
Pflanzen				
• *Arabidopsis thaliana*	Überexpression von *NPR1* (Regulatorgen)	*Arabidopsis thaliana*	*Pseudomonas syringae**, *Peronospora parasitica*	Cao et al., 1998
• Sojabohne	CaM-Gene Beteiligung an Ca^{2+}-vermittelter Resistenzantwort	Tabak (Nicotiana tabacum)	*Phytophtora parasitic* var. *nicotiana*	Heo et al., 1999
• Pfeffer	Resistenzgen *Bs2*	Tomate (Lycopersicon esculentum)	*Xanthomonas campesteris* pv *vesicatoria**	Tai et al., 1999
• Tabak	Katalasegen *Cat2*Nt	Kartoffel (Solanum tuberosum)	*Phytophtora infestans*	Yu et al., 1999
• Reis	Überexpression des *Rir1b* Gens	Reis (Oryza sativa)	*Magnaporthe grisea*	Schaffrath et al., 2000
Pilze				
• Elicitor Cryptogein	Induktion spezifischer Abwehr-reaktionen	Tabak (Nicotiana tabacum)	*Phytophtora parasitica* var. *nicotiana*	Tepfer et al., 1998
Bakterien				
• Halobacterium halobium	Bakterienopsin induziert SAR	Kartoffel (Solanum tuberosum)	*Erwinia carotovora**, *Phytophtora infestans*	Abad et al., 1997
• hrmA-*Gen (Avirulenz-gen)*	Induktion spezifischer Abwehrreak-tionen durch schache Basis-expression eines nematodenindu-ziertenPromotors	Tabak (Nicotiana tabacum)	*Phytophtora parasitica* var. *nicotiana, pseudomonas syringae* pf *syringae**	Shen et al., 2000
• *Escherichia coli* bzw. *Pseudomonas flourescens*	erhöhte SA-Konzentration durch katalytische Umsetzung von Chorismat in SA	Tabak (Nicotiana tabacum)	*Oidium lycopersicum*	Verberne et al., 2000

* Bakterien

Tab. 3: Transgene pilzresistente Pflanzen: Induzierbare Resistenz

Herkunft des Gens	**Expression (Promotor)**	**Elicitor / Genpaar**	**transformierte Pflanze**	**Zielorganismen**	**Quelle**
Pilz • *Phytophtora cryptogena*	pathogen-induziert (Tabak hrs 203J)	Elicitor Cryptein	Tabak (Nicotiana tabacum)	*P. parasitica* var. *nicotiana, Thielaviopsis basicola, Erysiphe cichacearum, Botrytis cinerea*	Keller et al., 1999
• *Cladosporium fulvum Avr9*-Gen bzw. *Avr4*-Gen	pathogen-induziert (Kartoffel Promotor von *prp1*-Gen)	*Avr9/Cf9*	Cf9-Tomate (Lycopersicon esculentum)	*Cladosporium fulvum, Oidium lycopersicon, Phytophtora infestans*	Stuiver und Mel-chers unveröff. zit. in Melchers und Stuiver, 1998
	induziert (Kartoffel gst-1)	*Avr9/Cf9*	Cf9- Tomate (Lycopersicon esculentum)	*Cladosporium fulvum, Oidium lycopersicon*	Stuiver et al. unveröff., zit. in Honée, 1999
	pathogen-induziert (o.A.)	*Avr9/Cf9*	Cf9- Tomate (Lycopersicon esculentum)	*Cladosporium fulvum*	Stuiver, 1999 zit. in Westwood, 1999
	konstitutiv (Tomate, Promotor von *Cf4*-Gen)	*Avr4/Cf4* bzw. *Avr9/Cf9*	Tabak (Nicotiana tabacum)	nur Lethalitätstest	Thomas et al., 2000
Bakterien • *Bacillus amyloliquefaciens*	pathogen-induziert (Kar-toffel, Promotor von *prp1-1*) konstitutiv (CaMV35S)	Barnase und Barstar	Kartoffel (Solanum tuberosum)	*Phytophtora infestans*	Strittmatter et al., 1995 RKI, 1999+

* Bakterien

+ Freisetzungsvorhaben

Kenntnisstand zu möglichen ökologischen Auswirkungen des Anbaus pathogenresistenter Sorten

Durch den Anbau gentechnisch veränderter Feldfrüchte mit Pilzresistenz ist folgender Nutzen zu erwarten:

- Reduktion des Fungizideinsatzes
  Besonders Getreide, Kartoffeln sowie Obst und Gemüse werden in Deutschland häufig und z.T. mehrfach mit Fungiziden behandelt. Da der Befall auf toleranten und resistenten im Vergleich zu suszeptiblen Sorten deutlich niedriger ist, würde die Schadensschwelle nur unter ungünstigen Bedingungen erreicht. Allerdings gehen Evans und Greenland (1998) sowie Bushnell et al. (1998) davon aus, dass zur Kontrolle der Pathogene auf chemische Mittel dennoch nicht vollständig verzichtet werden kann.

- Ertragssteigerung
  Analog zu den *B.t.*-Mais-Sorten könnte unter entsprechend hohem Befallsdruck eine Ertragssteigerung allein durch die Übertragung der Gene für erhöhte Pilzresistenz möglich sein (s. Kap. 4.2). Wird auf eine allgemeine Steigerung des Gesamtertragsniveaus verzichtet, könnten Flächen für den Naturschutz gewonnen werden.

Mögliche Risiken für die Ökosysteme sind:

- Entstehung neuer Virulenzen in Schaderregerpopulationen
  Die Entstehung neuer Resistenzen in ihren Wirten beeinflusst immer die Population der jeweiligen Parasiten in ihrer Größe und ihrer Zusammensetzung. Aufgrund der Anpassungsfähigkeit der Pathogene und des wirkenden Selektionsdruckes werden im Laufe der Zeit virulente Rassen entstehen. Im Ackerbau sollte die Zeitspanne zwischen Einführung der Resistenz und ihrer Brechung möglichst groß sein. Die *boom-and-bust*-Zyklen, die im Anbau traditionell gezüchteter resistenter Sorten immer wieder auftraten, sollten dabei vermieden werden.
  Neben den unterschiedlichen Faktoren, die auf den Lebenszyklen der verschiedenen Pathogene beruhen, beeinflusst auch die Anbaumethode die Geschwindigkeit, mit der sich die Schaderreger anpassen. Eine ausgedehnte Nutzung einer Resistenz bedingt einen hohen Selektionsdruck. Ein gezielter Einsatz der Gene und integrierte Maßnahmen zur Kontrolle der Krankheiten könnten die Dauerhaftigkeit deshalb erhöhen. Allgemein modifizieren viele Ansätze der Gentechnik nur die pflanzeneigenen Abwehrstrategien. So können z.B. Phytoantizipine und Phytoalexine detoxifiziert werden. Analog der Resistenzentwicklung auf chemische Pestizide dürften auch die Produktion von tierischen Toxinen bzw. Fungiziden aufgrund synthetischer Gene in ähnlichen Zeiträumen zur Entwicklung von Virulenzen führen.
  Die Wirksamkeit von Enzymen wie Chitinasen und Lysozymen ist dagegen wahrscheinlich dauerhafter. Diese Resistenzfaktoren führen i.d.R. nur zu einer partiellen Resistenz und der Selektionsdruck ist somit geringer.

- Schädliche Auswirkungen auf Nicht-Ziel-Mikroorganismen
  Grundlage ist der Kontakt mit Abwehrstoffen der transgenen Pflanze. Wichtig ist in diesem Zusammenhang v.a. die Freisetzung von Toxinen aus der Wurzel und den Blätter. Untersuchungen zur Migration von Phytoantizipinen und PR-Proteinen durch Epidermis und Cuticula sind nicht bekannt. Allerdings ist die Wahrscheinlichkeit, dass hydrophile Substanzen die Wachsschicht durchdringen, als gering anzusehen.
  Der Austausch von gelösten Stoffen zwischen jungen Wurzeln und Boden ist dagegen nachgewiesen. Dabei werden nicht nur Wasser und Ionen aufgenommen, sondern auch aktiv Stoffe vom Wurzelgewebe ausgeschieden, um den pH-Wert des Bodens zu verschieben (z.B. Hydrogencarbonat) oder Metallionen zu komplexieren (Phytochelatine). Generell ist daher die Abgabe von Produkten der übertragenen Gene möglich. De Vries et al. (1998) konnten in der Umgebung von Lysozym-produzierenden transgenen Kartoffelwurzeln dieses Enzym nachweisen. Zudem konnte das T4-Lysozym in Bodenextrakten lytische Aktivität entfalten. Trotz der Sensitivität einer Reihe von Bodenbakterien (De Vries et al., 1998), konnten sowohl Smalla und Heuer (1998) wie auch Lottmann und Berg (1998) keinen Einfluss auf bakterielle Bodengemeinschaften durch den Anbau transgener, lysozym-bildender Kartoffelpflanzen feststellen. In den Versuchen von Smalla und Heuer (1998) war jedoch bei einzelnen Proben aus dem Wurzelbereich der transgenen Pflanzen die Stoffumsetzung etwas herabgesetzt. Gegen Ende der Saison nahm bei diesen Pflanzen auch die Diversität der Bodenmikroflora leicht ab. Keine Auswirkungen zeigten sich auf Rhizobien (Broer et al., 1998).
  Durch eine Modifikation der HR einer Pflanze ist kein Einfluss auf die Populationen von Antagonisten und Neutralisten zu erwarten, da diese nicht in die Pflanzengewebe eindringen und eine Expression der resistenzvermittelnden Gene nicht induziert wird. Diese These wurde durch Versuche von Lukow und Liesack (1999) unterstützt. Die Bepflanzung mit Kartoffeln, die Gene für die Bildung von Barnase und Barstar enthielten, zeigten keine signifikanten Verschiebungen in der Verteilung von Bodenbakterien.
  Dagegen reicht bei einigen Symbionten schon die Abgabe von Stoffen in den extrazellulären Raum für einen Kontakt aus. So wurde die Nodulationsrate von T4-Lysozym-exprimierender *Vicia hirsuta* mit symbiontischen Knöllchenbakterien (Rhizobium leguminosarum) beeinträchtigt (Broer et al., 1998). Dagegen konnten Vierheilig et al. (1995) keinen negativen Einfluss auf vesiculär-arbisculäre Mykorrhiza durch die konstitutive Expression von PR-Proteinen feststellen. Zusätzlich können spezifische Wechselwirkungen mit den übertragenen Resistenzgenen auftreten. Resistenzen, die auf traditionelle Weise in Kulturpflanzen eingekreuzt wurden, können die Infektionsrate mit symbiontischen Organismen modifizieren (Ruiz-Lozano et al., 1999). Dies ist auch für transgene Pflanzen, deren HR verändert wurde, zu erwarten. Über beide Wege könnte die Infektion mit symbiontischen Organismen verringert oder verhindert werden.

- Schädliche Auswirkungen auf Pflanzen
  Einerseits könnten Pathogene mit neuen Virulenzen an Wildpflanzen höhere Schäden verursachen (s.o.). Andererseits könnte eine erhöhte Pilzresistenz nach einer Auskreuzung in Wildpflanzen die Fitness der Hybride verbessern. Bei

Unkrautarten könnte somit die Konkurrenzfähigkeit (und der damit verbundene Bekämpfungsaufwand) erhöht werden. Denkbar ist auch eine ungewollte Verdrängung schützenswerter Wildpflanzen. Antonovics (1999) wies darauf hin, dass bisher wenig über das Ausmaß des Einflusses von Pathogenen auf die Konkurrenzverhältnisse zwischen Pflanzenarten bekannt ist. Systematische Ansätze zur Abschätzung der Auskreuzung und ihrer Effekte sind in den Kapiteln 3.2.1 und 3.3 beschrieben.

Notwendige Forschungs- und Regulierungsmaßnahmen

Anstehende Untersuchungen und Abschätzungen

Die Möglichkeit der Resistenzbrechung und der Entstehung besonders virulenter Pathotypen, deren Virulenzgene auch für Wildpflanzen eine Gefährdung sein könnten, sollte abgeschätzt und diskutiert werden.
Untersuchungen sollten die Wechselwirkungen zwischen unterschiedlichen Pathogenen klären, damit Pilzresistenzen effektiv und dauerhaft eingesetzt werden können.
Die Evaluation alternativer Methoden zu Fungiziden und gentechnisch veränderten Pflanzen mit Pilzresistenz sollte nicht vernachlässigt werden. Eventuell ergeben sich aus diesen Untersuchungen Lösungsmöglichkeiten, die z.B. durch Kombination mit gentechnisch veränderten Pflanzen weiter optimiert werden können.

Bezüglich der bisher untersuchten, pathogenresistenten Linien bleiben die Auswirkungen auf weniger häufige, aber ökologisch bedeutende mikrobielle Populationen noch offen (Smalla und Heuer, 1998). Prinzipiell sollte auch an einer Bewertungsgrundlagegearbeitet werden, aufgrund derer Schwankungen der Populationszahlen von Mikroorganismen als ökologisch bedenklich und unerwünscht bzw. irrelevant eingestuft werden (Heidenreich, 1999). Derzeit werden aus Mangel an einer solchen Grundlage die Schwankungen teilweise mit denen durch jahreszeitlich bedingte Witterungseinflüsse oder mit durch das Pflügen verursachten Reduktionen verglichen. Gerber et al. (1991) hatten in ihrer Arbeit ohne weitere Begründung die Schwelle von ein bis zwei Monaten als Maß vorgeschlagen, ab welcher Dauer eine Abnahme der Populationszahlen als kritisch angesehen werden sollte. Mikroorganismen stehen am Anfang der Nahrungskette, die über Kleinstlebewesen bis zur Dichte bestimmter Wirbeltierarten reicht. Die Auswirkungen auf Stufen dieser Nahrungskette sollten neben bestimmten Bodenfunktionen als Maßstab herangezogen werden.
Die Wirkungen einer erhöhten Pilzresistenz auf die Besiedelung der Wurzeln mit Symbionten (Knöllchenbakterien, Mykorrhiza) sollte weiter untersucht werden.

Möglicher Regulierungsbedarf bei Einführung der Sorten

Falls im Ergebnis der Risikoabschätzung eine wissenschaftlich untermauerte Strategie des Resistenzmanagements empfohlen wird, müsste eventuell der Anbau von Sorten mit bestimmten Resistenzgenen reguliert und überprüft werden (s.a. Insektenresistenz Kap. 4.2).

Theoretisch gibt es mehrere Methoden, die Anpassung der Schaderreger, d.h. die Resistenzbrechung, zu verzögern:

- Maßnahmen der Züchtung
  - Kombination mehrerer Gene in einer Linie (Pink und Puddepath, 1999; Bushnell et al., 1999)
  - Anbau von Viellinien, die sich nur in den Resistenzen unterscheiden

- Anbaumaßnahmen (zeitliche und räumliche Diversifikationsstrategien)
  - Fruchtfolge
  - Anbau von Sorten- oder Artenmischungen
  - geregelter beschränkter Anbau von Linien auf Teilflächen oder in bestimmten Regionen

Grundlage für die Entwicklung eines effektiven Managements von Resistenzen könnte das *varietal-diversification-model* von Priestley und Bayles (1980) darstellen. Es wurde in den 70iger Jahren in England entwickelt, um die Verbreitung von Getreidekrankheiten einzudämmen. Grundlegend war die Einteilung der Sorten in verschiedene Resistenzgruppen. Den Landwirten wurde geraten, die Gesamtfläche für eine Feldfrucht auf mehrere Sorten, die verschiedenen Gruppen angehören, aufzuteilen. Eine Evaluierung dieser Methoden für die neuen Anforderungen müsste erfolgen. Zusätzlich ist die Regulierung des Einsatzes der Gene schon in der Züchtung möglich. Letztlich könnten auch Resistenzmanagement-Auflagen der Saatguthersteller staatliche Regulierungen ersetzen (vgl. Kap. 4.2 zu Insektenresistenz).

Literatur

Abad MS, Hakimi SM, Kaniewski WK, Rommens CMT, Shulaev V, Lam E, Shah DM. 1997. Characterization of Acquired Resistance in Lesion-Mimic Transgenic Potato Expressing Bacterio-Opsin. *MPMI* 10:635-645

Antonovics J. 1999. Pathogens and Plant Populations Dynamics: The Effect of Resistance Genes on Numbers and Distribution. In Traynor PL, Wetseood JH (eds.). Proccedings of the Workshop on Ecological Effects of Pest Resistance Genes in Managed Ecosystems, Blacksburry

Bendiek J, Ehlers U. 2000. Freisetzungen gentechnisch veränderter Pflanzen in Deutschland und der EU aus phytopathologischer Sicht. In: BBA (ed.) 52. Deutsche Pflanzenschutztagung in Freising-Weihenstephan, 9.-12.10.2000, Berlin

Bliffeld M, Mundy J, Potrykus I, Fütterer J. 1999. Genetic engineering of wheat for increased resistance to powdery mildew disease. *Theor. Appl. Genet.* 98:1079-1086

Broer I, Finke M, Kriete G, Küster H, Quandt H-J, Wedell S. 1998. Analyse der Auswirkungen von transkodiertem T4-Lysozym auf den Modellorganismus *Rhizobium leguminosarum*. In Schiemann J (ed.). Freisetzungsbegleitende Sicherheitsforschung mit gentechnisch veränderten Pflanzen und Mikroorganismen, Braunschweig

Broglie K, Chet I, Holliday M, Cressman R, Biddle P, Knowlton S, Mauvais CJ, Broglie R. 1991. Transgenic Plants with Enhanced Resistance to the Fungal Pathogen *Rhizoctonia solani*. *Science* 254:1194-1197

Bushnell WR, Somers DA, Grioux RW, Szabo LJ, Zeyen RJ. 1998. Genetic engineering of disease resistance in cereals. *Canadian Journal of Plant Pathology* 20:137-220

Cao H, Li, X, Dong X. 1998. Generation of broad-spectrum disease resistance by overexpression of an essential regulatory gene in systemic acquired resistance. *Proc.Natl. Acad. Sci. USA* 95:6531-6536

Cary JW, Rajasekaran K, Jaynes JM, Cleveland TE. 2000. Transgenic expression of a gene encoding a synthetic antimicrobial peptide results in inhibition of fungal growth in vitro and in planta. *Plant Science* 154:171-181

Clausen M, Kräuter R, Schachermayr G, Potrykus I, Sautter C. 2000. Antifungal activity of a virally encoded gene in transgenic wheat. *Nature Biotechnology* 18:446-449

Datta K, Velazhahan R, Oliva N, Ona I, Mew T, Khush GS, Muthukrishnan S, Datta SK. 1999. Over-expression of the cloned rice thaumatin-like protein (PR-5) gene in transgenic rice plants enhances environmental friendly resistance to *Rhizoctonia solani* causing sheath blight disease. *Theor. Appl. Genet.* 98: 1138-1145

Deák M, Horváth GV, Davletova S, Török K, Sass L, Vass I, Barna B, Király Z, Dudits D. 1999. Plants ectopically expressing the iron-binding protein, ferritin, are tolerant to oxidative damage and pathogens. *Nature Biotechnology* 17:192-196

Elstner EF, Oßwald W, Schneider I. 1996. Phytopathologie. Spektrum Akademischer Verlag, Heidelberg, 328S.

Evans IJ, Greenland AJ. 1998. Transgenic Approaches to Disease Protection: Applications of Antifungal Proteins. *Pestic. Sci.* 54:353-359

Gerber HR, Anderson JPE, Bügel-Morgensen B, Castle D, Domsch KH, Malkomes H-P, Someville L, Arnold DJ, von de Werf H, Verbeken R, Vonk JW. 1991. Revision of recommended laboratory tests for assessing side-effects of pesticides on the soil microflora. *Toxicological and Environmental Chemistry* 30:249-261

Heidenreich B. 1999. Analyse und Bewertung der Risikoforschung zur Freisetzung gentechnisch veränderter Mikroorganismen. Dissertation FB Biologie, Hamburg

Heo WD, Lee SH, Kim MC, Kim JC, Chung WS, Chun HJ, Lee KJ, Park CY, Park HC, Choi JY, Cho MJ. 1999. Involvement of specific calmodulin isoforms in salicylic acid-dependent activation of plant disease resistance responses. *Proc. Natl. Acad. Sci. USA* 96:766-771

Honée G. 1999. Engineered resistance against fungal plant pathogens. *European Jouranl of Plant Pathology* 105:319-326

Jarosch B, Kogel K-H, Schaffrath U. 1999. The Ambivalence of the Barley *Mlo* Locus: Mutations Conferring Resistance Against Powdery Mildew (Blumeria graminis f.sp. hordei) Enhance Susceptibility to the Rice Blast Fungus *Magnaporthe grisea. MPMI* 12:508-514

Keller H, Pamboukdjian N, Ponchet M, Poupet A, Delon A, Verrier J-L, Roby D, Ricci P. 1999. Pathogen Induced Elicitin Production in Transgenic Tobacco Generates a Hypersensitive Response and Nonspecific Disease Resistance. *The Plant Cell* 11:233-235

Kogel K-H, Hückelhoven R, Beckhove U, Kumar J. 2000. Die *mlo* Resistenz der Gerste: Wirkung gegen biotrophe und pertotrophe Parasiten. In: BBA (ed.) 52. Deutsche Pflanzenschutztagung in Freising-Weihenstephan, 9.-12.10.2000, Berlin

Liu D, Raghothama KG, Hasegawa PM, Bressan RA. 1994. Osmotin overexpression in potato delays development of disease symptoms. *Proc. Natl.Acad.Sci.USA* 91:1888-1892

Lottmann J, Berg G. 1998. Analyse der Auswirkungen von transkodiertem T4-Lysozym auf die kartoffelassoziierten nützlichen Bakterien. In Schiemann J (ed.). Freisetzungsbegleitende Sicherheitsforschung mit gentechnisch veränderten Pflanzen und Mikroorganismen, Braunschweig

Lucas JA. 1999. Plant immunisation: from myth to SAR. *Pestic. Sci.* 55:193-196

Lukow T, Liesack, W. 1998. Untersuchungen zur räumlichen Homogenität bakterieller Lebensgemeinschaften im Ackerboden bepflanzt mit transgenen Barnase/Barstar- und nicht-transgenen Kartoffeln. In Schiemann J (ed.). Freisetzungsbegleitende Sicherheitsforschung mit gentechnisch veränderten Pflanzen und Mikroorganismen. Braunschweig

Melchers LS, Stuiver MH. 1998. The development of transgenic plants for the control of plant diseases. In British Crop Protection Council (Hrsg.). Symposium Proceedings No71, Biotechnology in Crop Protection, Facts and Facilities. Brighton

Mitsuhara I, Matsufuru H, Ohshima M, Kaku H, Nakajima Y, Murai N, Natori S, Ohashi Y. 2000. Induced Expression of Sarcotoxin IA Enhanced Host Resistance Against Both Bacterial and Fungal Pathogens in Transgenic Tobacco. *MPMI* 13:860-868

Nakajima H, Muranaka T, Ishige F, Akustu K, Oeda K. 1997. Fungal and bacterial disease resistance in transgenic plants expressing human lysozyme. *Plant Cell Report* 16:674-679

Nishizawa Y, Nishio Z, Nakazono, Soma M, Nakajima E, Ugaki M, Hibi T. 1999. Enhanced resistance to blast (Magnaporthe grisea) in transgenic japonica rice by constitutive expression of rice chitinase. *Theor. appl. Genet.* 99:383-390

Oldach K. 1999. Stabile Expression heterologer Gene in Weizen (Triticum aestivum L.) zur Verbesserung der Pilzresistenz. Dissertation, FB Biologie, Hamburg. 119S.

Pink D, Puddepath I. 1999. Deployment of disease resistance genes by plant transformation - a 'mix and match' approach. *trends in plant sciences* 4:71-75

Priestley RH, Bayles RA. 1980. Varietal Diversification as a Means pf Reducing the Spread of Cereal Diseases in the United Kingdom. *J. natn. Inst. agric. Bot.* 15:205-214

Riuz-Lozano JM, Gianinazzi S, Gianiazzi-Pearson V. 1999. Genes involved in resistance to powdery mildew in barley differentially modulate root colonization by the mycorrhizal fungus *Glomus mosseae. Mycorrhiza 9:*237-240

RKI (Robert-Koch-Institut). 1999. Kurzbeschreibung des Freisetzungsvorhabens. http://www.rki.de/GENTEC/FREISETZUNGEN/ORG/49.HTM

RKI. 2000a. Kurzbeschreibung des Freisetzungsvorhabens. http://www.rki.de/GENTEC/FREISETZUNGEN/ORG/39.HTM

RKI. 2000b. Kurzbeschreibung des Freisetzungsvorhabens. http://www.rki.de/GENTEC/FREISETZUNGEN/ORG/66.HTM

RKI. 2000c. Kurzbeschreibung des Freisetzungsvorhabens. http://www.rki.de/GENTEC/FREISETZUNGEN/ORG/78.HTM

Robinson RA. 1969. Disease Resistance Terminology. *Rev. appl. Mycol.* 48:593-605

Schaffrath U, Mauch F, Freydl E, Schweizer P, Dudler R. 2000. Constitutive expression of the defense.related *Rir1b* gene in transgenic rice plants confers resistance to the rice blast fungus *Magnaporthe grisea. Plant Molecular Biology* 43:59-66

Serrano C, Arce-Johnson P, Torres H, Gebauer M, Gutierrez M, Moreno M, Jordana X, Venegas A, Kalazich J, Holuigue L. 2000. Expression of the Chicken Lysozyme Gene in Potato Enhances Resistance to Infection by *Erwinia carotovora* subsp. *Atroseptica. Amer. J. of Potato Res.* 77:191-199

Shen S, Li Q, He S-Y, Barker KR, Li D, Hunt AG. 2000. Conversion of compatible plant-pathogen interactions into incompatible interactions by expression of the *Pseudomonas syringae* pv.*syringae* 61 *hrmA*-gene in transgenic tobacco plants. *The Plant Journal* 23:205-213

Smalla K, Heuer H. 1998. Effekte transgener T4-Lysozym produzierender Kartoffellinien auf Bakteriengemeinschaften der Rhizosphäre im Freilandversuch. In Schiemann J (ed.). Freisetzungsbegleitende Sicherheitsforschung mit gentechnisch veränderten Pflanzen und Mikroorganismen, Braunschweig

Stark-Lorenzen P, Nelke B, Hänßler G, Mühlbach HP, Thomzik JE. 1997. Transfer of a grapevine stilbene synthase gene to rice (Oryza sativa L.). *Plant Cell Reports* 16:668-673

Strittmatter G, Janssens J, Opsomer C, Botterman J. 1995. Inhibition of Fungal Disease Development in Plants by Engineering Controlled Cell Death. *Bio/Technology* 13:1085-1089

Tabei Y, Kitade S, Nishizawa Y, Kikuchi N, Kayano T, Hibi T, Akutsu K. 1998. Transgenic cucmber plants harborin a rice chitinase gene exhibit enhanced resistance to gray mold (Botrytis cinerea). *Plant Cell Reports* 17:159-164

Tai TH, Dahlbeck D, Clark ET, Gajiwala P, Pasion R, Whalen MC, Stall RE, Staskawicz BJ. 1999. Expression of the *Bs2* pepper gene confers resistance to bacterial spot disease in tomato. *PNAS* 96:14153-14158

Takaichi M, Oeda K. 2000. Transgenic carrots with enhanced resistance against two major pathogens, *Erysiphe heraclei* and *Alternaria dauci*. *Plant Science* 153:135-144

Tepfer D, Boutteaux C, Vigon C, Aymes S, Perez V, O'Donohue MJ, Huet J-C, Pernollet J-C. 1998. *Phytophtora* Resistance Through Production of a Fungal Protein Elicitor (ß-Cryptogein) in Tobacco. *MPMI* 11:64-67

Thomas CM, Tang S, Hammond-Kosack K, Jones JDG. 2000. Comparison of the Hypersensitive Response Induced by the Tomato *Cf-4* and *Cf-9* Genes in *Nicotiana* spp. *MPMI* 13:465-469

Thomzik JE, Stenzel K, Stöker R, Schreier PH, Haiin R, Stahl DJ. 1997. Synthesis of a grapevine phytoalexin in transgenic tomatoes (Lycopersicon esculentum Mill.) conditions resistance against *Phytophtora infestans*. *Physiological and Molecular plant Pathology* 51:265-278

Trudel J, Potvin C, Asselin A. 1995. Secreted hen lysozyme in transgenic tobacco: recovery of bound enzyme and in vitro growth inhibition of plant pathogens. *Plant Science* 106:55-62

VanEtten HD, Mansfield JW, Bailey JA, Farmer EE. 1994. Two Classes of Plant Antibiotics: Phytoalexins versus „Phytoanticipins". *The Plant Cell* 6:1191-1192

Verberne MC, Verpoorte R, Bol JF, Mercado-Blanco J, Linthorst HJM. 2000. Overproduction of salycilic acid in plants by bacterial transgenes enhances pathogen resistance. *Nature Biotechnology* 18:779-783

Vierheilig H, Alt M, Lange J, Gut-Rella M, Wiemke A, Boller T. 1995. Colonization of Transgenic Tobacco Constitutively Expressing Pathogenesis-Relaated Proteins by the Vesicular-Arbuscular Mycorrhizal Fungus *Glomus mosseae*. *Applied and environmental microbiology* 61:3031-3034

Vries J de, Harms K, Wackernagel W. 1998. Untersuchungen zur Entlassung von T4-Lysozym und rekombinanter DNA aus transgenen, T4-Lysozym-produzierenden Kartoffeln. In Schiemann J (ed.). Freisetzungsbegleitende Sicherheitsforschung mit gentechnisch veränderten Pflanzen und Mikroorganismen, Braunschweig, 49-64

Wang Y, Nowak G, Culley D, Hadwiger LA, Fristensky B. 1999. Constitutive Expression of Pea Defense Gene DRR206 Confers Resistance to Blackleg (Leptosphaeria maculans) Disease in Transgenic Canola (Brassica napus). *MPMI* 12:410-418

Westwood J. 1999. Altering Programmed Cell Death Leads to Pathogen-Resistant Plants. Information Systems for Biotechnology ISB News Report 1/99, 7-9

Wu G, Shrott BJ, Lawrence EB, Levine EB, Fitzsimmons KC, Shah DM. 1995. Disease Resistance Conferred by Expression of a Gene Encoding H_2O_2-Generating Glucose Oxidase in Transgenic Potato Plants. *The Plant Cell* 7:1357-1368

Wu G, Shrott BJ, Lawrence EB, León J, Fitzsimmons KC, Levine EB, Raskin I, Shah DM. 1997. Activation of Host Defense Mechanisms by Elevated Production of H_2O_2 in Transgenic Plants. *Plant Physiol.* 115:427-435

Yamamoto T, Iketani H, Ieki H, Nishizawa Y, Notsuka K, Hibi T, Hayashi T, Matsuta N. 2000. Transgenic grapevine plants expressing a rice chitinase with enhanced resistance to fungal pathogens. *Plant Cell Reports* 19:639-646

Yu D, Xie Z, Chen C, Fan B, Chen Z. 1999. Expression of tobacco class II catalase gene activates the endogenous homologous gene and is associated with disease resistance in transgenic potato plants. *Plant Molecular Biology* 39:477-488

Zhang L, Xu J, Brich RG. 1999. Engineered detoxification confers resistance against a pathogenic bacterium. *Nautre Biotechnology* 17:1021-1024

Zhu Q, Maher EA, Masoud S, Dixon RA, Lamb CJ. 1994. Enhanced Protection Against Fungal Attack by Constitutive Co-expression of Chtitinase and Glucanase Genes in Transgenic Tobacco. *Bio/technology* 12:807-812

Zoubenko O, Uckun F, Hur Y, Chet I, Tumer N. 1997. Plant resistance to fungal infection induced by nontoxic pokeweed antiviral protein mutants. Nature Biotechnology 15:992-996

4.5 Virusresistenz

G. SCHÜTTE, S. OLDENDORF

Relevanz und Entwicklungsstand

Pflanzenviren bereiten durch Verkehr, Handel, veränderte Kulturmaßnahmen und den Anbau anfälliger Hochleistungssorten zunehmend Probleme. Für die USA wurde der Schaden, den Viruserkrankungen in der Landwirtschaft anrichten, auf fast 2 Mrd. US Dollar/Jahr berechnet (verschiedene Quellen in Schütte, 1998). Besonders an Getreide, Kartoffeln sowie Obst- und Gemüsearten verursachen Pflanzenviren erhebliche Schäden. Das Rhizomania-Virus verursacht z.B. bei der Zuckerrübe in Europa seit den 50er Jahren wachsende Pflanzenschutzprobleme.
Gegen die Virusinfektionen stehen keine chemischen Pflanzenschutzmittel zur Verfügung. Die direkte (chemische) Bekämpfung ist somit nicht möglich. Der Einsatz von Insektiziden gegen die virusübertragenden Insekten ist der übliche Weg der indirekten Bekämpfung. Die weniger häufigen durch Bodenpilze (z.B. Rhizomania) und –nematoden oder über Samen, Pollen und durch Aufnahme über Pflanzenwurzeln übertragbaren Viren sind teilweise kaum bekämpfbar. Als alternative Methoden zur Eindämmung von Viruskrankheiten sind daher auch Fruchtfolgemaßnahmen, die Bekämpfung von Zwischenwirten und Maßnahmen wie z.B. das Verschieben des Saatzeitpunktes von Bedeutung (s.a. Schütte, 1998).

Die Virusresistenz zählte nach der Insektenresistenz zu den wichtigsten Zielen bei der Entwicklung transgener, gegen Schaderreger resistenter Sorten. Weltweit waren zwischen 1986 und 1995 11% aller im Freiland getesteten transgenen Pflanzen virusresistent (James und Krattiger, 1996). Der Anteil virusresistenter Pflanzen an Freisetzungsversuchen stagniert in den USA (Stand Oktober 2000) bei 11% (APHIS, 2000) und liegt in der EU (Stand September 2000) bei ca. 8% (BBA, 2000). Getestete Pflanzenarten sind z.B. Kartoffel, Tabak, Melone, Kürbis, Mais, Zuckerrübe, Weizen und Reis. In Deutschland werden zur Zeit **Zuckerrüben** mit dem BNYVV-Hüllprotein-Gen und Kartoffeln mit dem Hüllprotein-Gen des Kartoffelmosaikvirus Y im Freiland getestet (UBA, 1999). Die am weitesten entwickelten Resistenzen richten sich gegen Potyviren, Luteoviren, Cucumoviren sowie je ein Tobamo- und ein Furovirus (OECD, 1996).
Allerdings stehen weltweit bisher nicht einmal auf 1% der mit transgenen Pflanzen bestellten Flächen virusresistente Sorten (James, 1999). In den USA sind bis 1998 eine **Kürbissorte** und eine **Papayasorte** mit Virusresistenz zum kommerziellen Anbau zugelassen worden.

Eine Schwierigkeit der gentechnischen Züchtung besteht darin, dass die bei einigen Kulturpflanzen vorkommenden **natürlichen Resistenzgene bis jetzt nicht kloniert und damit zur Transformation** verwendet werden konnten. Daher hat man Gene aus Viren, die eine Resistenz bewirken, in die Pflanzengenome integriert.

Gentechnische Züchtungsmethoden

Die zur Zeit angewendete Methode, eine Resistenz zu erzeugen, beruht auf der Verwendung von pathogeneigenen Genen (pathogen derived resistence, PDR), mit denen versucht wird, den viralen Replikationszyklus innerhalb der Pflanzen durch Virus-abgeleitete Gene stillzulegen (silencing). Das hierzu am häufigsten gebrauchte Gen ist das **Hüllprotein-Gen** des entsprechenden Virus. Dieses wird in das Genom der Wirtspflanze eingeführt. In einigen Virusgruppen, z.B. Tabakmosaikvirus, Luzernemosaikvirus und Kartoffelvirus X, hängt der Grad der Resistenz direkt vom Gehalt des Hüllproteins ab (s. Schütte, 1998). Der Mechanismus der Resistenz ist noch nicht im Detail geklärt. Es ist jedoch sicher, dass Interaktionen zwischen ähnlichen Hüllproteinen bzw. deren Gene/ähnliche Sequenzen eine Rolle spielen. Es ist sogar gelungen, Mutanten verschiedener Hüllproteingene zu erzeugen, die die Ausbreitung der Infektion auf andere Zellen verhindern und gegen eine Resistenz gegen verschiedene Virusarten vermitelten (Beachy, 1999).
Auch der Einbau viruscodierter **Transportproteine** in Pflanzen bewirkt eine Resistenz. Dies ergab in Versuchen ein breites Resistenzspektrum.
Eine sehr spezifische Resistenz erreicht man mit dem Einbau eines viruseigenen **mutierten Replikasegens**. Diese Resistenz ist meist stärker als die Hüllprotein-vermittelte Resistenz. Ihr Mechanismus ist noch nicht ganz geklärt (Schütte, 1998).
Teilweise besteht außerdem die Möglichkeit, Gene in **Antisense-Form** (die komplementären Basen des codierenden Stranges) einzubringen. Diese Resistenz scheint nach den bisher bekannt gewordenen Versuchen aber nur in einigen Fällen und weniger gut zu funktionieren (s. z.B. Lindbo et al., 1993, zit. in Schütte, 1998).
Antisense-Sequenzen wurden mit **Ribosomen-inaktivierenden Proteinen** verstärkt in Kartoffeln und Tabak Resistenzen gegen verschiedene Viren erfolgreich eingesetzt. Aufgrund der inaktivierenden Wirkung entfällt die Proteinbiosynthese in der Pflanzenzelle, die deshalb abstirbt. Dadurch wird auch der Vermehrungszyklus der Viren unterbunden. Man erreicht mit dieser Methode ein breites Wirkungsspektrum, allerdings zeigen Pflanzen mit hoher Konzentration an diesen Proteinen ein anormales Wachstum (UBA, 1999).
„Unvollständige" Viren, denen essenzielle Gene fehlen, (Satelliten-RNA, d.h. extragenomische RNA, oder Di-[*defective interfereing*]-*partikels*) bewirken teilweise auch einen Schutz gegen Viren. Sie können die Reaktion auf einen Virusbefall abschwächen oder auch verstärken. Die Satelliten-RNA-Methode wurde u.a. an Tabak und Tomate getestet, ergab jedoch keine ausreichende Resistenz. In China gibt es Erfahrungen mit dem großflächigem Anbau von Satelliten-RNA-Pflanzen.
Bei verschiedenen Methoden reichen auch **verkürzte Bruchstücke** der Gene teilweise schon aus um eine Resistenz zu bewirken. (verschiedene Quellen in Schütte, 1998).

Mögliche ökologische Wirkungen

Nutzen-Aspekte der virusresistenten Pflanzen sind darin zu sehen, dass der Einsatz von **Insektiziden** gegen Vektoren und die Ernteverluste durch Pflanzenviren sich bei ihrem Einsatz verringern würden. Nach Boulter, 1993 (zit. in Schütte, 1998) werden

weltweit ca. 27% der Insektizide gegen Insekten eingesetzt, die als Virus-Vektoren fungieren, aber selten als direkte Schädlinge. Im Gegensatz zu toleranten Pflanzen könnten resistente auch die Menge der potenziellen Viruserreger verringern.
Über eine von pathogeneigenen Genen hergeleitete Resistenz entstand allerdings eine sehr harte und kontroverse **Risiko**diskussion (ausführlich in Schütte, 1998). Von 1992 bis 1995 und von 1996 bis 1999 wurden dementsprechend von der USDA 33 bzw. 25% der Gelder (bei nur ca. 11% der Freisetzungsanträge s.o.), die für die Risikountersuchungen genetisch veränderter Organismen bereitstanden, für Virusresistenzforschung ausgegeben.

Bisherige Ergebnisse der Risikoforschung

Sowohl die durch Satelliten-RNA als auch die *defektive interfering*-Partikel vermittelten Resistenzen sind kritische Strategien, da sie manchmal die Symptome einer Infektion verstärken, wie Experimente bewiesen haben (Quellen in Schütte, 1998).
Einige Forscher halten es für notwendig, auch die Konkurrenzeigenschaften der resistenten Sorten bzw. ihrer Wildverwandten zu untersuchen, um eventuelle Unkrautprobleme vorherzusagen (s. Risikoforschung u. Kap. 3.3).
Außerdem kristallisierten sich während der Forschung und Diskussion drei Kernfragen heraus:

1. Profitieren co-infizierende Viren vom Genprodukt?

Hüllprotein-Gene, Replikase-Gene und Transportprotein-Gene codieren alle für Proteine, die in coinfizierenden Viren (gegen die die Pflanze nicht geschützt ist) oder nicht-virulenten Viren je nach der Spezifität der Proteine neue Eigenschaften auslösen könnten.

Hüllprotein-Gen: Das Hüllprotein ist in einigen Viren (besonders bei solchen, die kein eigenes Transportprotein bilden) für die systemische Ausbreitung (somit Infektion) oder für die Vektorübertragung (durch Insekten z.B. bei Cucumoviren ohne Hilfe weiterer Faktoren, Geminiviren) verantwortlich. Eventuell spielt es auch bei anderen Übertragnungswegen wie etwa der Samen- oder Pollenübertragung eine Rolle. Es kann auch teilweise fremde Viruspartikel umschließen (heterologe Enkapsidierung), ist also nicht immer spezifisch. Untersucht sind diese Vorgänge vorwiegend bei Poty- und Luteoviren, und für diese Gruppen weiß man, dass ein hoher Verwandtschaftsgrad der Viren eine heterologe Enkapsidierung erleichtert. Eine heterologe Enkapsidierung fremder Viruspartikel durch Hüllproteine aus transgenen Pflanzen ist erwiesen (verschiedene Autoren in Schütte, 1998; OECD, 1996).
Beim Rhizomania-Virus ist in der transgenen Zuckerrübe eine heterologe Enkapsidierung in verschiedenen Versuchen nicht nachweisbar gewesen. Das Hüllprotein-Gen alleine reicht auch nicht aus, um die Vektorübertragung (hier ein Pilz) zu ermöglichen (s. Schütte, 1998, S.527). Dieses Virus hat scheinbar keine engen Verwandten, so dass auch die Gefahr einer homologen Rekombination (s.o.) als gering eingeschätzt werden kann. Allerdings gibt es mittlerweile konventionelle

Rhizomania-resistente Sorten, die ähnlich hoch in Resistenz und Ertrag liegen wie die transgene Linie (Mangold et al., 1998).
Generell gibt es einen Konsens, die heterologe Enkapsidierung nicht als ein bedeutendes Risiko anzusehen, da sie (falls die Vektorspezifität sich ändert) nur einen einmaligen Transport ermöglicht, und das Virus danach nur weitergegeben wird, wenn es mit seinem eigentlichen Hüllprotein durch seinen eigentlichen Vektor wieder aufgenommen wird. Ein Problem durch Viren, die aufgrund des transgenen Hüllproteins (nach einer heterologen Enkapsidierung) eine Pflanzen plötzlich systemisch infizieren können, besteht nur, wenn die transgene Pflanze in einem Gebiet angebaut wird, in dem andere Viren vorkommen, als im Ursprungsgebiet. Möglich wäre ansonsten auch eine Veränderung der viralen Eigenschaften lokaler unterschiedlicher Stämme (dazu wäre eine Abschätzung angebracht [OECD, 1996]). Wenn jedoch eine Übernahme des Hüllproteingens (s.u.) durch Rekombination geschieht, werden die angesprochenen Merkmalsänderungen genetisch fixiert, was von verschiedensten Wissenschaftlers mit unterschiedlicher Gewichtung als risikohaft angesehen wird (AIBS, 1995; OECD, 1996; Schütte, 1998).

Transportprotein-Gen: Auch Transportproteine können taxa-übergreifend arbeiten, und entsprechende Funktionen (Langstreckentransport in Pflanzen) für coinfizierende Viren übernehmen. Eine Weitergabe dieser Eigenschaft wird als besonders kritisch angesehen (s. Schütte, 1998, S. 530, 533 ff, 542)

Replikase-Gen: Replikasen arbeiten nach bisheriger Einschätzung recht spezifisch; aber Replikasen verschiedener Viren sind sich in vielen Sequenzen zumindest sehr ähnlich, was eine Rekombination erleichtert (s.u.) (Schütte, 1998, S. 531, 533). In Bezug auf die Replikase-vermittelte Resistenz ist es unter anderem wichtig zu wissen, ob der Donor-Virus sich in seinem Vektor mit der Replikase, (die in Pflanzen exprimiert wird und verfügbar ist) replizieren kann, denn diese relativ seltene Fähigkeit kann ein großer Selektionsvorteil im Hinblick auf eine verbesserte Verbreitung sein (Quellen in Schütte, 1998).

2. Nehmen Viren mRNA durch Rekombination aus transgenen Pflanzen auf und profitieren somit dauerhaft von dem neuen Gen/Genprodukt?

Die Entstehung neuer Genotypen (bei anderen Organismen durch Rekombination, d.h. Austausch von RNA zwischen zwei Molekülen, während der sexuellen Phase möglich) ist bei Viren durch Mutation gegeben. Bis 1985 ging man davon aus, dass dies der einzige Weg ist. Die Rekombination zwischen Viruspartikeln ist erstmalig 1985 bei Mischinfektionen experimentell nachgewiesen worden. Es wird mittlerweile generell angenommen, dass Rekombinationen eine wichtige Rolle in der Evolution der Viren spielen (verschiedene Autoren zit. in Hull, 1998; Schütte, 1998; Rubio et al., 2000).
Neue Rekombinationsmöglichkeiten in transgenen Pflanzen mit Virusgenen könnten der Anpassung und Entwicklung neuer Virusstämme somit Vorschub leisten.
Man kann homologe (zwischen verwandter RNA), aberrant homologe (zwischen ähnlichen Sequenzen an nicht-homologen Stellen im Genom) und nicht-homologe (zwischen nicht-verwandter DNA an nicht-korrespondierenden Stellen) Rekombinationen unterscheiden (Hull, 1998). Sequenzanalysen bei verschiedenen Virus-

Gruppen zeigten, dass einige Viren DNA-Sequenzen aus nicht-verwandten Viren besitzen (Quellen in OECD, 1996). Möglicherweise führen gerade nicht-homologe Rekombinationen zu neuen Stämmen (AIBS, 1995; Schütte 1998, S. 528). Besonders in Luteoviren und Caulimosaikviren scheinen Rekombinationen häufiger vorzu kommen (Henry, 2000).
Die Entstehung von Viren mit veränderten Eigenschaften durch homologe Rekombination in den transgenen Pflanzen ist mehrfach (beim Replikase-Gen auch ohne Selektionsdruck) experimentell nachgewiesen worden (Wintermantel et al., 1997; Borja et al., 1998; Aziz und Tepfer, 1999b; a. Quellen in Teycheney et al., 2000). Verschiedene Ergebnisse (Greene und Allison, 1994; Mayo et al., 1991; Sano et al., 1992; alle zit. in Hull, 1998; u.a. Autoren in Schütte 1998, S. 528) zeigten, dass auch aberrante und nicht-homologe Rekombination in transgenen Pflanzen vorkommt (Hull, 1998). White und Morris, 1994 sowie Masuta et al. (1998) (beide zit. in Rubio et al., 2000) wiesen auch nicht-homologe Rekombinationen in Mischinfektionen nach. Malnoë et al. (1999) wiesen in 4 von 13 transgenen Pflanzen rekombinierte Partikel nach, was einer unerwartet hohen Häufigkeit entsprach.

Da beide Fragen prinzipiell bejaht werden müssen und nur je nach der Art des benutzen Gens unterschiedlich bewertet werden (die Antisense-Methode mit und ohne Ribozym-inaktivierende DNA- ausgeschlossen, s.o.) und da insbesondere die **derzeitig marktreifen Pflanzen** ein **komplettes**, funktionsfähiges **Hüllprotein-Gen** dauerhaft exprimieren, stellt sich eine zentrale Frage im Anschluss (die wichtigste nach Tepfer und Balázs, 1997):

3. Sind Interaktionen co-infizierender Viren mit Transgenen/deren Genprodukten in transgenen Pflanzen häufiger als in Mischinfektionen?

Rekombination: Generell scheinen nach Computeranalysen Rekombinationen zwischen verschiedenen Virus-Taxa (heterologe Rekombination) selten, zwischen ähnlichen Stämmen aber je nach Taxa teilweise recht häufig zu sein (s. Review von Schütte, 1998, S. 539 u. Candresse et al., 1997). Das Bild kann aber auch dadurch entstehen, dass die Überlebens-Wahrscheinlichkeit der rekombinierten Viren mit der genetischen Distanz der Parentalstämme sinkt (Review von Tepfer und Balázs, 1997, zit. in Garciá-Arenal et al., 2000). Ingesamt wird davon ausgegangen, dass nicht-homologe Rekombinationen im Laufe der Evolution entweder selten oder selten erfolgreich waren. Doch der heterologen Rekombination wird von verschiedenen Autoren eine große Bedeutung für die Evolution der Viren zuerkannt, auch weil neuartige Stämme gerade über sie eher entstehen können (s.o.).

Wenn die Häufigkeit von Rekombinationsereignissen in resistenten transgenen Pflanzen gegenüber anfälligen sinkt, bedeutet das einen weiteren Nutzen, umgekehrt ein Risiko, denn die Neuentstehung von Viren verursacht in der Züchtung und im Anbau einen hohen Aufwand.
Folgende Argumente sprechen dafür, dass die Rekombinations-Häufigkeit in transgenen Pflanzen geringer sein könnte, als in nicht-transgenen mischinfizierten Pflanzen:

- Die Replikationsraten in den Zellen transgener Pflanzen sind geringer als in mischinfiziertem Gewebe (Rubio et al., 2000). In nicht-transgenen, infizierten

Kürbispflanzen befand sich zum Beispiel die 100-fache Menge an viraler DNA als in transgenen (OECD, 1996).

- Die Gesamtmenge infektiöser Viruspartikel nimmt beim Anbau resistenter Pflanzen ab (Rubio et al., 2000).
- Möglicherweise bewirkt der Resistenzmechanismus des silencing in transgenen Pflanzen auch eine Erhöhung der pflanzenlichen Abwehr in Form eines verstärkten Abbaus an Fremd-DNA (Rubio et al., 2000).

Folgende Argumente (aus Allison et al., 1997, und s.u.) sprechen dafür, dass die Rekombinations-Häufigkeit in transgenen Pflanzen **höher** sein könnte als in nicht-transgenen mischinfizierten Pflanzen:

- Bei Mischinfektionen ist es wenig wahrscheinlich, dass beide Virus-Taxa zur gleichen Zeit in der gleichen Zelle replizieren (und so Rekombination ermöglicht ist), denn die Replikation findet nicht kontinuierlich, sondern vorübergehend statt.
- In transgenen Pflanzen werden die viralen Gene konstitutiv (dauerhaft) und in jeder Zelle exprimiert, während natürliche Infektionen oft auf bestimmte Pflanzenteile (wie etwa die Blätter) begrenzt sind.
- Mischinfektionen scheinen nicht so häufig wie angenommen zu sein. Versuche mit zwei verschiedenen Viren führten nur bei 25% der Pflanzen zu Mischinfektionen (zeitlich getrennte Mischinfektionen waren dagegen häufig [75%] Allison, 1998). Nach Smith (2000) wurden in einer Unkrautpopulation Mischinfektionen in 1% der Pflanzen gefunden.
- Bei virusresistenten Pflanzen, deren Prinzip auf dem Stillegen (silencing) von homologen Virusgenen liegt, besteht ein hoher Selektionsdruck für die von der Pflanze unterdrückten Viren, die Sequenzen, auf denen das *silencing* beruht gegen andere auszutauschen.

Außerdem ist die Vorbedingung für qualitativ neue Rekombinationsereignisse (new encounters) gegeben, wenn

- das Donor-Virus des Transgens nicht in dem vorgesehenem Freisetzungsgebiet vorkommt (s. Schütte, 1998; sinngemäß OECD, 1996),
- das infizierende Virus auf andere Gewebe spezialisiert ist als das zu bekämpfende. Viren, die z.B. nur im Phloem oder anderen Geweben der Pflanzen vorkommen, treffen mit anderen Viren in transgenen Pflanzen, die (bislang) in jeder Zelle Virusgene enthalten, zusammen (OECD, 1996).

Nach Untersuchungen von Garcia-Arenal et al. (2000) unterscheidet sich die Häufigkeit von Mischinfektionen je nach dem Pflanze-Virus System. Bei Begomoviren an Baumwolle und anderen Pflanzen haben Sanz et al. (1999, 2000; beide zit. in Garcia-Arenal et al., 2000) in Pakistan in 66% der Proben Mischinfektionen nachgewiesen. Bei Versuchen mit CMV- (cucumber mosaik virus) und P-TAV-Viren (tomato aspermy virus), bei denen Mischinfektionen selten sind (Aaziz und Tepfer, 1999a), lag die Rate deutlich darunter (>17%, Garcia-Arenal et al., 2000).

Heterologe Enkapsidierung: Ob eine heterologe Enkapsidierung in transgenen Pflanzen oder Mischinfektion häufiger ist, scheint genauso schwierig zu beantworten. Die obigen Argumente im Zusammenhang mit der Rekombination treffen für die Enkapsidierung auch zu.

Risikoforschung, Monitoring und Maßnahmen zur Verringerung der Risiken

Laufende Risikoforschungs- und Monitoringprojekte

Rekombination

In den USA sind Monitoring-Projekte im Gange, um Rekombinationsereignisse, ihre Häufigkeit und ihre Bedingungen besser einschätzen zu können. So werden Versuche an der kommerzialisierten transgenen Papayasorte mit Stämmen vorgenommen, gegen die die Pflanzen nicht resistent sind (Gonsalves und Ferreira, zit. in USDA, 1999). Allison (zit. in USDA, 1999) versucht derzeit, Rekombinationsereignisse in transgenen Pflanzen zu entdecken.
Im Rahmen eines Monitorings werden zudem Populationsstrukturen dreier Viren an (transgenen) resistenten und (herkömmlichen) anfälligen Kürbisgewächsen verglichen (Falk zit. in USDA, 1999). Das wichtigste Ziel ist, die Häufigkeit von Rekombinationsereignissen vergleichend bei transgenen und nicht-transgenen Pflanzen zu untersuchen (Ansätze dazu: Aziz et al., 1998; Teycheney et al., 2000).

Unkrauteigenschaften

Zwei laufende Projekte dienen dazu, den Pathogendruck durch Viren auf wilde Kürbisgewächse festzustellen (Staub et al., zit. in USDA, 1999; Fuchs und Gonsalves, 1999) und die Fitness von Pflanzen mit bzw. ohne Virusresistenz zu vergleichen (Konkurrenzversuche). Power (zit. in USDA, 1999) untersucht den Fittnessverlust wilder Grasarten durch ein Gerstevirus (BYDV: barley yellow dwarf virus).Raybould et al. (2000) versuchen, den Einfluss der Virusresistenz auf das Überleben wilder (Raps-verwandter) Brassicaceen zu ermessen so wie Bartsch et al. (1996) es für Rhizomania-resistente Zuckerrüben unternahm. **Wichtig** für eine Abwägung des Risikos wären vor allem Informationen über **die Faktoren**, die die Größe und das Vorkommen der jeweiligen Pflanzenpopulationen beschränken (dichteabhängige oder –unabhängige **Minimumfaktoren**).
Zur Abschätzung eventuell erhöhter Unkrauteigenschaften neuer Genotypen siehe besonders Kap. 3.3 und 3.2.1 (Genübertragung und Verwilderungen).

Technische Maßnahmen zur Verringerung der Risiken

Es gibt Methoden, durch Mutation und durch Herausschneiden von Sequenzen, eine Rekombination unwahrscheinlicher zu machen (Bujarski, 1997, versch. Autoren in Schütte, 1998, S. 536) und eine heterologe wie auch homologe Enkapsidierung zu verhindern (Varrelmann und Maiss, 2000). Bei letzteren Versuchen an Potyviren ist es sogar gelungen, den Transport in der Pflanze, der durch das Hüllprotein

ermöglicht wird, durch die Mutation zu unterbinden. Die Autoren halten die Methode für relativ einfach („RQ und D-Mutationen“, die eine postulierte Salzbrücke lösen) und auf andere Viren übertragbar.
Außerdem schlugen sie vor, diese Methode mit der Anwendung von Antisense-Methoden (s.o.) und nicht-codierenden Methoden zu verbinden, um auch die Folgen einer Rekombination auszuräumen (es würden „unbrauchbare“ Proteine entstehen).
Der zuerst erwähnte Ansatz, Rekombination durch ein Herausschneiden wichtiger Sequenzen (die 3′ nicht-codierende Region [UTR] und andere sogenannte *hot spots* der Rekombination [Teycheney et al., 2000]) zu unterbinden, ist nur relativ erfolgreich, da sich die unvollständigen Viren durch zweifache Rekombination (bzw. *template switching*) doch komplettieren können. Immerhin zeigten aber Pang et al. (1997), dass ca. ein Achtel des ursprünglichen Gens zusammen mit anderen Fremdsequenzen in einer Pflanze eine Resistenz bewirken kann.

Regulierungsmaßnahmen und Empfehlungen

In den USA unterliegt derzeit der Einsatz von Virus-Genen als Resistenzgene in Pflanzen mit Ausnahme des Transportproteingens nur der Anmeldepflicht, es sei denn, die Gene kommen im Freisetzungesgebiet selbst nicht vor. Neuerdings wird die EPA von seiten eines US-Wissenschaftler-Komitees angemahnt, die Zulassungsbestimmungen wegen des ungeklärten Unkrautrisikos restriktiver zu gestalten (Anonym, 2000).
Statt einer restriktiven Regulierung wurden bisher zusätzlich folgende **Empfehlungen** von der USDA/APHIS ausgegeben (Anonym, 1997):

- Verwendung der kürzesten Sequenz aus dem Pathogen, die eine Resistenz bewirkt
- Entfernen von Sequenzen aus dem Genkonstrukt, die an der Rekombination beteiligt sind,
- Gene, die bei der Vektorübertragung eine Rolle spielen, sind von den Stämmen zu trennen, die bislang durch diesen Vektor nicht übertragbar sind
- Antisense-Methode anwenden, wenn möglich, Rekombination ergibt dann kein funktionsfähiges Genprodukt
- Begrenzen der Genexpression auf das entsprechende Pflanzengewebe, denn das verringert die Eintrittswahrscheinlichkeit des Risikos

Es stellt sich die Frage, ob einem Anbau zuzustimmen ist, wenn das Donor-Virus des Transgens nicht in dem vorgesehenen Freisetzungsgebiet vorkommt. Die Zahl der möglichen neuen Rekombinationen ist dann stets höher als vorher.
Das Umweltbundesamt schlägt vor, virusresistente Pflanzen nur in Gebieten mit hohem Befallsdruck anzubauen, um die Eintrittswahrscheinlichkeit der Risiken zu verringern. Dies könnte über die Inverkehrbringungs-Genehmigung erwirkt werden (UBA, 1999).
Auch eine internationale Diskussion über den Anbau von transgenen, virusresistenten Pflanzen in Diversitätszentren der verwendeten Pflanzen ist nötig, denn in

Wildpflanzen könnten nach Auskreuzung der Transgene auch neue Virusstämme, durch oben besprochene Mechanismen, entstehen.

Literatur

Aaziz R, Tepfer M. 1999a. Recombination in RNA viruses and in virus-resistant transgenic plants. *Journal of General Virology* 80:1339-1346

Aaziz R, Tepfer M. 1999b. Recombination between Genomic RNAs of two Cucumoviruses under conditions of minimal selection pressure. *Virology* 263:282-289

AIBS (American Institute of Biological Sciences) 1995. Transgenic virus resistant plants and new plant viruses. Meeting report from AIBS workshop sponsored by the U.S. Department of Agriculture, 47 S.

Allison RF. 1998. Significance of RNA recombination in virus-resistant transgenic plants. 5th International Symposium on the Biosafety of GMOs, September 1998, Braunschweig, Germany

Allison RF. 1999. Factors affecting recombination frequency between plant viruses and viral transgenes. http://www.reeusda.gov/crgam/biotechrisk/biot99nt.h

Allison RF, Greene AN, Schneider WL. 1997. Significance of RNA recombination in capsid protein-mediated virus resistant transgenic plants. In: Tepfer M, Balázs E. (eds.) Virus-resistant transgenic plants: Potential ecological impact, Berlin, 40-44

Anonym 1997. Summary of Public Meeting on Virus Resistant Transgenic Plants. http:/www.aphis.usda.gov/biotech/virus/virussum.html

Anoym 2000. Regulatory Agencies and the Spread of Transgenic Plants. A U. S. National Academies Report 5-6:176

APHIS 2000. USDA Field Test Releases Database for the US. http://www.nbiap.vt.edu/cfdocs/filedtests1.cfm

Bartsch D, Schmidt M, Pohl-Orf M, Haag C, Schuphan I. 1996. Competitiveness of transgenic sugar beet resistant to Beet Necrotic Yellow Vein Virus and potential impact on wild beet population. *Molecular Ecology* 5:199-205

BBA (Biologische Bundesanstalt für Land- und Forstwirtschaft, Braunschweig) 2000. Gentechnik-Datenbank. Tabelle 3: Anträge zur Freisetzung von GVO: eingeführte Eigenschaften. http://www.bba.de/gentech/tab3.htm

Beachy RN. 1999. Coat-protein-mediated resistance to tobacco mosaic virus: discovery mechanisms and exploitation. *Phil. Trans. R. Soc. Lond.* 354:659-664

Borja M, Rubio T, Scholthof HB, Jackson AO. 1998. Restoration of Wild-Type Virus by Double Recombination of Tombusvirus Mutants with a Host Transgene. *Molecular Plant-Microbe Interactions* 12:153-162

Bujarski JI. 1997. Different mechanisms of homologous and nonhomolugous recombination in Brome Mosaik Virus, a model plant RNA Virus. In: Tepfer M, Balázs E. (eds.) Virus-resistant transgenic plants: Potential ecological impact, Berlin, 26-32

Candresse T, Revers F, Le Gall O, Kofalvi SA, Marcos J, Pallás V. 1997. Systematic search for recombination events in plant viruses and viroids. In: Tepfer M, Balázs E. (eds.) Virus-resistant transgenic plants: Potential ecological impact, Berlin, 20-25

Falk BW. 1999. Incidence and Origin of New Viruses in Multiple Virus-Resistant Cucurbits. http://www.reeusda.gov/crgam/biotechrisk/biot99nt.h

Fuchs M, Gonsalves D. 1999. Risk assessment of gene flow from a virus-resistant transgenic squash into a wild relative. In: Ammann K, Jacot Y, Simonsen V, Kjellsson G (eds.). Methods for Risk Assessment of Transgenic Plants. III. Ecological risks and prospects of transgenic plants, where do we go from here? A dialogue between biotech industry and science, Basel, Schweiz, 141-143

García-Arenal F, Malpica JM, Fraile A. 2000. Evolution of plant virus populations. The role of genetic exchange. In: Fairbairn C, Scoles G, McHughen A. (eds.) Proceedings of the 6th International Symposium on The Biosafety of Genetically Modified Organisms, July 2000, Saskatoon, Canada, 91-96

Gonsalves D, Ferreira SA. 1999. Recombination of Papaya Ringspot Virus with Coat Protein Transgenes Encoded by Transgenic Papaya Growing under Field Conditions. http://www.reeusda.gov/crgam/biotechrisk/biot99nt.h

Henry C. 2000. at ESF/AIGM (European Science Foundation) The wider environmental implications of genetically modified plants. Workshop, January 2000, Cambridge, UK

Hull R. 1998. Detection of Risks Associated with Coat Protein Transgenics. In: Foster GD, Taylor SC. (eds.) Methods in Molecular Biology 81, Plant Virology Protocols. From Virus Isolation to Transgenic Resistance, 547-555

Jakab G, Vaiatij FE, Droz E, Malnoë P. 1997. Transgenic plants expressing viral sequences create a favourable environment for recombination between viral sequences. In: Tepfer M, Balázs E. (eds.) Virus-resistant transgenic plants: Potential ecological impact, Berlin, 45-51

James C, Krattiger AF. 1996. Global review of the field testing and commercialisation of transgenic plants: 1986-1995 - The first decade of crop biotechnology. *ISAAA Briefs* 1, Ithaca, N.Y., 31 S.

James C. 1999. Global review of commercialized transgenic crops: 1999. *ISAAA Briefs* 12., Ithaca, N.Y.

Malnoë P, Jakab G, Droz E,. Vaiatij FE. 1999. RNA recombination in transgenic virus resistant plants. In: Amman K. et al. (eds.) Methodes for risk assessment of transgenic plants III. Ecological Riskes and prospects of transgenic plants, Basel, 145-147

Mangold B, Kraus J, Mechelke W, Büttnaer G. 1998 Resistenz gegenüber dem beet necrotic yellow vein virus (BNYVV) bei konventionell gezüchteten und gentechnisch entwickelten Linien und Sorten von Zuckerrüben. *Mitt. a. d. Biol. Bundesanst.* H. 357:289

OECD 1996. Consensus Document on General Information concerning the Biosafety of Crop Plants Made Virus Resistant through Coat Protein Gene-Mediated Protection. In: Environment Directorate OECD/GD(96)162. Environmental Health and Safety Publications. Series on Harmonization of Regulatory Oversight in Biotechnology, No. 5, Paris, 33 S.

Pang SZ, Jan FJ, Gonsalves D. 1997. Nontarget DNA sequences reduce the trangene length necessary for RNA-mediated tospovirus resistance in transgenic plants. *Proc. Natl. Acad. Sci.* USA 94:8261-8266

Qui W, Moyer JW. 1999. Tomato Spotted Wilt Tospovirus Adapts to the TSWV N Gene-Derived Resistance by Genome Reassortment. *Phytopathology* 89:575-582

Raybould AF, Jones AE, Alexander M, Pallett D, Thurston MI, Cooper JI, Wilkinson MJ, Gray AJ. 2000. The potential for ecological release following introgression of virus-resistance transgenes into natural populations of wild *Brassica* species. In: Fairbairn C, Scoles G, McHughen A. (eds.) Proceedings of the 6th International Symposium on The Biosafety of Genetically Modified Organisms, July 2000, Saskatoon, Canada, 105-111

Rubio T, Borja M, Scholthof H B, Jackson A O. 1999. Recombination with Host Transgenes and Effects on Virus Evolution: An Overview and Opinion. *MPMI* 12:2:87-92

Schütte G. (1998). Risiken der EInführung transgener, virusresistenter Pflanzen. In: Nutzung der Gentechnik im Agrarsektor der USA - Die Diskussion von Versuchsergebnissen und Szenarien zur Biosicherheit. Studie im Auftrag des Umweltbundesamtes, Berlin. *UBA-Texte* 47/98:509-560

Smith H. 2000. at ESF/AIGM (European Science Foundation) The wider environmental implications of genetically modified plants. Workshop, January 2000, Cambridge, UK

Tepfer M, Balázs E. 1997. Concluding remarks and recommendations. In: Tepfer M, Balázs E. (eds.) Virus-resistant transgenic plants: Potential ecological impact, Berlin, 121-124

Teycheney PY, Aaziz R, Salánki K, Balázs E, Jacquemond M, Tepfer M. 2000. Potential risks associated wirth recombination in transgenic plants expressing cucumber mosaic virus sequences. In: Fairbairn C, Scoles G, McHughen A. (eds.) Proceedings of the 6th International Symposium on The Biosafety of Genetically Modified Organisms, July 2000, Saskatoon, Canada, 97-104

UBA (Umweltbundesamt) 1999. Beitrag der Biotechnologie zu einer dauerhaft umweltgerechten Entwicklung. Umweltbundesamt, Berlin, *UBA-Texte* 1/99, 100-105

USDA (United States Department of Agriculture) 1999. Biotechnology Risk Assessment Research Grants Program Home Page.
http://www.reeusda.gov/crgam/biotechrisk.biotech.htm

Varrelmann M, Maiss E. 2000. Mutations in the coat protein gene of Plum Pox Virus suppress particle assembly, heterologous encapsidation and complementation in transgenic plants of *Nicotiana benthamiana*. *Journal of General Virology* 81

Wintermantel WM, Király L, Bourque J, Schoelz JE. 1997. Recombination between Cauliflower Mosaik Virus and transgenic plants that contain CaMV transgenes: Influence of selection pressure on isolation of recombinants. In: Tepfer M, Balázs E. (eds.) Virus-resistant transgenic plants: Potential ecological impact, Berlin, 66-67

4.6 Toleranz gegen abiotische Umweltfaktoren

G. SCHMITZ

Entwicklungsstand und Bedeutung der Züchtung stresstoleranter Sorten

Intensivierung der Bodenbearbeitungen und unangepasste Bewirtschaftungsformen (bzw. Übernutzung, Brennholzknappheit) haben in vielen Teilen der Welt zu Verschlechterung der Wuchsbedingungen geführt. Desertifikation, Versalzung und Erosionen sind Folgen und Ursachen dieser Entwicklung zugleich. Alte Kultursorten, die an spezifische, lokale Bedingungen angepasst waren, sind im Zuge der Intensivierung einer exportorientierten Landwirtschaft durch produktivere, aber anspruchsvollere Sorten abgelöst worden. Standortunterschiede wurden durch Düngung, Meliorationen und maschinelle Bodenbearbeitungen nivelliert. Diese Entwicklung stößt jedoch an ihre Grenzen, wo sie nicht wirklich nachhaltig und ressourcenschonend ist (z.B. Versalzungen als Folgen der Bewässerung von Baumwollkulturen). Etwa 17% des weltweit kultivierten Landes werden bewässert, und auf diesen Flächen werden 40% der Nahrungsmittel produziert (Leisinger, 1999). In Zukunft kommen möglicherweise zumindest regionale Klimaveränderungen als problemverschärfend hinzu. Die FAO schätzt, dass ohne Gegenmaßnahmen ca. 18% der Ackerflächen (weltweit) verloren gehen werden (Leisinger, 1999).

Dem Anbau stresstoleranter Sorten kommt daher eine zunehmende Bedeutung zu. Die konventionelle Pflanzenzüchtung (und der Naturschutz) besinnt sich seit einigen Jahrzehnten wieder auf den Erhalt alter, an die örtlichen Wuchsbedingungen angepasster Sorten. Zur Entwicklung stresstoleranter Pflanzen gentechnische Verfahren angewandt. Mit der Entwicklung transgener Pflanzen, die gegenüber Hitze, Kälte, hohen Salzgehalten, Trockenheit oder hohe Aluminiumkonzentrationen in der Bodenlösung (aber auch erhöhte UV-Strahlung und Nährstoffarmut) tolerant sind, erhofft man sich Beiträge zur Sicherstellung der Welternährung und zur Entlastung der Umwelt (SRU, 1998).

Da schwierige Wuchsbedingungen vor allem in den Subtropen und Tropen von Bedeutung sind, war die Entwicklung transgener, stresstoleranter Pflanzen in den Industrienationen (mit großen Anteilen am gemäßigten Klima) bisher nicht von der Bedeutung wie beispielsweise herbizid- oder insektenresistente Pflanzen. So bezog sich keiner der 1358 bis Februar 1999 in der EU gestellte Freisetzungsanträge eindeutig auf Stresstoleranz (RKI, 1999). In den USA wurden bis Mai 1997 176 Freisetzungsanträge (3242 insgesamt) mit Kältetoleranz als ausschließlichem Züchtungsziel genehmigt (Inverkehrbringen ist bisher noch nicht erfolgt). Bisher sind weder stresstolerante Sorten zugelassen noch werden ihre Produkte in den Verkehr gebracht (van Aken und Heidenreich, 1998; James, 1999).

Die späte Entwicklung transgener, stresstoleranter Pflanzen dürfte aber auch - neben geringeren ökonomischen Reizen - vor allem darin begründet sein, dass physiologische und biochemische Mechanismen der Stressabwehr bei Pflanzen noch ungenügend verstanden und komplizierte gentechnische Verfahren notwendig sind (vgl. SRU, 1998). In neuester Zeit gibt es jedoch zunehmende Anstrengungen, transgene, stresstolerante Pflanzen zu entwickeln. So planen die deutsche BASF und die Schwedische Saatgutfirma Svalf Weibull den Bau eines „Biotech Research Centers" in North-Carolina, um neue kälte- und trockenstresstolerante Raps- und Getreidesorten zu entwickeln (EPBN, 1999).

Entwicklungsstand transgener Pflanzen mit verschiedenen Stresstoleranzen

Hitzetoleranz

Untersuchungen aus den USA zeigten, dass bei den zehn wichtigsten Kulturpflanzenarten (Mais, Soja, Weizen, Tomaten u.a.) im Jahresmittel nur etwa 50% der genetisch möglichen Erträge erbracht werden und dass zwei Drittel der Verluste auf die häufige Kombination von Hitzestress mit Wassermangel zurückgehen .
Unter den durch Hitzestress und andere Stressoren hervorgerufenen komplexen Veränderungen in der Pflanze spielt die Akkumulation niedermolekularer Verbindungen (wie Glyzinbetain, Zucker, Polyole, Aminosäuren) eine bedeutende Rolle zur Aufrechterhaltung der Lebensfunktionen der Zellen. Glyzinbetain schützt beispielsweise hoch komplexe Proteine, wie den Photosystem-II-Komplex, gegen eine hitzeinduzierte Inaktivierung. Murata und Mitarbeiter überführten Gene für die Cholin-Oxidase von *Arthrobacter globiformis* in *Arabidopsis thaliana* (Alia et al., 1998). Das Enzym ist an der Produktion von Glycinbetain beteiligt, das in den transgenen Pflanzen überproduziert wird. Tests zeigten, dass transgene Pflanzen während der Keimung und des Wachstums deutlich hitzetoleranter sind als Kontrollpflanzen. Hitzeschockproteine (z.B. hsp 70) waren für die beobachtete Toleranz nicht verantwortlich.
Eine Hitzetoleranz kann auch erreicht werden, indem der Gehalt an chloroplasteneigenen dreifach-ungesättigten Fettsäuren vermindern wird. Zu diesem Zweck übertrugen Murakami und Mitarbeiter (2000) Gene für die Omega-3-Fettsäure-Desaturase samt eines „verlangsamenden" Promotors von *Arabidopsis thaliana* auf Tabakpflanzen.

Kältetoleranz

Niedrige Temperaturen gehören zu den wichtigsten begrenzenden Wachstumsfaktoren, sowohl für die geographische Verbreitung als auch für die Vegetationsdauer von Wild- und Kulturpflanzen. Auf zwei Drittel der Landfläche sinken die Temperaturen unter 0°C, auf der Hälfte unter – 10°C. Nicht adaptierte Pflanzen zeigen bei Kälte u.a. Veränderungen in der Membrankonsistenz, was zu Wasserverlust und zum Verlust der Kompartimentierung in der Zelle (Zelltod) führen kann. Frost führt zunächst zur Eiskristallbildung in den Interzellularen, wodurch die Ionen-Konzentration in der wässrigen Phase erhöht und eine Dehydrierung der Zelle induziert werden kann. Eiskristallbildung innerhalb der Zellen sind letal (Stamp, 1996).
Pflanzen können gegen Frost toleranter werden, wenn sie über einen längeren Zeitraum niedrigen Temperaturen (nicht Frost) ausgesetzt werden. An einer solchen Akklimatisation (cold acclimation) sind mehrere Gene beteiligt (sog. cold-regulated

genes, COR genes). Thomashow's Arbeitsgruppe, die das Phänomen seit längerer Zeit untersucht, entdeckte einen Transcriptionsfaktor (CBF1), der die Expression vieler COR-Gene induziert. Transgene *Arabidopsis*-Pflanzen, die CBF1-Gene konstitutiv[1] überexprimierten, zeigten eine ähnliche Frosttoleranz wie kälteakklimatisierte, nicht-transgene Kontrollpflanzen. Entwicklung und Wachstum der transgenen Pflanzen wurde dabei nicht beeinträchtigt (Jaglo-Ottosen et al., 1998). Die Autoren sehen in diesem Mechanismus neue Möglichkeiten, frosttolerantere Kulturpflanzen herzustellen. Patente auf die Gene wurden angemeldet.
Im Rahmen eines Forschungsprogramms in Bolivien (PROINPA) wurden Kartoffeln hergestellt, die Anti-Gefrier-Proteine aus der Flunder (Fisch arktischer Gewässer) enthalten. Einige der hergestellten 30 Klone erwiesen sich als frosttoleranter als nicht-transgene Kontrollpflanzen. Die transgenen Pflanzen entwickelten sich normal (Devaux et al., 1994). Nach Angaben der Autoren sind keine ökologischen Risiken mit dem Anbau verbunden, da die Pflanzen unter den dortigen Licht und Klimabedingungen nicht zur Blüte kommen.

Trockenheitstoleranz

s. „Hitzetoleranz" und „Multiple Toleranz"

Salztoleranz

Ein wichtiger limitierender Faktor für die Landwirtschaft in weiten Teilen semiarider und arider Gebiete ist der Salzgehalt des für eine notwendige künstliche Bewässerung zur Verfügung stehenden Gießwassers (Kinzel, 1982). Die Ursachen von Salzschäden finden sich auf drei Ebenen: (1) osmotische Effekte (Erschwerung der Wasseraufnahme, Dehydrierung der Zellen), (2) Störungen im Mineralstoffwechsel, (3) toxische Effekte, die von den Salzionen ausgehen (z.B. Inaktivierung von Enzymen). Vor allem aufgrund des ersten Punktes, der u.a. zum Welken der Pflanzen führt, sind Parallelen zum Trockenheitsstress gegeben (physiologischer Trockenstress) (Kreeb, 1996).
Vergleiche einer salztoleranten und einer salzempfindlichen Borstenhirse (Setaria italica) zeigten, dass für die Salztoleranz bestimmte Peroxidasen verantwortlich sind (Sreenivasulu et al., 1999). Die Autoren geben jedoch keine Hinweise darauf, ob und wie eine gentechnisch entwickelte Überexpressinon der entsprechenden Gene einen Einfluss auf die Salztoleranz haben könnten. Apse et al. (1999) entwickelten dagegen bereits transgene salztolerante Pflanzen, deren neue Eigenschaft besteht darin, viel Na^+/H^+ -Antiport-Protein, das zum Transport von Na^+ in die Vakuolen verantwortlich ist, zu produzieren (weitere Ansätze s. „Multiple Stresstoleranz"). Neuere Untersuchungen (Hasegawa und Bressan, 2000) gehen von mindestens drei Proteinen (SOS1 – SOS3) aus, die für den Na^+-Transport von der Rhizosphäre in die Pflanze verantwortlich sind. Bisher liegen noch keine Ansätze dafür vor, wie die sie codierenden Gene für die Entwicklung salztoleranter Pflanzen genutzt werden können.

[1] Konstitutive Expression d.h. permanente, nicht induzierte Expression

Multiple Stresstoleranz

Verschiedene Arten von Stress führen häufig zu gleichen oder ähnlichen Reaktionen in der Pflanze. So ist Stress bei Pflanzen nicht nur Ursache für Veränderungen, sondern auch ein Syndrom (Brunold, 1996). Typische Charakteristika dieses Syndroms sind beispielsweise Anhäufungen von Glutathion (Einfangen von Sauerstoffradikalen, Entgiftung), Prolin (Osmoregulation) und Hitzeschockproteinen (Schutz von Proteinen). Jeder Stressor erfordert eine bestimmte Kombination dieser Einzelreaktionen. Gene, die als Reaktion auf Stress hin aktiviert werden, können entweder direkt wirken, indem das Genprodukt einen spezifischen Stress vermindert, oder indirekt, indem andere spezifisch wirkende Stressgene aktiviert werden. Verstärkt man die Aktivität solcher regulatorischen Gene (multiple Stresstoleranz-Gene), kann die Pflanze auf verschieden Arten von Stress reagieren.

Kasuga et al. (1999) transferierten in *Arabidopsis* einen Transkriptionsfaktor (DREB1A), der multiple Stresstoleranzgene reguliert. Die Gene des Transkriptionsfaktors wurden wiederum der Kontrolle durch einen stressinduzierten Promotor unterstellt. Die so hergestellten Pflanzen zeigten unter normalen Bedingungen ein vermindertes Wachstum , im Vergleich zu nichttransgenen Kontrollpflanzen aber eine erhöhte Toleranz gegenüber Trocken-, Salz- und Kältestress (Kasuga et al., 1999).

Die im Abschnitt "Hitzetoleranz" beschriebenen Pflanzen, die transgen-bedingt erhöhte Betain-Gehalte aufweisen, sind nicht nur gegen Hitze, sondern auch gegen Kälte und hohe Salzkonzentrationen tolerant (Alia et al., 1997).

Trockenstress wie Salzstress führen zu osmotischen Veränderungen denen das Pflanzengewebe durch Prolin-Produktion begegnet. Das Gen der für die Prolinsynthese notwendige Pyrroline-5-Carboxylatsynthetase wurde von einer Bohne (Vigna aconitifolia) in Reis (Oryza sativa) transferiert. Die trangenen Pflanzen erwiesen sich unter Salz- und Trockenstressbedingungen als wuchskräftiger als entsprechende Kontrollpflanzen (Zhu et al., 1998).

Aluminiumtoleranz

Aluminium zählt zu dem häufigsten Metallen auf der Erde. Mehr als ein Drittel des urbar gemachten Landes auf der Erde leidet unter Azidität und Alumiminum-Toxizität (Baringa, 1997). Besonders gravierend sind die Probleme in den Tropen und Subtropen, auf deren Lateritböden der Anbau von Mais, Sojabohnen und Baumwolle sehr erschwert sind (Kalkungen sind kaum finanzierbar).

Die schädliche Wirkung saurer Böden auf kalkstete und kalkholde Pflanzen beruht in vielen Fällen nicht auf einer Empfindlichkeit gegen H^+- (bzw. H_3O^+)-Ionen, sondern auf der toxischen Wirkung von Aluminium, das nur unter sauren Bedingungen in gelöster Form (Al^{3+}) vorliegt. Aluminium wirkt vor allem auf die Wurzeln, wahrscheinlich durch Hemmung der Zellteilung im Spitzenmeristem, was eine Wachstumshemmung und ein Austreiben verkürzter, dicker Seitenwurzeln zur Folge hat. Auch die Hemmung der Nährstoffaufnahme (bes. Phosphor) bis hin zum Zelltod können die Folge sein. Die Aluminiumtoleranz ist inner- und zwischenartlich sehr unterschiedlich ausgeprägt (Kinzel, 1982).

Beobachtungen an natürlicherweise aluminiumtoleranten Pflanzen zeigten, dass diese ihre Wurzeln durch Abgabe von Zitronensäure (Citrat) schützen, die mit Al-Ionen

nichtaufnehmbare Komplexe bildet. Dieses Prinzip machte sich ein mexikanisches Forscherteam unter Leitung von Herrera-Estrella zunutze, indem Gene für Citratsynthetase aus *Pseudomonas aeruginosa* in Tabak und Papaya übertragen wurden (de la Fuente et al., 1997). In Tests zeigten die transgenen Pflanzen auf Al-reichen, sauren Substraten ein wesentlich stärkeres Wachstum als entsprechende Kontrollpflanzen. Das gefundene Transgen, das zu einer fünf- bis sechsfachen Steigerung der Citratproduktion führt, ist vermutlich universell einsetzbar. Die Gruppe von Herrera-Estrella arbeitet daran, das Transgen auch in Reis und Mais einzuführen. Nach einer Genehmigung zum Inverkehrbringen könnten Pflanzen über ihre ursprünglichen Anbaugebiete hinaus kultiviert werden.
Die Resistenz – so wird von Physiologen kritisiert – ist nicht ohne Kosten für die Pflanze, denn Kohlenstoff, der zur Produktion von Zitronensäure eingesetzt wird, fehlt bei der Produktion von Biomasse (Grusak, zit. in Barinaga, 1997).

Kenntnisstand zu möglichen ökologischen Auswirkungen

Angesichts der weltweiten Dimensionen pessimaler Wuchsbedingungen, die den Anbau bestimmter Kulturpflanzen nur im begrenztem Maße möglich machen, wird in der Entwicklung transgener stresstoleranter Pflanzen ein wichtiger Beitrag zur Ernährung der Weltbevölkerung gesehen (SRU, 1998). Die Nutzung mit herkömmlichen Sorten nicht mehr bestellbarer Flächen ist aus ökologischen (CO_2-Bindung, Erosionsschutz), ökonomischen und Ernähungsgesichtspunkten erwünscht.
Allerdings bestehen 60% der weltweit landwirtschaftlich nutzbaren Fläche aus Böden niedriger Produktivität (Leisinger, 1999). Auf diesen Böden werden sogenannte (bei geringerem Ertrag) ertragsstabile, standortangepasste *low-input*-Sorten benötigt, die weniger standortbelastende und unökonomische Bearbeitungen notwendig haben. Eigenschaften und Einsatzmöglichkeiten werden von Janssen et al. (1986) und Büchting et al. (1986) beschrieben. Die Eigenschaften entsprechen nicht denen von Hochleistungssorten:

- hoher Blattflächenindex
- große Pflanzen
- gutes Bestockungsvermögen
- starke Verzweigung
- tiefe Wurzeln
- kleine Samen
- späte Reifezeit
- gutes Nährstoffaneignungsvermögen
- Nachbaufähigkeit
- geringer Düngungsbedarf
- breite Resistenzen (gegen viele Antagonistenarten bzw. -rassen)
- genetisch heterogen (Populationssorten oder Sortenmischungen)

Die Züchtung stresstoleranter *low-input*-Sorten verspricht jedoch weniger Gewinne als die Verbesserung der Hochertragssorten.
Es wird auch teilweise befürchtet, dass sich die Landwirtschaft mit den neuen Sorten auch auf ökologisch möglicherweise wertvolle Gebiete ausdehnt, oder dass stresstolerante Pflanzen und ihre Hybride in neue Lebensräume eindringen oder sich Unkrauteigenschaften in ihnen verstärken (Abschätzungskonzepte dazu s. Kap. 3.3). Dann entstehen in betroffenen Ökosystemen neue Konkurrenzsituationen zwischen Pflanzen.

Maßnahmen zur Abschätzung der Risiken

Der SRU (1998) forderte im Zusammenhang mit entsprechenden transgenen Pflanzen die Entwicklung von Schemata zur Abschätzung der Auswirkungen von Fitnessvorteilen. Die UCS (1993) und Ammann et al. (1999) haben ein entsprechendes geeignetes Schema zur Abschätzung des Durchwuchsrisikos und des Risikos der Verdrängung natürlicher Arten entworfen bzw. abgewandelt und zur Diskussion gestellt (s. Kap. 3.3).

Literatur

Aken J van, Heidenreich B. 1998. Freisetzungen transgener Pflanzen und Mikroorganismen, In: Nutzung der Gentechnik im Agrarsektor des USA – Die Diskussion von Versuchsergebnissen und Szenarien zur Biosicherheit, Studie für das Umweltbundesamt, UBA-Texte 47/98, Berlin, 73-120

Alia, Hayashi H, Mustardy L, Deshnium P, Ida M, Murata N. 1997. Transformation of *Arabodipsis thaliana* with the codA gene for choline oxidase; accumulation of glycinebetaine and tolerance to salt and cold stress. *The Plant Journal* 12:133-142

Alia, Hayahshi H, Sakamoto A, Murata N. 1998. Enhancement of the tolerance of *Arabidopsis* to high temperatures by genetic engineering of the synthesis of glycinebetaine. *The Plant Journal* 16(2):155-161

Ammann K, Jacot Y, Rufener Al Mazyad P. 1999. Field release of transgenic crop in Switzerland - An ecological risk assessment, of vertical gene flow. http://www.bats.ch/data/english/k3titel.html

Apse MP, Aharon GS, Snedden WA, Blumwald E. 1999. Salt tolerance conferred by overexpression of a vacuolar Na+/H+ Antiport in *Arabidopsis*. *Science* 285:1256-1258

Barinaga M. 1997. Making plants aluminium tolerant. *Science* 276:1479

Brunold C. 1996. Einführung. In: Brunold C, Rüegsegger A, Brändle R. (eds.). Streß in Pflanzen – Ökologie, Physiologie, Biochemie, Molekularbiologie. P. Haupt. Bern, Stuttgart, Wien, 71-88

Büchting A, Mechelke W, Schmidt W. 1986. Geringen Aufwand erfordernde Sorten (Low-external-imput varieties) in Gegenwart und Zukunft In: Vogtmann H. et al. (eds.) Ökolandbau – eine weltweite Notwendigkeit, Karlsruhe, 199-219

De la Fuente JM, Ramirez-Rordriguez V, Cabrera-Ponce JL, Herrera-Estrella L. 1997. Aluminium tolerance in transgenic plants by alteration of citrate synthesis. *Science* 276:1566-1568

Devaux A, Estrada N, Carrasco E, Silva MA. 1994. Experience in field testing of transgenic potatoes with an added antifreeze gene in Bolivia. In: Jones DD. (ed.) Proc. 3rd Intern. Symp. on the Biosafety Results of Field Tests of Genetically Modified Plants and Microorganisms, Univ. Calif., 13-16 Nov. Monterey, 89-98

EPBN (European Plant Biotechnology Network) 1999, *EPBN NewsBrief*- 10 (3)

Hasegawa M, Bressan R. 2000. The dawn of plant salt tolerance genetics. *Trends in Plant Science* 5 (8):317-319.

Jaglo-Ottosen KR, Gilmour SJ, Zarka DG, Schabenberger O, Thomashow MF. 1998. *Arabidopsis* CBF1 overexpression induced COR genes and enhances freezing tolerance. *Science* 280:104-106

James C. 1999. Global preview of commercialized transgenic crops. *ISAAA Briefs* 12/99, 1-8

Janssen MJJ, Neumann IF, Froiddevaux I. 1986. Ideotypen, die einen geringen Aufwand erfordern (low-input-Ideotypes). In: Vogtmann H. et al. (eds.) Ökolandbau – eine weltweite Notwendigkeit, Karlsruhe, 221-236

Kasuga M, Liu Q, Miura S, Yamaguchi-Shinozaki K, Shinozaki K. 1999. Improving plant drought, salt, and freezing tolerance by gene transfer of a single stress-inducible transcription factor. *Nature Biotechnology* 17:287-291

Kinzel H. 1982. Pflanzenökologie und Mineralstoffwechsel, E. Ulmer, Stuttgart, 534 S.

Kreeb KH. 1996. Salzstreß. In: Brunold C, Rüegsegger A, Brändle R (eds.) Streß in Pflanzen – Ökologie, Physiologie, Biochemie, Molekularbiologie. P. Haupt. Bern, Stuttgart, Wien, 149-172

Leisinger KM. 1999. Die sechste Milliarde: Weltbevölkerung und nachhaltige Entwicklung, München, Beck

Murakami Y, Tsuyuma M, Kobayashi Y, Kodama H, Iba K. 2000. Trienoic fatty acids and plant tolerance of high temperature. *Science* 287:476-479.

RKI (Robert Koch Institut) 1999. Freigesetzte Organismen in den EU-Mitgliedstaaten, http:www.rki.de

Sreenivasulu N, Ramanjulu S, Ramachandra-Kini K, Prakash HS, Shekar-Shetty H, Savithri HS, Sudhakar C. 1999. Total peroxidase activity and peroxidase isoforms as modified by salt stress in two cultivars of fox-tail millet with differential salt tolerance. Plant *Science* 141:1-9

SRU (Der Rat von Sachverständigen für Umweltfragen) 1998. Umweltgutachten 1998, Metzler Poeschel, Stuttgart

Stamp P. 1996. Niedrige Temperaturen. In: Brunold C, Rüegsegger A, Brändle R (eds.) Streß in Pflanzen – Ökologie, Physiologie, Biochemie, Molekularbiologie. P. Haupt. Bern, Stuttgart, Wien, 71-88

UCS (Union of Concerned Scientists) 1993. Perils amidst the promise – Ecological risk of transgenic crop in a global market (by Rissler J, Mellon M.) Caqmbridge, MA, 92 S.

Zhu B, Su J, Chang M, Verna DPS, Fan Y-L, Wu R. 1998. Overexpression of a $\blacktriangle^1$-pyrroline-5-carboxylate synthetase gene and analysis of tolerance to water- and salt-stress in transgenic rice. *Plant Science* 139:41-48

4.7 Veränderte Produkteigenschaften

In den beiden folgenden Unterkapiteln werden gentechnisch veränderte Pflanzen behandelt, bei denen die Produktqualität verändert wurde. Dabei werden im Kapitel 4.7.1 die gentechnisch veränderten Pflanzen behandelt, die als Nahrungsmittel Verwendung finden sollen, und im Kapitel 4.7.2 diejenigen, die industriellen Zwecken dienen.
Da in der Statistik zu Freisetzungsversuchen nicht zwischen dem Verwendungszweck dieser gentechnisch veränderten Pflanzen unterschieden wird, gelten die im Folgenden aufgeführten Zahlen für beide Unterkapitel.

Statistik zu Freisetzungsversuchen

20,4% der in den **USA** durchgeführten Freisetzungsversuche betrafen gentechnisch veränderte Organismen, bei denen die Produktqualität verändert worden war (1365 von insgesamt 6685). Diese gentechnische Veränderung nahm damit nach Herbizidtoleranz (31,9%, 2131 Freisetzungsversuche) und Insektenresistenz (27%, 1805 Freisetzungsversuche) die dritte Position ein (APHIS, 2000 Stand Oktober 2000).
In der **EU** bezogen sich 20,5% der Freisetzungsanträge auf Organismen, bei denen Änderungen im Metabolismus erzeugt wurden (358 von insgesamt 1747). 63,6% oder 1111 Freisetzungsanträge betrafen herbizidresistente Organismen, 15,4% oder 269 Anträge insektenresistente Organismen (BBA 2000, Stand September 2000).
Innerhalb der Anträge, die sich auf gentechnisch veränderte Organismen mit Änderungen im Metabolismus bezogen, entfiel der Hauptanteil auf Kartoffeln (117) und Raps (59), gefolgt von Tomate (33), Mais (21) und Zuckerrübe (15); es wurden aber auch Versuche mit Weizen, Salat, Erdbeeren Kirschen, Sonnenblumen und Melonen durchgeführt (BBA, 2000, Stand September 2000).
In **Deutschland** sind Freisetzungsversuche zu Rapspflanzen mit Änderungen im Fettsäuremuster und Kartoffeln mit verändertem Stärkestoffwechsel genehmigt worden (RKI, 1999): Die Veränderungen im Fettsäuremuster beziehen sich auf Fettsäuren mit verbesserter ernährungsphysiologischer Wirkung (z.B. auf erhöhten Gehalt an Ölsäure, die eine hohe thermische und oxidative Stabilität aufweist und zur Regulierung der Blutfettwerte beiträgt [Schmidt et al., 1999]) sowie auf die Produktion von Fettsäuren als nachwachsende Rohstoffe (z.B. Myristinsäure als Ausgangsstoff für Seifen, Emulgatoren, Weichmacher sowie Bestandteile von Kosmetika [Martini et al., 1999], s. Kap. 4.7.2).
Die Freisetzungsversuche zu den gentechnisch veränderten Kartoffeln beziehen sich auf Veränderungen im Verhältnis Amylose zu Amylopektin, die als Ausgangsstoffe für die Industrie von Nutzen sind (s. Kap. 4.7.2) sowie auf Fragestellungen der Grundlagenforschung (RKI, 1999).

4.7.1 Veränderung der Zusammensetzung von Inhaltsstoff und Nahrungsmittelqualität

S. STIRN

Entwicklungsstand

Inverkehrgebrachte Pflanzen und –produkte

Nachdem die ersten Anträge auf Freisetzung und Inverkehrbringen vor allem Pflanzen mit veränderten agronomischen Eigenschaften (Herbizidtoleranz, Insektenresistenz) betrafen, beziehen sich jetzt mehr und mehr Anträge auf Pflanzen, bei denen der Reifeprozess beeinflusst wurde oder die Zusammensetzung der Makronährstoffe, wie Kohlenhydrate und Fette, verändert wurde.
In den **USA und Kanada** sind bisher mehrere Tomatenlinien mit einem veränderten Reifeprozeß auf dem Markt, sowie Raps und Sojabohnen, bei denen das Fettsäuremuster verändert wurde (SRU, 1998). Bei den Tomaten wurden durch verschiedene gentechnische Ansätze das Weichwerden während der Reifung verzögert, so dass sie später geerntet werden können und Vorteile im Geschmack und bei der Verarbeitung aufweisen sollen (POST, 1998). Der gentechnisch veränderte Raps enthält die gesättigte Fettsäure Laurinsäure (auf dem Markt unter dem Namen „laurate canola"), die sowohl als Ersatzstoff für Kakaobutter in Schokolade verwendet wird als auch für industrielle Zwecke (Brower, 1998, s. a. Kap. 4.7.2). Die hoch-Ölsäure-haltige Sojaohne (> 80% der Fettsäuren) kann als Quelle ernährungsphysiologisch günstiger ungesättigter Fettsäuren genutzt werden (APHIS, 1997).
In **Europa** ist noch keine dieser gentechnisch veränderten Pflanzen der zweiten Generation bis zur Marktreife gelangt. Eine Ausnahme stellt das Tomatenpüree dar, das seit 1995 in England auf dem Markt ist. Es wurde aus gentechnisch veränderten Tomaten gewonnen, bei denen der Reifeprozeß verlangsamt wurde. Da das Tomatenpüree jedoch keine lebenden gentechnisch veränderten Organismen mehr enthält, mußte kein Antrag auf Inverkehrbringen in der EU gestellt werden (POST, 1998).

In der Entwicklung

Von gentechnisch veränderten Pflanzen mit veränderter Nährstoffzusammensetzung erhofft man sich eine Verbesserung der Versorgungssituation in nicht-industrialisierten Ländern. Beispiele dafür sind die Steigerung des Gehalts an Mikronährstoffen wie Eisen, Zink und des Gehaltes an Vitamin A in relevanten Nahrungsmittelpflanzen. Zur Zeit wird an Weizen, Reis, Mais, Bohnen und Cassava geforscht.
In Südostasien, wo Reis 80% der täglichen Kalorienaufnahme ausmacht, führt Vitamin A-Mangel bei 0,5 Millionen Kinder jährlich zur Erblindung. In einem ersten Schritt, die **Vitamin A-Versorgung** zu verbessern, haben Burkhardt und Mitarbeiter ein Enzym in Reis übertragen, das Phytoen, einen Vorläufer der Provitamin A-Biosynthese, bildet. Ein Vorteil wird darin gesehen, dass ein Überschuß an β-Carotinoiden in der Nahrung im Gegensatz zu einem Überschuß an Vitamin A keine

bekannten gesundheitsschädlichen Auswirkungen hat (Burkhardt et al., 1997). Mittlerweile sind die Enzyme für den kompletten ß-Carotinoidstoffwechsel in Reis übertragen worden. („golden rice"). Der Provitamin A-Gehalt lag bei bis zu 1,6 µg/g im Reisendosperm (Ye et al., 2000). Vor einer Nutzung des Provitamin A-Reis muss aber noch eine toxikologische und Allergenitätsabschätzung (s. Kap. 3.2.1 u. 3.2.2) durchgeführt werden, sowie eine Abschätzung der möglichen Wirkungen auf die Umwelt und die Biodiversität.
30% der Weltbevölkerung leiden unter Eisenmangel, der zu Erkrankungen wie Anämie und gestörter kindlicher Entwicklung führt. Zur Verbesserung der **Eisenversorgung** wurde ein Ferritin-Gen in Reispflanzen übertragen. Ferritin ist ein Eisenspeicherprotein, dessen Untereinheiten große Komplexe formen, die bis zu 4500 Eisenatome binden können. Die gentechnisch veränderten Reissamen enthielten bis zu drei Mal mehr Eisen als konventionelle Reissamen (Goto et al., 1999). Dadurch könnte die Eisenversorgung der Bevölkerung verbessert werden, der Erfolg könnte aber auf Regionen beschränkt sein, in denen genügend Eisen im Boden vorhanden ist (Lohr, 1999).
Erste Versuche werden auch zur Erhöhung des **Vitamin E-Gehalts** durchgeführt (Shintani und Dellapenna, 1998).

Ein weiteres Anwendungsgebiet der Gentechnik wird bei den sogenannten ***functional foods*** gesehen. Funktionelle Lebensmittel sollen eine bessere Versorgung der Bevölkerung mit gesundheitsfördernden Substanzen gewährleisten. Ziel des Einsatzes funktioneller Lebensmittel ist die Verringerung und Prävention ernährungsbedingter Krankheiten. Diese Lebensmittel werden durch verschiedenste Technologien hergestellt, können in Zukunft aber auch vermehrt durch gentechnische Ansätze erzeugt werden. Einsatzmöglichkeiten der Gentechnik werden z.B. in der

- Entfernung allergener und antinutritiver Substanzen,
- Steigerung des Gehalts an langkettigen Fettsäuren für die Säuglingsernährung,
- Bildung von Fructanen als Süßstoffgrundlage,
- Erhöhung des Ballaststoffgehalts der Nahrungsmittelpflanzen,
- Entwicklung diätischer Lebensmittel (z.B. glutenfreie Lebensmittel bei Zöliakie) sowie der
- Erhöhung bestimmter sekundärer Pflanzenstoffe, denen eine gesundheitsfördernde Wirkung zugeschrieben wird,

gesehen (Jany und Greiner, 1998; Sevenier et al., 1998).

Kenntnisstand zu möglichen Wirkungen

Toxizität und Allergenität

Gentechnisch veränderte Pflanzen, deren Inhaltsstoffe verändert wurden, werden vor allem unter toxikologischen und ernährungsphysiologischen Gesichtspunkten untersucht. Nach dem Konzept der substantiellen Äquivalenz fallen sie unter die Kategorie „**keine substantielle Äquivalenz**" zu konventionellen Nahrungsmitteln. Danach ist

nicht nur das eingeführte Protein Gegenstand der toxikologischen Untersuchung sondern auch die jeweils erhöhten Stoffklassen (vgl. Kap. 3.1.1).
Ein wichtiges Kriterium ist auch die Exposition des Verbrauchers, die aus der Häufigkeit und Menge des Verzehrs eines Produkts resultiert. Dabei ist zu berücksichtigen, dass industrielle und häusliche Verarbeitungsprozesse, insbesondere Erhitzung und Beeinflussung des Säuregehaltes, Auswirkungen auf die Struktur und Stabilität von Inhaltsstoffen haben können (Schauzu et al., 1998).

Bei den gentechnisch veränderten Pflanzen in den USA, bei denen der Reifeprozeß oder die Zusammensetzung der Makronährstoffe verändert wurde, wurde vor der Zulassung sowohl eine Prüfung der möglichen toxischen und allergenen Wirkung als auch eine Abschätzung einiger möglicher Umweltwirkungen durchgeführt:
Bei der gentechnisch erzielten **Veränderung des Reifeprozesses der Tomaten** wurden pflanzeneigene Gene ausgeschaltet oder herunterreguliert (POST, 1998). Diese wirken spezifisch auf Pektine, die in der Zellwand reifender Früchte vorhanden sind. Bei den durchgeführten Untersuchungen wurden keine anderweitigen Wirkungen festgestellt. Der Abbau der Tomatentoxine bei der Reifung erfolgte genauso wie bei konventionellen Früchten (mehrere Autoren, zitiert in Stirn, 1998).
Auch bei der **hoch-Ölsäure-haltigen Sojabohne** wurden pflanzeneigene Gene, z.T. in umgekehrter Orientierung („anti-sense"-Technik), in die Pflanzen eingebracht, so dass die Ausprägung einzelner Gene verhindert wurde. Bei dem **Laurat-Raps** wurde das Gen für ein Enzym aus *Umbellaria californica* eingebracht.
Zur Abschätzung möglicher toxischer Wirkungen wurden detaillierte Untersuchungen zu den jeweils veränderten Stoffgruppen durchgeführt. Dem erhöhten Gehalt an Ölsäure bzw. Laurinsäure wurde kein toxisches Potential zugeschrieben, da beide Fettsäuren auch in anderen Nahrungsmittelpflanzen (Ölsäure in Oliven; Laurinsäure in Kokosnüssen) vorkommen (Schmidt et al., 1999; Heinz pers. Mitteilung) und keine toxischen Wirkungen bekannt sind (APHIS, 1997).
Interessanterweise traten bei der hoch-Ölsäure-haltigen Sojabohne sowohl **pleiotrope Effekte** aufgrund der gentechnisch erzeugten Verminderung der Enzymaktivität als auch aufgrund der Homologie des verwendeten samenspezifischen Promotors zu pflanzeneigenen Promotoren auf: So wurde durch Erhöhung des Ölsäuregehalts der Linolsäuregehalt sehr reduziert und der Gehalt an Linolen- und Palmitinsäure deutlich reduziert. Bei den Speicherproteinen war der Gehalt an Glycinin-Untereinheiten zugunsten der beta-Conglycinin-Untereinheiten erhöht. Dies wurde auf eine Interaktion der Promotoren zurückgeführt und in diesem Fall sogar als günstig für die Verwendung der Sojaproteine in verschiedenen Nahrungsmitteln bewertet (APHIS, 1997).
Auch bei den Untersuchungen zur Abschätzung der gesundheitlichen Risiken des **„golden rice"** (erhöhter Provitamin A-Gehalt) kam es zu unerwarteten Ergebnissen: Bei Untersuchungen der Carotinoid-Extrakte mittels HPLC wurde eine Erhöhung des Zeaxanthin- und Luteingehalts festgestellt. Dies war insofern unerwartet als die Gene der zur Bildung notwendigen Enzyme (Hydroxylase und Lycopen-Cyclase) nicht mit übertragen wurden. Es wird vermutet, dass diese Enzyme entweder konstitutiv im Reisendosperm exprimiert werden oder durch die Bildung von Lycopen induziert werden. Das Vorhandensein dieser beiden Carotinoide im Reisendosperm wird als

gesundheitsfördernd eingeschätzt, da ihnen eine Rolle bei der Erhaltung einer gesunden Macula zugeschrieben wird (Ye et al., 2000).

Umweltwirkungen

Bei der Abschätzung der möglichen Wirkungen auf die Umwelt wurden sowohl bei der hoch-Ölsäure-haltigen Sojabohne als auch beim Laurat-Raps ein eventuell erhöhtes Potential zur Verwilderung geprüft. Dabei wurden Informationen aus Freisetzungsversuchen zur Dormanz, zum Keimungsverhalten und zum Reifeprozess herangezogen. Zudem wurden mögliche negative Auswirkungen auf Nicht-Ziel-Organismen (hauptsächlich Nützlinge und gefährdete Arten) untersucht und Risiken durch Auskreuzung auf sexuell kompatible Arten geprüft. Insgesamt wurden keine negativen Wirkungen festgestellt (APHIS, 1994, 1997).
Es ist bekannt, dass die Speicherstoffzusammensetzung einen Einfluß auf die **Krankheitsanfälligkeit** haben kann: So entwickelt sich z.B. der Maisvorratsschädling *Sitotroga cerealella* in hoch-Amylopektin-haltigen Maiskörnern weitaus besser als in Körnern, die Amylose enthalten (Peters et al., 1972, zitiert in Dicke und Guthrie, 1988). Solche Varietäten wurden durch konventionelle Züchtung bei Mais („waxy corn“ enthält zu 100% Amylopektin, „high amylose corn“ bis zu 70% Amylose [Alexander, 1988]) und Weizen („waxy wheat“ ohne Amylose; EPBN, 1999) erzielt. Auch bei Pflanzen, bei denen mit Hilfe der Gentechnik die Speicherstoffzusammensetzung verändert worden ist, ist daher eine möglicherweise erhöhte Krankheitsanfälligkeit zu prüfen.
Die Biologische Bundesanstalt für Land- und Forstwirtschaft in Berlin wird in Zukunft vermehrt die möglichen Auswirkungen des Anbaus von Raps mit veränderter Fettsäurezusammensetzung auf **Rapsschädlinge** und Parasiten untersuchen. Veränderte Bedingungen für die Rapsschädlingen könnten hier zu einem erhöhten Einsatz von Pestiziden führen (Büchs, 1993, 1998). Dieser Aspekt scheint bisher wenig berücksichtigt worden zu sein.
Bei Pflanzen mit veränderten Inhaltsstoffen sind nicht nur die direkten Wirkungen auf Umwelt und Gesundheit zu prüfen, sondern auch die Wirkungen der veränderten Substanzen in der **Nahrungskette**. So kam es zum Beispiel im Winter nach Einführung des konventionell erzeugten Doppel-Null-Rapses (00-Raps: frei von Erucasäure und arm an Glucosinolaten) zum Tod von Hasen und Rehen, die an ihm gefressen hatten. Die Ursache wurde nie ganz geklärt: Scheinbar hatten die Tiere vermehrt diesen Raps gefressen, und die Restmengen an Glucosinolaten wurden im Magen zu toxischen Thiocyaniden abgebaut. Da sich aber derzeit fast ausschließlich 00-Raps-Sorten im Anbau befinden und dieses Problem nicht wieder aufgetreten ist, scheinen sich die Tiere daran gewöhnt zu haben (Heinz, pers. Mittl.).

Noch ausstehende Abschätzungs- und Regulierungsmaßnahmen

Forschungslücken

Die OECD weißt in ihrer letzten Studie zur Sicherheit neuartiger Lebensmittel darauf hin, dass die nächste Generation gentechnisch veränderten Pflanzen eine **weitere**

Entwicklung der Abschätzungskonzepte notwendig macht. Dazu zählen neben Pflanzen, die resistent gegenüber abiotischen Stress sind (s. Kap. 4.6), auch Pflanzen mit veränderten Inhaltsstoffen, die für den Ernährungs-, Medizin- oder Umweltsektor entwickelt wurden. Hier sind jeweils detaillierte Untersuchungen notwendig, insbesondere bei Expression neuer Inhaltsstoffe, bei denen keine Erfahrungen im Verzehr bestehen. Bei Pflanzen, die nicht zur Ernährung bestimmt sind, muss sichergestellt werden, dass sie nicht in die Nahrungskette gelangen (s. auch Kap. 4.7.2); bei Pflanzen, bei denen die Makro- oder Mikronährstoffzusammensetzung verändert wurde, müssen z.T. neue Testmethoden und –strategien entwickelt werden. In jedem Fall sollte eine einheitliche Datengrundlage zur Sicherheitsabschätzung geschaffen werden, die die OECD über die Erstellung von Consensus-Dokumenten anstrebt (OECD 2000).

Briat wies in seinem Kommentar zur Übertragung des **Eisenspeicherproteins** in Reispflanzen darauf hin, dass durch die verstärkte Eisenaufnahme auch andere, für den Menschen potentiell schädliche Metalle, wie Kadmium, verstärkt aufgenommen werden können. Hier fehlen noch Untersuchungen, die diese unerwünscht Aufnahme anderer Metall-Ionen durch die gentechnisch veränderten Reispflanzen auf verschiedenen Böden überprüfen (Briat, 1999).

Bei den Pflanzen mit veränderter Nährstoffzusammensetzung, die die Versorgungssituation in den nicht-industrialisierten Ländern verbessern sollen, wird kritisch angemerkt, dass gerade die Hochleistungssorten der ersten grünen Revolution besonders arm an Mikronährstoffen sind. Sie haben zudem den Anbau anderer Fruchtarten wie Leguminosen, Gemüse und Früchte eingeschränkt. Es gäbe dementsprechend auch **alternative Wege** (z.B. Sortenwahl, Versorgung mit Vitamin-Präparaten) Ernährungsdefizite auszugleichen. Ein Weg, die Versorgung mit Mikronährstoffen zu verbessern, wäre z.B. eine Änderung der Bearbeitung der Samen und der Konsumgewohnheiten: Würden Reis und Getreide nicht vor dem Konsum weiter bearbeitet (geschält), besäßen sie eine höhere ernährungsphysiologische Qualität. Alleine der Verzicht auf „weißen" Reis würde einen Teil der Spurenelementdefizite ausgleichen (van Roozendaal, 1996).

Bei **funktionellen Lebensmitteln** besteht noch Forschungsbedarf in Bezug auf die zugrundeliegenden Stoffwechselvorgänge und Wirkungsmechanismen. Die gesundheitsfördernden Wirkungen, die funktionellen Lebensmitteln zugeschrieben werden, sind wissenschaftlich z.T. noch nicht gut abgesichert: Oft ist noch relativ wenig darüber bekannt, welche Substanzen welche Wirkung zeigen. Zudem gibt es widersprüchliche Angaben zur Wirkung eines Stoffes bei verschiedenen Krankheiten (Kurzer, 1993).

Von einigen relevanten Inhaltsstoffen funktioneller Lebensmittel sind auch unerwünschte Nebenwirkungen bekannt: So zeigten einige Flavonoide (polyphenolische Antioxidantien) in *in vitro*-Tests mutagene oder kanzerogene Wirkung. Der Fett-Ersatzstoff Olestra beeinträchtigt die Aufnahme fettlöslicher Vitamine und Carotinoide (Hüsing et al., 1999).

Oft ist nicht der Gehalt einer einzelnen Substanz für eine positive Wirkung ausschlaggebend, sondern das Verhältnis verschiedener Substanzen zueinander: So spielt z.B. bei der Senkung des Blutfettspiegels das Verhältnis der ω6- zu ω3-Fettsäuren

eine entscheidende Rolle. Zudem bedürfen langkettige ungesättigte Fettsäuren auch eines höheren Anteils an Antioxidantien (Faist und Elmadfa, 1992).
Die postulierten Wirkungen auf Ernährungssicherung bzw. Volksgesundheit sollten kritisch begutachtet werden und Alternativen aufgezeigt werden. Bei der Bevölkerung könnte der fälschliche Eindruck entstehen, dass sich grundsätzlich durch den Verzehr funktioneller Lebensmittel ihre Gesundheit verbessern würde („cure-all" Nahrung). Begleitend zur Einführung dieser Lebensmittel sollte daher eine Aufklärung in dem Sinne erfolgen, dass alleine eine Umstellung der Ernährungsgewohnheiten (Änderung des „zu viel und zu fett") langfristig zu einer Verbesserung der Gesundheit führen kann. Nur wenn der Lebensstil stimmt, kann Gesundheit erzielt werden (Kurzer, 1993; Jany und Greiner, 1998).

Regulierungsbedarf

Hüsing und Mitarbeiter (1999) weisen in ihrem Gutachten darauf hin, dass es in Deutschland und Europa bisher **keine speziellen gesetzlichen Regelungen** zu *functional foods* gibt. Da funktionelle Lebensmittel an der Schnittstelle zwischen Lebens- und Arzneimitteln stehen, wird wohl keines der jeweiligen Gesetze den funktionellen Lebensmitteln gerecht. Sie weisen aber auch darauf hin, dass es Beispiele aus anderen EU-Mitgliedsstaaten gibt, die zeigen, dass freiwillige Selbstverpflichtungen eine Möglichkeit jenseits gesetzlicher Regelungen darstellen.

Literatur

Alexander DE. 1988. Breeding Special Nutritional and Industrial Types. In: Sprague GF, Dudley JW. (eds.) Corn and Corn Improvement. Third Edition. *Agronomy* 18:869-880

Anonym 1996. Biotechnologie in Nahrungsmitteln und Getränken. *ZFL* 47:12-15

APHIS (Animal and Plant Health Inspection Service, USA) 1994. Response to Calgene Petition 94-090-01p for Determination of Nonregulated Status for Laurate Canola Lines. Environmental Assessment and Finding of No Significant Impact. October 1994

APHIS 1997. DuPont Petition 97-008-01p for Determination of Nonregulated Status for Transgenic high Oleic Acid Soybean Sublines G94-1, G94-19, and G-168. Environmental Assessment and Finding of No Significant Impact. May 1997

APHIS 2000. USDA Field Test Releases Database for the US. http://www.nbiap.vt.edu/cfdocs/filedtests1.cfm

BBA (Biologische Bundesanstalt für Land- und Forstwirtschaft, Braunschweig) 2000. Gentechnik-Datenbank. Tabelle 3: Anträge zur Freisetzung von GVO: eingeführte Eigenschaften. http://www.bba.de/gentech/tab3.htm

Brower V. 1998. Nutraceuticals: Poised for a healthy slice of the health care market?. *Nature Biotechnology* 16:728-731

Büchs W. 1993. Investigation on the occurence of pest insects in oil seed rape as a basis for the development of action thresholds, concepts for prognosis and strategies for the reduction of the input of insecticides. *IOBC-WPRS Bulletin* 16(9):216-234

Büchs W. 1998. Tierische Schädlinge und ihre Antagonisten in Rapskulturen – Biologie, Epidemiologie, natürliche Regulation und chemische Bekämpfung in der 100-jährigen Geschichte der Biologischen Bundesanstalt für Land- und Forstwirtschaft. In: Mitteilungen aus der Biologischen Bundesanstalt für Land- und Forstwirtschaft, Berlin-Dahlem, 100 Jahre Pflanzenschutzforschung – Krankheiten, Schädlinge und Unkräuter im Raps, Heft 340: 86-124

Briat JF. 1999. Plant ferritin and human iron deficiency. *Nature Biotechnology* 17:621

Burkhardt PK, Beyer P, Wünn J, Klöti A, Armstrong GA, Schledz M, von Lintig J, Potrykus I. 1997. Transgenic rice (*Oryza sativa*) endosperm expressing daffodil (*Narcissus pseudonarcissus*) phytoen synthase accumulates phytoen, a key intermediate of provitamin A biosynthesis. *The Plant Journal* 11(5):1071-1078

Dicke FF, Guthrie WD. 1988. The most important corn insects. In: Sprague GF, Dudley JW. (eds.) Corn and Corn Improvement. Third Edition. Agronomy 18:767-867

EPBN (European Plant Biotechnology Network) 1999. Rare Waxy Wheat Breeding Line Released. EPBN e-mail NewsBrief-11, 19/Nov/99

Faist V, Elmadfa I. 1992. Einfluß verschiedener n6/n3-Fettsäurerelationen auf Struktur- und Funktionsparameter der Lebermitochondrien der Ratte bei ausreichender und defizitärer Vitamin E-Versorgung. *Fat Sci Technol* 94(11):518-523

Goto F, Yoshihara T, Shigemoto N, Toki S, Takaiwa F. 1999. Iron fortification of rice seeds by the soybean ferritin gene. *Nature Biotechnology* 17:282-286

Heinz E. 1999. Prof. Dr. Ernst Heinz. Universität Hamburg, Institut für Allgemeine Botanik, Ohnhorststr. 18, 22609 Hamburg

Hüsing B, Menrad K, Menrad M, Scheef G. 1999. Functional Food – Funktionelle Lebensmittel. Gutachten im Auftrag des TAB (Büro für Technikfolgen-Abschätzung beim Bundestag). TAB-Hintergrundpapier Nr. 4, September 1999

Jany KD, Greiner R. 1998. Gentechnik und Lebensmittel. Berichte der Bundesforschungsanstalt für Ernährung. http://dainet.de/bfe/deutsch/janybericht/janyberi.htm

Kurzer MS. 1993. Planning and Interpreting „Designer Food" Feeding Studies. *Food Technology* April 1993:80-84

Lohr JT. 1999. High Iron Rice. Information Systems for Biotechnology (ISB) News Report April 1999. Newsreport@gophisb.biochem.vt.edu

Martini N, Schell J, Abbadi A, Spener F, Töpfer R. 1999. Rapsöl mit mittelkettigen Fettsäuren. In: Brauer D, Röbbelen G, Töpfer R. (eds.) BioEngineering für Rapssorten nach Maß – Ergebnisse eines BMBF-Forschungsverbunds. *Vorträge für Pflanzenzüchtung* 45:133-154

OECD (Organisation for Economic Co-operation and Development) 2000. Report of the Task Force for the Safety of Novel Food and Feed. C(2000)86/ADD1, 17-May-2000, http://www.oecd.org/subject/biotech/index.htm

POST (Parliamentary Office of Science and Technology) 1998. Genetically Modified Foods. Benefits and Risks, Regulation and Public Acceptance. POST-Report May 1998, London

RKI (Robert-Koch-Institut, Berlin) 1999 Freigesetzte Organismen in den EU-Mitgliedsstaaten. http://www.rki.de/GENTEC/FREISETZUNGEN/EU-GMO.HTM

Roozendaal van G. 1996. Enhancing the nutritional qualities of crops: A second Green Revolution?. *Biotechnology and Development Monitor* 29:12-15

Schmidt H, Sperling P, Heinz E. 1999. Transgener Hoch-Ölsäure-Raps. In: Brauer D, Röbbelen G, Töpfer R. (eds.) BioEngineering für Rapssorten nach Maß – Ergebnisse eines BMBF-Forschungsverbunds. *Vorträge für Pflanzenzüchtung* 45:115-131

Shintani D, Dellapenna D. 1998. Elevating the Vitamin E Content of Plants Through Metabolic Engineering. *Science* 282:2098-2100

SRU (Der Rat der Sachverständigen für Umweltfragen) 1998. Umweltgutachten 1998. Metzler-Poeschel, Stuttgart

Stirn S. 1998. Toxizität transgener Pflanzen. In: Nutzung der Gentechnik im Agrarsektor der USA – Die Diskussion von Versuchsergebnissen und Szenarien zur Biosicherheit, Studie im Auftrag des Umweltbundesamtes, Berlin, UBA-Texte 47/89, 653-676

Ye X, Al-Babili S, Klöti A, Zhang J, Lucca P, Beyer P, Potrykus I. 2000. Engineering the Provitamin A (ß-Carotene) Biosynthetic Pathway into (Carotenoid-Free) Rice Endosperm. *Science* 287:303-305

4.7.2 Veränderungen zu industriellen Zwecken und nachwachsende Rohstoffe

S. OLDENDORF, G. SCHÜTTE

Anbau, Entwicklung und Verwendung von nachwachsenden Rohstoffen

Nachwachsende Rohstoffe werden im chemisch-technischen Bereich oder zur Energiegewinnung genutzt. Dazu gehören z.B. Fasern, Holz, Arzneimittel, sowie pflanzliche Öle und Stärken (die auch - sofern sie zur Herstellung von Nahrungsmitteln gedacht sind - im Kapitel 4.7.1 über Inhaltsstoffe behandelt werden).
Auf dem europäischen Markt wurden zwar bisher noch keine gentechnisch veränderten nachwachsenden Rohstoffe zugelassen (UBA, 1999), jedoch beziehen sich EU-weit 15% der Freisetzungen gentechnisch veränderter Pflanzen auf solche, die zukünftig als nachwachsende Rohstoffe genutzt werden könnten. In den **USA** gehören zu den transgenen Pflanzen, die nicht länger der Kontrolle durch den "*Animal and Plant Health Inspection Service*" unterliegen, z.B. Sojabohnen und Raps mit verändertem Ölprofil (POST, 1998).
Die Fachagentur Nachwachsende Rohstoffe hält eine Erhöhung der Anbaufläche von ca. 4% im Jahr 1996 (vorwiegend Stärke, Zucker, Öl [besonders Leinöl] Flachs) auf 8-10% mittelfristig für möglich (Agrarbericht, 1997, zit. in UBA, 1999; UBA, 1999).
In der chemischen Industrie der Bundesrepublik Deutschland werden pro Jahr etwa zwei Millionen Tonnen Produkte aus nachwachsenden Rohstoffen zur Höherveredelung eingesetzt, was einen Anteil von 10% des Rohstoffverbrauchs der chemischen Industrie ausmacht.
Der größte Teil des gesamten Rohstoffverbrauchs liegt jedoch nicht bei der chemischen Industrie, die nur ca. 7% der Rohstoffe verbraucht, sondern bei der Petrochemie. Für einen vollständigen Ersatz der Rohstoffe des Petrochemiesektors würden die landwirtschaftlichen Flächen in Deutschland nicht ausreichen. Die Machbarkeit hängt zudem von Weltmarktpreisen und Kosten für die Gewinnung der gewünschten Stoffe aus den Ausgangsprodukten ab. Beim Preisniveau der neunziger Jahre für Rohstoffe ist nach Bramm et al. (1996) eine Substitution der Rohstoffe für die Petrochemie auch aus diesem Grund nicht zu erwarten.
Für die Landwirtschaft eröffnen sich prinzipiell durch nachwachsende Rohstoffe neue Absatzmöglichkeiten für viele unterschiedliche Produkte (Bramm et al., 1996).

Öl- und Fettsäuren

Mehr als die Hälfte der verwendeten nachwachsenden Rohstoffe in der chemischen Industrie Deutschlands sind Fette und Öle, die zum größten Teil als Soja- oder Palmöl importiert werden (Bramm et al., 1996).
Die entsprechenden Rohstoffe sind je nach Pflanzenart unterschiedlicher Zusammensetzung. Sie werden hauptsächlich als Tenside, Ausgangsstoffe für Farben, Lacke und Schmierstoffe sowie in der Papier-, Textil- und Lederwarenproduktion eingesetzt (Bramm et al., 1996). So werden zum Beispiel Ölsäuren aus Palmkernöl, Palmöl und

Kokosöl zur Produktion von Waschrohstoffen genutzt (Wintzer et al., 1993). Leinöl, dessen Hauptanteil an Fettsäuren bei der Linolensäure liegt, ist in der Fußboden- und Farbenindustrie bei der Herstellung umweltfreundlicher Farben und Lacke sowie als PVC-Ersatz von Bedeutung (Wintzer et al., 1993).
„00-Raps“ enthält neben Ölsäure auch Linolsäure und ist – da erucasäurearm – zudem für die Nahrungsmittelindustrie interessant. Die Sonnenblume enthält hohe Anteile an Öl- und Linolsäure. In Sojabohnen überwiegt die Linolsäure.
Züchtungsziele bei der Veränderung von Ölpflanzen sind ein hoher Ölertrag und die Erhöhung bestimmter Fettsäurenanteile. Es werden Pflanzen gezüchtet, die vor allem kürzere (z.B. Laurinsäure) oder hauptsächlich längere (z.B. Erucasäure) gesättigte oder ungesättigte Fettsäureketten synthetisieren, oder Fettsäuren mit speziellen funktionellen Gruppen (z.B. Petroselinsäure).
In den letzten Jahren sind in den USA sogenannte transgene *high oleic* ("HO", hoch ölsäurehaltige) Sonnenblumensorten für den Nahrungsmittelsektor entwickelt worden. Sie befinden sich bereits in Südeuropa, Frankreich, Italien und Spanien im Anbau. Ihr Öl wird als Speiseöl verwendet (Bramm et al., 1996; s. a. Kap. 4.7.1).
Von 36 Freisetzungsanträgen für gentechnisch veränderten Raps, die bis Mai 2000 in Deutschland gestellt wurden, bezogen sich 8 Anträge auf Raps mit veränderten Fettsäuremustern (RKI, 2000). Die Veränderungen im Fettsäuremuster betrafen zum Beispiel die Produktion von Myristinsäure, die als Ausgangsstoff für Seifen, Emulgatoren, Weichmacher sowie Bestandteile von Kosmetika fungiert (Martini et al., 1999). Bereits seit 1995 in den USA zugelassen und kommerziell angebaut wird eine Rapssorte, die sehr viel Laurinsäure enthält. Diese für Raps untypische Ölsäure wird für Tenside in der chemischen Industrie und als Grundstoff für Lebensmittel verwendet. Freilandversuche mit dieser Rapssorte, die für den Anbau in Mitteleuropa mit Winterraps gekreuzt wurde, werden seit 1997 auch in Deutschland durchgeführt (UBA, 1999).
Lee et al. (1998) vermuteten, dass bald auch transgenes Getreide mit veränderter und vermehrter Fettsäureproduktion weltweit kommerziell angebaut werden wird. Die Fettsäuren würden vor allem zur Herstellung von Farben, Lacken und Polymeren gebraucht (Lee et al., 1998).

Biologisch abbaubare Kunststoffe

Die Produktion von Polyhydroxyalkanolaten in *Arabidopsis*-Pflanzen ist inzwischen möglich und könnte nach Poirier (1999) ein sehr kostengünstiger Herstellungspfad im Vergleich zur Gewinnung in der Bakterienart *E. coli* werden. Angestrebtes Ziel hierbei ist die Gewinnug des Co-Polymers Poly(3-hydroxybutyrat-co-3-hydroxyvalerat), das sehr vielfältig einsetzbar ist, denn es entspricht in seinen Eigenschaften den Polypropylenen. Die Produktion in Brassicaceen (Slater et al., 1999) oder Sojabohnen erfordert eine neue Qualität gentechnischer Veränderungen, da über **4 Gene** modifiziert bzw. eingeführt werden müssten. Polyhydroxyalkanolate mit mittleren Kettenlängen und Eigenschaften von Weichplastik sind ebenfalls schon in pflanzlichen Peroxisomen synthetisiert worden (Poirier, 1999).

Kohlehydrate (Stärke und Zucker)

Stärke: Der Verbrauch an Stärke in Deutschland betrug 1995 etwa 600.000 Tonnen, die zu 99% aus Kartoffeln, Weizen und Mais im inländischen Anbau gewonnen wurden. Fast ein Drittel der in der chemischen Industrie Deutschlands eingesetzten nachwachsenden Rohstoffe stammt somit aus stärkeliefernden Pflanzen. Weltweit spielt zusätzlich Maniok als Stärkelieferant eine Rolle. Stärke wird u.a. für die Herstellung von Papier und Pappe, für biotechnologische Prozesse sowie im Klebstoffsektor, verwendet. Der Anbau von Gerste und Erbsen, die vor allem Amylose enthalten, ist bislang meist nicht wirtschaftlich. Faserlein und Hanf liefern Cellulose für die Textilindustrie und den Zellstoffsektor, werden in Deutschland derzeit aber nur in geringfügigem Maße angebaut (Bramm et al., 1996).
Seit 1992 werden transgene Kartoffelsorten mit veränderter Stärkezusammensetzung im Freiland getestet, z.B. Kartoffelklone mit amylosefreier Stärke zur Herstellung von Folien (UBA, 1999). Bis Mitte Mai 2000 wurden 36 Freisetzungsanträge in Deutschland für die Kartoffel gestellt, davon bezogen sich 26 auf Veränderungen des Kohlehydratstoffwechsels (RKI, 2000).
Zucker: Die Industrie in Deutschland hat 1994/95 36.000 Tonnen Zucker als Rohstoff verbraucht. Zucker dienen als Substrat im Fermentationsbereich und als Baustein bei der Herstellung pharmazeutischer Produkte wie von Vitaminen und Polyurethanen (Bramm et al., 1996). Zur Zuckergewinnung werden in Deutschland derzeit ausschließlich Zuckerrüben angebaut, weltweit ist Zuckerrohr die Hauptquelle. Beide Pflanzen liefern hauptsächlich Saccharose. Im Ertrag mit der Zuckerrübe vergleichbar sind Wurzelzichorie und Topinambur. Diese Pflanzen enthalten überwiegend Inulin-Fructose und stehen daher nicht direkt in Konkurrenz. Sie sind auch für den Einsatz im Energiesektor im Gespräch. Inulin-Fructose wird derzeit in verstärktem Maße für die menschliche Ernährung und Medizin und als industrieller Rohstoff verwendet (Bramm et al., 1996).
Beim RKI in Deutschland liegen Freisetzungsanträge für Kartoffeln vor, die durch Enzyme des Fruktanmetabolismus einen veränderten Kohlenhydratstoffwechsel haben. Fruktane werden unter anderem für physikalisch-chemische und biotechnische Untersuchungen benötigt (s.a. Kap. 4.7.1 und RKI, 2000).

Papier und Zellstoff

Die Züchtung von holzliefernden Pflanzen mit herabgesetztem Ligningehalt wird angestrebt. Versuche mit der Stilllegung von Genen (silencing, antisense-Methode) (Sederoff, 1999) an Aspen verliefen erfolgreich und führten aus bisher ungeklärten Gründen gleichzeitig zu einem beschleunigten Wachstum.

Aminosäuren

Von der essentiellen Aminosäure Lysin werden pro Jahr 200.000 Tonnen in Fermentern hergestellt und meist als Zusatz zu Tierfutter dem Getreide zugesetzt. Transgenes Getreide mit einem höheren Lysin-Gehalt würde es unnötig machen, diese Aminosäure in kristalliner Form den Futtermitteln zuzusetzen (Falco et al., 1995).

Enzyme

Der Vorteil, definierte Produkte aus Enzymen herzustellen, liegt in ihren hochselektiven und nebenwirkungsarmen Reaktionen.
Pflanzen, die das Enzym Phytase bilden, könnten dem Tierfutter beigemischt werden, so dass z.B. Schweine Phosphor aus ihrer pflanzlichen Nahrung besser verwerten könnten (UBA, 1999). In den USA transformierte Phillips (zit. in McGraw, 1998) Luzernepflanzen mit einem Phytase-Gen aus *Aspergillus niger* und führte Fütterungsversuche mit Geflügel durch. Es zeigte sich, dass die Phosphor-Aufnahme gegenüber der Fütterung mit herkömmlichem, phytaseversetztem Futter verbessert war.
Beim RKI in Deutschland ist ein Freisetzungsvorhaben mit transgenen Tabakpflanzen, die eine bakterielle Xylanase synthetisieren, beantragt. Dieses Enzym baut das in pflanzlichen Zellwänden enthaltene Xylan ab und wird für industrielle Zwecke verwendet. Das Freisetzungsvorhaben soll Aufschluss darüber geben, ob eine Produktion von Xylanasen im Freiland in Pflanzen erfolgen kann.
Maliyakal und Keller (1996) haben in Baumwolle zwei Enzyme eingeführt, die bei der Bildung eines Polyhydroxybutyrates von Bedeutung sind. Wird dieses thermoplastische Polymer in der Baumwolle synthetisiert, verbessern sich die Wärmeeigenschaften der Baumwollfasern.

Arzneimittel und Impfstoffe

Forschungsansätze zur Produktion von Arzneistoffen aus Nutzpflanzen ergeben teilweise noch (?) eine geringere Ausbeute als in Fermentern oder Zellkulturen mit Mikroorganismen gewonnene. Eine großtechnische Anwendung lässt sich im Moment noch nicht absehen (Bramm et al., 1996). Es gibt jedoch vielversprechende Ansätze einer wirtschaftlichen Produktion therapeutischer Proteine (Antikörper, Impfstoffe) etwa in den Chloroplasten von Pflanzen (Staub et al., 2000).
Ein Freilandversuch mit transgenem Reis, aus dem sich die Proteine Humanalbumin, Antitrypsin und Humanantithrombin gewinnen lassen, wurde 1997 in Kalifornien unternommen (USDA/APHIS, 1997). Albumin ist ein Bestandteil des menschlichen Blutplasmas und wird für Transfusionen benutzt. Antitrypsin ist ein Enzym und wird bei Lebererkrankungen eingesetzt. Ein Mangel an Antithrombin kann zu Thrombose führen. Arzneimittelwirkstoffe wie Humaninsulin, Hormone, Interferone und Desoxyribonucleasen werden auch durch biotechnische Verfahren mit gentechnisch modifizierten Mikroorganismen gewonnen. Oft sind sie überhaupt nur mittels Gentechnik herstellbar.
Außer den bei Staub et al. (2000) beschriebenen Versuchen (s.o.) gibt es weitere Ansätze, Antikörper oder Impfstoffe in transgenen Pflanzen zu gewinnen. McCormick et al. (1999) gelang es, Antikörper gegen Lymphdrüsenkrebs in Pflanzen herzustellen. Nach den Laborversuchen sollen bereits klinische Studien beginnen.
Es gibt auch Versuche zur Hepatitis-Impfung mit genetisch veränderten Bananen oder Kartoffeln und zur Cholera-Impfung mit Kartoffeln (Der Spiegel, 1998; Prakash, 1996). Dabei werden Stoffe, die eine Immunreaktion auslösen, in Pflanzen synthetisiert.
Eine neue Methode zur komplikationslosen Impfung bieten DNA-Impfstoffe, mit denen derzeit Hepatitis-B-Impfungen als eine der ersten „Genimpfungen“ weltweit

angewendet werden. Das Prinzip dieser Impfungen besteht darin, rekombinante DNA, die für das gewünschte Antigen codiert, zu verabreichen. Der mit DNA-Impfstoff behandelte Organismus besitzt damit die Möglichkeit, Antikörper gegen den jeweiligen Erreger zu produzieren, ohne mit den Erregern in der üblichen Form (abgeschwächt oder getötet) in Kontakt zu kommen. Die DNA-Impfstoffe sind bei Raumtemperatur lagerfähig. Mithin besteht keine Gefahr, dass der Impfstoff sich zu einer infektiösen Art verändert, wie dies bei einem Erregerimpfstoff geschehen kann (Liu, 1998; Beard et al., 1998). Bei der Herstellung von DNA-Impfstoffen wird nicht mit den Infektionserregern gearbeitet, sie sind außerdem auch für Personen mit geschwächtem Immunsystem geeignet, und man erhält auf diesem Wege schneller und spezifischer wirkende Vaccine.

Kenntnisstand zu möglichen Wirkungen

Mögliche Vorteile

Der Anbau von nachwachsenden Rohstoffen als **zusätzliche Kulturart** in den immer stärker getreidebetonten Fruchtfolgen in Deutschland könnte sich vorteilig auswirken, falls sich auf diesem Wege sowohl Fruchtfolgekrankheiten als auch der Pflanzenschutzmittelbedarf verringern. Als zusätzliche und extensiv nutzbare Pflanzenarten kommen Faserlein und der im Ertrag doppelt so hoch liegende Hanf sowie der sehr anspruchslose Leindotter in Frage. Auch Koriander könnte als Petroselin-Lieferant eingesetzt werden, wennn er züchterisch weiter verbessert würde. Zur Inulin-Fructose-Produktion eignen sich aufgrund der hohen Erträge die Wurzelzichorie und Topinambur (hierzu s.a. Bramm et al., 1996).

Ersatz von chemischen und petrochemischen Produkten

Substitution petrochemischer Produkte: Nachwachsende Rohstoffe sollten möglichst die fossilen Rohstoffe ergänzen und biologisch verträgliche Ersatzmöglichkeiten bieten. Ihre verstärkte Nutzung zur Wärmegewinnung könnte fossile Rohstoffe einsparen und zur Senkung der CO_2-Emission beitragen (UBA, 1999). Zur Schonung der nicht erneuerbaren petrochemischen Rohstoffe könnten nachwachsende Rohstoffe wie etwa Rapsmethylester aus OO-Raps nicht in nennenswertem Umfang beitragen. Dies gelänge nur mittelbar durch Entwicklung von Alternativen im Energiesektor (Bramm et al., 1996).

Substitution chemischer Produkte: Pflanzliche Öle als Schmierstoffe und Hydraulikflüssigkeiten werden als besonders umweltfreundlich eingestuft, da sie biologisch gut abbaubar und nicht toxisch sind. Hierbei handelt es sich derzeit meist um Raps- oder Sonnenblumenöle. Zudem entfällt bei den pflanzlichen Ölen die Entsorgung von Altöl und die damit verbundene CO_2-Freisetzung (Wintzer et al., 1993).

Da der Leinanbau mit relativ geringen ökologischen Lasten verbunden ist und eine positive Wirkung auf die Diversität der Beikräuter hat (Bramm et al., 1996), wäre ein vermehrter Einsatz dieser Pflanzenart wünschenswert. Aus wirtschaftlichen Gründen wäre diesem Ziel eine verbesserte Öl- und Samenqualität des Leins zuträglich. Die Umweltbelastungen beim Anbau von Faser- bzw. Öllein sind sehr gering in Bezug auf

Bodenverdichtung und Bodenerosion, Stickstoffverlagerung und Verlagerung von Pflanzenschutzmitteln ins Grundwasser, gleiches gilt für Winterraps. Beim Anbau von Sonnenblumen ergeben sich auch geringe Umweltbelastungen, mit Ausnahme der starken Bodenerosion beim Anbau (Wintzer et al., 1993).
Im Kunststoffsektor könnten transgene Pflanzen aufgrund der Kompostierbarkeit von Reststoffen und Verpackungen zu Umweltentlastungen und zur Reduzierung von Abfällen beitragen (s.o.).
Bei der Gewinnung von Stärke muss die Kartoffel unter Umweltgesichtspunkten im Vergleich als die ungünstigste Feldfrucht angesehen werden (Wintzer et al., 1993). Beim Anbau von Kartoffeln und Zuckerrüben entstehen laut Wintzer et al. (1993) große bis sehr große Umweltbelastungen, die auf der Erosionswirkung und Bodenverdichtung sowie der häufigen Behandlung mit Fungiziden bzw. Herbiziden beruhen. Der geringere Hektarertrag des Weizens (3,9 t Stärke/ha im Vergleich zu 7,2 t/ha bei der Kartoffel und 4,9 t bei Körnermais) wird durch seinen wesentlich höheren Stärkegehalt, der den Transportaufwand reduziert und die Aufarbeitung erleichtert, ausgeglichen (Weizen ca. 70% Stärke, Kartoffeln ca. 20%) (Bramm et al., 1966; Wintzer et al., 1993). Zusätzlich fallen bei der Stärkegewinnung aus Weizen und Mais die wertvollen Nebenprodukte Weizenkleber und Weizenkleie bzw. Maiskleber und Maiskeime an, welche trotz der geringen Stärkeausbeute die Wirtschaftlichkeit erhöhen (UBA, 1999). Dagegen sind die Abfallprodukte bei der Gewinnung von Stärke aus Kartoffeln nicht wirtschaftlich verwendbar und belasten die Umweltbilanz. Eine Ausweitung des Weizenanbaus zur Produktion nachwachsender Rohstoffe hätte gegenüber dem Kartoffel- und dem Maisanbau auch hinsichtlich der Erosion und Bodenverdichtung Vorteile. Nachteilig wäre hingegen die weitere Verarmung der Fruchtfolgen (Wintzer et al., 1993).
Transgene Bäume mit geringem Ligningehalt würden zu einer Umweltentlastung führen, da die Aufbereitung des Holzes zu Papier und Zellstoff mit hohem Energieaufwand und Umweltbelastungen verbunden ist (Sederoff, 1999).

Enzyme und Arzneimittel

In transgenen Pflanzen synthetisierte Enzyme könnten teilweise kostengünstiger hergestellt werden, und sie wären mit weniger unerwünschten Nebenwirkungen als solche aus der chemischen Produktion verbunden. In der Lebensmitteltechnik könnten verbesserte, leistungsstärkere Enzyme zu Energieeinsparungen führen, da durch sie katalysierte Prozesse schneller abliefen (z.B. verkürzte Fermentations- und Reifezeiten). Phytasehaltiges Getreide als Futtermittel würde bei Tieren zu einer verbesserten Phosphorverwertung aus dem Futter führen. Damit ließe sich der Eintrag von anorganischem Phosphor aus der Gülledüngung verringern und die Kosten für Phosphor als Futterzusatz einsparen (McGraw, 1998).
Bei der Produktion von therapeutischen Proteinen in Pflanzen oder Mikroorganismen ist eine hohe Ähnlichkeit der Proteine mit Human-Proteinen erzielbar. Dagegen weichen bei der Herstellung von Antikörpern in Mäusen beispielsweise die Glykolisierungsmuster zum Teil zu stark ab. Außerdem besteht die Gefahr der Verunreinigung durch Viren, die an Säugetieren artübergreifend vorkommen, in Pflanzen nicht (Borrebaeck, 1999). Sowohl die Produktion in Phagen, Pflanzenviren als auch in transgenen Pflanzen bietet in diesen Punkten Vorteile (Borrebaeck, 1999).

Mögliche Risiken

Generell besteht bei transgenen Pflanzen mit veränderten stofflichen Eigenschaften die Gefahr, dass Schaderreger und Krankheiten verstärkt auftreten, weil auch für sie besser verwertbare Stoffe in größeren Mengen als vorher in den Pflanzen produziert werden (z.B. bestimmte Öle, Stärken oder Zucker [s. Kap. 4.7.1]).

Die neuen Stoffe können zudem über die Nahrungskette weitergegeben oder über das Grundwasser ausgetragen werden, was besonders bei der Produktion von Pharmaka als problematisch einzuschätzen ist. Im Falle der transgenen Reispflanzen zur Produktion von Humanproteinen (s.o.), die 1997 in Kalifornien freigesetzt wurden, wären allerdings nach der zuständigen US-Behörde (USDA/APHIS, 1997) bei versehentlicher oraler Aufnahme keine pharmazeutischen Wirkungen zu befürchten gewesen, da die eingeführten Proteine im Verdauungstrakt abgebaut werden.
Saxena et al. (1999) wiesen für den *B.t.*-Mais nach, dass nicht nur beim Abbau der Pflanzenreste nach der Ernte sondern auch während der Vegetationsperiode relativ große Proteine durch die Wurzeln in den Boden gelangen. Nach Stotzki (2000) und Hilbeck (2000) ist dieser Risikopfad bei nachwachsenden Rohstoffen in die Abschätzungen einzubeziehen.

Ulrich (2000) wiederum wies in seinem Vortrag darauf hin, dass sich bei Pflanzen mit verändertem Zucker oder Stärkegehalt die Frosttoleranz erhöhen oder verringern könnte, da die Hydrationsbedingungen verändert sind. Eine erhöhte Frosttoleranz kann sich auf Verbreitung und Dichte einer Art auswirken (s. Kap. 3.3 über Verwilderungen). Linder (pers. Mittl.) zeigte ergänzend, dass eine veränderte Ölzusammensetzung in Rapssamen die Überdauerungseigenschaften beeinflussen kann (s.a. Schmitt und Linder, 1994).

Eine zusätzliche Bedeutung erhalten die zuletzt genannten Aspekte bei Kulturpflanzen, die sich mit Wildformen kreuzen. So könnten die neuen Stoffe auch eine Schadwirkung auf Tiere haben, die an den Wildpflanzen fressen. Zudem sind Gene, die in Wildarten übertragen wurden und somit in konkurrenzfähigeren Pflanzen exprimiert werden, kaum rückholbar – vor allem, wenn sie zusätzlich Fitnessvorteile vermitteln.

Nachwachsende Rohstoffe werden derzeit hauptsächlich aufgrund der Bestimmungen über Ausgleichszahlungen auf stillgelegten Ackerflächen kultiviert. Angebaut wurden größtenteils „00-Raps" (s.o.), Sonnenblumen, Weizen und Öllein (Bramm et al., 1996). Diese Flächen dienen damit nicht länger als Refugien für Wildpflanzen und die angeschlossenen Glieder des Nahrungsnetzes. Insgesamt besteht in Deutschland eine **Konkurrenz** um die Nutzung von **Flächen** zur Bebauung (bzw. Versieglung), Nahrungsmittelproduktion und zum Naturschutz. Die Produktion nachwachsender Rohstoffe ergänzt die Liste der mögliche Nutzungen, so dass eine Abschätzung der Folgen der Landnutzungsverteilung bedeutsamer wird. Dementsprechend forderte etwa das Umweltbundesamt (UBA, 1999), dass die Produktion von nachwachsenden Rohstoffen auf stillgelegten Ackerflächen nicht mit dem Natur- und Biotopschutz in Konflikt gerät.

Empfehlenswerte Forschungs- und Regulierungsmaßnahmen

Forschung

Die Nutzungsmöglichkeiten der nachwachsenden Rohstoffe könnten durch eine verstärkte Grundlagenforschung weiter ausgebaut werden.
Die Lagerung und Formulierung von Arzneimitteln aus transgenen Pflanzen erfordern spezielle Techniken, da sie nicht so stabil z.B. gegen Hitze und organische Lösungsmittel sind wie einfachere pflanzliche Inhaltsstoffe. Die Sterilität, der Gehalt an Endotoxinen und die Verträglichkeit müssen während der Produktionsverfahren überprüft werden. Auch sind für diese empfindlichen Stoffe sensible und schnelle Nachweisverfahren auf Verunreinigung mit Pestiziden, Herbiziden, Pilz- und Bakterientoxinen zu etablieren. Um diese unerwünschten Stoffe zu entfernen, muss mit besonders schonenden Methoden gearbeitet werden. Umfangreiche physikalische, chemische und biologische bzw. immuno-biologische Tests sind notwendig, um die Qualität der neuen Stoffe mit denen, die man bisher aus Tieren gewonnen hat, vergleichen zu können (Miele, 1997). In den USA werden derzeit Richtlinien für den Einsatz von DNA-Impfstoffen erarbeitet (Beard et al., 1998). Auch Bramm et al. (1996) wiesen darauf hin, dass zur Aufarbeitung und Isolierung der veränderten Inhaltssubstanzen der als nachwachsende Rohstoffe genutzten Pflanzen **spezielle Technologien** nötig sind, die durch intensive Zusammenarbeit mit den Universitäten und der Industrie entwickelt werden sollten.
Vor der Durchführung von Freilandversuchen mit transgenen Pflanzen, die für die Technik oder Pharmazie verwertbare Stoffe liefern sollen, ist zu prüfen, ob die Aufnahme durch Nicht-Ziel-Organismen diese schädigt oder Schaderreger begünstigt. So gaben Falco et al. (1995) etwa im Fall der lysinreichen Sojabohne zu bedenken, dass Nebenprodukte aus dem Lysinstoffwechsel in den Tieren untersucht werden müssen, wenn diese mit der veränderten Sojabohnensorte gefüttert werden. Sie sahen es in diesem Fall aber als unwahrscheinlich an, dass von den transgenen Pflanzen ein Risiko ausgeht. Falco et al. (1995) forderten außerdem für mit Lysin angereicherte Sojabohnen und den Raps genauere Studien über ihre Krankheitsresistenz.
Schloter et al. (2000) untersuchten die Auswirkungen des Anbaus transgener Kartoffeln mit veränderter Stärkezusammensetzung auf die Diversität der Mikroorganismen im Boden. Untersuchungen mit kultivierungsabhängigen sowie -unabhängigen Verfahren ergaben im ersten Versuchsjahr keine signifikanten Unterschiede zu den Vergleichsböden. Allerdings lag schon die Gesamtdichte der Mikroorganismen klimatisch bedingt unter dem Durchschnitt, so dass eine Folgeuntersuchung unter günstigeren Bedingungen geplant ist.

Regulierung

Das House of Lords (1999) empfiehlt generell, Pharmazeutika-produzierende Pflanzen nicht im Freiland anzubauen oder sicherzustellen, dass eine Auskreuzung nicht möglich ist (zu den Möglichkeiten/Grenzen eines solchen *containments* s. Kap. 3.2.1). Als Beispiel für Sicherheitsmaßnahmen wurde bei einem Freisetzungsversuch mit Humanprotein-produzierenden transgenen Reispflanzen in den USA um das Testfeld eine vegetationslose Zone eingerichtet. Auch wurde in der näheren

Umgebung des Testfeldes kein kommerziell genutzter Reis angebaut, und das Testfeld wurde ständig auf Schädlinge und Krankheiten untersucht (USDA/APHIS, 1997).
Eine Produktion von nachwachsenden Rohstoffen sollte nicht auf allen bislang stillgelegten Ackerflächen erfolgen, da ansonsten eine Vernachlässigung der Belange des Natur- und Biotopschutzes einträte.

Literatur

Beard CW, Mason PW. 1998. Out on the farm with DNA vaccines. *Nature Biotechnology* 16:1325-1328

Borrebaeck CAK. 1999. Human monoclonal antibodies: The emperor's new clothes? *Nature Biotechnology* 17:621

Bramm A, Eggersdorfer M, Frese L, Höppner F, Menge-Hartmann U, Rühl G, Schittenhelm S. 1996. Nachwachsende Rohstoffe für die industrielle Verarbeitung. In: Linck G et al., (eds.) Nachhaltige Land- und Forstwirtschaft. Expertisen Berlin 1996: 821-850

Der Spiegel 1998. Impfbananen im Visir 41:244-246

Falco SC, Guida T, Locke M, Mauvais J, Sanders C, Ward RT, Webber P. 1995. Transgenic Canola and Soybean Seeds with increased Lysine. *Biotechnology* 13:577-581

Franke W. 1992. Nutzpflanzenkunde. Georg Thieme Verlag.

Hilbeck A. 2000. Tri-trophic effects of Bt corn. ESF/AIGM (European Science Foundation) The environmental implications of genetically modified plants with insect resistance genes. Workshop, September 2000, Bern, Switzerland

House of Lords 1998. Second report: EC Regulation of Genetic Modification in Agriculture. European Communities Committee Publications, Großbritannien

Lee M, Lenman M, Banas A, Bafor M, Singh S, Schweizer M, Nilsson R, Liljenberg C, Dahlquist A, Gummeson P-O, Sjödahl S, Green A, Stymne S. 1998. Identification of Non-Heme Diiron Proteins that catalyze Triple Bond and Epoxy Group Formation. *Science* 280: 917

Linder R. 1995. Seedbank Dynamics in *Brassica*: A Targeted Approach to Risk Assessment. at: Environmental Impact of Genetically-Modified Crops. Workshop at ITE Monks Wood, 28-30 November 1995

Liu M. 1998. Genes as Vaccines. http://binas.unido.org./binas/Conference/Liu.htm

Maliyakal EJ, Keller G. 1996. Metabolic pathway engineering in cotton: Biosynthesis of polyhydroxybutyrate in fiber cells. *Proc. Natl. Acad. Sci.* USA 93:12768-12773

Martini N, Schell J, Abbadi A, Spener F, Töpfer R. 1999. Rapsöl mit mittelkettingen Fettsäuren. In: Brauer D, Röbbelen G, Töpfer R. (eds). BioEngineering für Rapssorten nach Maß-Ergebnisse eines BMBF-Forschungsverbunds. *Vorträge für Pflanzenzüchtung* 45:133-154

McCormick AA, Kumagai MH, Hanley K, Turpen TH, Hakim I, Grill LK, Tusé D, Levy S, Levy R. 1999. Rapid produktion of specific vaccines for lymphoma by expression of the tumor-derived single-chain Fv epitopes in tobacco plants. *Proc. Natl. Acad. Sci.* USA 96:703-708

McGraw LC. 1998. Transgenic alfalfa yields new products. *Agriculture Research*. April 1998: http://www.ars.usda.gov/is/AR/archive/apr98/alfa0498.htm

Miele L. 1997. Plants as bioreactors for biopharmaceuticals: regulatory considerations. *TIBTECH* 15:45-50

Poirier Y. 1999. Green chemistry yields a better plastic. *Nature Biotechnology* 17:960-61

POST (Paliament Office of Science and Technology, Großbritannien) 1998. Genetically Modified Foods- Benefits and Risks, Regulation and Puplic Acceptance. POST, London. Post Report May 1998

Prakash 1996. Edible vaccines and antibody producing plants. Are edible vaccines a solution? Biotechnology and Development Monitor. 27 (June):10-14

RKI (Robert Koch Institut) 2000. Freisetzungen in der BRD. (Stand: 18.05.2000) http://www.rki.de/GENTEC/FREISETZUNGEN/FREISETZ_D.HTM

Saxena D, Flores S, Stotzky G. 1999. Insecticidal toxin in root exudates from *B.t.* corn. *Nature* 402:480

Schloter M, Lehmann S, Zelles L, Lützow von M, Munch JC, Smalla C. 2000. Auswirkungen transgener Kartoffeln mit veränderter Stärkezusammensetung auf die strukturelle und funktionelle Diversität von Bodenmikroorganismen. Proceedings zum BMBF-Statusseminar „Biologische Sicherheitsforschung bei Freilandversuchen mit transgenen Organismen und anbaubegleitendes Monitoring" 29-30.6 1999, Braunschweig:129-134

Schmitt J, Linder C.R. 1994. Will Escaped transgenes lead to ecological release?. *Molecular Ecology* 3:71-74

Sederoff R. 1999. Building better trees with antisense. *Nature Biotechnology* 17:750-51

Slater S, Mitsky T A, Houmiel K L, Hao M, Reiser S E, Taylor N B, Tran M, Valentin H E, Rodriguez D J, Stone D A, Padgette S R, Kishore G, Gruys K J. 1999. Metabolic engineering of *Arabdopsis* and *Brassica* for poly(3-hydroxybutyrate-co-3-hydroxyvalerate) copolymer production. *Nature Biotechnology* 17:1011

Staub J M, Garcia B, Graves J, Hajdukiewicz PTJ, Hunter P, Nehra N, Paradkar V, Schlitter M, Carroll J A, Spatola L, Ward D, Ye G, Russell D A. 2000. High-yield production of a human therapeutic protein in tobacco chloroplasts. *Nature Biotechnology* 18:333-38

Stotzky G. 2000. Release, persistance and biologiclal activity of Bt toxins in soil. ESF/AIGM (European Science Foundation) The environmental implications of genetically modified plants with insect resistance genes. Workshop, September 2000, Bern, Switzerland

UBA (Umweltbundesamt, Berlin) 1999 (ed.) Beitrag der Biotechnologie zu einer dauerhaft umweltgerechten Entwicklung. UBA-Texte 1/99:20-90

Ulrich A. 2000. at ESF/AIGM (European Science Foundation) The wider environmental implications of genetically modified plants. Workshop, January 2000, Cambridge, UK

USDA (U.S. Department of Agriculture) / APHIS (Animal and Plant Health Inspection Service) 1997. USDA/APHIS Permit 96-355-01r for Field Testing Genetically Engineered Rice Plants. Environmental Assessment and Finding of No Significant Impact. USDA/APHIS 1997

Wintzer D, Fürniß B, Klein-Vielhauer S, Leible L, Nieke E, Rösch Ch, Tangen H. 1993. Technologiefolgenabschätzung zum Thema Nachwachsende Rohstoffe. Schriftenreihe des Bundesministeriums für Ernährung, Landwirtschaft und Forsten, Landwirtschaftsverlag Münster

4.8 Biologische Schädlingsbekämpfung mit Baculoviren und Mikroorganismen

S. OLDENDORF, G. SCHÜTTE

4.8.1 Baculoviren

Nutzung und Entwicklungsstand

Baculoviren zählen zu den insektenpathogenen Viren und werden im biologischen Pflanzenschutz gezielt gegen Schadinsekten eingesetzt, da sie sehr wirtsspezifisch sind. Auch eine Kombination mit chemischen Präparaten ist möglich. Konventionelle Baculovirus-Präparate werden z.B. in den USA auf Baumwolle, in den Niederlanden auf Zierpflanzen und in Brasilien auf Sojabohnen angewendet. Die verwendeten Präparate sind über Jahre haltbar und werden erst bei Ausbringung ins Freiland biologisch aktiv. Dabei ist die Wirkung bei einem neutralem pH-Wert des Bodens am höchsten.

Baculoviren infizieren mit wenigen Ausnahmen nur eine je nach Virus unterschiedliche Anzahl von Insektenarten der Ordnungen der Lepidopteren, Coleopteren oder Hymenopteren (Huang et al., 1997). Somit stellen sie eine Alternative zum Einsatz vieler gegen Schmetterlinge oder Käfer resistenter Pflanzen dar (s. Kap. 4.2). Nach dem jetzigen Stand der Forschung eignen sich Baculoviren als biologische Insektzide aufgrund ihrer geringen Nebenwirkungen und ihrer größeren Spezifität besser als chemische Pestizide. Verbesserte Formulierungen, angepasste Applikationsmengen sowie gesunkene Laborkosten (z.B. durch günstigere Nährmedien) machen die Herstellung von Baculoviren-Präparaten auch ökonomisch gegenüber der Entwicklung chemischer Alternativen attraktiv.

Die Viren bestehen aus einem Einschlusskörper, der den infektiösen Teil bildet und einer umhüllenden Polyhedrinmembran, die sie gegen äußere Einflüsse schützt. Sie können mehrere Jahre im Boden infektionsfähig bleiben, benötigen aber die Zellkerne ihrer Wirtsorganismen (Insekten) zur Vermehrung. Die Infektion beginnt mit der oralen Aufnahme virusinfizierten Materials; im Insektendarm wird der infektiöse Einschlusskörper freigesetzt und gelangt zur Vermehrung in die Zellkerne des Wirts. Nach der Vermehrung werden die neugebildeten Viren durch den Hämolymphstrom im ganzen Insektenkörper verteilt. Die Wirtstiere sterben bei Befall mit Wildtypen an der Infektion und anschließender Lyse ihrer verschiedenen Organsysteme.

Befallen werden hauptsächlich frühe Larvalstadien ihrer Wirtsinsekten, deren Tod dann nach 4 bis 15 Tagen eintritt, je nach Virusart, Wirt und aufgenommener Menge des Virus. Um diesen Zeitraum zu verkürzen, wird durch **Gentechnik** versucht, die natürlichen Baculoviren in ihrer Wirkung zu beschleunigen.

Dazu werden Gene aus verschiedenen Organismen in die Viren inseriert. Die eingefügten Gene kodieren unter anderem für Häutungshormone, Paralyse oder lähmend wirkende Toxine und sollen den Zeitpunkt zwischen Infektion und Beendigung des Fraßes verkürzen (gemessen in FT_{50}-Raten: Zeitspanne, in der 50% der Schädlinge nicht mehr an den Nutzpflanzen fressen). Damit soll die

Wirtschaftlichkeit der Bioinsektizide verbessert werden. Ansätze mit insektenspezifischen Neurotoxinen (aus Skorpionen, Milben und Spinnen) sowie mit einem Gen aus Mais, einem pilzlichen Gen und einem Gen aus dem menschlichen Erbgut, das ein wichtiges Gen im Insekt stilllegt, waren bisher in Tests erfolgreich. Dabei konnte die Zeitspanne bis zur Tötung der Schadinsekten im Freilandversuch im günstigsten Fall um 50% verringert werden (AaIT-Gen aus Skorpionen und mit verändertem Häutungszyklus [„egt-negativ", s. Riede, 1998]). Die verschiedenen von Riede (1998) zusammengestelten Ansätze brachten im Labor eine Verkürzung von 12-62%. Nach Betana und McCutchen (unveröffentlicht, zit. in Hammock 1993) ist mit den heutigen Methoden eine Reduktion der Tötungszeit auf unter 30 Stunden möglich, was der Wirkungsgeschwindigkeit vieler chemischer Insektizide entspricht. Freisetzungsversuche mit transgenen Baculoviren sind in den USA, Kanada und Großbritannien durchgeführt worden (UBA, 1999; Riede, 1998, S. 595). *Autographa californica NPV* (NPV steht für „Kernpolyedervirus") ist die überwiegend gentechnisch veränderte und untersuchte Art. Sie kann mindestens 73 Insektenspezies infizieren. Weitere für die biologische Schädlingsbekämpfung genutzte Baculoviren sind *Anagrapha falcifera NPV* und *Syngrapha falcifera NPV*, die auch ein breites Wirtsspektrum besitzen. Ein engeres Wirtsspektrum besitzen die Arten *Lymantria dispar MNPV* und *Orgyia pseudotsgata* NPV. Man kann das Spektrum der Zielorganismen erweitern, indem man Mischungen von Stämmen mit verschiedenen Wirtskreisen ausbringt, wie etwa von *Autographa californica NPV* und *Bombyx mori NPV* (s. Riede, 1998). Auch gentechnische Ansätze zur Wirtsbereichserweiterung zeigten Erfolg. Dazu wurde DNA aus *Bombyx mori NPV* in das Genom von *Autographa californica NPV* übertragen (mehrere Quellen, zit. in Riede, 1998).

Ergebnisse der Forschung zu ökologischen Nebenwirkungen

Baculoviren könnten eine Reduktion des Einsatzes chemischer Insektizide ermöglichen und stellen eine zusätzliche Bekämpfungsmethode im Rahmen des Resistenzmanagements bei insektenresistenten Pflanzen dar. Sie verursachen weniger unerwünschte Nebenwirkungen als Insektizide, und ihr Wirtsspektrum ist je nach der verwendeten Art nicht nur auf eine Insektenordnung beschränkt, sonderm innerhalb dieser auch auf eine unterschiedliche, zum Teil kleine, Anzahl von Arten.

Einige der im biologischen Pflanzenschutz eingesetzten **nicht-transgenen** Baculoviren sind hinsichtlich ihrer Spezifität auf Lepidopteren überprüft worden. Sie konnten keine der ausgewählten Insekten aus anderen Ordnungen infizieren. So zeigte sich das Kohleulenvirus *Mamestra brassicae NPV* in Applikationsversuchen nicht virulent für die Honigbiene, die Blattwespe *Nematus ribesi,* den Marienkäfer, den Eilkäfer und Florfliegen (mehrere Quellen, zit in Riede, 1998, S. 607).

Granuloseviren infizieren sogar nur eine Familie innerhalb der Ordnung der Schmetterlinge (Gröner, 1986) und wirken damit noch spezifischer als die in transgenen insektenresistenten Pflanzen genutzten Toxine (zum Vergleich der Nebenwirkungen und zu insektenresistenten Pflanzen s. Kap. 4.2). Nach einer Schätzung von Williamson (1991) kann das vorwiegend für gentechnische Veränderungen eingesetzte Kernpolyedervirus *Autographa californica NPV*, das in

Europa nicht heimisch ist, ca. 5-10 der Schmetterlinge in England infizieren, zum Beispiel auch den Admiral (Vanessa cardui).
Verschiedene Versuche mit nicht-transgenen Kernpolyederviren und Granuloseviren haben erwiesen, dass diese beiden Baculoviren-Gruppen sich nicht in Wirbeltieren und aquatischen Organismen vermehren (Quellen s. Riede, 1998, S. 610-612).

Eine Resistenz gegen Baculovirus-Infektionen bei infizierten Insekten ist bisher nicht bekannt geworden.

Bei der Freisetzung der **transgenen** Baculoviren sind demnach vor allem zwei Risikoszenarien zu überprüfen:

1. Verdrängt das transgene Virus andere Wildtypen aufgrund eines erhöhten Vermehrungs-, Verbreitungs- oder Persistenzvermögens?
2. Erweitert sich das Wirtspektrum des transgenen Virus auf Nicht-Ziel Organismen?

Faktoren, die eine Verdrängung bewirken könnten

Eine gegenüber dem Wildtyp verbesserte Fitness oder fehlende Konkurrenz durch den Wildtyp könnte zu einer Verdrängung der Wildtypen bzw. Ausbreitung der transgenen Stämme führen.
Die Faktoren Überdauerungs-, Verbreitungs- und Vermehrungsfähigkeit sollten daher im Rahmen einer Abschätzung überprüft werden. Bei bisherigen Versuchen hat sich gezeigt, dass die transgenen Stämme sich hinsichtlich der Persistenz und Verbreitung gegenüber den Wildtypen nicht überlegen waren.
Generell ist bekannt, dass Baculoviren sich mit dem Kot verschiedenster Tierarten verbreiten können und zum Beispiel im Darm von Vögeln bis zu einem Monat persistieren und biologisch aktiv bleiben (Wolters, 1993). Wolters (1993) schätzte die Ausbreitungsgeschwindigkeit von Baculovien in Wäldern auf bis zu 3 km im Monat.
Nur maximal wenige Tage können die Insektenviren unter UV-Einstrahlung überdauern, auf Blättern und unter zeitweiligem Schutz bis zu einem Monat (Wolters, 1993). Die Überdauerungsfähigkeit im Boden - dort kommen sie in der Regel in den oberen Schichten bis 5 cm, selten bis 10 cm, vor - geht weit darüber hinaus. Eine biologische Aktivität konnte noch nach 5 Jahren an im Boden persistierenden Arten festgestellt werden (Jaques 1994; Wolters, 1993).
In diesem Zusammenhang sind zudem die auch von Mikroorganismen bekannten gentechnischen Strategien zur Verringerung der Überlebensraten zu erwähnen, die bei Baculoviren über die Deletion wichtiger Gene und über die Art der Formulierung erreicht werden (s. Riede, 1998, S. 591-594). Ein Überleben kann aber auch bei Baculoviren nicht völlig verhindert werden.

Die Vermehrungsraten pro Wirtslarve aller untersuchten transgenen Baculoviren lagen sogar je nach Stamm 20-90% (bei *A. californica NPV* mit Skorpiongift „AaIT" 30-60%) unter denen der Wildtypen, was generell mit der schnelleren Wirkung (s.o.) erklärt wurde. Baculoviren, „egt-negative" *A. californica NPV* und solche, die das die das Milbentoxin „TXP-1" synthetisieren, hatten eine um 20-40% verringerte Vermehrungsrate (Ignoffo und Garcia, 1996; Traynor, 1997; u.a. Quellen, zit. in Riede, 1998). Bedenkt man allerdings, dass die Tötungszeit zum Beispiel bei „egtnegativen" Baculoviren um ca. 25% (O'Reilly und Miller 1991, zit. in Wood, 1996) verringert wird, so könnte die Infektion der nächsten Wirte früher gelingen und die Vermehrung auf längere Sicht unter Umständen auch höher als beim Wildtyp liegen. Die beiden Werte müssen in entsprechende Versuche und Modelle für eine vergleichende Abschätzung eingehen (s.u. Sicherheitsforschung).

Wirkung auf Nicht-Ziel-Organismen

Baculoviren (A. californica NPV), die das Skorpiongift „AaIT" und das Milbentoxin „TXP-1" synthetisieren, sind hinsichtlich möglicher Wirkungen auf Säugetiere an Mäusen getestet worden. Es zeigten sich keine toxischen oder lähmenden Wirkungen (Traynor, 1997; verschiedene Autoren, zit. in Riede, 1998), was im Falle des Skorpiongiftes im Gegensatz zum unveränderten natürlichen Produkt steht. Beim in den Baculoviren synthetisierten Skopiongift besteht keine Affinität zu den Nervenzellen der Säugetiere.
Zudem ist bei den AaIT-Baculoviren mit negativem Befund untersucht worden, ob sie in geringerer Applikationsdosis wirken als die Wildtypen. Bei 26 von 31 untersuchten Insekten war eine höhere Dosis als beim Wildtyp notwendig (Possee, 1993 und 1994, zit. in Schneider, 1996).
Das Wirtspektrum dieses transgenen Baculovirus ist nach Schneider (1996) und McNitt et al. (1995) ebenfalls nicht erweitert. Getestet wurde die Wirkung nach Aufnahme über Blätter oder infizierte Wirte an 14 Insekten- bzw. Spinnenarten und eine Lumbricidenart aus 11 verschiedenen systematischen Gruppen (s. Riede, 1998, S. 608-609).
Beim Milbentoxin „TXP-1" ist jedoch aufgrund der Wirkweise eine Nebenwirkung auf Dipteren denkbar (Zlotkin et al. 1992, zit. in McNitt et al. 1995).

Sicherheitsmaßnahmen und Sicherheitforschung

Die in den USA zuständige Behörde (EPA, Environmental Protection Agency) hat für Freilandversuche mit Baculoviren folgende Sicherheitsauflagen erteilt (Schneider, 1996):

1. Bei Freilandversuchen sollten Wildtyp- und transgene Viren zusammen ausgebracht werden, um die transgenen Viren in eine Konkurrenzsituation zu bringen, die deren Chance auf alleiniges Überleben extrem verringert.
2. Ausreichende Lichtverhältnisse auf dem Versuchsfeld sollten die Voraussetzung für eine geringe Überlebensrate schaffen, da die Viren photoinstabil sind.
3. Nicht-Ziel-Organismen im Feld sollten regelmäßig auf typische Infektionssymptome hin untersucht werden, um einen unerwünschten Befall zeitig zu erkennen.

In einem sechsmonatigen Freisetzungsversuch wurde ein transgener *Autographa californica NPV*-Stamm gegen zwei Lepidopteren-Schädlinge auf Tabak, Baumwolle und Blattgemüse 1995 und 1996 in den USA (auf insgesamt 3 ha in 12 Bundesstaaten) unter folgenden Sicherheitsmaßnahmen getestet: Die Versuchsfelder waren von einer pflanzenlosen Pufferzone umgeben, es erfolgte eine Desinfektion der

Materialien mit Hypochlorit und die Pflanzen wurden nach Versuchsende geschreddert und untergepflügt.

In Deutschland wird derzeit von der Staatlichen Lehr- und Forschungsanstalt für Landwirtschaft, Weinbau und Gartenbau in Zusammenarbeit mit der Biologischen Bundesanstalt für Land- und Forstwirtschaft ein mathematisches Modell zur Populationsdynamik von natürlichen und gentechnisch veränderten Baculoviren erarbeitet (UBA, 1999).

Die USDA fördert in den USA zwei Projekte der Sicherheitsforschung mit Baculoviren. Fuxa (zit. USDA, 1999) untersucht, inwieweit Niederschlag, Wind und andere abiotische Faktoren den Transport von Baculoviren auf Pflanzen (durch Spritzwasser z.B.) bewirken. Burand und Elkinton (zit. in USDA, 1999) messen im Labor fitnessbeeinflussende Eigenschaften von transgenen Baculoviren, die das Skorpiongift synthetisieren. Die Daten sollen in mathematische Modelle zur Vorhersage der Durchsetzungsfähigkeit eingehen. Im letzten Schritt sollen die Vorhersagen aus diesen Modellrechnungen im Freiland überprüft werden.

Literatur

Ignoffo CM, Garcia C. 1996. Rate of larval lysis and yield and activity of inclusion bodies harvested from Trichoplusia ni larvae fed a wild or recombinant strain of the nuclear polyhydrosis virus of *Autographa californica. Journal of Invertebrate Pathology* 68:196-198

Jaques RP. 1964. The Persistence of a Nuclear-Polyhedrosis Virus in Soil. *Journal of Invertebrate Pathology* 6:251-254

Gröner A. 1986. Specifity and Safety of Baculoviruses. In: Granados RR, Federici BA. (eds.) The Biology of Baculoviruses Vol. 1 Biological Properties and Molecular Biology. Baca Raton. Florida

McNitt L, Espelie KE, Miller LK. 1995. Assessing the Safety of Toxin-Producing Baculovirus Biopesticides to a Nontarget Predator, the Social Wasp Polistes metricus Say. *Biological Control* 5:267-278

Riede M. 1998. Folgen des Einsatzes transgener Baculoviren. In: Nutzung der Gentechnik im Agrarsektor der USA – Die Diskussion von Versuchsergebnissen und Szenarien zur Biosicherheit. Studie im Auftrag des Umweltbundesamtes, Berlin. UBA-Texte 47/98, 561-630

Schneider RE. 1996. OPP Scientific Position on American Cynamid Company's 1/4/96 Notification of Small Scale Field Testing of a Genetically Engineered Baculovirus 16 S.

Traynor P. 1997. News and Notes – Engineered Baculoviruses. ISB News Report, January 1997, Internet: http://www.nbiap.vt.edu/news/1997/news97.jan.html

UBA (Umweltbundesamt) 1999. Beitrag der Biotechnologie zu einer dauerhaft umweltgerechten Entwicklung. Umweltbundesamt, Berlin. UBA-Texte 1/99:112-113

USDA (United States Department of Agriculture) 1998. Modeling the Fate of Genetically Engineered Baculoviruses. http://www.reeusda.gov/crgam/biotechrisk/biot98nt.h

USDA 1999. Biotechnology Risk Assessment Research Grants Program Home Page. http://www.reeusda.gov/crgam/biotechrisk.biotech.htm

Williamson M. 1991. Biocontrol Risks. *Nature* 353:394

Wolters V. 1993. Bodenökologische Aspekte der Freisetzung gentechnisch veränderter Organismen. In: Bartsch D, Sukopp H. (eds.). Ermittlung und Bewertung des ökologischen Risikos beim Umgang mit gentechnisch veränderten Organismen, UBA-Texte 20/93, 186-192

Wood HA. 1996. Genetically Enhanced Baculovirus Insecticides. In: Gunasekaran M, Weber DJ. (eds.) Molecular Biology of the Biological Control of Pests and Diseases of Plants, CRC Press, Inc., Boca Raton, Florida

4.8.2 Mikroorganismen und Pilze

Relevanz, Nutzung und Entwicklungsstand

Eine detaillierte Auswertung der Freisetzungsversuche mit genetisch veränderten Mikroorganismen in den USA und der EU (Heidenreich, 1999) ergab, dass bis Mitte 1998 in beiden Gebieten zusammen ca. 340 Freilandversuche beantragt worden sind. In den USA wurden die meisten Versuche mit verschiedenen stickstoffbindenen Rhizobienarten unternommen (s. dazu Kap. 4.9). Die Bakterienarten *Bacillus thuringiensis*, verschiedene Pseudomonaden, Clavibacter-Arten und einige Pilze folgen in der Reihenfolge der Häufigkeit ihrer Freisetzung. In der EU wurden Pseudomonaden häufiger als Rhizobien freigesetzt und *Bacillus thuringiensis*-Freisetzungen waren zahlenmäßig von geringer Bedeutung. Der größte Teil der Freisetzungen innerhalb der EU fand mit genetisch markierten Mikroorganismen statt und diente ökologischen Studien zum Verhalten in der Umwelt, wie etwa der Persistenz, Konkurrenzfähigkeit und Verbreitung.
Funktionelle genetische Veränderungen wurden generell mit folgenden Züchtungszielen vorgenommen (Beispiele eingesetzter Arten in Klammern): Einsatz als/zur

- Stickstofffixierer z.T. mit erhöhter Konkurrenzfähigkeit (Rhizobienarten)
- bakterielle Insektenbekämpfung (B. thuringiensis, Pseudomonas fluorescens, Clavibacter xyli)
- biotischen Pilzbekämpfung (P. fluorescens, Trichoderma harzianum[1], Aspergillus flavus)
- pilzlichen Unkrautbekämfung (Colletotrichum gloeosporioides und Sclerotina scleriotiorum[2])
- Poly-aromatische-Kohlenstoffverbindungen-abbauende Populationen (P. fluorescens)
- Verdrängung virulenter Stämme verschiedener Krankheitserreger durch solche mit reduzierter Virulenz/Avirulenz (Pseudomonas syringae, Cryphonectria parasitica, Fusarium sporotrichoides, Fusarium graminearum, Metarhizium anisopliae)
- Frostschutz-Vermittler (P. syringae, P. fluorescens)

---

[1] kein transgener Stamm sondern durch Protoplastenfusion gewonnen

[2] keine transgenen Stämme sondern durch induzierte Mutationen gewonnen (Rogul und Lewin 1991)

Außerdem wurden einige Pflanzenviren, die im engeren Sinne nicht zu den Mikroorganismen zählen, in den USA gentechnisch verändert, um pharmazeutische Proteine zu gewinnen.

Zugelassene Produkte

Zur Vermarktung waren in den **USA** bis Juli 1998 15 gentechnisch veränderte Mikroorganismen zugelassen, darunter *B. thuringiensis* (8 Stämme zur Insektenbekämpfung), *P. fluorescens* (5 Stämme zur Insektenbekämpfung, die Insektentoxine aus *B. thuringiensis* produzieren), *Sinorhizobium meliloti* (bedingte Zulassung; s. Heidenreich, 1999) und *Trichoderma harzianum* (Pilzbekämpfung, s.o.). Im Gegensatz zu den anfänglich hohen Erwartungen, genetisch veränderte stickstoffbindende Bakterien und schadstoffabbauende Bakterien im Freiland nutzen zu können (Heidenreich, 1999), haben sich somit bisher am Markt vor allem Mikroorganismen mit erhöhter insektizider Wirkung durchgesetzt.
In den USA und in der EU sind zudem transgene Viruspräperate als Veterinärimpfstoffe gegen Tollwut bzw. auch gegen eine Infektionskrankheit bei Schweinen zugelassen (s. Heidenreich, 1999).

Ergebnisse der Forschung zu ökologischen Nebenwirkungen

Mikroorganismen

Die meisten bisher anwendungsreifen genetisch veränderten Mikroorganismen könnten zu einer Verringerung des Einsatzes von Pflanzenschutzmittel und, im Falle der Rhizobien, des Einsatzes von Kunstdüngern führen, und somit ökologisch nützlich werden.
Die oben genannten Versuche im Rahmen der Sicherheitsforschung mit markierten und auch mit funktionell veränderten Mikroorganismen haben Erkenntnisse über die Verbreitung, das Überdauerungsvermögen bzw. die Konkurrenzfähigkeit, Auswirkungen auf Mikroorganismen-Populationen am Freisetzungsort und zum Teil auf Stoffkreisläufe (s. Kap. 4.9 zu Rhizobien) erbracht. Auswirkungen auf höhere Organismen sind noch nicht untersucht worden, was vermutlich mit der Auswahl an genetischen Veränderungen zusammenhängt, die bisher keine nicht einschätzbaren Risiken für die Tier- und Pflanzenwelt erwarten ließen. So ist zum Beispiel aus vielfältigen Untersuchungen bekannt, dass die *B. thuringiensis*-Insektentoxine auf Wirbeltiere keine schädlichen Auswirkungen haben (s. Kap. 3.1.1 u. 4.2). Pilzliche Herbizide müssten in Zukunft vor einer Zulassung daraufhin untersucht werden, ob die genetische Veränderung eine unerwünschte Erweiterung des Wirtspektums auf nützliche Pflanzen bewirken könnte.
Außer der praktischen Sicherheitsforschung mit genetisch veränderten Mikroorganismen wurden im Rahmen der Risikoabschätzung Erfahrungen mit eingeführten „exotischen“ Mikroorganismenarten analysiert. Dabei zeigte sich, dass vor allem Mikroorganismen mit einer geringen oder mit einer relativ hohen Spezialisierung (z.B. zur Nutzung wenig genutzter Resourcen) andere Stämme oder Arten verdrängt haben (Sharples, 1991). Außerdem ergab die Analyse, dass, neben artenarmen und

nährstoffreichen, besonders „gestörte“[3] Lebensräume sehr viel anfälliger für eine „Fremd-Invasion“ sind, während naturnahe Lebensräume nur selten betroffen waren (Broembsen, 1989).

Ergebnisse der Sicherheitsforschung

Verbreitung: Versuche mit eingeführten Mirkoorganismen im Boden ergaben Werte für die vertikale Verbreitung von 15-80 cm Tiefe, für die laterale Verbreitung von mehreren cm bis zu einigen Metern. Die Zellzahlen der maximal gemessenen Werte waren jedoch sehr klein. Verschiedene Vektoren, wie etwa das Wasser bei Beregnung, Aerosole nach Versprühen von Mikroorganismen-Suspensionen, Insekten (Transport im Darm) oder landwirtschaftliche Arbeitsgeräte ermöglichen eine weitaus stärkere Verbreitung. So kann sich die vertikale Verlagerung bei Beregnung auf 1,50 m erhöhen. Verdriftung in Aerosolen erreichte eine Verbreitung von bis zu 30 m in einer Dichte von 0,05 lebenen Zellen pro cm Boden (Quellen s. Zusammenstellung von Heidenreich, 1998). Broembsen (1989) stellte fest, dass alle Pathogene, die erfolgreich in natürliche Ökosysteme eingedrungen sind, in diese Gebiete durch den Menschen eingeführt worden sind. Auch können viele Pilz- und Bakteriensporen kilometerweit mit dem Wind verbreitet werden. Heidenreich (1999) erwähnte z.B. die nordwärts gerichtete Verbreitung des Weizenstengelrostes in den USA um jährlich 2500 km.
Nach Schätzungen von McCubbin (1954, zit. in Yarwood, 1983) wurden 90% der ausländischen Pflanzenpathogene in den USA mit importiertem Pflanzgut eingeführt worden. Und nach von Pimentel (1986) zusammengestellten Daten über bedeutende, durch Mikroorganismen verursachte Schäden ist tatsächlich häufig ihre Einführung als Ursache zu nennen.

Überdauerungsvermögen und Konkurrenzfähigkeit: Genetisch veränderte Bakterienpopulationen aus dem Labor überlebten im Gegensatz zu den mehrfach postulierten geringen Chancen nicht generell schlechter als ihre Ausgangsstämme im Freiland. Ihre Populationszahlen sind in verschiedenen sterilen und unsterilen Medien (z.B. Sickerwasser, Teichwasser, Kläranlagen, verschiedene Bodentypen) über Zeiträume von bis zu 365 Tagen überprüft worden. Angewandt wurden dabei sowohl kultivierungsabhängige als auch –unabhängige Verfahren mit Detektionsgrenzen zwischen 10^1 und 10^4 koloniebildene Einheiten (KbE) pro g bzw. ml. Meistens fiel die Zellzahl der eingeführten markierten oder funktionell veränderten Mikroorganismen im Messzeitraum auf 10^2-10^5 KbE/g bzw. ml ab (Heidenreich, 1999, S. 200-203). In einem Langzeitversuch wurde eine Rhizobienart noch nach sechs Jahren auf einem Niveau von 10^3-10^4 nodulierenden Zellen pro g Boden nachgewiesen, auch wenn keine Leguminosen angebaut worden waren (Hirsch und Spokes 1994; Hirsch, 1996).
Es gab auch Beispiele für ein ausgeglichenes Konkurrenzverhältnis oder eine Konkurrenzüberlegenheit der veränderten Organismen gegenüber den Wildtypen.

[3] Lebensraum, in dem Biomasse teilweise oder gänzlich vernichtet wurde

Ersteres galt z.B. für einen Stamm von *Pseudomonas aureofaciens* (England et al., 1993). Einige Rhizobienstämme - einer mit *B.t.*-Toxin-Gen ergänzt, ein anderer nur markiert - zeigten sich im Gewächshaus bzw. Freiland gegenüber den Wildtypen überlegen (s. Heidenreich, 1999, S. 213).

Auswirkungen auf Mikroorganismen-Populationen am Freisetzungsort: Auch gentechnisch nicht veränderte Mikroorganismen können schädlich werden oder andere Stämme verdrängen (s.o. exotische Arten). Zum Beispiel verdrängte ein zur Stickstofffixierung auf Sojafeldern eingeführter Stamm von Bradyrhizobien im mittleren Westen der USA andere Stämme und verhinderte somit eine Optimierung durch neue Stämme (Heidenreich, 1999, S. 187). Ein transgener *Pseudomonas putida*-Stamm, der zum Herbizidabbau eingesetzt wurde, reduzierte zum Beispiel auch ohne Zugabe des Herbizids sporenbildende und chitinnutzende Bakterien vorübergehend und Pilze langfristig. Möglicherweise war die Reduktion auch auf Dichteschwankungen einer dominanten aber empfindlichen Art zurückzuführen (Doyle et al., 1991). Andere *Pseudomonas*-Arten bewirkten einen Anstieg der mikrobiellen Diversität (Bej et al., 1991; Carroll et al., 1995).
Eine ausführliche Darstellung weiterer Versuche mit funtionell veränderten (z.B. mit *B.t.*-Genen ergänzten) oder markierten Bakterien und Pilzen sowie deren vorrübergehende Wirkung auf andere Mikroorganismenarten findet sich bei Heidenreich (1999, S. 219-225).

Aktuelle Sicherheitsforschung und Risikokriterien

Mikroorganismen und Impfstoffe

Verschiedene Versuche mit den gleichen Mikroorganismen können unter wechselnden Umweltbedingungen zu völlig unterschiedlichen Ergebnissen führen, wie bei der Analyse die Sicherheitsforschung zu genetisch veränderten Mikroorganismen deutlich wurde (Heidenreich, 1999). Daher ist im Rahmen der Folgenabschätzung eine große Zahl von Versuchen unter verschiedenen Bedingungen und in unterschiedlichen Habitaten notwendig.
In den USA laufen derzeit zwei Risikoforschungsprojekte zu Mikroorganismen, die im Pflanzenschutz eingesetzt werden könnten. Leger (zit. in USDA, 1999) untersucht einen Insekten-infizierenden Pilz (Metarhizium anisopliae), dessen Synthese insektentoxischer Proteine gentechnisch verstärkt wurde. Dabei sollen die Überlebensfähigkeit, die mögliche Verdrängung anderer Mikroorganismen und ein möglicher Gentransfer (s. a. Kap. 3.2.2) auf andere Mikroorganismen überprüft werden. Eine Grundlage, anhand derer die Schwankungen der Populationen von Mikroorganismen bewertet werden können, muss noch erarbeitet werden (s. Kap. 4.4 „Notwendige Forschnungs- und Regulierungsmaßnahmen").
Nuss (zit. in USDA, 1999) untersucht einen transgenen Pilz (Cryphonectria parasitica). Im Unterschied zum Ausgangsstamm besitzt dieser eine vererbbar schwächere Virulenz und eine verbesserte Verbreitungsfähigkeit durch Insekten. Der transgene Stamm soll den schädlichen natürlichen Stamm verdrängen. Geprüft wird hier, ob sich der Wirtskreis und das Spektrum der Insektenvektoren des transgenen Pilzes erweitert hat. In den USA werden auch Untersuchungen zu den Risiken des

Einsatzes zweier genetisch veränderter Impfstoffe für Säugetiere durchgeführt. Dabei geht es um die Frage, ob solche gentechnisch veränderten Viren (deren Virulenzgene entfernt wurden) nach der Impfung zwischen Tieren übertragen werden. Außerdem wird überprüft, ob sie mit anderen Viren Gene austauschen und sich zu neuen Erregertypen entwickeln (Inzana et al. und Hahn et al., beide zit. in USDA, 1999).

Abschätzungskriterien

Die bisherigen Erfahrungen mit eingeführten „exotischen Mikroorganismen“ und mit transgenen Organismen zeigen, dass generell die Freisetzung von Bakterien und Pilzen

1. in großer Zahl (große Flächen oder hohe Konzentration),
2. mit hohem Vermehrungspotential,
3. oberirdischer Lebensweise, verbunden mit einer Verbreitungsfähigkeit durch Wind, Tiere oder Transporte (an Erntegut und Maschinen zum Beispiel) oder
4. mit neuen Stoffwechseleigenschaften

im Vergleich zu anderen als risikoreicher eingeschätzt werden müssen. Nach Mundt (1995) sollten windverbreitete Mikroorganismen, bei denen Sicherheitsbedenken bestehen, nicht freigesetzt werden.
Die Möglichkeiten einer Verringerung der Ausbreitungschancen (containment), die mit einer Verdrängung anderer Arten oder Veränderungen der natürlichen Stoffkreisläufe verbunden sein kann, bieten keine Sicherheit. Weder chemische noch physikalische Methoden wie Pflügen, Abbrennen, Biozidanwendung (Weir et al., 1994; Donegan et al., 1992) noch verschiedene Methoden des biologischen *containments* (Heidenreich, 1999, S. 227 ff) zeigten ein befriedigendes Ergebnis. Versuche mit Mikroorganismen, deren Überlebensfähigkeit geschwächt bzw. in denen Transgene selbstzerstörerische Mechanismen, teilweise durch Umweltfaktoren aktiviert, auslösen (Suizidgene), führten zu Zellzahlreduktionen um bis zu fünf Größenordnungen. Ein Teil der Populationen überlebte jedoch immer, meist aufgrund von Mutationen im Suizidgen, so dass auch eine Kopplung mehrerer Systeme ein Absterben nicht garantieren wird (s. Ramos et al., 1995).

Literatur

Aken J van, Heidenreich B. 1998. Freisetzungen transgener Pflanzen und Mikroorganismen. In: Nutzung der Gentechnik im Agrarsektor der USA – Die Diskussion von Versuchsergebnissen und Szenarien zur Biosicherheit. Studie im Auftrag des Umweltbundesamtes, Berlin. UBA-Texte 47/98: 73-120

Bej AK, Perlin M, Atlas RM. 1991. Effect of Introducing Genetically Engineered Microorganisms on Soil Microbial Community Diversity. FEMS Microbiology Ecology 86:169-176

Broembsen AF. 1989. Invasions of Natural Ecosystems by Plant Pathogens. In: Drake JA. et al. (eds.) Biological Invasions: A Global Perspective, London, 77-83

Carroll H, Moenne-Loccoz Y, Dowling DN, O'Gara F. 1995. Mutational Disruption of the Biosynthesis Genes Coding for the Antifungal Metabolite 2,4-Diacetylphloroglucinol Does Not Influence the Ecological Fitness of Pseudomonas fluorescens F113 in the Rhizosphere of Sugarbeets. *Applied and Environmental Microbiology* 61(8):3002-3007

Donegan K, Fieland V, Fowles N, Ganio L, Seidler R. 1992. Efficacy of Burning, Tillage, and Biocides in Controlling Bacteria Released at Field Sites and Effects on Indigenous Bacteria and Fungi. *Applied and Environmental Microbiology* 58(4):1207-1214

Doyle, JD, Short KA, Stotzky G, King RJ, Seidler RJ, Olson RH. 1991. Ecologically Significant Effects of Pseudomonas putida PPO301(pRO103), Genetically Engineered to Degrade 2,4-Dichlorophenoxyacetate, on Microbial Populations and Processes in Soil. *Canadian Journal of Microbiology* 37:682-691

England LS, Lee H, Trevors JT. 1993. Recombinant and Wild-type Pseudomonas aureofaciens Strains in Soil: Survival, Respiratory Activity and Effects on Nodulation of Whitebeen Phaseolus vulgaris L. by Rhizobium Species. *Molecular Ecology* 2:303-313

Heidenreich B. 1999. Analyse und Bewertung der Risikoforschung zur Freisetzung gentechnisch veränderter Mikroorganismen: 78-89. Dissertation FB Biologie, Hamburg

Hirsch P. 1996. Pollution Dynamics of Indigenous and Genetically Modified Rhizobia in the Field. *New Phytologist* 133:159-171

Hirsch PR, Spokes JD. 1994. Survival and Dispersion of Genetically Modified Rhizobia in the Field and Genetic Interactions with Native Strains. *FEMS Microbiology Ecology* 15:147-160

Mundt CC. 1995. Models from Plant Pathology on the Movement and Fate of New Genotypes of Microorganisms in the Environment. *Annual Review of Phytopathology* 33:467-488

Pimentel D. 1986. Biological Invasions of Plants and Animals in Agriculture and Forestry. In: Mooney HA, Drake JA. (eds.) Ecology of Biological Invasions of North America and Hawaii. Ecological Studies 58:149-162, New York

Ramos JL, Anderson P, Jensen LB, Ramos C, Ronchel MC, Díaz E, Timmis KN, Molin S. 1995. Suicide Microbes on the Loose. *Biotechnology* 13:35-37

Riede M. 1998. Folgen des Einsatzes transgener Baculoviren. In: Nutzung der Gentechnik im Agrarsektor der USA – Die Diskussion von Versuchsergebnissen und Szenarien zur Biosicherheit. Studie im Auftrag des Umweltbundesamtes, Berlin. UBA-Texte 47/98, 561-630

Sharples F. 1991. Ecological Aspects of Hazard Identification for Environmental Uses of Engineered Organisms. In: Levin MA, Strauss HS. (eds.) Risk Assessment in Genetic Engineering, New York, 18-31

UBA (Umweltbundesamt) 1999. Beitrag der Biotechnologie zu einer dauerhaft umweltgerechten Entwicklung. Umweltbundesamt, Berlin. UBA-Texte 1/99, 112-113

USDA (United States Department of Agriculture) 1998. Modeling the Fate of Genetically Engineered Baculoviruses. http://www.reeusda.gov/crgam/biotechrisk/biot98nt.h

USDA 1999. Biotechnology Risk Assessment Research Grants Program Home Page. http://www.reeusda.gov/crgam/biotechrisk.biotech.htm

Weir SC, Lee H, Trevors JT. 1994. Survival and Respiratory Activity of Genetically Engineered Pseudomonas spp. Exposed to Antimicrobial Agents in Broth and Soil. *Microbial Releases* 2:239-245

Yarwood CE. 1983. History of Plant Pathogen Introductions. In: Wilson CL, Graham C. (eds.) Exotic Plant Pests and North American Agriculture: 39-63, London

4.9 Biofertilisation

S. OLDENDORF

Relevanz und Entwicklungsstand

Unter Biofertilisation (Gründüngung) versteht man die Erhöhung der Bodenfruchtbarkeit mittels bestimmter im Wurzelbereich (Rhizosphäre) angesiedelter Mikroorganismen. Diese sogenannten symbiontischen oder assoziativen Mikroorganismen erschließen Nährstoffe für die Pflanzen und schützen sie vor Stressschäden (UBA, 1999).

Die Stickstofffixierung durch symbiontische Rhizobiumbakterien steht neben der Phosphormobilisierung im Boden (Bacillus spp., Penicillium spp.) und der Absonderung von Phytohormonen, die das Wurzelwachstum fördern (Azobacter spp., Agrobacterium spp., Streptomyces spp., Mykorrhiza-Pilze) besonders im Mittelpunkt des Forschungsinteresses (UBA, 1999).

Symbiontische Bakterien (Rhizobien, Bradyrhizobien und Sinorhizobien) nehmen Distickstoff aus der Luft auf und wandeln ihn in Ammoniak um, der für ihre Wirtspflanzen, die Leguminosen, direkt verwendbar ist. Die Menge des auf diese Art fixierten Stickstoffs im Boden richtet sich nach Art der Leguminose, der Vegetationszeit und nach den Umweltbedingungen (Heidenreich, 1998). Wird in den gemäßigten Breiten die volle Vegetationszeit ausgenutzt, können Leguminosen ca. 200 kg N/ha/Jahr anreichern, als Zwischenfrucht etwa die Hälfte, und in Gebieten mit ganzjährigem Wachstum etwa das Doppelte (Finck, 1989). Luzerne erreicht etwa 80-150 kg N/ha/Jahr. Die Werte für Rotklee, Kleegras und Ackebohne liegen mit abnehmender Tendenz unter denen der Luzerne (Poppinga, 1994). Durch Unterpflügen der Leguminosen bzw. ihrer Erntereste wird ein Teil dieses Stickstoffes dem Boden zugeführt und steht für die nachfolgende Kultur zur Verfügung. Wenn eine Leguminosenart wie etwa die Sojabohne in Minnesota (USA) den größeren Teil des Stickstoffes aus dem Boden entnimmt und nur ca. 40% aus der Luft, entsteht nach der Ernte sogar ein N-Defizit im Boden (Heichel und Barnes, 1994).

Um die Menge des natürlicherweise durch die Bakterien fixierten Stickstoffs zu steigern, werden Leguminosen mit gentechnisch veränderten Rhizobien inokuliert.

In **Deutschland** wurde 1994 ein Freisetzungsversuch mit *Sinorhizobium meliloti* zur Sicherheitsforschung durchgeführt. Der Stamm vermehrte sich nur in Verbindung mit seiner Wirtspflanze, der Luzerne (UBA, 1999). Die Stickstoffbindungsrate stieg beim Einsatz des transgenen Rhizobienstammes *S. meliloti* um ca. 15%.

In den **USA** wurde 1997 nach ca. 100 Freilandversuchen (Heidenreich, 1998) der erste transgene Bakterienstamm zum Markt zugelassen. Dabei handelte es sich um den Stamm *Sinorhizobium meliloti* RMBP-2, in den zusätzlich Gene zur Stickstofffixierung und Nährstoffaufnahme aus anderen Rhizobienstämmen inseriert worden waren.

Kenntnisstand zu möglichen ökologischen Wirkungen

Jegliche Stickstoffgaben durch Gülle, Mist, Klärschlamm, Mineraldünger oder Gründüngung tragen zur Eutrophierung der Oberflächengewässer, Nitratkontamination und Emission von Lachgas (N_2O) bei. Derzeit nimmt weltweit der Verbrauch an Düngemitteln noch zu.
Lachgas gehört zusammen mit Kohlenstoffdioxid, Methan, Fluorkohlenwasserstoffen, Ozon und Wasserdampf zu den wichtigsten klimarelevanten Spurengasen. Es trägt derzeit zwar nur ungefähr 5% zum zusätzlichen Treibhauseffekt bei. Die Wirkung ist aber sehr lange anhaltend, da es 100-200 Jahre in der Atmosphäre vorhanden bleibt. Zudem trägt N_2O zum Abbau der Ozonschicht bei (Quellen in Heidenreich, 1998, S. 245). Über 60% der anthropogenen N_2O-Gesamtemissionen bzw. des Anstiegs der N_2O-Emissionen sind nach verschiedenen Schätzungen (s. Heidenreich, 1998, S. 247) Folge der Düngung in der Landwirtschaft. Unklar ist noch, welcher Anteil hierbei der Viehwirtschaft und welcher der Ackerwirtschaft zukommt.
Die erhöhte Lachgasemission und Nitratauswaschung sind aus ökologischen und teilweise auch ökonomischen Gründen unerwünscht, so dass eine Reduzierung der Austräge angestrebt wird. Damit verbindet sich die Frage, welche Düngemethode sich eignet, Stickstoffausträge zu reduzieren und insbesondere, ob genetisch optimierte Rhizobien die Bilanz der Leguminosen in dieser Hinsicht beeinflussen. Bislang wurden keine vergleichenden Untersuchungen bei Pflanzen, die mit transgenen und nicht-transgenen Rhizobien inokuliert waren, vorgenommen. Die gemessene Stickstoffemission hängt von vielen Faktoren, wie z.B. der vorhandenen Anreicherung des Testbodens mit Stickstoff, der Feuchtigkeit bzw. Durchlüftung, der Temperatur und dem Pflanzenwachstum (s. Heidenreich, 1998) ab. Ein Projekt vergleichender Messungen wäre deshalb mit großen methodischen Schwierigkeiten behaftet.
Die bisher vorliegenden Daten zum Vergleich des Lachgasaustrags in Prozent der in den Boden eingetragenen N-Menge sind daher nur mit größten Einschränkungen für eine Bewertung geeignet. Zieht man die von Heidenreich (1998, S. 251) zusammengestellten Daten heran, ergibt sich tendenziell der beste Wert für Harnstoff, Nitrat und Ammoniumnitrat, gefolgt von Festmist und Klärschlamm, Luzerne-Gründüngung und zuletzt Ammonium und flüssigem Ammoniak. Die Werte für Gülle liegen sehr weit auseinander, das Maximum übersteigt aber noch das der beiden zuletzt genannten Dünger.
Dagegen muss jedoch auch das Nitratauswaschungs-Risiko der jeweiligen Düngemittel abgewogen werden, dass zumindest nach Poppinga (1994) bei der Gründüngung aus theoretischen Erwägungen im Vergleich zu leicht löslichen Düngern relativ gering ist.
Außerdem ersetzt die Gründüngung einen Teil der chemischen Düngemittel-Produktion, und verbessert somit auch indirekt die CO_2- und Abfallbilanz (UBA, 1999).
Letztlich ist eine günstige Stickstoffbilanz nur erreichbar, wenn die Düngemittelform der Feuchtigkeit, dem pH-Wert und der Menge des bereits mineralisierten Düngers im Boden sowie dem Bedarf durch das Pflanzenwachstum angepasst wird.

Empfehlungen

Ein Anbau von Leguminosen auf nitratreichen Böden ist nicht sinnvoll, weil eine Fixierung von Luftstickstoff hier unterbunden wird.
Zum Vergleich der Emissionsmengen von N_2O und der Auswaschung von Nitrat bei Verwendung von transgenen Knöllchenbakterien und von verschiedenen Düngemitteln wären Versuchsreihen in Mikrokosmen unter definierten Bedingungen und mit vergleichbaren Böden notwendig (Heidenreich, 1998). Besonders die Vorgeschichte hinsichtlich des Düngeaufwandes und die Nässe der Böden variieren die Messergebnisse, berechnet als Emission in Prozent des eingebrachten Düngers, um ein Vielfaches.

Literatur

Fink A. 1989. Dünger und Düngung. Weinheim

Heichel GH, Barnes DK. 1984. Opportunities for Meeting Crop Nitrogen Needs from Symbiotic Nitrogen Fixation. in ASA, CSSA, SSSA (eds.) Organic Farming – Current Technology and Its Role in a Sustainable Agriculture: 49-59. Madison

Heidenreich B, 1998. Der Einfluß transgener Rhizobien auf den Stickstoffkreislauf. In: Nutzung der Gentechnik im Agrarsektor der USA – Die Diskussion von Versuchsergebnissen und Szenarien zur Biosicherheit. UBA-Texte 47/98, Berlin, 677-697

Poppinga O. 1994. Probleme schaffen, wo es keine gibt – Die Denunzierung einer stickstoffsammelnden Pflanzenfamilie durch die Agrarwissenschaft. in: Agrarbündnis (ed.) Landwirtschaft 1994 – Der kritische Agrarbericht: 242-247, Bonn

UBA (Umweltbundesamt) 1999. Beitrag der Biotechnologie zu einer dauerhaft umweltgerechten Entwicklung. UBA-Texte 1/99, Berlin, 113-115

5 Auswirkungen auf Ökosysteme und Umweltschutzgüter

S. STIRN, G. SCHÜTTE

Ökosysteme

Auswirkungen auf die Zusammensetzung von Unkraut- und Schaderreger-populationen

Die Zusammensetzung der schädlichen Flora und Fauna sowie die genetische Struktur ihrer Populationen (siehe Resistenzentwicklung) kann durch den Anbau herbizidresistenter, krankheits- und virusresistenter sowie insektenresistenter Sorten beeinflusst werden. Eine Verringerung der durch einige Schaderreger verursachten Probleme (z.B. Einsatz toxikologisch problematischer Pestizide) ist je nach der Herangehensweise ebenso wie eine Verschärfung möglich (s. Kap. 4.1, 4.2, 4.4, 4.5, 4.8).
Auch veränderte Produkteigenschaften (s. Kap. 4.7.1 u. 4.7.2) können die Entwicklung von Schaderregern eventuell begünstigen.

Auswirkungen auf die Biodiversität weiterer Organismengruppen

Mikroflora der Ackerböden

Veränderungen der Zusammensetzung der Mikroflora sind im Zusammenhang mit der Biofertilisation und der Herbizidresistenz (Kap. 4.9 u. 4.1) angesprochen worden. Die Bedeutung von Antibiotika-Resistenzgenen in transgenen Pflanzen und deren mögliche Übertragung werden in Kapitel 3.1.3 und 3.2.2 dargelegt.

Ackerbegleitflora und Flora der Nicht-Agrarökosysteme

Die Beeinflussung der Begleitflora ist im Zusammenhang mit der Herbizidresistenz (Kap. 4.1) und mit der Verwilderung (Kap. 3.3) berücksichtigt.
Im Kapitel zu Verwilderungen (Kap. 3.3) und zu Resistenzen gegen abiotische Faktoren (Kap. 4.6) sind mögliche Auswirkungen auf die Flora der Nicht-Agrarökosysteme (wie z.B. Verdrängung einzelner Arten) behandelt. In diesen Kapiteln werden auch Verbindungen zum Thema Auskreuzung hergestellt sowie zu möglichen Wirkungen der Anhäufung verschiedener fitnessrelevanter (z.B. Krankheits- und Schädlingsresistenz-vermittelnder) Gene in Kultur- und Wild-pflanzen.

Fauna

Ein direkter sowie indirekter (Veränderungen der Nahrungskette) Einfluss auf die Insektenfauna wird im Zusammenhang mit der Insektenresistenz (s. Kap. 4.2) erwartet und mit den Auswirkungen anderer Bekämpfungsmethoden verglichen. Mögliche Auswirkungen auf die Fauna (über die Nahrungskette) sind auch in den

Kapiteln zu veränderten Inhaltsstoffen und Produkteigenschaften und nachwachsenden Rohstoffen (Kap. 4.7.1 u. 4.7.2) besprochen.
Vorwiegend indirekte Auswirkungen auf die Fauna ergeben sich auch aus einem veränderten Mirkroorganismen-Angebot (s. Mikroflora) bzw. aus Veränderungen der Zusammensetzung der Flora. Beides sind Themen des Kapitels über Herbizidresistenz (Kap. 4.1).
Desweiteren sind Auswirkungen auf den Pestizidaufwand, wie sie unter „Boden“ (s.u.) angesprochen werden, für die Fauna von Bedeutung.

Umweltschutzgüter

Landschaftsstruktur

Die Einführung transgener Sorten kann generell zur Verschiebung der Häufigkeit des Anbaus verschiedener Kulturarten führen, da die genetische Veränderung deren Rentabilität (Steigerung des Deckungsbeitrages) erhöhen kann. Im speziellen bei nachwachsenden Rohstoffen und bei abiotischen Toleranzen sind solche Auswirkungen denkbar, wie auch im Kapitel über nachwachsende Rohstoffe (Kap. 4.7.2) ausgeführt.

Boden

Das Problem verstärkter oder der Vorteil verringerter Erosion hat im Zusammenhang zur Herbizidresistenz (Kap. 4.1) eine besondere Bedeutung. Der unterschiedliche Beitrag verschiedener Kulturarten zur Erosion wird im Kapitel zu den veränderten Produkteigenschaften und nachwachsenden Rohstoffen (Kap. 4.7) beschrieben.

Die mögliche Reduzierung des Eintrags von Pestiziden mit (öko)toxischer Wirkung in Boden und Wasser sind in den Kapiteln zur Insekten-, Herbizid-, Krankheits- und Virusresistenz und zu Baculoviren (Kap. 4.2, 4.1, 4.4, 4.5, 4.9) besprochen.

Wasser

Zur Pestizidbelastung der Gewässer s.o. („Boden“).
Der Ersatz wasserbelastender hydraulischer Öle durch nachwachsende Rohstoffe wird in Kapitel 4.7.2 thematisiert, die möglichen Veränderungen des Stickstoffaustrags im Kapitel Biofertilisation (Kap. 4.9).

Luft

Die Frage der Reduktion klimarelevanter und Ozon-abbauender Gase (CO_2-Austrag beim Ersatz fossiler Stoffe durch nachwachsende Rohstoffe, Lachgasaustrag durch Rhizobien) sind in den beiden entsprechenden Kapiteln (Kap. 4.7 bzw. 4.9) angesprochen.
Eine mögliche allergene Wirkung transgenen Pollens ist im Kapitel 3.1.2 diskutiert.

6 Stand der Diskussion um Begleitforschung und Nachgenehmigungs-Monitoring

S. STIRN

Hintergrund

Auf dem mit Fördermitteln des BMU finanzierten Fachgespräch „Langzeitmonitoring von Umwelteffekten transgener Organismen", das vom Umweltbundesamt Berlin zusammen mit der Gesellschaft für Ökologie 1995 veranstaltet wurde, wurde zum ersten Mal ein **Langzeitmonitoring** für transgene Pflanzen an geeigneten Wirkungsendpunkten gefordert (UBA, 1996).
Auch im Rahmen der Technikfolgenabschätzung „Kulturpflanzen mit gentechnisch erzeugter Herbizidresistenz" des WZB wurde die zeitliche Begrenzung bisheriger ökologischer Begleitforschung bemängelt und **Dauerbeobachtungen**, z.B. nach Inverkehrbringen transgener Organismen, vorgeschlagen (van den Daele et al., 1996).
In ähnlicher Weise fordert der Rat von Sachverständigen für Umweltfragen in seinem Umweltgutachten 1998 die Einrichtung einer ökologischen Dauerbeobachtung nach Inverkehrbringen transgener Pflanzen (Sukopp, 1998).
Auf der Umweltministerkonferenz vom 7./8. Mai 1998 wurde der Beschluß gefasst, dass eine Dauerbeobachtung zur Abschätzung von Langzeiteffekten gentechnisch veränderter Pflanzen notwendig sei. Daraufhin hat das Umweltbundesamt, Berlin, (UBA) den Auftrag erhalten, ein Konzept für ein Monitoring von Umweltwirkungen gentechnisch veränderter Pflanzen zu entwickeln (UBA, 1999a).
Im Frühjahr 1999 wurde außerdem die Arbeitsgruppe „Anbaubegleitendes Monitoring gentechnisch veränderter Pflanzen im Agrarökosystem" unter Federführung der Biologischen Bundesanstalt für Land- und Forstwirtschaft (BBA) gegründet (Schulte, 2000).
Auch bei der Reform der EU-Richtlinie 90/220/EWG über die absichtliche Freisetzung gentechnisch veränderter Organismen in die Umwelt ist die Einführung eines **Nachgenehmigungs-Monitorings** geplant. Dieses soll an die zunächst auf zehn Jahre befristete Zulassung gentechnisch veränderter Produkte gekoppelt werden (Anonym, 1998).

Begründung und Ziele eines Nachgenehmigungs-Monitorings

Gentechnisch veränderte Organismen dürfen nur in Verkehr gebracht werden, wenn eine vorangegangene Risikoabschätzung keine schädlichen Einwirkungen auf die menschliche und tierische Gesundheit und die Umwelt festgestellt hat oder die Risiken im Vergleich zum Nutzen vertretbar sind. Diese Vertretbarkeitsklausel wurde aber bisher in der EU nicht angewandt, da bei allen bisher erfolgten Zulassungen zum Inverkehrbringen keine schädlichen Einwirkungen festgestellt wurden (s. Kap. 2). Im Rahmen der Gentechnikgesetze werden aber nur die direkten Wirkungen der gentechnisch veränderten Organismen geprüft (z.B. Toxizität des eingeführten

Genproduktes), **indirekte und Langzeit-Wirkungen**, die durch den grossflächigen Anbau gentechnisch veränderter Pflanzen auftreten können, werden nicht geprüft (z.B. Resistenzentwicklungen). Aufgrund der wachsenden Erfahrungen mit gentechnisch veränderten Pflanzen zeigte sich aber, dass diese Langzeiteffekte vor einer unbefristeten Genehmigung erfasst werden sollten.
Der Rat der Sachverständigen für Umweltfragen stellte fest, dass die bisher praktizierte ökologische Begleitforschung zu einzelnen Freisetzungsexperimenten zwar kurzfristig Antworten auf präzise gestellte Fragen liefern könne, aber nicht in der Lage sei, langfristig Aussagen über ökologische Wechselwirkungen und über Veränderungen an Ökosystemen vorzunehmen (SRU, 1998).
Weltweit sind weniger als 1% aller Freisetzungen mit ökologischer Begleitforschung verbunden, in Deutschland sind dies ca. 15% der Freisetzungsversuche. Bestimmte Fragestellungen können aber wegen der verordneten Sicherheitsauflagen nicht geklärt werden (SRU, 1998).
Hier spiegelt sich auch ein Dilemma der für die Zulassung gentechnisch veränderter Organismen zuständigen Behörden wider: **„Was haben wir aus den räumlich und zeitlich begrenzten Freisetzungsversuchen der letzten Jahre für den großflächigen Anbau nach Inverkehrbringen gelernt bzw. überhaupt lernen können?“**
In den entsprechenden Gentechnikgesetzen ist das Vorsorgeprinzip in einer Fall-zu-Fall-Bewertung („case-by-case“) und einer Schritt-zu-Schritt-Vorgehensweise („step-by-step“) verankert (s. Kap. 2). In der Praxis hat sich gezeigt, dass der Schritt „Freisetzungsversuch“ durch Maßnahmen so sicher gemacht wurde, dass wenig aus diesem Schritt für den nächsten Schritt „großflächiger Anbau“ gelernt werden konnte. Die Freisetzungsversuche glichen eher Versuchen im geschlossenen System als wirklichen Freisetzungen (OECD, 1993).
Langfristige ökologische Wirkungen gentechnisch veränderter Pflanzen können somit nur durch Einbeziehung der **Erfahrungen aus dem konventionellen Anbau** abgeschätzt werden (etwa zu Auskreuzungswahrscheinlichkeiten) oder durch **Extrapolation der Ergebnisse ökologischer Begleitforschung** zu einzelnen Freisetzungsexperimenten. Diese Situation des „Nicht-Wissens“ wurde aber in der bisherigen Genehmigungspraxis nicht eingestanden (s. Kap. 1).
Von Seiten der Zulassungsbehörden gentechnisch veränderter Organismen wird daher ein Monitoring von Umweltwirkungen auch als ein geeignetes Instrument gesehen, um die **Daten- und Bewertungsgrundlage** zu **verbessern**, einmal getroffenen Entscheidungen zu überprüfen und die **Prognosesicherheit** der Risikoabschätzung zu **erhöhen** (UBA, 1999a).

Ein Monitoring nach Inverkehrbringen soll vorrangig den Zielen der biologischen Sicherheit und des Naturschutzes dienen und Auswirkungen untersuchen, die sich aus einer **möglichen Ausbreitung transgener Pflanzen** beziehungsweise der **eingesetzten Fremdgene** ergeben (Sukopp, 1998). Veränderungen der Umwelt durch den Anbau gentechnisch veränderter Pflanzen sollen ermittelt, analysiert und bewertet werden (UBA, 1999b).
Von der begrenzten Zulassung gentechnisch veränderter Produkte, gekoppelt an ein Nachgenehmigungs-Monitoring, wie es in der Änderung der Freisetzungsrichtlinie 90/220/EWG vorgesehen ist, erhofft man sich auch einen breiteren **europäischen Konsens**: Von den 15 gentechnisch veränderten Produkten, die bisher in Europa in

Verkehr gebracht wurden, wurden nur drei ohne Einwände einzelner Mitgliedsstaaten zugelassen. Meist bezogen sich diese auf ungewisse Wirkungen der neu eingeführten Gene, wie z.B. Resistenzentwicklung durch Expression des Insektenresistenz-vermittelnden *B.t.*-Gens oder Auskreuzung von Herbizidresistenzgenen auf Wildpopulationen. Oft wurde auch das Fehlen eines begleitenden Monitorings kritisiert (Jank et al., 1999). Italien z.B. hob den Bann für *B.t.*-Mais auf, nachdem die Fa. Novartis (Antragsteller) eingewilligt hatte, Monitoring-Experimente durchzuführen (von Schomburg, 1998). Der gemeinsame Standpunkt der EU-Mitgliedstaaten zur Änderung der EU-Richtlinie 90/220/EWG sieht daher nach dem Inverkehrbringen sowohl eine allgemeine Umweltbeobachtung („general surveillance") als auch ggf. ein fallspezifisches Monitoring („case specific monitoring") vor (UBA, 1999b).
Der Rat der Sachverständigen für Umweltfragen schlägt vor, zunächst mit dem **fallspezifischen Monitoring** zu beginnen und sich auf die gentechnisch veränderten Pflanzen zu konzentrieren, bei denen Ungewissheit zu bestimmten Umweltwirkungen im großflächigen Anbau bestehen. Mit Hilfe der Ergebnisse dieser Fallstudien soll festgelegt werden, welche Detailfragen in der **Dauerbeobachtung** geklärt werden sollen und ob eine Aufnahme in die allgemeine Dauerbeobachtung möglich ist (SRU, 1998).

Begriffsbestimmungen

Die **ökologische Begleitforschung** beinhaltet konkrete Fragestellungen zu den Auswirkungen der Freisetzung einzelner gentechnisch veränderten Organismen, die innerhalb eines relativ kurzen Zeitraums geklärt werden können. Untersuchungsschwerpunkte beinhalten u.a. die Änderung des Keimungsverhaltens oder der Dormanz bzw. des Überlebens von Samen (z.B. bei Raps mit veränderter Fettsäurezusammensetzung) und Knollen (z.B. bei Kartoffeln mit veränderter Stärkezusammensetzung) (UBA, 1999a).
Unter **Nachgenehmigungs-Monitoring** versteht man allgemein, ein Monitoring gentechnisch veränderter Pflanzen nach der Genehmigung zum Inverkehrbringen. In der Novellierung der Freisetzungsrichtlinie 90/220/EWG ist sowohl eine „allgemein überwachende Beobachtung" (general surveillance) als auch eine „fallspezifische Überwachung" (case-specific monitoring) vorgesehen.
Das **fallspezifische (Nachgenehmigungs-)Monitoring** (case specific monitoring) bezieht sich auf konkrete Fragestellungen zu Wirkungen eines bestimmten Organismus, z.B. wenn Unsicherheiten hinsichtlich der Auswirkungen im Rahmen eines großflächigen, langfristigen Anbaus bestehen.
Im Gegensatz dazu wird unter einem **allgemeinen Monitoring gentechnisch veränderter Pflanzen** (general surveillance) eine langfristige, ökologische Dauerbeobachtung verstanden, die die Wirkungen auf die biotische und abiotische Umwelt (z.B. den Boden) und auf die Biodiversität erfassen soll (UBA, 1999b).
Eine andere Einteilung unterscheidet zwischen aktivem und passivem Monitoring. Dabei bezieht sich **aktives Monitoring** auf die Fälle, in denen man eine konkrete Fragestellung hat. Es umfasst sowohl die ökologische Begleitforschung als auch das fallspezifische Monitoring nach obiger Definition. Im Gegensatz dazu soll das **passive Monitoring** helfen, die beim Übergang vom kleinflächigen Versuchsanbau zum

großflächigen und dauerhaften kommerziellen Anbau eventuell auftretenden Risiken zu erkennen. Es entspricht damit einer langfristigen ökologischen Dauerbeobachtung, die alle Umweltmedien einbezieht. Ein passives Monitoring dient damit der Klärung von Fragen, die im Rahmen des Zulassungsverfahrens nicht eindeutig beantwortet werden konnten (Dieffenbach-Fries, 1998).
Darüberhinaus wird der Begriff **anbaubegleitendes Monitoring** verwendet. Dieser Begriff wird in den Konzepten, die von den verschiedenen Arbeitsgruppen vorgelegt wurden, z.Z. **unterschiedlich gebraucht**: Die Biologische Bundesanstalt für Land- und Forstwirtschaft (BBA) und andere Arbeitsgruppen schlagen vor, den Begriff „anbaubegleitendes Monitoring" als Überbegriff für „Monitoring nach Inverkehrbringen" zu verwenden. Das anbaubegeleitende Monitoring umfasst damit sowohl das *case-specific monitoring* als auch die *general surveillance*, die von der EU gefordert werden und bezieht sich auf die landwirtschaftliche Nutzfläche und die angrenzenden Randstrukturen (s.u.). Dagegen wird der Begriff von der Bund/Länder-Arbeitsgruppe „Monitoring der Umweltwirkungen von gentechnisch veränderten Pflanzen (GVP)" unter der Federführung des Umweltbundesamtes (UBA) als ein Untergesichtspunkt verwendet, wenn im fallspezifischen Monitoring die Effekte von gentechnisch veränderten Organismen speziell auf die landwirtschaftliche Praxis und das Agrarsystem beobachtet werden sollen (z.B. Beikrautentwicklung, Schaderregerbefall, Resistenzentwicklung oder Pflanzenschutzmitteleinsatz) (UBA, 1999b).

Konzepte und aktuelle Untersuchungen

Die verschiedenen obersten Bundesbehörden als auch Interessenverbände haben jeweils eigene Konzepte zum Monitoring nach Inverkehrbringen vorgelegt. Im Gutachten für das Büro für Technikfolgenabschätzung beim Deutschen Bundestag zum Stand des Monitorings nach Inverkehrbringen werden die verschiedenen Konzepte und Vorschläge vorgestellt (Schulte, 2000). Diese wurden u.a. erarbeitet von:

- Das Robert-Koch-Institut (RKI), Berlin, ist die zuständige übergeordnete Genehmigungsbehörde für Freisetzung und Inverkehrbringen in Deutschland. Dieses erarbeitete einen Vorschlag zur Koordinierung eines Netzwerkes zum Monitoring, bei dem das (vor-)ausgewertete Datenmaterial beim RKI gesammelt wird und gemeinsam mit den Einvernehmensbehörden (UBA, BBA) auf seine Relevanz bewertet werden soll.
- Die **Arbeitsgruppe „Anbaubegleitendes Monitoring"** entwickelt unter Federführung der **Biologische Bundesanstalt für Land- und Forstwirtschaft** (BBA) ein Konzept, dass die Auswirkungen des Anbaus gentechnisch veränderter Kulturpflanzen auf das Agrarökosystem erfassen soll. Hierbei werden insbesondere Vernetzungsmöglichkeiten zu den Überwachungsaufgaben des amtlichen Pflanzenschutzdienstes sowie den Monitoring-Aufgaben im Bereich Sortenzulassung, Sortenprüfung und Sortenberatung gesehen.
- Die **Bund/Länder-Arbeitsgruppe „Monitoring der Umweltwirkungen von gentechnisch veränderten Pflanzen (GVP)"** erarbeitet unter der Federführung des **Umweltbundesamtes** (UBA) ein Konzept der langfristigen Umweltbeobachtung zur Abschätzung der Langzeiteffekte gentechnisch veränderter

Pflanzen. Dadurch sollen die geplanten EU-Anforderungen an ein *general surveillance* erfüllt werden. Die Umweltbeobachtung soll auf mehreren Ebenen (ökosystemare, Art- und molekulargenetischen Ebene) durchgeführt werden. Anknüpfungspunkte werden bei bestehenden Umweltbeobachtungsprogrammen wie ökologische Flächenstichprobe, Ackerrandstreifen- und Grünlandprogramme, Florenkartierungen, ökologische Dauerbeobachtungsflächen sowie Bodendauerbeobachtungsflächen der Länder gesehen.

- Der **Bundesverband Deutscher Pflanzenzüchter** (BDP), die **Deutsche Industrievereinigung Biotechnologie** (DIB) und der **Industrieverband Agrar** (IVA) haben in einem gemeinsamen Papier ihren Beitrag zum Aufbau eines anbaubegleitenden Monitorings vorgestellt. Sie sehen Anknüpfungspunkte an Beobachtungen während der Saatgutproduktion, im Rahmen der offiziellen Saatgutanerkennung sowie während des üblichen Nachkontrollanbaus im Rahmen der Saatgutüberwachung (alle aus Schulte, 2000).

Konkret werden zur Zeit in der Bundesrepublik Deutschland Untersuchungen mit folgenden Schwerpunkten gefördert („BioMonitor"-Programm der Bundesregierung, Anonym, 1997):

- Einfluss des Einkreuzens von Transgenen beim Anbau von Sorten mit unterschiedlicher gentechnisch erzeugter Herbizidresistenz
- Einfluss von Auskreuzungen von Transgenen in Unkrautverwandte von Kulturpflanzen auf Etablierung und Ausbreitungsverhalten
- Einfluss virusresistenter Pflanzen auf die Entstehung veränderter Pathogenpopulationen
- Auswirkungen der Expression des *Bacillus thuringiensis*-Toxins in transgenen Pflanzen auf Insektenpopulationen
- Auswirkungen der gentechnisch erzeugten Überexpression pflanzeneigener Abwehrmechanismen auf pflanzenassoziierte Bakterien und Pilze sowie bodenlebende Organismen
- Auswirkungen stoffwechselrelevanter Veränderungen auf phytopathologische Eigenschaften der transgenen Pflanze

Vergleich der Konzepte sowie Anmerkungen

Im Folgenden werden vor allem die Konzepte der Arbeitsgruppe „Anbaubegleitendes Monitoring" unter Federführung der Biologische Bundesanstalt für Land- und Forstwirtschaft (BBA) und der Bund/Länder-Arbeitsgruppe „Monitoring von Umweltwirkungen von GVP" unter Ferderführung des Umweltbundesamtes miteinander verglichen, da sie z.Z. inhaltlich am weitesten ausgearbeitet sind. Anknüpfend an die Forderungen der EU sowohl nach einem *case-specific monitoring* als auch nach einer *general surveillance* werden diese beiden Bereiche gesondert dargestellt.

Case-specific monitoring

Das Konzept der Bund/Länder-Arbeitsgruppe „Monitoring von Umweltwirkungen von GVP“ unter Ferderführung des Umweltbundesamtes (UBA) verwendet die Bezeichnung „anbaubegleitendes Monitoring“ für einen spezifischen Aspekt des *case-specific monitoring*, bei dem Auswirkungen des großflächigen Anbaus gentechnisch veränderter Pflanzen auf das Agrarökosystem untersucht werden sollen, während im Konzept der Arbeitsgruppe „Anbaubegleitendes Monitoring“ unter Federführung der Biologische Bundesanstalt für Land- und Forstwirtschaft (BBA) diese Bezeichnung synonym zum Oberbegriff „Monitoring nach Inverkehrbringen“ verwendet wird. Inhaltlich werden aber in beiden Konzepten unter einem *case-specific monitoring* **konkrete Fragestellungen zu einzelnen gentechnisch veränderten Pflanzen** untersucht (mit **Ursache-Wirkungs-Hypothesen**). Ein Teil der Fragestellungen wird z.Z. schon in den Projekten des BioMonitor-Programms untersucht (s.o.). Als Untersuchungspunkte werden u.a. aufgeführt (aus UBA, 1999a; Schiemann, 2000):

Herbizidresistenz (insbesondere Raps)

- Mögliche Ausbreitung des Transgens durch Auskreuzung und Gentransfer
- Vorkommen und Ausbreitung der gentechnisch veränderten Pflanze (z.B. Durchwuchs oder Überdauerung), des unveränderten Ausgangsorganismus sowie der Kreuzungspartner und gegebenenfalls der Hybride aus beiden

Insektenresistenz (insbesondere Mais)

- Resistenzbildung bei Zielorganismen
- Wirkung auf Nicht-Ziel-Organismen
- Wirkung auf Bodenfauna
- Veränderung der Artenzusammensetzung

Virusresistenz (insbesondere Zuckerrüben und Kartoffeln)

- Bildung neuer/veränderter Virusstämme

Veränderte Inhaltstoffe (insbesondere Raps und Kartoffeln)

- Veränderung der Anfälligkeit gegenüber Schaderregern
- Veränderung der Dormanz und Überdauerung der Samen und Knollen

Von den Beobachtungsflächen her gesehen zielt das anbaubegleitende Monitoring der BBA auf Erfassung der Auswirkungen auf das Agrarökosystem und auf angrenzende oder von der landwirtschaftlichen Nutzung beeinflusste Flächen. Das Konzept zum *case-specific monitoring* des Umweltbundesamtes will neben dem Agrarökosystem auch Nichtzielbiotope berücksichtigen, in die sich die gentechnisch veränderten Pflanzen mit hoher Wahrscheinlichkeit ausbreiten werden. Dazu zählen u.a. Ackerränder, Wege, Brachflächen, Gewässerufer und Schuttplätze (UBA, 1999a; Schiemann, 2000; Schulte, 2000).

General surveillance

Bei der allgemeinen überwachenden Umweltbeobachtung unterscheiden sich die Konzepte der BBA und des Umweltbundesamtes in mehreren Punkten (s. Tab. 1).

Tab. 1: Gegenüberstellung der Konzepte der BBA und des Umweltbundesamtes

	Anbaubegleitendes Monitoring (BBA)	**Monitoring von Umweltwirkungen (UBA)**
Inhalt	Erfassung der Wirkungen des Anbaus gentechnisch veränderter Sorten auf die Umwelt im Vergleich mit denen konventioneller Sorten und Anbausysteme	Beobachtung der Wirkungen auf die Umwelt, d.h. auf die Umweltmedien und die Biodiversität, einschließlich der Wirkungen, die Umwelt-, Natur- und Artenschutz berühren
Beobachtungspunkte	• Schaderregerauftreten • Unkrautpopulationen • Nützlingspopulationen • Wirkung phytosanitärer Massnahmen • bodenbiologische Parameter	• Veränderung der Artenzusammensetzung oder des Artenbestands • Einfluss auf Organismenbeziehungen • Einfluss auf die landwirtschaftliche Praxis • Einfluss auf die Lebensraumfunktion des Bodens (insbesondere Bodenflora)
Beobachtungszeitraum	Während der befristeten Genehmigung	Parallel zur befristeten Genehmigung und darüber hinaus
Beobachtungsflächen	Landwirtschaftlich genutzte Flächen und angrenzende Flächen, die einem unmittelbarem Einfluss auf Grund der landwirtschaftlichen Nutzung unterliegen	Repräsentative Standorte, die in Anbauschwerpunkten der jeweiligen Kulturart liegen und an denen bereits geeignete Umweltbeobachtungsprogramme etabliert sind
Ziel	Erfassung seltener oder unerwarteter Ereignisse	Unerwartete Ereignisse und solche, die in der Risikoabschätzung zum Inverkehrbringen mit einer geringen Wahrscheinlichkeit oder ungeklärtem Schadensverdacht eingestuft wurden

verändert nach Schulte, 2000

Der von der Arbeitsgruppe „Anbaubegleitendes Monitoring" erarbeitete Vorschlag zu einer *general surveillance* beschränkt sich damit alleine auf das Agrarökosystem, welches die Bund/Länder-Arbeitsgruppe „Monitoring von Umweltwirkungen von GVP" als einen notwendigen, aber nicht alleinigen Bestandteil der Umwelt ansieht, die zu beobachten sei. Für die derzeit bis zur Marktreife gelangten gentechnisch veränderten Pflanzen werden hauptsächlich Wirkungen im Agrarökosystem erwartet Eine Beschränkung auf diesen Aspekt scheint aber langfristig nicht vorteilhaft zu sein, da von transgenen Pflanzen in Zukunft auch Wirkungen auf andere Ökosysteme zu erwarten sind (z.B. im Falle gentechnisch veränderte Bäume oder Pflanzen mit veränderten Inhaltsstoffen, die Kreuzungspartner in anderen Ökosystemen haben).

Inhaltlich werden in beiden Konzepten z.T. ähnliche Beobachtungsparameter aufgeführt (Wirkungen auf den Boden oder auf Schaderreger/Nützlingspopulationen), die Arbeitsgruppe „Anbaubegleitendes Monitoring“ bezieht sich aber explizit nur auf das Agrarökosystem. Auch in der Beobachtungstiefe unterscheiden sich beide Konzepte: Eine umfassende Analyse aller Organismengruppen erscheint der Arbeitsgruppe „Anbaubegleitendes Monitoring“ weder realisierbar noch gerechtfertigt (Schiemann, 2000, zitiert in Schulte, 2000). Die Bund/Länder-Arbeitsgruppe „Monitoring von Umweltwirkungen von GVP“ sieht die Aufgaben der *general surveillance* dagegen in einer allgemeinen Umweltbeobachtung, die den Einfluss gentechnisch veränderter Pflanzen auf biotische und abiotische Umweltfaktoren untersuchen soll. Der Anspruch reicht dabei über eine bloße Beschreibung der Umwelt hinaus: Es soll zum einen versucht werden, die beobachteten Veränderungen ursächlich auf den Anbau gentechnisch veränderter Pflanzen zurückzuführen. Zum andern sollen aber auch die Konsequenzen solcher Ökosystem-Veränderungen abgeschätzt werden (UBA, 1998). Um dies praktikabel zu gestalten, soll diese allgemeine Umweltbeobachtung auf **ausgewählten Flächen** durchgeführt werden. Die repräsentativen Flächen sollten in regionalen Anbauschwerpunkten der ausgewählten Kulturart liegen, möglichst in der Nähe von Standorten, an denen bereits geeignete Beobachtungsprogramme etabliert sind (Köppel, 1998). Die Bund-Länder-AG „Monitoring von Umweltwirkungen von GVP“ sieht folgende Anknüpfungspunkte an **bestehende Monitoringprogramme** (UBA, 1999b):

Anbauflächen gentechnisch veränderter Pflanzen:

- Freisetzungsflächen
- Flächen der Sortenprüfung mit mehrjährigem Anbau
- Anbauflächen nach Saatgutverkehrsgesetz
- Untersuchungsflächen im Rahmen des „Biomonitor“-Programms des BMBF

Bestehende Umweltbeobachtungsprogramme:

- Ökologische Flächenstichprobe
- Ackerrandstreifen- und Grünlandprogramme
- Florenkartierungen
- Ökologische Dauerbeobachtungsflächen
- Bodendauerbeobachtungsflächen der Länder

Die oben genannten Umweltbeobachtungsprogramme eignen sich nicht für eine vollständige Integration des Monitorings gentechnisch veränderter Pflanzen; sie lassen sich jedoch jeweils um Teilaspekte ergänzen (UBA, 1999b). Für ein allgemeines Monitoring gentechnisch veränderter Pflanzen könnten z.B. die Flächen der ökologischen Flächenstichprobe einbezogen werden, die Landschaftsausschnitte mit hohem Agrarflächenanteil enthalten (Verbüchelen, 1998). Ackerrandstreifenprogramme könnten genutzt werden, wenn ein einheitliches Monitoring-Verfahren entwickelt wurde, in dem die Methode, der Zeitraum, die zu untersuchenden Pflanzen- und Tierarten sowie die Einrichtung von Dauerbeobachtungsflächen festgelegt worden sind. Eventuell sollten Flächen des Ökolandbaus mit einbezogen werden, da hier Kreuzungspartner vermehrt vorkommen und die Artenzahl der Wildkräuter erhöht ist (Wicke, 1998).

Voraussetzungen und ergänzende Maßnahmen

Ein effizientes Monitoring setzt voraus, dass **Referenzdaten** zum jetzigen, von gentechnisch veränderten Organismen noch unbeeinflussten Zustand vorhanden sind. Das macht eine möglichst rasche Etablierung einer allgemeinen Umweltbeobachtung notwendig. Bisher gibt es zwar zahlreiche regionale Aktivitäten, die sich aber hinsichtlich ihrer Ziele und verwendeten Methoden unterscheiden. Um die Daten vergleichbar zu machen, ist die Zusammenführung in ein bundesweit einheitliches Konzept notwendig, das auch an das Konzept der EU angebunden sein muss (Sukopp, 1998).
Um die Ausbreitung der neu eingeführten Gene erfassen zu können und auch ihr Vorkommen in weitergezüchteten Pflanzen oder verarbeiteten Produkten nachweisen zu können, schlägt der Rat der Sachverständigen für Umweltfragen die Einrichtung eines **Genregisters** vor. Nur unter Kenntnis der Nukleotidsequenzen ist z.B. die Auskreuzung und der Verbleib von neu eingeführten Genen in Wildpflanzen nachzuweisen, ohne dass phänotypische Veränderungen sichtbar sein müssen. Das Genregister sollte, aufgrund der vertraulichen Informationen, zunächst nur den zuständigen Behörden zugänglich gemacht werden. Die Frage, ob ein solches Register auch der Forschung und der Öffentlichkeit zur Verfügung stehen könnte, bedarf noch der rechtlichen Klärung (SRU, 1998).
Wenn ein Monitoring an die befristete Zulassung gentechnisch veränderter Pflanzen gekoppelt wird, wie bei der Novellierung der Freisetzungsrichtlinie 90/220/EWG vorgesehen, müssen zunächst **Zielvorgaben und/oder Schadschwellen** gesetzt werden, die erreicht werden sollen bzw. bei denen eine weitere Genehmigung des Inverkehrbringens versagt wird (Schulte, 1998). Ökologische Zielvorgaben im Bereich Landwirtschaft könnten sein:

- Eine umweltschonende Bewirtschaftungsweise im Sinne einer nachhaltig umweltgerechten Landwirtschaft
- Die Verminderung der Belastung von Boden und Wasser mit chemischen Hilfsstoffen
- Die Schonung nicht erneuerbarer Ressourcen wie Bodenfruchtbarkeit sowie Biotop- und Artenvielfalt (Schulte, 1998).

Kritik

In seinem Diskussionsbeitrag zum Monitoring hat das Öko-Institut, Freiburg darauf hingewiesen, dass durch die Einführung eines Monitorings die **Risikoabschätzung nicht auf die Ebene des Monitorings nach Inverkehrbringen verschoben werden darf**. Nach wie vor muss gelten, dass aus dem Inverkehrbringen gentechnisch veränderter Organismen keine schädlichen Einwirkungen für Mensch und Umwelt zu erwarten sind. Es stimmt zu, dass eine vollständige Abschätzung der Auswirkungen des Anbaus gentechnisch veränderter Pflanzen vor der Vermarktung nicht möglich sei, betont aber die klare Trennung von Effekten, die auf Grund von Ursache-Wirkungs-Hypothesen im Vorfeld geklärt werden müssen. Ein Monitoring nach Inverkehrbringen kann nur dem Erfassen unerwarteter oder indirekter Folgen (d.h., solcher, die nicht durch den gentechnisch veränderte Pflanze oder die Genprodukte bedingt sind) dienen (Öko-Institut, 1999, zit. in Schulte, 2000).
Ein Teil der noch offenen Fragen zum Verhalten gentechnisch veränderter Organismen in der Umwelt nach Marktzulassung kann zunächst durch eine **Ausweitung von Laborversuchen und ökologischer Begleitforschung** zu Freisetzungsexperimenten geklärt werden. So können Hypothesen aufgestellt werden, die dann im Freiland überprüft werden müssen (z.B. zur Wirkung von *B.t.*-produzierenden Pflanzen auf Nichtzielorganismen). Durch diese Voruntersuchungen ließe sich der Aufwand für ein Monitoring gentechnisch veränderter Pflanzen nach Inverkehrbringen verringern.

Literatur

Anonym 1997. Bekanntmachung der Förderrichtlinien „BioMonitor" im Programm der Bundesregierung „Biotechnologie 2000". Auszug aus dem Bundesanzeiger Nr.103 vom 10.Juni 1997. http://www.bba.de/mitteil/presse/biotech.htm

Anonym 1998. Brüsseler Vorschläge für Reform der Freisetzungsrichtlinie. –Grundlage für die Vermarktungszulassung gentechnisch veränderter Agrarprodukte – Vereinfachung und Straffung der Verfahren bei Gewährleistung eines hohen Sicherheitsniveaus. AGRAR-EUROPE 14/89, 6. April 1998, Sonderbeilage 1-55

Benzler A. 1998. Artenmonitoring für den Naturschutz auf Bundesebene am Beispiel von Farn- und Blütenpflanzen. In: Monitoring von Umweltwirkungen gentechnisch veränderter Pflanzen. Dokumentation eines Fachgesprächs des Umweltbundesamtes am 4. und 5. Juni 1998. UBA-Texte 77/98, 56-62

Daele W. van den, Pühler A, Sukopp H. et al. 1996. Grüne Gentechnik im Widerstreit, Modell einer partizipativen Technikfolgenabschätzung zum Einsatz transgener herbizidresistenter Pflanzen, VCH, Weinheim

Dieffenbach-Fries H. 1998. Diskussionsbeitrag in: Monitoring von Umweltwirkungen gentechnisch veränderter Pflanzen. Dokumentation eines Fachgesprächs des Umweltbundesamtes am 4. und 5. Juni 1998. UBA-Texte 77/98, 127

House of Lords 1998. Second Report. EC Regulation of Genetic Modification in Agriculture. European Communities Committee Publications, Großbritannien

Jank B, Rath J, Gaugitsch H. 1999. Monitoring of Genetically Modified Organisms in International Instruments. BINAS News, Volume 5, Issue1-2, 1999

Köppel J. 1998. Modellhafte Umsetzung und Konkretisierung der ökologischen Dauerbeobachtung im länderübergreifenden Biospärenreservat Rhön – Ein Beitrag zum Umweltbeobachtungskonzept des Bundes und der Länder. In: Monitoring von Umweltwirkungen gentechnisch veränderter Pflanzen. Dokumentation eines Fachgesprächs des Umweltbundesamtes am 4. und 5. Juni 1998. UBA-Texte 77/98, 36-55

OECD (Organisation for Economic Co-operation and Development) 1993. Safety Considerations for Biotechnology Scale-Up of Crop Plants. OECD, Paris

Schomburg R von. 1998. An appraisal of the working in practice of directive 90/220/EEC on the deliberate release of genetically modified organisms. Report für STOA (Scientific and Technological Options Asssessment) of the European Parliament

Schulte E. 1998. Zielsetzungen für die Entwicklung eines anbaubegleitenden Monitoring bei Einsatz gentechnisch veränderter Sorten. In: Monitoring von Umweltwirkungen gentechnisch veränderter Pflanzen. Dokumentation eines Fachgesprächs des Umweltbundesamtes am 4. und 5. Juni 1998. UBA-Texte 77/98, 99-102

Schulte E. 2000. Vergleich vorliegender Konzepte und Vorschläge zum Monitoring nach Inverkehrbringen transgener Pflanzen. Kurzgutachten im Auftrag des Büros für Technikfolgenabschätzung beim Deutschen Bundestag (TAB), Berlin

SRU (Der Rat der Sachverständigen für Umweltfragen) 1998. Umweltgutachten 1998. Metzler-Poeschel, Stuttgart

Sukopp H. 1998. Ökologische Begleitforschung und Dauerbeobachtung von gentechnisch veränderten Kulturpflanzen – Vorschläge des Rats von Sachverständigen für Umweltfragen (SRU) im Gutachten 1998. In: Monitoring von Umweltwirkungen gentechnisch veränderter Pflanzen. Dokumentation eines Fachgesprächs des Umweltbundesamtes am 4. und 5. Juni 1998. UBA-Texte 77/98, 5-17

UBA (Umweltbundesamt Berlin) 1996. Langzeitmonitoring von Umwelteffekten transgener Organismen. Dokumentation der Arbeitstagung am 5./6. Oktober 1995 in Berlin, UBA-Texte 58/96, Berlin, 204 S.

UBA 1998. Monitoring von Umweltwirkungen gentechnisch veränderter Pflanzen (GVP). Dokumentation eines Fachgespräches des Umwelt-bundesamtes am 4. und 5. Juni 1998. UBA-Texte 77/98

UBA 1999a. Beitrag der Biotechnologie zu einer dauerhaft umweltgerechten Entwicklung. UBA-Texte 1/99

UBA 1999b. Eckpunkte für ein Monitoring der Umweltwirkungen gentechnisch veränderter Pflanzen. Ergebnisse der Bund/Länder-AG „Monitoring der Umweltwirkungen von GVP“ vom September 1999

Verbücheln G. 1998. Das Monitoringkonzept von Nordrhein-Westfalen. In: Monitoring von Umweltwirkungen gentechnisch veränderter Pflanzen. Dokumentation eines Fachgesprächs des Umweltbundesamtes am 4. und 5. Juni 1998. UBA-Texte 77/98, 63-73

Wicke G. 1998. Erfassung der Ackerbegleitflora und der Kulturarten durch Monitoring auf extensiv bewirtschafteten Ackerrandstreifen. In: Monitoring von Umweltwirkungen gentechnisch veränderter Pflanzen. Dokumentation eines Fachgesprächs des Umweltbundesamtes am 4. und 5. Juni 1998. UBA-Texte 77/98, 74-84

7 Zusammenfassung

S. STIRN

Grundlegende konzeptionelle Fragestellungen

Das deutsche Gentechnikgesetz regelt neben gentechnischen Arbeiten im geschlossenen System auch Freisetzung und Inverkehrbringen (Anbau und Vermarktung) gentechnisch veränderter Organismen. Es dient dem Schutz des Menschen und der Umwelt gegenüber gentechnikspezifischen Gefahren. Deshalb wird für jeden Einzelfall eine Risikoabschätzung durchgeführt (**case-by-case**) und in einem **Schritt-für-Schritt-Verfahren** Erfahrungen mit dem jeweiligen gentechnisch veränderten Organismus gewonnen. Dabei werden in aufeinanderfolgenden Versuchen (Gewächshaus, Freisetzung im kleinen Maßstab, Freisetzung im großen Maßstab, Inverkehrbringen) die Sicherheitsauflagen, die zunächst ein Ausbringen des gentechnisch veränderten Organismus in die Umwelt verhindern (geschlossenes System) bzw. räumlich und zeitlich begrenzen sollen (Freisetzungsversuche), verrringert. Dieser Schritt kann dann getan werden, wenn der vorherige gezeigt hat, dass er keine Risiken für Mensch und Umwelt birgt (s. Kap. 2).

Probleme bei der Umsetzung der Gentechnikgesetze (GenTG in Deutschland, EU-Richtlinie 90/220/EWG in Europa) ergeben sich dadurch, dass zwar schon viele Freisetzungen durchgeführt worden sind (über 1600 Freisetzungsversuche in Europa bis Oktober 2000), bisher aber relativ wenig Wissen über mögliche ökologische Wirkungen gesammelt werden konnte. Dies liegt zum einen daran, dass weltweit nur weniger als 1% aller Freisetzungsversuche mit ökologischer Begleitforschung verbunden waren - in Deutschland waren es immerhin 15% der Freisetzungsversuche -, zum anderen aber auch daran, dass die durchgeführte ökologische Begleitforschung durch strenge Sicherheitsauflagen so sicher gemacht wurde, dass **Risikowissen** nicht gesammelt werden konnte.

Für das Inverkehrbringen gilt darüber hinaus, dass der Schritt vom kleinen Maßstab der Freisetzung zum großen Maßstab des Anbaus nach Zulassung der Vermarktung nicht nur quantitative sondern auch qualitative Veränderungen bewirken kann. Als Beispiele seien hier Beeinflussung der Unkrautflora (s. Kap. 4.1) und Auswirkungen des Anbaus insektenresistenter Pflanzen auf Insektenpopulationen (s. Kap. 4.2) genannt.

Langzeitfolgen oder **Fernwirkungen** des Ausbringens gentechnisch veränderter Organismen werden vom GenTG zwar im Prinzip erfasst, sie dürfen aber bei einer Risikoabschätzung nur berücksichtigt werden, wenn plausible Anhaltspunkte dafür bestehen. Da ihre Abschätzung vor einem Inverkehrbringen z.T. schwer möglich ist, soll ein Monitoring nach Inverkehrbringen eingeführt werden (s. Kap. 6).

Gesundheitliche Risiken (Toxizität und Allergenität)

Alle gentechnisch veränderten Pflanzen werden vor Zulassung zum Inverkehrbringen auf ihre möglichen gesundheitlichen Risiken geprüft. Diese Prüfungen umfassen sowohl Abschätzungen und Tests zum toxischen und allergenen Potenzial als auch Untersuchungen zu eventuellen sekundären Effekten.

Die mögliche **Toxizität** eines gentechnisch veränderten Nahrungsmittels wird nach dem Konzept der „substantiellen Äquivalenz" abgeschätzt. Den Kern der Untersuchungen stellen die Abschätzung der möglichen Toxizität des neu eingeführten Genproduktes dar sowie Analysen zu möglichen Sekundäreffekten. Bei keiner der bisher durchgeführten Untersuchungen wurde eine Toxizität des eingeführten Genproduktes nachgewiesen. Zur Abschätzung unerwarteter Effekte wurden meistens die Konzentrationen von Protein, Fett, Kohlenhydraten, Mineralstoffen und Vitaminen bestimmt. Bisher wurden keine signifikanten Unterschiede zwischen gentechnisch veränderten und den jeweils nicht transformierten Pflanzen gefunden.

Das Konzept der „substantiellen Äquivalenz" ist in letzter Zeit heftig kritisiert bzw. befürwortet worden (zum Überblick s. Kap. 3.1.1). Unter Einbeziehung der bisherigen Erfahrungen mit der Anwendung des Konzepts hat die OECD eine Reihe von Empfehlungen abgegeben, die insbesondere die Untersuchungsparameter zur Abschätzung sekundärer Wirkungen sowie für Produkte, die keine substantielle Äquivalenz zu bestehenden Lebensmittel aufweisen, festlegt (s. Kap. 3.1.1).

Bei der Abschätzung der **Allergenität** gentechnisch veränderter Pflanzen wird unterschieden, ob das neu übertragene Gen aus einem bekanntermaßen allergen wirkenden Nahrungsmittel stammt oder ob das Gen für ein Protein codiert, über dessen Allergenität nichts bekannt ist. Im ersten Fall stehen eine Reihe immunologischer Tests zur Verfügung, mit denen die mögliche Allergenität getestet werden kann. Bislang existieren keine ausgereiften Methoden, die eine Vorhersage der möglichen Allergenität eines „neuen" Proteins erlauben. Es kommen daher indirekte Methoden zum Einsatz, die auf gemeinsamen Charakteristika bekannter Allergene beruhen (u.a. Seqzuenzvergleiche, Stabilität gegenüber Verdauung). Es sind verschiedene Konzepte entwickelt worden, die im Prinzip dieselben Tests zur Abschätzung des allergenen Potenzials durchführen, sich aber in der Abfolge der einzelnen Tests sowie in den Konsequenzen aus den erzielten Ergebnissen unterscheiden (zur Übersicht s. Kap. 3.1.2).

Verwilderung (Invasivität)

Bestimmte gentechnisch veränderte Pflanzen könnten ein erhöhtes Verwilderungspotenzial aufweisen. Dazu gehören z.B. transgene Pflanzen, bei denen durch die Übertragung eines oder mehrerer Gene die Fitness in bestimmten Lebensräumen erhöht wurde. Vorstellbar ist dies z.B. bei der Übertragung von Genen, die Resistenzen gegenüber abiotischem Stress (Kälte, Hitze, Salz, Aluminium) vermitteln (s. Kap. 4.6). Welche Pflanze-Merkmals-Kombinationen besonders überprüft werden sollten bzw. bei welchen ihr Unkraut- oder Verwilderungsrisiko durch Containment-Maßnahmen verringert werden sollte, hängt vom jeweiligen Freisetzungsort ab (s. Kap. 3.3).

Genübertragung zwischen Pflanzen (Auskreuzung)

Der Gentransfer zwischen transgenen und nicht-transgenen Pflanzen verschiedener Sorten oder Arten kann unerwünschte Folgen haben.
Ob die Auskreuzung verhindert werden sollte, hängt letztlich von der Frage ab, ob es überhaupt zu einer Introgression (Ausbreitung der fremden Gene in einer Population) kommen wird und den zu erwartenden Folgen dieser Introgression. Die Wahrscheinlichkeit einer Hybridisierung und Introgression ist abhängig von den Pflanzenmerkmalen und dem Spektrum der potenziellen Partner. Diese Faktoren können relativ gut abgeschätzt werden. Eine Introgression wird aber auch wahrscheinlicher, wenn der Pollendruck hoch ist oder die übertragenen Gene einen hohen Fitnessvorteil bedeuten (s. Kap. 3.3 zur Verwilderung). Die Bewertung und Abschätzung der Folgen ist in Abhängigkeit von den übertragenen Genen vorzunehmen und wird in den Kapiteln zu den fitnessrelevanten Merkmalen (Kap. 4.1 – 4.6) jeweils spezifisch angesprochen.

Horizontaler Gentransfer / Antibiotikaresistenzgene

Unter horizontalem Gentransfer bezeichnet man eine asexuelle Übertragung von Genen. Die Auswirkungen eines horizontalen Gentransfers werden immer im Zusammenhang mit den übertragenen Genen diskutiert (s. Kap. 3.2.2). Dies wird besonders deutlich am Beispiel der Antibiotikaresistenzgene, die häufig als Markergene in den freigesetzten oder inverkehrgebrachten Pflanzen vorhanden sind. Obwohl ein Gentransfer von gentechnisch veränderten Pflanzen auf Mikroorgansimen nicht auszuschließen ist, ist die Wahrscheinlichkeit dafür nach dem jetzigen Wissensstand als gering einzustufen. Da aber andere Markergene zur Verfügung stehen, wird allgemein dafür plädiert, auf die Verwendung von Antibiotikaresistenzmarkergenen zu verzichten, wenn die gentechnisch veränderte Pflanze als Lebens- oder Futtermittel verwendet werden soll. Für diese alternativen Markergene steht die Risikoabschätzung aber z.T. noch aus (s. Kap. 3.1.3).

Herbizidresistenz

Ein hoher Prozentsatz der Intensivackerkulturen wird mit Herbiziden behandelt. Herbizidresistenz (HR) ermöglicht die Anpassung von Pflanzen an Herbizide. Technisch werden dadurch die Optionen im Pflanzenbau erweitert. Ökonomisch ist von einer teilweisen Verdrängung derzeit eingesetzter, spezifisch an Kulturen angepasster Herbizide auszugehen. Zur Zeit dominieren Glyphosat (Round Up®) und Glufosinat (Basta®) als Komplementärherbizide der HR-Technik. Ihr Wirkungsspektrum ist so breit, dass sie teilweise den Einsatz verschiedener, in Mischungen oder Spritzfolgen ausgebrachter Herbizide ersetzen können. Herbizidresistenz ist weltweit die mit Abstand führende Eigenschaft transgener Pflanzen der ersten Generation, gut die Hälfte aller Freisetzungsanträge in Deutschland entfallen auf dieses Ziel. Obwohl in den meisten Kulturpflanzen technisch realisiert, liegen die Schwerpunkte in Deutschland bisher – entsprechend den ökonomischen Erwartungen - auf Raps, Mais und Zuckerrüben.

Die Umweltwirkungen transgener herbizidresistenter Pflanzen werden in der Regel im Vergleich zum derzeitigen Herbizideinsatz im konventionellen Landbau betrachtet. Die Datenbasis für solche Vergleiche ist aber lückenhaft und nur zum Teil zugänglich (Vertraulichkeit der Firmenangaben im Zulassungsverfahren von Herbiziden). Allgemein sind sowohl positive wie auch negative Effekte zu erwarten, die differenziert dargestellt werden. Tendenziell werden die Umweltmedien Boden, Wasser und Luft durch die beiden führenden Komplementärherbizide geringfügig entlastet. Für die Ackerbeikrautgesellschaften ist eine Reduzierung der Vielfalt durch die breit wirkenden Komplementärherbizide nicht auszuschließen. Dem stehen allerdings positive Effekte durch Mulch- und Direktsaat sowie durch Ersatz prophylaktischer Maßnahmen vor der Saat oder dem Auflaufen der Kultur durch gezielte, an Schadschwellen orientierte Nachauflaufverfahren gegenüber, die durch gutes Management realisiert werden können. Bei mangelnder Herbizidrotation, sei es durch schlechtes Management, sei es durch Verminderung des Angebots alternativer Herbizidstrategien als Folge wirtschaftlicher Prozesse, sind Resistenzprobleme in der Ackerbegleitflora nicht auszuschließen.
Derzeit laufen in Europa eine Reihe von Begleitforschungen zur HR-Technik. Wissenslücken bestehen noch zu den toxikologischen Wirkungen einiger Metabolite, zu den Erosionseffekten bei mehrmaligem Einsatz sowie zu den Auswirkungen auf die Ackerbegleitflora und –fauna. Als Regulierungsmaßnahmen werden vor allem Managementrichtlinien diskutiert, die zur Nutzung der Vorteile bei Begrenzung von Risiken beitragen sollen. Ferner wird auf Anpassungsbedarf in der Herbizid- und Lebensmittelzulassung hingewiesen.

Insektenresistenz

Gentechnisch hergestellte Insektenresistenzen beruhen auf unterschiedlichen Mechanismen und werden z.T. mit anderen ertragssteigernden oder produktverbessernden Eigenschaften kombiniert. Am weitesten entwickelt ist die Nutzbarmachung der auf *B.t.*-Toxinen (*B.t.*: Bacillus thuringiensis) basierenden insektziden Wirkung.
Eine positive Folge des Anbaus insektenresistenter Pflanzen ist die Einspaarung großer Mengen von Insektiziden, was auch dazu führt, dass Bodendrucklasten durch Befahren (und als Folge Erosion) verringert werden. Die toxikologischen Nebenwirkungen der *B.t.*-Pflanzen sind geringer als die der Insektizide.
In der Risikoforschung wurden vor allem Nebeneffekte auf Nicht-Ziel-Organismen aber auch Auswirkungen auf Wildpflanzen nach Übertragung der Gene durch Auskreuzung diskutiert. Viele Wissenschaftler befürchten außerdem, dass die relativ umweltfreundlichen Toxine durch Resistenzen zu schnell unbrauchbar würden und damit auch Einsatzmöglichkeiten im ökologischen Landbau verloren gingen. Diese Gefahr besteht vor allem im Kartoffelbau, da dieser Sektor auf *B.t.*-Sprays angewiesen ist. Zur Prävention sind in den USA und Australien z.T. Resistenzmanagement-Auflagen gemacht worden. Die Hoch-Dosis-Refugien-Strategie wird in den USA bevorzugt und ist derzeit internationaler Standard. Sie beruht auf Modellrechnungen und Simulationen und baut auf zwei Voraussetzungen auf (hohe Mortalität und starker Austausch zwischen resistenten und nicht-resistenten

Individuen). Sind diese nicht erfüllt, reagiert die Strategie sehr anfällig. Da diese Voraussetzungen nicht immer gegeben sind, werden alternative Resistenzmanagementkonzepte bei Mais und Kartoffeln diskutiert (s. Kap. 4.2).

Krankheitsresistenz gegen Pilze und Bakterien

Durch DNA-Transformation von Kultursorten werden gezielt Gene übertragen, die die Resistenz gegen Pilze und Bakterien verbessern. Dabei können diese Gene sowohl konstitutiv als auch induziert exprimiert werden. Die Genprodukte sind entweder direkt oder indirekt (Enzyme) antimikrobiell wirksam, greifen in die Wirkkette zur systemischen Resistenz ein oder modifizieren die Erkennungsmechanismen zwischen Pathogen und Wirtspflanze.
Durch den Anbau pathogenresistenter Sorten ist die Reduktion des Fungizideinsatzes zu erwarten. Möglich ist auch eine Ertragssteigerung, womit theoretisch Flächen für den Naturschutz gewonnen werden könnten. Negative Auswirkungen werden auf nützliche Mikroorganismen und Pilze befürchtet, sowie in der Entstehung neuer Virulenzen gesehen, die wertvolle Resistenzgene unbrauchbar machen und Schäden an Wildpflanzen verursachen könnten. Die Resistenzbrechung könnte durch einen gezielten Einsatz vorhandener Gene verlangsamt werden.
Bisher wurden die Auswirkungen einiger pathogenresistenter Linien auf Nicht-Ziel-Mikororganismen untersucht. Dabei blieben die Auswirkungen auf weniger häufige, aber eventuell ökologisch bedeutende mikrobielle Populationen, sowie grundsätzliche Bewertungsfragen noch offen (s. Kap. 4.4).

Virusresistenz

Die Virusresistenz zählt nach der Insektenresistenz zu den wichtigsten Zielen bei der Entwicklung gentechnisch veränderter Pflanzen für den Pflanzenschutz, da gegen Virusinfektionen gegenwärtig keine chemischen Pflanzenschutzmittel zur Verfügung stehen. Um eine Virusresistenz zu erzeugen, werden z.Z. viruseigene Gene verwendet, die in den viralen Replikationszyklus innerhalb der Pflanzen eingreifen. Hierzu zählen Hüllproteingene, der Einbau von Transportproteinen oder eines mutierten Replikasegens. Darüber hinaus werden Ribosomen-inaktivierende Proteine eingesetzt oder Satelliten-RNA.
Bei den möglichen ökologischen Wirkungen werden heterologe Encapsidierung sowie Rekombinationsereignisse bei co-infizierenden Viren diskutiert. Das Hüllprotein kann z.B. andere Viren teilweise umschließen (heterologe Encapsidierung) und dadurch die systemische Ausbreitung oder die Vektorübertragbarkeit verändern. Durch Rekombination können Teile des Virusgenoms von co-infizierenden Viren aufgenommen werden und dadurch neue Virusstämme gebildet werden.
Diese Risiken können durch Mutation oder Herausschneiden von viralen Gensequenzen unwahrscheinlicher gemacht werden. Daher wird in den USA empfohlen, nur die kürzeste Sequenz zu verwenden, die noch eine Resistenz bewirkt (s. Kap. 4.5).

Toleranz gegen abiotische Umweltfaktoren

Angesichts der pessimaler Wuchsbedingungen, die den Anbau bestimmter Kulturpflanzen nur im begrenztem Maße ermöglich, wird in der Entwicklung transgener, stresstoleranter Pflanzen ein wichtiger Beitrag zur Sicherung der Welternährung gesehen. Es wird daher an der Entwicklung von Pflanzen gearbeitet, die tolerant gegenüber Hitze, Kälte, hohen Salzgehalten, Trockenheit oder hohe Aluminiumkonzentrationen in der Bodenlösung (aber auch erhöhte UV-Strahlung und Nährstoffarmut) sind. Die späte Entwicklung transgener, stresstoleranter Pflanzen liegt - neben geringeren ökonomischen Reizen - vor allem darin, dass physiologische und biochemische Mechanismen der Stressabwehr bei Pflanzen noch ungenügend verstanden und komplizierte gentechnische Verfahren notwendig sind.
Die Nutzung mit herkömmlichen Sorten nicht mehr bestellbarer Flächen ist aus ökologischen (CO_2-Bindung, Erosionsschutz), ökonomischen und Ernähungsgesichtspunkten erwünscht. Allerdings bestehen 60% der weltweit landwirtschaftlich nutzbaren Fläche aus Böden niedriger Produktivität. Auf diesen Böden werden bei geringerem Ertrag ertragsstabile, standortangepasste sogenannte *low-input*-Sorten benötigt, die weniger standortbelastende und unökonomische Bearbeitungen erfordern (s. Kap. 4.6).

Veränderte Produkteigenschaften

Unter gentechnisch veränderten Pflanzen mit veränderten Produkteigenschaften fallen sowohl Pflanzen, derer Nahrungsmittelqualität verändert wurde (s. Kap. 4.7.1), als auch Pflanzen, die industriellen Zwecken dienen und nachwachsende Rohstoffe (s. Kap. 4.7.2).
Von gentechnisch veränderten Pflanzen mit **geänderter Nährstoffzusammensetzung** erhofft man sich eine Verbesserung der Versorgungssituation. Beispiele dafür sind die Steigerung des Gehalts an Mikronährstoffen wie Eisen, Zink und des Gehaltes an Vitamin A in relevanten Nahrungsmittelpflanzen der nicht-industrialisierten Länder. Ziel des Einsatzes sogenannter „funktioneller Lebensmittel" ist die Verringerung und Prävention ernährungsbedingter Krankheiten. So wird z.B. an der Einführung ernährungsphysiologisch günstiger ungesättigter Fettsäuren in Raps sowie an der Steigerung des Gehalts an langkettigen Fettsäuren für die Säuglingsernährung gearbeitet. Bei einigen funktionellen Lebensmitteln besteht noch Forschungsbedarf in Bezug auf die zugrundeliegenden Stoffwechselvorgänge und Wirkmechanismen. Vor einer Nutzung muss in jedem Fall eine toxikologische und Allergenitätsabschätzung (s. Kap. 3.2.1 u. 3.2.2) durchgeführt werden sowie eine Abschätzung der möglichen Wirkungen auf die Umwelt und die Biodiversität.
Nachwachsende Rohstoffe werden im chemisch-technischen Bereich oder zur Energiegewinnung genutzt. Dazu gehören z.B. Fasern, Holz, Arzneimittel, sowie pflanzliche Stärken und Öle. Beispielhaft seien hier nur gentechnisch veränderte pflanzliche Öle aufgeführt, die z.B. die in Hydraulikanlagen von Arbeitsmaschinen verwendeten Mineralöle in ökologisch empfindlichen Bereichen (z.B. in Wasserschutzgebieten) ersetzen könnten. Bereits seit 1995 wird in den USA eine Rapssorte, die sehr viel Laurinsäure enthält, kommerziell angebaut. Diese für Raps untypische Ölsäure wird für Tenside in der chemischen Industrie und als Grundstoff für

Lebensmittel verwendet. In Deutschland werden Freisetzungsversuche mit Raps durchgeführt, der ein verändertes Fettsäuremuster besitzt, das sich als Grundstoff für die Waschmittel- und Kosmetikindustrie eignet.
Generell besteht bei transgenen Pflanzen mit veränderten stofflichen Eigenschaften das Risiko, dass Schaderreger und Krankheiten verstärkt auftreten können, weil für sie besser verwertbare Stoffe in größeren Mengen in den Pflanzen produziert werden. Die neuen Stoffe können zudem über die Nahrungskette weitergegeben oder über das Grundwasser ausgetragen werden, was besonders bei der Produktion von Pharmaka als problematisch eingeschätzt wird.

Biologische Schädlingsbekämpfung mit Baculoviren

Baculoviren zählen zu den insektenpathogenen Viren und werden im biologischen Pflanzenschutz gezielt gegen Schadinsekten eingesetzt, da sie sehr wirtsspezifisch sind. Nach dem jetzigen Stand der Forschung eignen sich Baculoviren besser als chemische Pestizide, da sie eine größere Spezifität besitzen und weniger Nebenwirkungen zeigen.
Mit Hilfe der Gentechnik werden Gene in Baculoviren übertragen, die für Häutungshormone, Paralyse oder lähmend wirkende Toxine kodieren (s. Kap. 4.8). Dadurch soll der Zeitraum zwischen Infektion und Beendigung des Fraßes (je nach Art 4 bis 15 Tage) verkürzt werden. Ansätze mit Genen für insektenspezifische Neurotoxine (aus Skorpion, Milben und Spinnen) sowie mit je einem Gen aus Mais, einem Pilz und dem menschlichen Erbgut waren bisher im Test erfolgreich. *Autographa californica NPV* ist die überwiegend gentechnisch veränderte und untersuchte Art.
Bei der Freisetzung transgener Baculoviren sind vor allem zwei Risikoszenarien zu überprüfen: Verdrängt das transgene Virus andere Wildtypen aufgrund eines erhöhten Vermehrungs-, Verbreitungs- oder Persistenzvermögens und erweitert sich das Wirtspektrum des transgenen Virus auf Nicht-Ziel Organismen?

Biofertilisation

Unter Biofertilisation (Gründüngung) versteht man die Erhöhung der Bodenfruchtbarkeit mittels bestimmter im Wurzelbereich angesiedelter Mikroorganismen. Diese sogenannten symbiontischen oder assoziativen Mikroorganismen erschließen Nährstoffe für die Pflanzen und schützen sie vor Stressschäden (UBA, 1999).
Um die Menge des natürlicherweise durch die Bakterien fixierten Stickstoffs zu steigern, werden Leguminosen mit gentechnisch veränderten Rhizobien inokuliert.
In Deutschland wurde 1994 ein Freisetzungsversuch mit *Sinorhizobium meliloti* durchgeführt, bei dem eine um ca. 15% erhöhte Stickstoffbindungsrate gemessen wurde. In den USA wurde 1997 erste transgene Bakterienstamm zum Markt zugelassen. Dabei handelte es sich um den Stamm *Sinorhizobium meliloti* RMBP-2, in den zusätzlich Gene zur Stickstofffixierung und Nährstoffaufnahme aus anderen Rhizobienstämmen inseriert worden waren.
Als mögliche ökologische Wirkungen sind die Auswirkungen des Einsatzes transgener Rhizobien auf Stickstoffausträge zu prüfen. Die bisher vorliegenden Daten sind nur mit Einschränkungen für eine Bewertung geeignet, da die Stickstoffemission von

einer Vielzahl von Faktoren beeinflusst wird. Letztlich ist eine günstige Stickstoffbilanz nur erreichbar, wenn die Düngemittelform der Feuchtigkeit, dem pH-Wert und der Menge des bereits mineralisierten Düngers im Boden sowie dem Bedarf durch das Pflanzenwachstum angepasst wird (s. Kap. 4.9).

Monitoring und Begleitforschung

Der Rat von Sachverständigen für Umweltfragen empfahl in seinem Umweltgutachten 1998 die Einführung einer nachträglichen, die Verwendung begleitender Risikoforschung und Kontrolle (Nachgenehmigungsmonitoring), die „zunächst unerkannt oder irrtümlich als vertretbar angesehene Fernwirkungen angemessen regulieren kann“. Als Beispiel wurde der Anbau herbizidresistenter Pflanzen angeführt, der möglicherweise zu einer Verengung der Fruchtfolgen nach allgemeiner Durchsetzung dieser Sorten führen könnte.
1999 wurde im gemeinsamen Standpunkt der EU-Mitgliedsstaaten zur Änderung der Freisetzungs-Richtlinie 90/220/EWG sowohl eine allgemeine Umweltbeobachtung („general surveillance“) als auch ein fallspezifisches Monitoring („case specific monitoring“) nach dem Inverkehrbringen vorgesehen. Dabei bezieht sich das fallspezifische Monitoring auf konkrete Fragestellungen zur Wirkung eines bestimmten gentechnisch veränderten Organismus, z.B. auf die Wirkungen auf Nicht-Ziel-Organismen bei insektenresistenten Pflanzen. Die allgemeine Umweltbeobachtung soll dagegen die Wirkungen auf die biotische und abiotische Umwelt erfassen.
In Deutschland wurden von den verschiedenen obersten Bundesbehörden als auch Interessenverbänden Konzepte zum Monitoring nach Inverkehrbringen vorgelegt. Die Konzepte der Arbeitsgruppe „Anbaubegleitendes Monitoring“ unter Federführung der Biologische Bundesanstalt für Land- und Forstwirtschaft (BBA) und der Bund/Länder-Arbeitsgruppe „Monitoring von Umweltwirkungen von GVP“ unter Ferderführung des Umweltbundesamtes sind z.Z. am weitesten ausgearbeitet. Sie unterscheiden sich in mehreren Punkten voneinander: So wird der Begriff „anbaubegleitendes Monitoring“ von der erst genannten Arbeitsgruppe als Oberbegriff zur Erfassung der Umweltwirkungen gentechnisch veränderter Sorten im Vergleich mit denen konventioneller Sorten verwendet, während im Konzept der zweiten Arbeitsgruppe dieser nur einen Teilaspekt innerhalb der zu beobachteten Wirkungen auf die Umwelt umfasst. Hier ist das Ziel die Beobachtung der Wirkungen gentechnisch veränderter Pflanzen auf die Umweltmedien und die Biodiversität, einschließlich der Wirkungen, die Umwelt-, Natur- und Artenschutz berühren. Darüberhinaus bestehen Unterschiede in den Beobachtungspunkten und dem –zeitraum. Ein einheitliches Konzept muss noch erarbeitet werden und an ein Konzept der EU angebunden werden (s. Kap. 6).
Kritiker befürchten eine mögliche Verlagerung der Risikoabschätzung auf die Ebene des Monitorings nach Inverkehrbringen. Ein Monitoring sollte nur dem Erfassen unerwarteter oder indirekter Folgen dienen, konkrete Fragestellungen mit Ursache-Wirkungs-Hypothesen müssen im Vorfeld zum Inverkehrbringen geklärt werden.

GPSR Compliance

The European Union's (EU) General Product Safety Regulation (GPSR) is a set of rules that requires consumer products to be safe and our obligations to ensure this.

If you have any concerns about our products, you can contact us on ProductSafety@springernature.com

In case Publisher is established outside the EU, the EU authorized representative is:

Springer Nature Customer Service Center GmbH
Europaplatz 3
69115 Heidelberg, Germany

Batch number: 10584556

Printed by Printforce, the Netherlands